材料科学与工程专业
本科系列教材

无机材料科学基础

WUJI CAILIAO KEXUE JICHU

杨　敏　主　编
杨　林　副主编
程金科　杨春亮　参　编

重庆大学出版社

内容提要

本书以无机材料为重点，阐述了现代材料科学中有关材料结构、材料热力学，以及材料合成制备过程动力学等方面的基本原理与知识。本书共8章，包括结晶学基础、理想晶体结构、晶体结构缺陷、熔体和非晶态固体、胶体化学基础、表面与界面、热力学基础、过程动力学基础。

本书既可作为材料科学与工程专业、无机非金属材料专业学生系统学习并掌握无机非金属材料学科相关基础知识的教材或参考书，也可供无机非金属材料科技工作者参考。

图书在版编目(CIP)数据

无机材料科学基础 / 杨敏主编. -- 重庆 : 重庆大学出版社, 2024.4

材料科学与工程专业本科系列教材

ISBN 978-7-5689-4232-4

Ⅰ. ①无… Ⅱ. ①杨… Ⅲ. ①无机材料—材料科学—高等学校—教材 Ⅳ. ①TB321

中国国家版本馆 CIP 数据核字(2024)第065540号

无机材料科学基础

主 编 杨 敏

副主编 杨 林

责任编辑:范 琪 版式设计:范 琪

责任校对:刘志刚 责任印制:张 策

*

重庆大学出版社出版发行

出版人:陈晓阳

社址:重庆市沙坪坝区大学城西路21号

邮编:401331

电话:(023) 88617190 88617185(中小学)

传真:(023) 88617186 88617166

网址:http://www.cqup.com.cn

邮箱:fxk@cqup.com.cn (营销中心)

全国新华书店经销

重庆华林天美印务有限公司印刷

*

开本:787mm×1092mm 1/16 印张:15.5 字数:390千

2024年4月第1版 2024年4月第1次印刷

印数:1—1 000

ISBN 978-7-5689-4232-4 定价:49.80元

前言
Foreword

“无机材料科学基础”是主要介绍无机非金属材料的结构、形成规律和性能以及它们之间相互关系的基础理论，是无机非金属材料与工程的一门重要专业基础课程。本书融合物理化学、结构基础、结晶化学的基本理论，为无机材料专业课程的学习和材料研究与制备奠定理论基础。

目前国内大多数无机材料科学基础教程都适用于约 80 学时的教学所用，考虑到教学改革的实际需要和学科发展的实际情况，编者结合多年教学经验和“无机材料科学基础”课程教学改革成果，根据无机非金属材料专业课程体系，针对“无机材料科学基础”“硅酸盐热工基础”“无机材料物理性能”和“材料化学基础”等部分教学内容重复的情况，编写了适合约 50 学时的《无机材料科学基础》教材，主要针对重复部分进行内容减缩，突出重点，并根据专业后继课程的学习对结构基础部分内容进行重点阐述。本教材充分考虑材料科学发展的新趋势，在内容取材上力求既能反映本学科的近代水平，又能适合作为专业基础课教学的要求，少而精并适当留有可供不同院校教学选择和扩展的余地；既考虑教材内容的系统性，又充分考虑各有关专业本科生应掌握的程度，突出基础知识和基本理论，以便于学生掌握课程主干内容。

本书可作为材料科学与工程专业、无机非金属材料专业学生系统学习并掌握无机非金属材料学科相关基础知识的教材或参考书，也可供无机非金属材料科技工作者参考。

本书由贵州大学杨敏副教授任主编并负责全书统稿，贵州大学杨林教授任副主编，贵州大学程金科副教授和杨春亮讲师参编。其中，第 1 章、第 2 章、第 3 章、第 4 章中 4.4—4.6 节、第 5 章中 5.1 节和附录由杨敏负责编写；第 7 章、第 8 章由杨林负责编写；第 5 章中 5.2 和 5.3 节、第 6 章由程金科负责编写；第 4 章 4.1—4.3 节由杨春亮负责编写。

在本书编写过程中，参阅了大量教材和相关论著，在此谨向原作者致以衷心感谢。

限于编者水平，书中难免有错漏与不足之处，恳请广大读者批评指正。

编　者

2024 年 1 月

目录
Contents

第1章 结晶学基础

结晶学是以晶体为研究对象的自然科学。从本质上看,晶体是由其构造基元(组成晶体的原子、分子或离子团)在空间作近似无限的、具有周期的重复排列构成的。晶体材料可按不同方法进行分类:按化学组成可分为无机晶体、有机晶体;按状态可分为单晶、多晶、晶体薄膜、晶须或晶体纤维;按物理性质可分为光学晶体、激光晶体、非线性晶体、压电晶体、闪烁晶体、电学晶体、磁光晶体、声光晶体等。结晶学对晶体的研究是从晶体的几何外形特征开始的。17 世纪初开普勒(Kepler)提出球形粒子密堆成雪晶的设想,随后矿物学家对晶体的多面体外形进行了详细研究,揭示了晶面角守恒定律和晶面的有理指数定律。18 世纪末,阿维(Haüy)描述了如何从分子基块(平行六面体)构成各种晶体的直观设想。19 世纪出现了布拉菲(Bravais)的空间点阵学说,这一学说能够解释有理指数定律和晶面角守恒定律,但这只是合理的猜想,其正确性到 1912 年才被劳厄(Laue)等人的 X 射线衍射实验证实。晶体最本质的特点是在其内部的原子或离子,以周期性重复的方式在三维空间作有规则的排列。从这一观点考虑,不论在自然界还是人工合成的材料中,晶体实际上是分布极为广泛的一类物体。几百年来的研究已探明了成千上万的晶体结构,人们对晶体的认识不断深化。随着科学技术的发展,新的实验仪器和方法得到应用。目前,结晶学从其研究内容看主要包括以下几个方面。

①晶体生成学:研究天然及人工晶体的形成、生长和变化的过程与机理,以及控制和影响它们的因素。

②几何结晶学:研究晶体外表几何多面体的形状及其规律。

③晶体结构学:研究晶体内部结构中质点排列的规律以及晶体结构的不完整性。

④晶体化学:研究晶体的化学组成以及晶体结构与性质之间的关系和规律。

⑤晶体物理学:研究晶体的各项物理性质及其产生的机理。

本章主要介绍几何结晶学和晶体化学基础的内容。

1.1 晶体的定义及基本性质

1.1.1 晶体、非晶质体、准晶体和胶体

(1)晶体

质点作规律排列,具有格子构造的被称为结晶质,结晶质在空间的有限部分为晶体,即晶体是具有格子构造的固体。晶体内部的对称导致其具有规则的几何外形,凡是天然具有几何多面体形态的固体都称为晶体,如水晶、碧玺晶体等。各类晶体形态复杂多样,大小悬殊,例

如,有的矿物晶体可重达百吨,直径数十米;有的则需要借助显微镜,甚至电子显微镜或X射线分析才能识别,如图1.1所示。

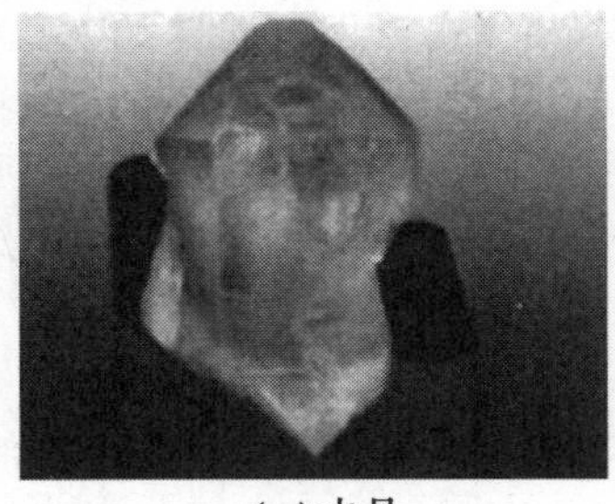
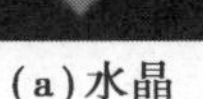

(a)水晶　　(b) α-石英晶体

图1.1　呈几何多面体外形的晶体

某些液体的内部结构与固态晶体的内部结构一样,空间排列具有明显的规律性,这种液体称为液态晶体或液晶。

结晶是物质由液态或气态通过一定条件转变成晶体的过程。结晶是物质分离和纯化技术中一个具有较久历史且目前还经常用到的技术,广泛应用于化学、化工及生物化学、生物化工等行业。在食品行业中,味精和各种氨基酸的生产工艺都广泛地用到了结晶技术。

(2)非晶质体

非晶质体是与晶体相对立的概念,它也是一种固态物质,但内部质点在三维空间未成周期性平移重复排列。非晶质体与晶体在结构上的差异,可从图1.2所示晶体和玻璃中质点的平面分布看出。在晶体[图1.2(a)]中,一种质点(黑点)周围的另一种质点(圆圈)的排列相同,即每个黑点都被分布于三角形顶点的3个圆圈围绕,而每个圆圈均居于以两个黑点为端点的直线中央。这种质点局部分布的规律性叫作近程规律或短程有序(short-range order)。不仅如此,晶体中每个质点(黑点或圆圈)在整个图形中各自都呈现有规律的周期性平移重复,把周期重复的点用直线连接起来,可获得平行四边形网格。可以想象,在三维空间,这种网格将构成空间格子。这种质点排布方式在整个晶体中贯穿始终的规律称为远程规律或长程有序(long-range order)。在非晶质体如玻璃[图1.2(b)]中,质点虽然可以是短程有序的(每个黑点由3个圆圈围绕),但不存在远程规律,与液体的结构相似。

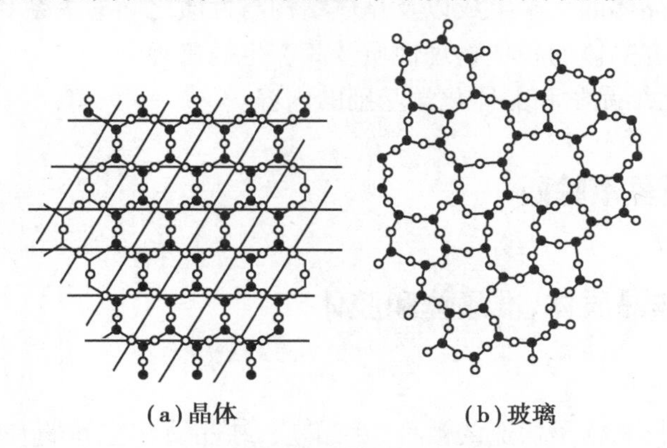

(a)晶体　　(b)玻璃

图1.2　晶体与玻璃中质点平面分布示意图

在一定的条件下，晶体和非晶质体是可以相互转化的。例如，由岩浆快速冷凝形成的非晶态火山玻璃，在之后的地质年代中，通过其内部质点极其缓慢的自发扩散、调整过程而趋于规则排列，实现由非晶态逐渐向结晶态的转化。这种由非晶质体经调整其内部质点的排列方式而向晶体转变的作用，称为脱玻璃化（devitrification）作用或晶化（crystallization）作用。相反，晶体因内部质点的规则排列遭受破坏而向非晶质体转化的作用，则称为玻璃化（vitrification）作用或非晶化（noncrystallization）作用。例如，一些含放射性元素的矿物，由于受到放射性蜕变所发出的 α 射线作用，晶格遭到破坏而转变为非晶态的“变生矿物”，但仍可保持原来的几何多面体外形。

（3）准晶体

1984 年，谢赫特曼（Shechtman）和康（Cahn）以及我国学者叶恒强和郭可信等人分别在急冷凝固的 $Al_{12}Mn$ 和$(Ti_{1.9}V_{0.1})_2Ni$ 合金中发现了一种质点分布呈短程有序和非整周期平移重复的新凝聚态物质。之后，在许多合金中也发现具有类似性质的物质，它们具有传统结晶学中不存在的 5 次或 6 次以上（如 8 次、10 次、12 次等）旋转对称（图 1.3）。这种特殊的固体被称为准晶体（quasicrystal）。起初，人们认为准晶体是一类在结构上介于非晶体和晶体之间的固体，但其结构形式一直不甚明了。目前，人们趋向于认为准晶体是一类质点的排列符合短程有序，有严格的位置序和自相似分形结构但不体现周期平移重复，即不存在格子构造的固体。

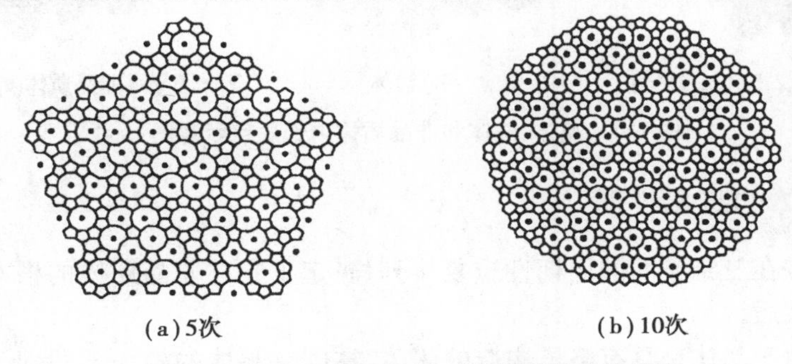

(a) 5次　　(b) 10次

图 1.3　具有 5 次和 10 次对称轴的准晶体结构

（4）胶体

在化学中，胶体是一种两相或多相的细分散系，它由分散相（分散质）和分散媒（分散剂）组成。分散相的大小在 1 ~ 100 nm。固体、液体、气体均可作为分散相，也可作为分散媒，从而组成不同的胶体体系。其中分散媒远多于分散相的胶体称为胶溶体（溶胶）；若分散相为固体，且数量很多，整个胶体呈凝固态，则称为胶凝体（凝胶）。

固态的胶体矿物基本上只有水凝胶体和结晶胶体两类。前者如蛋白石，其分散媒是水，分散相是固体，即胶体粒子；而后者的分散媒为结晶质，分散相则均有可能为气体、液体、固体，如乳石英等。由于结晶胶溶体通常只把它作为晶体来对待，而将分散于其中的分散相看成包含于晶体中的机械混入物，因此，胶体矿物实际上就是指水胶凝体矿物。

胶体粒子由核和包围核的双离子层构成。部分核可能只包含一个分子或结合在一起的几个分子，如明胶等许多高分子化合物的胶体粒子；另有部分胶体粒子的核则可以由上万个分子组成，它们通常是呈结晶相的，如 $Fe(OH)_3$ 等许多在地质作用中形成的胶体粒子。显然由前一种胶体粒子凝聚而成的胶凝体属于典型的非晶质体；而由后一种胶体粒子形成的胶凝体包括通常所称的胶体矿物在内。从本质上讲,它们应该属于晶体的范畴,是一种超显微的隐晶质(即在光学显微镜下也不能区分其晶粒的隐晶质)。但是,正是由于它们的颗粒太细,颗粒之间有时呈无规则的杂乱排列,因而从总体来看,它们在诸如 X 射线衍射效应、光学性质等一系列性质上,均表现出与非晶质体类似的特点,即外形上不能自发形成规则的几何多面体(通常称肉冻状),各项宏观性质都具有统计意义上的均一和各向同性的特点等。因此胶体矿物通常作为非晶质体来看待。

晶体、非晶质体和胶体之间的区别,根本原因就是它们内部质点排列不同。如图 1.4 所示,晶体中组成的物质质点(原子、离子、离子团或分子等)在空间都是作有规律排列的,这种规律主要表现为质点的周期重复,这种质点在三维空间周期性地重复排列称为格子构造。因此,可以对晶体做出如下定义:晶体是内部质点(原子、离子或分子)在三维空间周期性重复排列(格子构造)构成的固体物质,或者晶体是具有格子构造的固体。

(a)晶体(金刚石、NaCl、冰等)

(b)液体

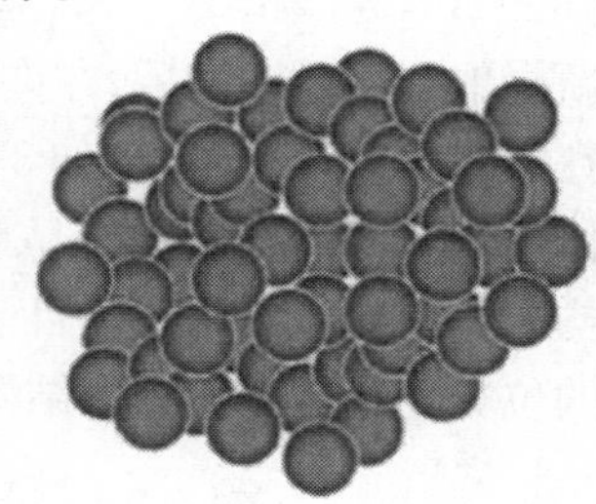

(c)非晶质体(蜂蜡、玻璃等)

图 1.4　晶体、液体和非晶质体内部质点示意图

1.1.2　晶体的基本性质

晶体内部质点在三维空间的周期性重复排列,决定了它与非晶质体的根本区别,赋予了晶体独特的基本性质。

①均一性。由于晶体是具有格子构造的固体,在同一晶体的各个不同部分,质点的分布是相同的,所以晶体各个部分的物理性质和化学性质是相同的。

②自限性。晶体在适当条件下可以自发地形成几何多面体外形的性质叫自限性。

③异向性。在同一格子构造中,不同方向上质点排列一般是不一样的,因此,晶体的性质随方向的不同而有所差异。

④对称性。晶体具有异向性,但这并不排斥晶体在某些特定的方向上具有相同的性质。晶体的相同部分(如外形上的相同晶面、晶棱或角顶;内部结构中的相同网面、行列或质点等)能够在不同的方向或位置上有规律地重复出现。晶体的格子构造本身就是质点重复规律的体现,对称性是晶体极其重要的性质,是晶体分类的基础。

⑤最小内能性。在相同的热力学条件下,晶体与其同种物质的气体、液体相比较,其内能最小。

⑥稳定性。在相同的热力学条件下,晶体比具有相同化学成分的非晶质体稳定,非晶质体有自发转变为晶体的必然趋势,而晶体决不会自发地转变为非晶质体。晶体的稳定性是晶体具有最小内能性的必然结果。

1.2　晶体的对称性

1.2.1　点阵和空间格子

晶体是内部质点在三维空间作有规律的重复排列构成的结构。以氯化钠晶体结构为例,在氯化钠的平面结构图[图1.5(a)]中,首先任意选择一个几何点,如某一 Cl^- 和 Na^+ 的接触点(其他位置也可以),然后在结构中找出所有与此点相当的几何点,即相当点(equivalent point,在结构中占据相同的位置且周围环境和位向完全相同的点)。这些点都毫无例外地占据 Cl^- 和 Na^+ 接触点的位置,且每个几何点上面必定为 Na^+ 下面为 Cl^-。这样一系列相当点的集合,便构成了一个平面点阵[图1.5(b)],其中的相当点称为阵点。按照一定法则将这些阵点用直线相连,便能构成一个由平行四边形组成的平面网格[图1.5(c)]。

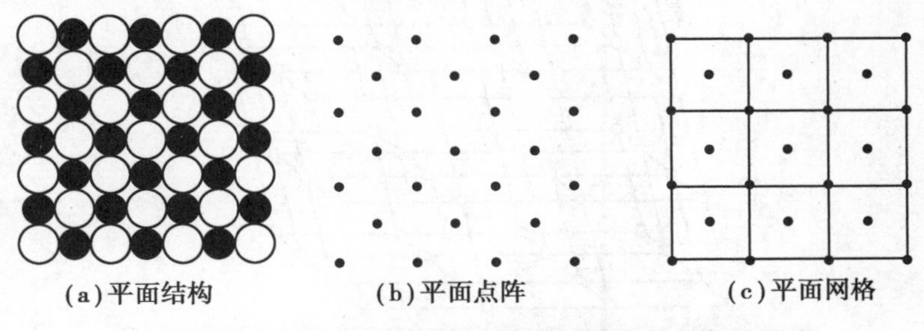

图1.5　氯化钠平面结构及其导出的平面点阵和平面网格

点阵点:点阵中的点,代表晶体结构中的一套相当点。需要指出的是,点阵点和点阵虽然是从相当点和相当点系转化而来,但它们在概念上却有区别。相当点和相当点系没有脱离物质内容,而点阵点和点阵则脱离了物质内容,是从数学中抽象出来的概念。

结构基元:重复周期中的具体内容,晶体结构与其点阵中一个点阵点对应的物理实体(原子、分子、离子、离子团等)。如果在晶体点阵中各点阵点的位置上,按同一种方式安置结构基元,就能得到整个晶体的结构。因此可以简单地将晶体结构表示为

晶体结构=空间点阵+结构基元

晶体空间点阵理论的提出是基于一个假设,即晶体是无限大的。由于实际晶体的大小远超出晶体结构的重复周期,可以认为晶体构造在三维空间无限伸展。

点阵、基元和晶体结构的关系可以表示为"晶体结构=点阵+基元"(图1.6)。结构基元可以是原子、分子、离子、原子团或离子团等。

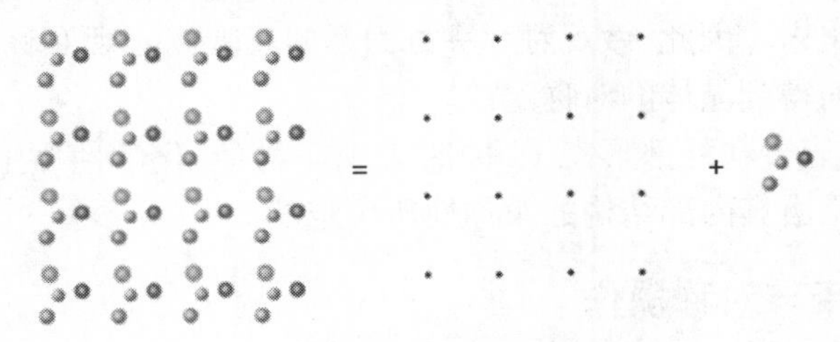

图1.6　晶体结构和点阵、基元的关系

显然,对于其他任何晶体,不管其结构如何复杂,只要任意选定一个点并将其所有的相当点找出来,就能得到一个颇为简单的空间点阵和相应的空间格子,从而揭示其内部质点的重复规律。对于同一结构型的晶体而言,所得出的空间点阵应当是完全相同的;但对于不同结构型的晶体而言,当然又是有区别的。空间点阵中同一直线方向上的结点构成一个行列,同一平面上的结点构成一个面网。空间点阵可用不同平面3个方向的直线沿结点连接成空间格子,将空间点阵划分成许多平行六面体(图1.7)。所谓"空间格子"就是表示晶体内部质点在三维空间作周期性平移重复排列的几何图形。它是空间点阵中的阵点依一定法则相连而成的。空间格子以简洁的形式反映了晶体格子构造的特点,从微观角度看是一种无限图形,空间格子连接方法可以有多种多样,在晶体研究中,一般采用能够反映晶体结构特征的连接方式。

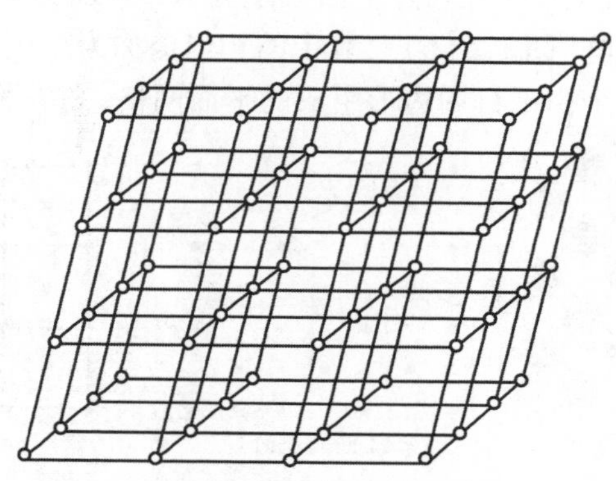

图1.7　空间格子的平行六面体

1.2.2　晶体的对称特点

一切晶体都具有对称性,这是由晶体的基本性质所决定的。但任何晶体的对称是有限的,受晶体对称定律的约束,且对于不同的晶体而言,其对称性又互有差异,因此对称性成为晶体分类的依据。晶体的对称不同于其他物质的对称,它不仅反映了晶体在几何学上的对称,还反映了晶体在物理学和化学方面的对称。因此,晶体对称性的学习和掌握是理解晶体一系列性质以及鉴定、识别和利用晶体的"敲门砖"。晶体对称性是结晶学的核心内容。

晶体的对称是晶体最重要的性质之一,也是种类繁多的晶体分类的依据之一。

①一切晶体都是对称的。晶体是具有格子状构造的固体,格子状构造就是质点在三维空间的重复。有规律的重复就是对称。也就是从微观上来说,一切晶体都是对称的。

②晶体的对称是有限的。晶体的对称严格受格子状构造控制,只有格子状构造允许的对称,才能在晶体上表现出来。因此,微观对称一方面延伸反映到宏观对称上,另一方面又制约晶体的宏观对称性,从而得到晶体的对称定律。

③晶体的对称不仅表现在外部形态上,同时表现在物理、化学性质上。晶体的外形和物理、化学性质上的对称是由其内部结构的对称性所决定的。

1.2.3　对称要素与对称操作

要研究晶体相同部分的重复规律,必须借助一些几何图形(点、线、面),通过一定的操作来实现。这些几何图形称为对称要素,这种操作就叫作对称操作。

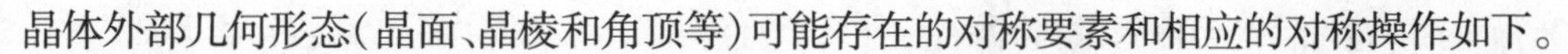

晶体外部几何形态（晶面、晶棱和角顶等）可能存在的对称要素和相应的对称操作如下。

(1) 对称面 P 与反映操作

对称面 P 是一假想的平面（图 1.8），也称镜面，相应的对称操作为对此平面的反映。对称面的作用犹如一面镜子，它将图形平分成互为镜像的两个相等部分。

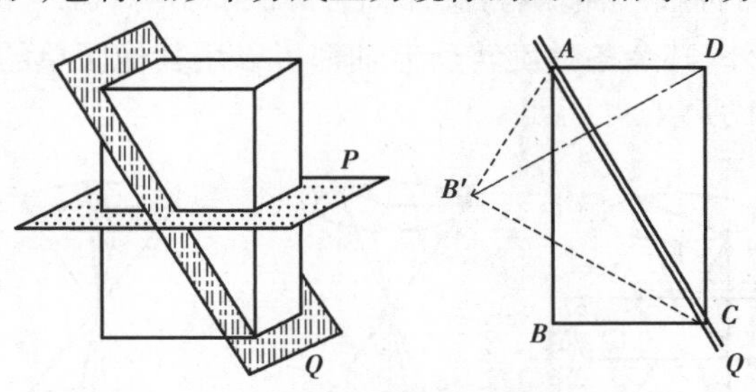

图 1.8 对称面的镜像反映图解

一个晶体不一定具有对称面，也可以不止一个对称面，但最多不超过 9 个。晶体上的对称面可能存在于垂直平分晶面、垂直晶棱并通过晶棱中点及包含晶棱等 3 种位置。

一个对称面记作 P，多个对称面时，数字写在 P 的前面，如 $2P$，$3P$，…。

(2) 对称中心 C 与反伸操作

对称中心是晶体内一个假想的点，过此点作任意直线，则在此直线上距对称中心等距离的两端必定可以出现晶体的相同部分，如图 1.9 所示。

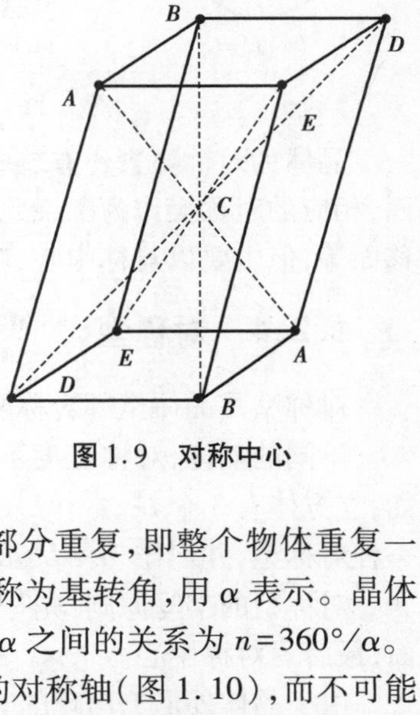

任何一个具有对称中心的图形，其对应的面、棱、角都体现为反向平行。若晶体中存在对称中心，则晶面必然成对分布，两两平行，同形等大且方向相反。这是理想晶体有无对称中心的判别依据。

图 1.9 对称中心

(3) 对称轴 L^n 与旋转操作

对称轴是一假想的直线，相应的对称操作为围绕此直线的旋转。物体绕该直线每旋转一定角度后，可使物体各个相同部分重复，即整个物体重复一次。在旋转中，晶体相等部分出现重复时所绕过的最小旋转角，称为基转角，用 α 表示。晶体旋转 360°相等部分出现重复的次数，称为轴次，以 n 表示。n 与 α 之间的关系为 $n=360°/\alpha$。

在晶体中，只可能出现轴次为 1 次、2 次、3 次、4 次和 6 次的对称轴（图 1.10），而不可能存在 5 次和高于 6 次的对称轴，这称为晶体对称定律。轴次 $n>2$ 的对称轴，称为高次轴，轴次 $n\leqslant2$ 的对称轴称为低次轴。

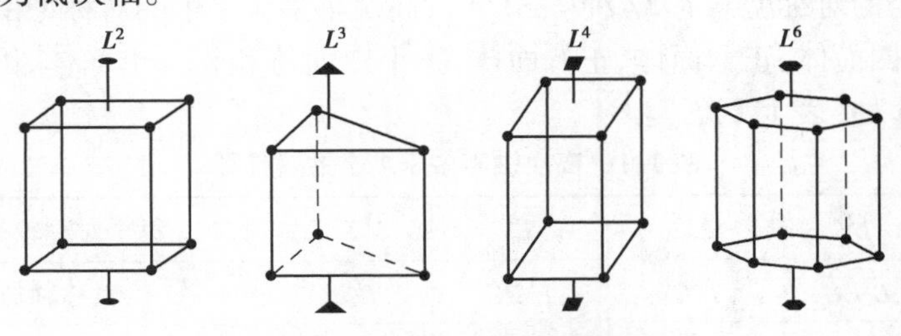

图 1.10 晶体中的各种对称轴

(4)旋转反伸轴 L_i^n 与旋转反伸操作

旋转反伸轴 L_i^n 或倒转轴，是假想的一条直线和直线上的一个定点。如果物体绕该直线旋转一定角度后，再对此直线上的定点进行反伸，可使相同部分重复，即所对应的操作是旋转加反伸的复合操作。与对称轴一样，旋转反伸轴有 1 次、2 次、3 次、4 次和 6 次，分别用 L_i^1、L_i^2、L_i^3、L_i^4 和 L_i^6 表示。除 L_i^4 外，其余各种旋转反伸轴都可以用其他简单的对称要素或它们的组合来代替，其关系如图 1.11 所示。

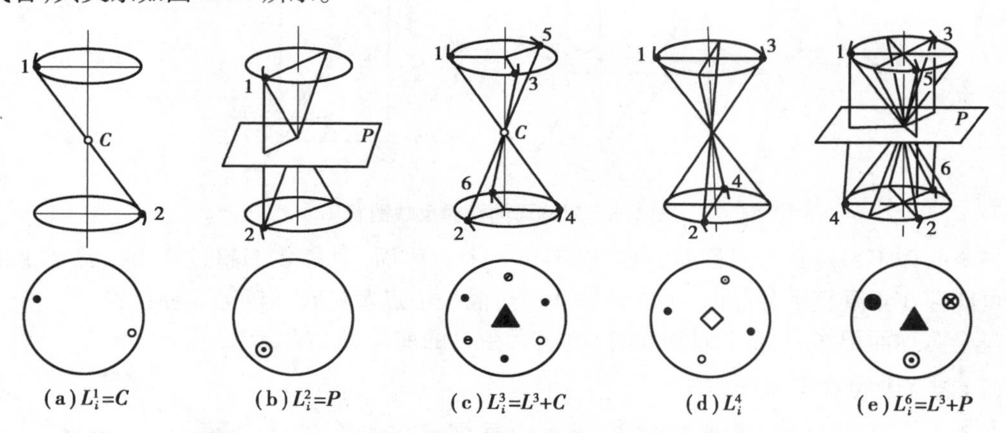

图 1.11　各种旋转反伸轴及其与简单对称要素之间的关系

晶体的对称要素还有旋转反映轴或映转轴，是假想的一条直线和垂直于该线的一个平面，相应的对称操作为围绕此直线旋转一定角度加对此平面的反映。此外，还有螺旋轴与滑移面等，但主要以对称中心、对称面和对称轴最常见。

1.2.4　对称型

对称型是晶体全部对称要素的集合。

不同的晶体，对称程度不同，表现在所具有对称要素的种类、轴次和数目上的不同。例如，立方体有 3 个 L^4、4 个 L^3、6 个 L^2、9 个 P 和 1 个对称中心 C。上述对称要素的组合，即为一种对称型，并记作 $3L^4 4L^3 6L^2 9PC$。

对称型的书写原则：先写对称轴和（或）旋转反伸轴，并按轴次由高到低排列，再写对称面，最后写对称中心。

由于晶体外形上出现的对称要素是有限的，其组合又必须服从对称组合定理，因此，晶体的对称型在数目上是有限的。根据推导，晶体对称要素的组合只有 32 种，称为 32 种对称型。高次轴不多于 1 个的对称型共有 27 种（表 1.1），高次轴多于 1 个的对称型由于正多面体的成员仅有 5 个，即正四面体、正六面体、正八面体、正十二面体和正二十面体，因此高次轴多于 1 个的对称型共有 5 种（表 1.2）。

表 1.1　高次轴不多于 1 个的对称型

对称型	L^1	L^2	L^3	L^4	L^6	每个对称轴都可独立存在
C	C	L^2PC	L^3C	L^4PC	L^6PC	对称轴加对称中心
$P_\perp$	P	L^2PC	L_i^6	L^4PC	L^6PC	对称轴加垂直对称面

续表

对称型	L^1	L^2	L^3	L^4	L^6	每个对称轴都可独立存在
$P_{\parallel}$	P	$L^2 2P$	$L^3 3P$	$L^4 4P$	$L^6 6P$	对称轴加平行对称面
L^2		$3L^2$	$L^3 3L^2$	$L^4 4L^2$	$L^6 6L^2$	对称轴加垂直的二次轴
L^2 和 $P_{\parallel}$		$3L^2 3PC$	$L^3 3L^2 3PC$	$L^4 4L^2 5PC$	$L^6 6L^2 7PC$	对称轴同时加平行对称面和垂直的二次轴
L_i^n				L_i^4	L_i^6	独立存在的旋转反伸轴
L^2 或 $P_{\parallel}$				$L_i^4 2L^2 2P$	$L_i^6 3L^2 3P$	旋转反伸轴加垂直的二次轴或平行的对称面

表 1.2　高次轴多于 1 个的对称型

类型	面数	棱数	顶点数	每面边数	每顶点棱数	对称型
正四面体	4	6	4	3	3	$3L^2 4L^3$ 或 $3L_i^4 4L^3$
正六面体	6	12	8	4	3	$3L^4 4L^3 6L^2$
正八面体	8	12	6	3	4	$3L^4 4L^3 6L^2$
正十二面体	12	30	20	3	3	$6L^6 10L^3 15L^2$
正二十面体	20	30	12	3	5	$6L^6 10L^3 15L^2$

1.2.5　晶体对称的分类

晶体的格子构造规律决定了晶体的对称。不同的晶体，虽然在形态和物理、化学性质上有区别，但其内部构造相似的晶体都可以具有相同的对称特点，因此，晶体根据其对称特点进行分类。

首先，将属于同一个对称型的所有晶体归为一类，称为晶类，共有 32 个晶类。采用该对称型的一般单形名称命名每种晶类的名称。

其次，在 32 种对称型中，根据对称型有无高次轴及高次轴的多少，将晶体分为 3 个晶族：有多个高次轴的对称型为高级晶族；仅有一个高次轴的对称型为中级晶族；无高次轴的对称型为低级晶族。

最后，在各晶族中，按其对称特点进一步划分为 7 个晶系。高级晶族只有一个晶系，即等轴晶系；中级晶族划分为 3 个晶系：只有一个 L^6 或 L_i^6 的对称型为六方晶系，只有一个 L^4 或 L_i^4 的对称型为四方晶系，只有一个 L^3 或 L_i^3 的对称型为三方晶系；低级晶族划分为 3 个晶系：L^2 或 P 多于一个的对称型属于斜方晶系，只有一个 L^2 和(或)P 的对称型属单斜晶系，无 P 及无 L^2 的对称型属三斜晶系，见表 1.3。

表 1.3　晶体的对称分类

晶族	对称特点	晶系	对称特点	符号			晶类名称	晶体实例
				习惯符号	申弗利斯符号	国际符号（简化）		
低级晶族	无高次轴	三斜晶系	无 L^2 或 P	L^1	C_1	1	单面	高岭石
				C	C_i	$\bar{1}$	平行双面	钠长石
		单斜晶系	L^2 或 P 均不多于一个	L^2	C_2	2	轴双面	镁铝矾
				P	C_s	m	反映双面	斜晶石
				L^2PC	C_{2h}	$2/m$	斜方柱	石膏
		斜方晶系	L^2 或 P 多于一个	$3L^2$	D_2	222	斜方四面体	泻利盐
				L^22P	C_{2v}	mm	斜方单锥	锑银矿
				$3L^23PC$	D_{2h}	mmm	斜方双锥	铬重晶石
中级晶族	只有一个高次轴	三方晶系	唯一高次轴 L^3	L^3	C_3	3	三方单锥	硫砷锌铜矿
				L^3C	C_{3i}	$\bar{3}$	菱面体	白云石
				L^33L^2	D_3	32	三方偏方面体	石英
				L^33P	D_{3v}	$3m$	复三方单锥	镁电气石
				L^33L^23PC	D_{3d}	$\bar{3}m$	复三方偏三角面体	方解石
		四方晶系	唯一高次轴 L^4	L^4	C_4	4	四方单锥	柱硼镁石
				L_i^4	S_4	$\bar{4}$	四方四面体	砷硼钙石
				L^4PC	C_{4h}	$4/m$	四方双锥	白钨矿
				L^44L^2	D_4	42	四方偏方面体	镍矾
				L^44P	C_{4v}	$4mm$	复四方单锥	羟氯铜铅矿
				$L_i^42L^22P$	D_{2d}	$\bar{4}2m$	复四方偏三角面体	黄铜矿
				L^44L^25PC	D_{4h}	$4/mmm$	复四方双锥	锆石
		六方晶系	唯一高次轴 L^6	L^6	C_6	6	六方单锥	霞石
				L_i^6	C_{3h}	$\bar{6}$	三方双锥	氟铅石
				L^6PC	C_{6h}	$6/m$	六方双锥	铅硅磷灰石
				L^66L^2	D_6	622	六方偏方面体	β-石英
				L^66P	D_{6v}	$6mm$	复六方单锥	红锌矿
				$L_i^63L^23P$	D_{3h}	$\bar{6}m2$	复三方双锥	蓝锥矿
				L^66L^27PC	D_{6h}	$6/mmm$	复六方双锥	绿柱石
高级晶族	有多个高次轴	等轴晶系	必有 $4L^3$	$3L^24L^3$	T	23	五角三四面体	香花石
				$3L^24L^33PC$	T_h	$m3$	偏方复十二面体	黄铁矿
				$3L^44L^36L^2$	O	43	五角三八面体	硒金银矿
				$3L_i^44L^36P$	T_d	$\bar{4}3m$	六四面体	碘铜矿
				$3L^44L^36L^29PC$	O_h	$m3m$	六八面体	方铅矿

高、中、低级晶族（即 7 个晶系）的晶体，不仅晶体形态上各有特点，而且在物理性质上也

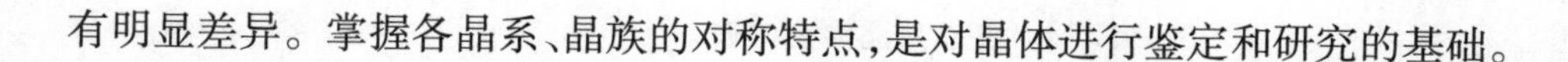

有明显差异。掌握各晶系、晶族的对称特点，是对晶体进行鉴定和研究的基础。

1.3　晶体定向

1.3.1　晶体定向与晶体的坐标系统

晶体定向是在晶体中选定一个与晶体对称特征相符合的坐标系统，使晶体中各种几何要素得到相应的空间取向。与数学上的坐标系相似，晶体的坐标系也包括两个最基本的要素，即轴单位和轴角。晶体定向的本质就是要选择晶轴并确定各个晶轴上的轴单位。

晶轴即晶体的坐标轴，与晶体中一定的行列相适应，一般有3个，分别记作 X、Y 和 Z 轴或 a、b 和 c 轴。各结晶轴的交点位于晶体中心。晶轴的安置是以上下直立方向为 Z 轴，正端朝上；前后方向为 X 轴，正端在前；左右方向为 Y 轴，右端为正（图1.12）。这种由3个晶轴构成的坐标系称为三轴坐标系。

习惯上，人们还为三方和六方晶系的晶体设置了另一套坐标系统，即在水平方向上安置了正端交角互为120°的3个晶轴，分别称为 X、Y 和 U 轴或 a、b 和 u 轴。X 轴的正端朝左前方，Y 轴正端朝正右方，U 轴正端朝左后方，直立轴仍为 Z 轴或 c 轴，正端朝上，构成四轴坐标系（图1.13）。

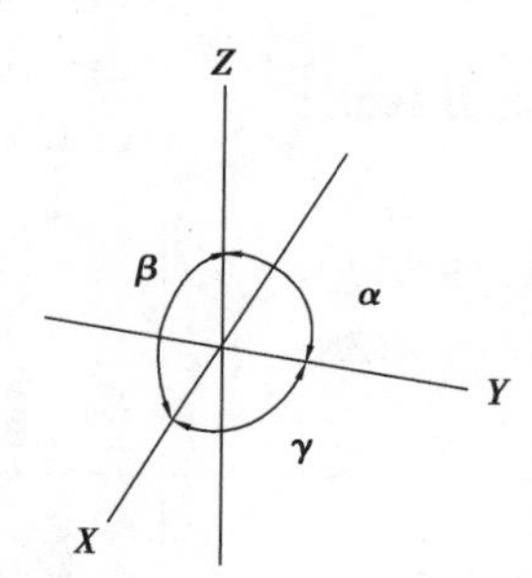

图1.12　晶体的三轴定向

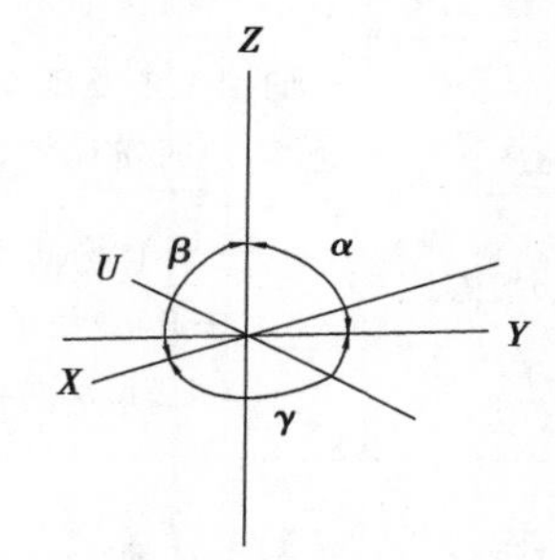

图1.13　晶体的四轴定向

1.3.2　各晶系晶体定向的选轴原则

选择晶轴时应遵循以下原则。

①应符合晶体所固有的对称性。因此，晶轴应与对称轴或对称面的法线重合；若无对称轴和对称面，晶轴可平行晶棱选取。

②在上述前提下，应尽可能使各晶轴相互垂直或近于垂直，并使轴单位趋于相等（在晶体宏观形态上是使轴率趋于1），即尽可能使之趋于 $a=b=c$，$\alpha=\beta=\gamma=90°$。

由于对称上的特殊性，六方和三方晶系晶体采用四轴定向，其他晶系都采用三轴定向。各晶系中各个对称型的晶体定向方法见表1.4。

表 1.4　各晶系晶体定向表

晶族	晶系	对称型	结晶轴的选择	结晶轴的安置及晶体常数特征
高级晶族	等轴晶系	$3L^2 4L^3$ $3L^2 4L^3 3PC$	3 个相互垂直的 L^2 分别为 a、b、c 轴	a 轴前后水平， b 轴左右水平， c 轴直立； $a=b=c$， $\alpha=\beta=\gamma=90°$
		$3L_i^4 4L^3 6P$	3 个相互垂直的 L_i^4 分别为 a、b、c 轴	
		$3L^4 4L^3 6L^2$ $3L^4 4L^3 6L^2 9PC$	3 个相互垂直的 L^4 分别为 a、b、c 轴	
中级晶族	四方晶系	L^4，L_i^4，L^4PC	唯一的高次轴是直立的 c 轴； 2 个均垂直于 c 轴且本身也相互垂直的适当晶棱方向分别为 a 轴和 b 轴	c 轴直立，b 轴左右水平； a 轴前后，$a=b\neq c$， $\alpha=\beta=\gamma=90°$
		$L^4 4P$	2 个相互垂直的 P 的法线分别为 a 轴和 b 轴	
		$L^4 4L^2 L_i^4 2L^2 2P$， $L^4 4L^2 5PC$	2 个相互垂直的 L^2 分别为 a 轴和 b 轴	
	六方和三方晶系	$L^6 6L^2$，$L^6 6L^2 7PC$， $L^3 3L^2$，$L^3 3L^3 3PC$	3 个互成 60°交角的 L^2 分别为 a 轴、b 轴和 u 轴	a 轴水平朝正前偏左 30°， u 轴水平朝正后偏左 30°， $a=b\neq c$，$\alpha=\beta=90°$， $\gamma=120°$
		$L^6 6P$，$L_i^6 3L^2 3P$， $L^3 3P$	3 个互成 60°交角的 P 的法线分别为 a 轴、b 轴和 u 轴	
		L^6，L_i^6，L^6PC， L^3，L^3C	3 个均垂直于 c 轴且本身互成 60°交角的适当晶棱方向分别为 a 轴、b 轴和 u 轴	
低级晶族	斜方晶系	$3L^2$，$3L^2 3PC$	3 个相互垂直的 L^2 分别为 a、b、c 轴	c 轴直立； a 轴前后水平， b 轴左右水平，c 轴直立； $a\neq b\neq c$， $\alpha=\beta=\gamma=90°$
		$L^2 2P$	L^2 为 c 轴，2 个相互垂直的 P 的法线为 b 轴和 c 轴	
	单斜晶系	L^2，L^2PC	L^2 为 b 轴； 2 个均垂直 b 轴的适当晶棱方向分别为 c 轴和 a 轴	b 轴左右水平，a 轴前后，朝前下方倾； $a\neq b\neq c$， $\alpha=\gamma=90°$，$\beta>90°$
		P	P 的法线为 b 轴	
	三斜晶系	L^1，C	3 个适当的晶棱方向分别为 c 轴、b 轴和 a 轴	b 轴左右、朝右下方倾， a 轴大致前后、朝前下方倾； $a\neq b\neq c$， $\alpha\neq\beta\neq\gamma\neq 90°$

1.3.3 晶胞参数与晶体常数

(1)晶胞参数与晶体常数的概念

在晶体的坐标系统中，轴单位 a、b、c 和轴角 α、β、γ 确切地反映了晶体结构中晶胞(即平行六面体)的大小和形状，是晶体结构研究的重要参数，称为晶胞参数(cell parameter)。根据晶体宏观对称特点确定的晶体坐标系统的轴率。轴单位 a、b、c 和轴角 α、β、γ 称为晶体常数(crystal constant)。由晶体常数可以获得晶体中晶胞的形状，但不能知道其确切大小。

(2)各晶系晶体常数特点

不同晶系的晶体常数特点见表1.5及图1.14。

表1.5 各晶系晶体常数特点

晶系	晶体常数	晶族	晶体常数特点	
			轴长	轴角
等轴晶系	$a=b=c;\alpha=\beta=\gamma=90°$	高级晶族	$a=b=c$	直角坐标
四方晶系	$a=b\neq c;\alpha=\beta=\gamma=90°$	中级晶族	$a=b\neq c$	直角坐标
六方及三方晶系	$a=b\neq c;\alpha=\beta=90°,\gamma=120°$	中级晶族	$a=b\neq c$	水平轴角 $\gamma=120°$，其他二轴角为直角
斜方晶系	$a\neq b\neq c;\alpha=\beta=\gamma=90°$	低级晶族	$a\neq b\neq c$	直角坐标
单斜晶系	$a\neq b\neq c;\alpha=\gamma=90°,\beta>90°$	低级晶族	$a\neq b\neq c$	前轴角 $\beta>90°$，其他二轴角为直角
三斜晶系	$a\neq b\neq c;\alpha\neq\beta\neq\gamma\neq 90°$	低级晶族	$a\neq b\neq c$	全斜角

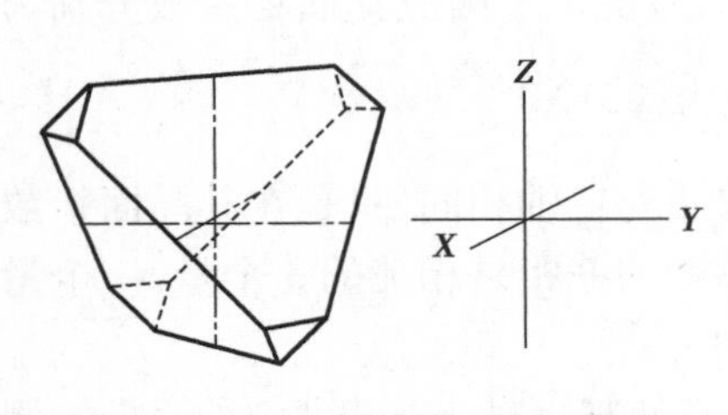

(a)等轴晶系
闪锌矿(左)方铅矿(右)

(b)四方晶系
锆石 $a:c$=1:0.640 37

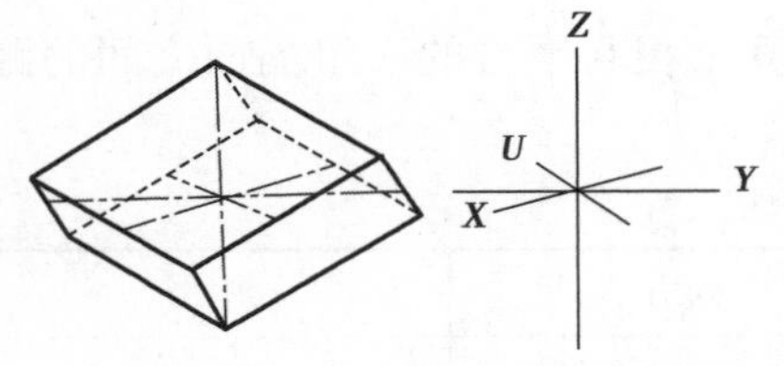

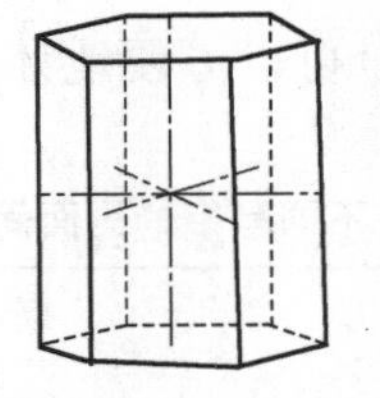

(c)三方及六方晶系
方解石(三方)(左) $a:c$=1:0.854 3
绿柱石(六方)(右) $a:c$=1:0.498 9

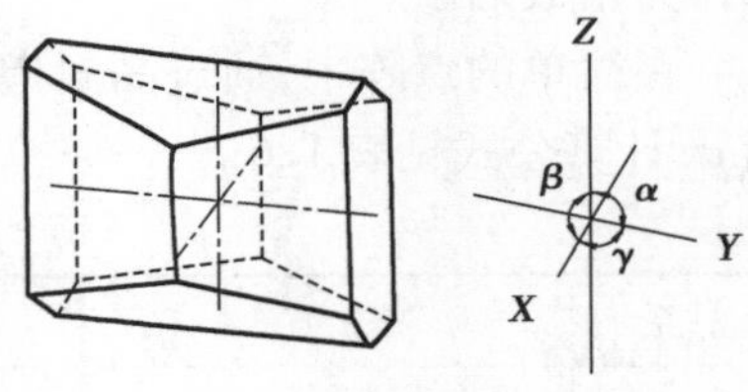

(d)三斜晶系
钠长石 $a:b:c$=0.633 5:1:0.557 7
α=94°3′ β=116°29′ γ=88°9′

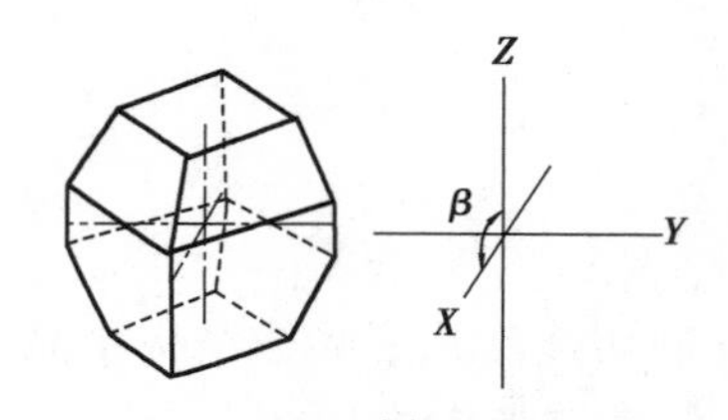

(e)单斜晶系

榍石$a:b:c=0.754\ 7:1:0.854\ 3$　　$\beta=119°43'$

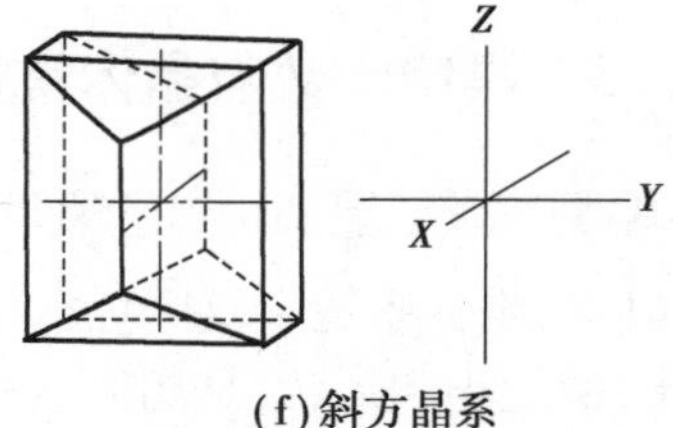

(f)斜方晶系

黄玉$a:b:c=0.473\ 4:1:0.682\ 8$

图 1.14　各晶系晶体定向和晶体常数特点举例

1.3.4　晶面指数

在晶体中,处于同一面网上的质点构成一个晶面,晶体定向后,可用晶面指数表示晶体中不同的晶面。通常采用的是 1839 年英国学者米勒(Miller)创立的米氏符号表示。

米氏符号为晶面在 3 个晶轴上的截距倒数的互质整数比。用符号表示:三轴坐标时为(hkl),四轴坐标时为($hkil$)。

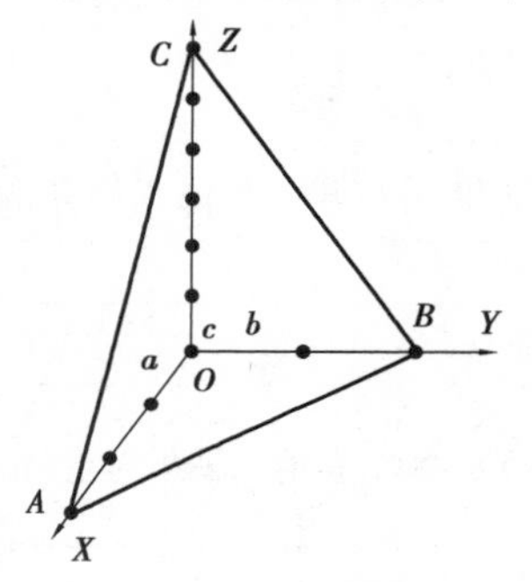

图 1.15　晶面(231)的坐标

确定方法如下:

①确定晶体的轴单位或轴率。

②用晶面在各晶轴上的截距分别除以对应的轴单位或轴率系数,得到晶面在各晶轴的截距系数。

③按 X、Y、Z(三轴时)或 X、Y、U、Z(四轴时)顺序求出截距系数的倒数之比,并化简成简单的整数比,去掉比号,加上小括号,即为米氏符号,其通式为(hkl)或($hkil$)。

例如,有一单斜晶系晶体的晶面 ABC 在 X、Y、Z 轴上的截距分别为 $3a$、$2b$、$6c$,其晶面指数求解过程如下:

X、Y、Z 三晶轴的单位分别为 a、b、c,因此其截距系数分别为 3、2、6,其倒数比为$\frac{1}{3}:\frac{1}{2}:\frac{1}{6}=2:3:1$,因此其晶面指数为(231)。

对于三方晶系和六方晶系的四轴定向中晶面指数的求法与三轴相同,只是在其晶面指数($hkil$)中,由于 X、Y、U 轴同处于一个平面上,故此三轴与晶面的截距是相关的 3 个量,一个量可用另外两个量表示。具体表现在晶面指数上为 $h+k+i=0$。

需要注意的是:选定坐标轴不要与晶面重合。因为这会使某一轴上的截距为零,零的倒数是无穷大而变得无意义了。选定坐标轴与晶面平行是可以的,截距是无穷大,倒数是零可以作为指数因子。

在简单的点阵中,通过晶面指数(hkl)可以方便地计算出相互平行的一组晶面之间的距离 d,计算公式见表 1.6。

表 1.6　不同晶系的晶面间距

晶系	立方	正方	六方	斜方
晶面间距	$\frac{1}{d^2}=\frac{h^2+k^2+l^2}{a^2}$	$\frac{1}{d^2}=\frac{h^2+k^2}{a^2}+\frac{l^2}{c^2}$	$\frac{1}{d^2}=\frac{4}{3}\left(\frac{h^2+hk+k^2}{a^2}\right)+\frac{l^2}{c^2}$	$\frac{1}{d^2}=\frac{h^2}{a^2}+\frac{k^2}{b^2}+\frac{l^2}{c^2}$

1.4 14 种布拉维点阵与晶胞

1.4.1 14 种布拉维点阵

在晶体中抽象出来的空间点阵是一个由无限多阵点在三维空间作规则排列的图形。为了描述这个空间点阵,可以用三组不在同一个平面上的平行线将全部阵点连接起来,整个空间点阵就被这些平行线分割成一个个紧紧排列在一起的六面体,结点(即阵点)在平行六面体的角顶处。因此,空间点阵也可以看成一种空间格子,这样就可以通过阵点在单位中的排列情况来推知整个空间点阵中阵点的分布规律,从而可以得到相对于该空间点阵晶体的可能结构。那么如何从这些大小和形状都不同的平行六面体中取出合格的平行六面体,根据对称性规律总结出以下 3 条原则。

①选择的平行六面体应反映整个空间点阵的对称性,即要求空间点阵属于某晶系的全部特征对称元素都应出现在单位平行六面体中。

②在满足上述条件的情况下,应选取直角最多的平行六面体。

③在遵守上述两条件的情况下,要选体积最小的平行六面体。

从空间点阵中选取出来,且符合选择原则的单位平行六面体,由于和整个空间点阵的对称性相一致,因此也必定与相应的晶体结构和外形上的对称性相关联。这样,对应于 7 个晶系,单位平行六面体也有 7 种不同类型,它们的大小和形状用 3 个互不平行的基本向量 $\boldsymbol{a}$、$\boldsymbol{b}$ 和 $\boldsymbol{c}$ 的长度及其夹角 α、β 和 γ 来描述。此 $\boldsymbol{a}$、$\boldsymbol{b}$、$\boldsymbol{c}$ 和 α、β、γ 通称为点阵常数。根据布拉维的推导,从所有晶体的空间点阵中,能够选取出反映空间点阵全部特征的单位平行六面体,只有 14 种,称为晶体的 14 种空间点阵(或空间格子),也称为 14 种布拉维点阵(或格子)。14 种布拉维点阵如图 1.16 所示。

在 14 种布拉维点阵中,根据结点的分布情况可有 4 种类型。

①简单点阵。以符号 P 表示,又称原始格子。仅在单位平行六面体的 8 个角顶处分布有结点,由于角顶上每一个结点分属于邻近的 8 个单位平行六面体所共有,故每一个简单点阵的单位平行六面体内,实际就含有一个结点。

②体心点阵。以符号 I 表示,又称体心格子。除 8 个角顶外,在单位平行六面体的体心处还分布一个结点,这个结点只属于这个单位平行六面体所有,故体心点阵的单位平行六面体内包含有 2 个结点。

③底心点阵。以符号 C 表示,又称底心格子。除 8 个角顶外,在单位平行六面体的上、下底面中心处还各分布一个结点,这个面上的结点是属于相邻的 2 个单位平行六面体所共有,故底心点阵的单位平行六面体内也只包含 2 个结点。

④面心点阵。以符号 F 表示,又称面心格子。除 8 个角顶外,在单位平行六面体每一个面的面心都各分布一个结点,故面心点阵的单位平行六面体内共包含有 4 个结点。

关于 14 种布拉维点阵还要作两点说明。

①在单独一个简单六方点阵的单位平行六面体中,不存在 6 次旋转轴,如图 1.17(a)所示。如果把 3 个简单六方点阵的平行六面体拼在一起,呈六方柱形体,就可以显示出六方对称的特点了,如图 1.17(b)所示。故有的书上直接以图 1.17(b)来表示六方格子。但不要把图 1.17(b)当成一个单位平行六面体。

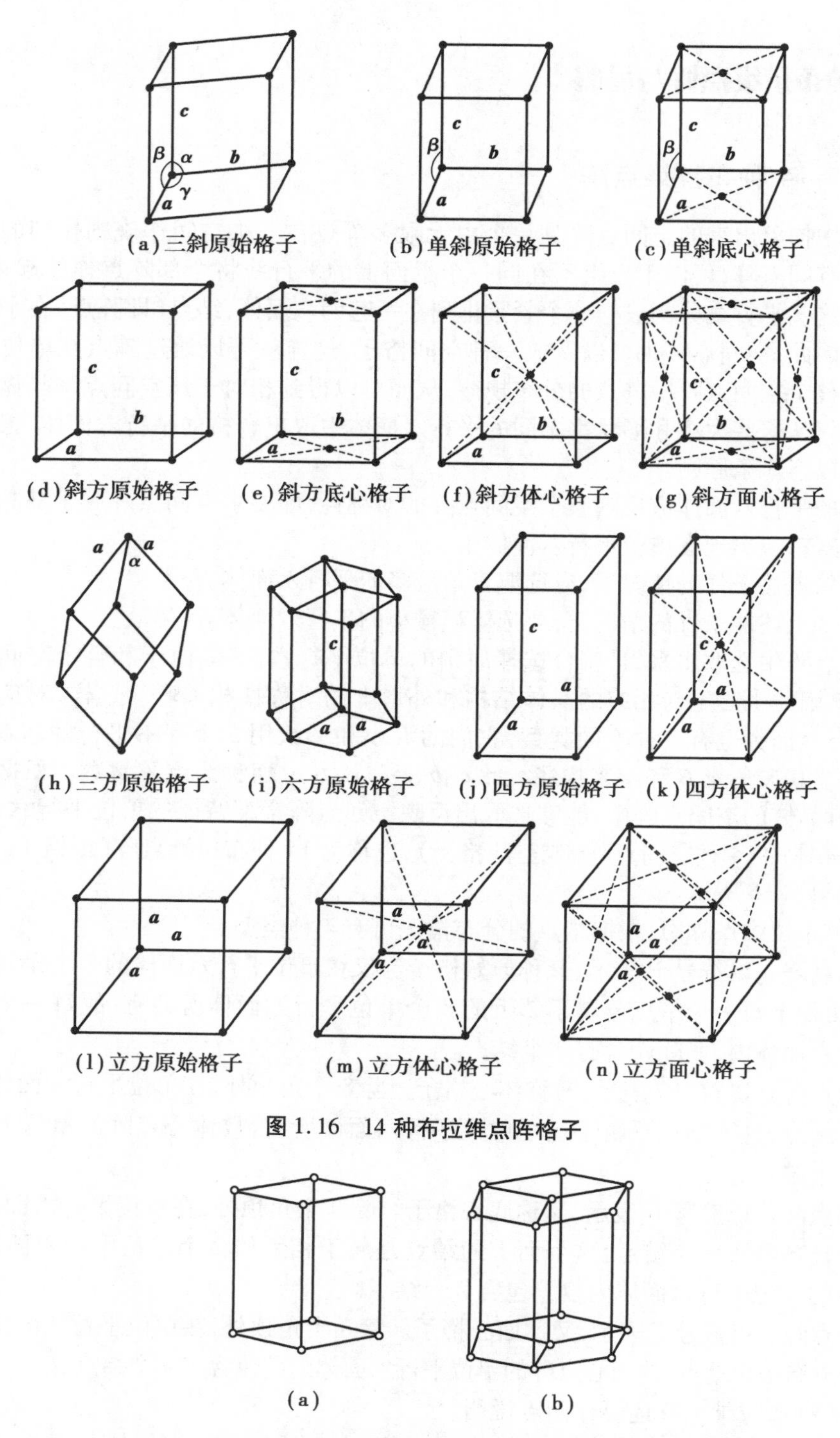

图 1.16　14 种布拉维点阵格子

图 1.17　关于六方晶系的单位平行六面体

②14 种布拉维点阵能够包括晶体的全部空间点阵，看起来似乎不够全面。例如，怎么没有四方底心点阵？实际上从图 1.18 可以看出，这种点阵可以看成图中虚线所示的体积减小

了一半的简单四方的排列。又如菱面体面心格子，它包含只有一个结点的简单菱面体点阵，如图 1.19 所示的粗线。其他情况也是类似的。

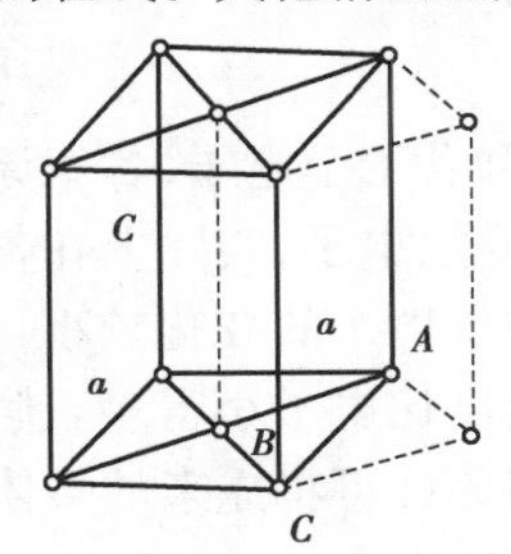

图 1.18 四方底心（实线）和简单四方（虚线）点阵之间的关系

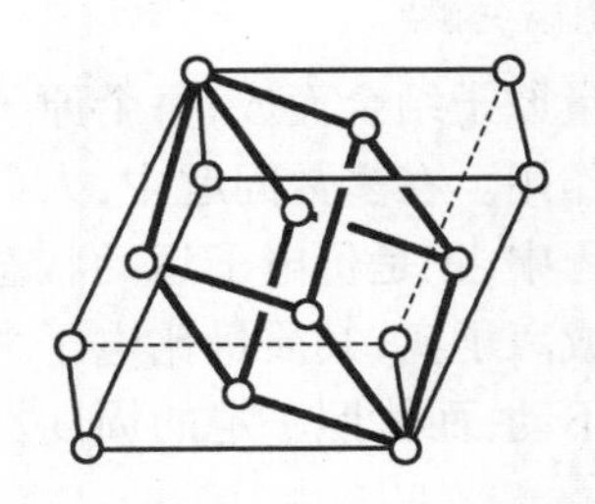

图 1.19 面心菱面体（细线）和简单菱面体（粗线）点阵之间的关系

14 种布拉维点阵是空间点阵的基本组成单位，只要知道了点阵所属晶系和格子类型以及单位平行六面体的参数，就能确定整个空间点阵的特征。

1.4.2 晶胞

如果将空间点阵中的所有阵点全部用完全相同的结构单元来代替，便可得到晶体的微观结构。晶体结构中相当于点阵单位的那一部分空间称为晶胞。晶胞是晶体结构的最小重复单位，其大小和形状也用轴单位 a、b、c 和轴角 α、β 和 γ 这 6 个参数来描述，称为晶格常数或晶胞常数，它们的意义及数值与对应的单位点阵常数完全一致。晶体与点阵的对应关系见表 1.7。

表 1.7 晶体与点阵的对应关系

空间点阵（空间格子）	平面点阵（面网）	直线点阵（行列）	点阵点（结点）	单位	点阵常数
晶体	晶面	晶棱	结构单元	晶胞	晶胞常数

显然，晶胞比点阵单位的意义更加具体，它具有实在的物质内容，是能够保持整个晶体的物理性质和几何性质的最小构造单位。在讨论晶体结构时，常用晶胞概念，只要知道晶胞的结构状况，整个晶体结构也就清楚了。而单位只有纯粹的几何意义，只有在讨论点阵的几何性质时，才用单位这种概念。

1.5 晶体化学基本原理

无机非金属材料多数是以结晶状态存在的物质——晶体。不同的晶体具有不同的性质，晶体所具有的性质是由晶体的内部结构决定的，如果内部结构发生了变化，性质也将产生变化。晶体的结构是由构成晶体的原子或离子在三维空间中的堆积方式所决定的，故晶体的结构又与晶体的化学组成相联系。化学组成的改变，意味着构成晶体的质点（原子或离子）在本质上存在差异，从而在结构中的排列组合方式也发生变化。因此，晶体化学的任务主要就是研究晶体的组成、内部结构和性质之间的关系。

1.5.1 电子能带结构与分子轨道理论

(1)电子能带结构

晶体由大量原子结合而成,每个原子又包括原子核和若干个电子,各个原子核和电子之间存在着相互作用。在多数问题中,人们最关心的是外壳层电子,实际上在各个孤立原子结合成晶体的过程中,正是价电子运动状态变化很大,而内层电子的变化较小,于是,将原子核和内层电子看成离子实,其质量比电子大得多,其运动速度比电子小得多。假设这些离子实在晶体中固定不动,而依照一定的周期性在空间排布着,为此可将原来的多体问题简化成多电子问题。

空间中某处的一个价电子所受到的其余价电子的作用,是与其余价电子的空间位置有关的,但在一定的宏观条件下平均看来,电子的空间分布是不变的。因此,可以近似认为每个价电子都感受到其余所有价电子所提供的一个平均势场。每个价电子都是在一个周期性的等效势场中运动,该等效势场包括由周期排布的离子实所提供的势场和其余价电子的平均势场。布洛赫(Bloch)首先系统地研究了周期势场中的薛定谔方程,从此逐渐产生了能带理论。

在等效周期势场中的单电子不再束缚于个别原子,而是为整个晶体所共有,遍及整个晶体而运动,被称为"共有化的电子"。共有化的电子运动是指不同原子中的相似轨道上的电子转移,每个原子中电子轨道从内到外依 1s,2s,2p,3s,…排列,相似轨道是指不同原子的 1s,2s,2p,…轨道,因为在各原子的相似轨道上,电子有相同的能量,所以能在相似轨道上转移。因此应当说,每一个原子能级结合成晶体后,引起了相应的电子共有化运动。

由于电子共有化运动,当 N 个原子相接近形成晶体时,原来单个原子中的每个能级分裂成 N 个与原来能级很接近的新能级。而电子则具有某一新能级的能量,在晶体点阵的周期性场中运动。

实际晶体中,原子数目 N 非常大,同时新能级又与原来能级非常接近,因此 2 个相邻新能级间能量差非常小,其数量级为 10^{-22} eV,几乎可以认为是连续的。这 N 个新能级具有一定的能量范围,故称为能带。可见,能带是能级分裂的结果,如图 1.20 所示。

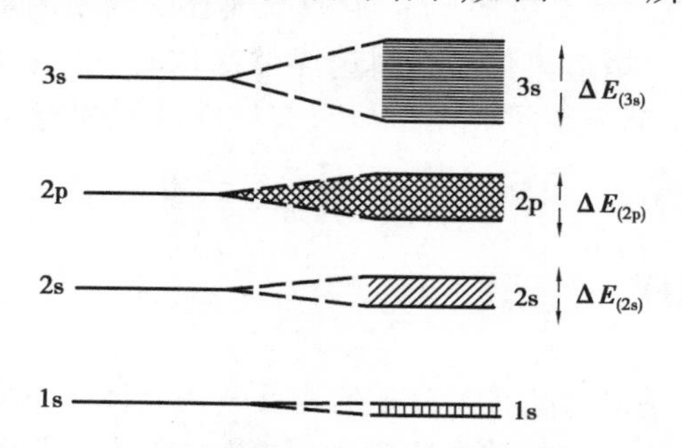

图 1.20 N 个原子结合成晶体时形成能带的示意图

由于原子中的每个能级在晶体中要分裂成一个能带,所以在两个相邻的能带间,可能有一个不被允许的能量间隔,这个能量间隔称为禁带。两个能带也可能重叠,这时禁带消失。

由价电子能级分裂而成的能带称为价带,由各激发态能级分裂而成的能带称为导带,有时也沿用分裂以前的原子能级的名称,称为 3s 能带、3p 能带等。理论计算和实际观测都指出,一般晶体每条能带的宽度约有几个电子伏特的数量级,与原子结成晶体,其结合的紧密程度和这一能级的电子云重叠程度有关,而与结成晶体的原子数无关。

固体材料的电子能带结构:设想一个由 N 个原子组成的固体材料,假设一开始原子之间的距离很大,然后逐渐缩小,使它们形成正常的晶体。当原子间距很大时,由于原子间没有相互作用,每个原子对其他原子来说都是孤立的;每个原子中的电子都和孤立原子中的电子一样处于分立的能级(如 1s,2s,2p,…)上。但是当原子间距缩小时,每个原子中的电子就会受到邻近原子中的电子和原子核的作用。其结果,每个能级都将分裂成 N 个彼此相隔很近的能级,展宽为能带。能级的分裂首先从价电子开始,内层电子的能级只有在原子非常接近时才发生分裂。价电子的能带—价带—与未填充电子的较高能级的能带—导带之间可能发生交叠,交叠的程度与原子间的距离有关。原子间距越小,交叠的程度越大。固体材料的电子能带结构就是原子处于平衡间距时的电子能带结构,如图 1.21 所示。

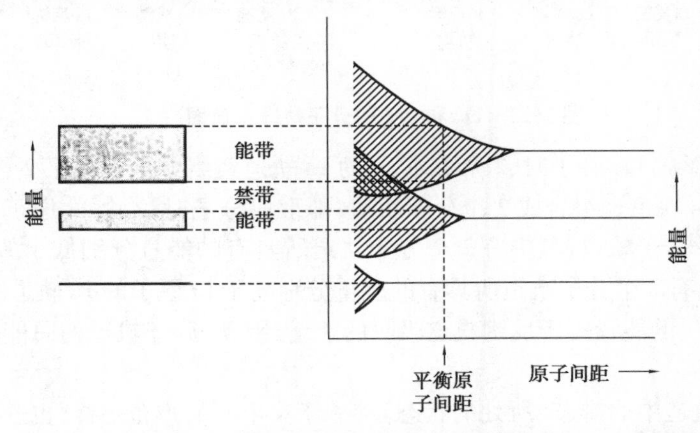

图 1.21　原子彼此构成晶体时,电子能级的展宽与交叠示意图

(2)分子轨道理论

分子轨道理论(molecular orbital theory,MO 法)是一种共价键理论,它将分子看作一个整体,由分子中各原子间的原子轨道重叠组成若干分子轨道,几个原子轨道组合后可得几个分子轨道,然后将电子逐个填入分子轨道,如同原子中将电子安排在原子轨道一样。填充顺序所遵循的规则与填入原子轨道相同,遵从能量最低、泡利不相容原理和洪特规则,电子属于整个分子。

分子轨道理论的基本要点如下。

①分子轨道理论把分子看成一个整体。原子形成分子后,电子不再局限于个别原子的原子轨道,而是从属于整个分子的分子轨道。分子轨道是描述分子中电子运动状态的波函数。

②分子轨道可近似地由能量相近的原子轨道适当组合而成,所形成的分子轨道的数目等于参加组合的原子轨道数,所形成的分子轨道的能量发生改变。以双原子分子为例,2 个原子的原子轨道以同号部分叠加形成了分子轨道,由于在两核间电子云密度增大,致使其能量较原子轨道的能量低,称为成键分子轨道。而当 2 个原子的原子轨道异号部分相叠加,相当于重叠相减,此时形成的分子轨道在两原子核间电子云密度减小,故其能量高于原子轨道的能量,称为反键分子轨道,如图 1.22 所示。

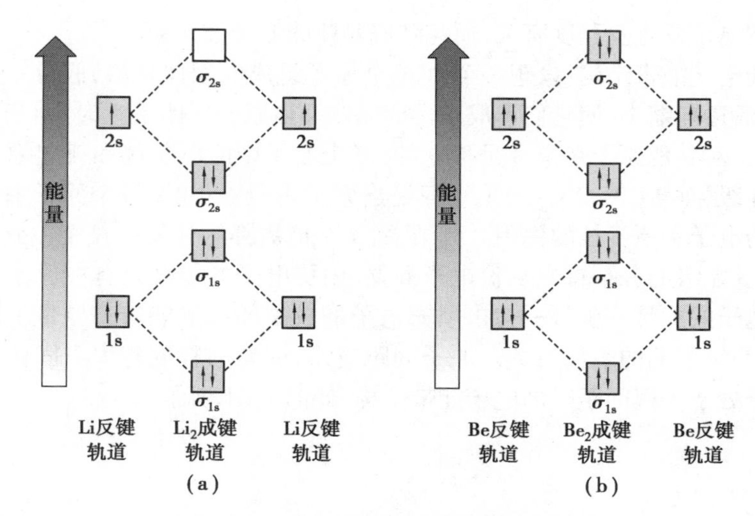

图 1.22　Li_2 和 Be_2 的分子轨道示意图

如 2 个 Li 原子形成 Li_2 分子时,2 个 Li 原子的 1s 轨道经组合后形成了 2 个分子轨道;同时,每个 Li 原子的 2s 轨道也组合成 2 个分子轨道,即形成分子时,2 个 Li 原子的 4 个原子轨道经组合后形成 4 个分子轨道,其中有 2 个分子轨道所具有的能量分别低于 Li 原子的 1s 轨道和 2s 轨道的能量,有 2 个分子轨道所具有的能量分别高于 Li 原子的 1s 轨道和 2s 轨道的能量,而且成键轨道放出的能量等于反键轨道吸收的能量,因此,分子轨道的总能量和原来原子轨道的能量是相等的。

③电子在分子轨道中的排布(所处的状态)与原子中电子的排布一样,也遵守泡利不相容原理、能量最低原理和洪特规则。

1.5.2　晶体结构的键合

(1)范德华力

一个分子与另一个分子之间的基本吸引力就是通常所说的范德华力(van der Waals force)或称伦敦分散力。分子间的范德华力是决定物质熔点、沸点、溶解度等物理化学性质的一个重要因素。对于范德华力本质的认识也是随着量子力学的出现而逐步深入的。

一般范德华力包括 3 个部分。

①取向力。取向力发生在极性分子和极性分子之间。由于极性分子具有偶极,而偶极是电性的,因此 2 个极性分子相互接近时,偶极将发生相互影响,即同极相斥,异极相吸,使分子发生相对转动。这种运动,即偶极子的互相转动,使它们相反的极相对,叫作“取向”。在已取向的偶极分子之间,由于静电引力将互相吸引,当接近到一定距离后,排斥和吸引会达到相对平衡,从而使体系能量达到最小值。这种分子间的相互作用叫作取向力。图 1.23 是 2 个极性分子相互作用的示意图。

由于取向力的本质是静电引力,因此根据静电理论可以具体求出取向力的大小。结果表明,取向力与下列因素有关:取向力与分子的偶极矩的平方成正比,即分子的极性越大,取向力越大;取向力与绝对温度成反比,温度越高,取向力就越弱。此外,经过理论分析知道,取向力与分子间距离的 6 次方成反比,即随分子间距离变大,取向力递减得非常快。

②诱导力。在极性分子和非极性分子之间以及极性分子和极性分子之间都存在着诱导力。在极性分子和非极性分子之间,由于极性分子偶极所产生的电场对非极性分子发生了影响,使电子云发生了变形(即电子云被吸向极性分子偶极的正端),结果使非极性分子的电子云与原子核发生相对位移,原来非极性分子的正负电荷重心是重合的,相对位移后就不重合了,从而产生了偶极。这种电荷重心的相互移动叫作"变形",因变形产生的偶极叫作诱导偶极,以表示区别于极性分子中原有的固有偶极。诱导偶极与固有偶极间的作用力叫作诱导力。图 1.24 是极性分子和非极性分子相互作用的示意图。

图 1.23 2 个极性分子相互作用示意图　　图 1.24 极性分子和非极性分子相互作用示意图

同样,在极性分子和极性分子之间,除了取向力外,由于极性分子的相互影响,每个分子也会发生变形,产生诱导偶极,其结果是使极性分子的偶极矩增大,从而使分子之间出现了除取向力外的新外吸引力——诱导力。诱导力也会出现在离子和分子以及离子和离子之间。

诱导力的本质是静电引力,因此根据静电理论可以定量求出诱导力的大小,结果表明诱导力和下列因素有关。诱导力与极性分子偶极矩的平方成正比。诱导力与被诱导分子的变形成正比,通常分子中各原子核的外层电子壳越大(含重原子越多),它在外来静电力作用下越容易变形。诱导力也与分子间距离的 6 次方成反比,因此随距离增大,诱导力衰减得更快。最后,诱导力与温度无关。

③色散力。非极性分子间也有相互作用,例如:室温下苯是液体,碘、萘是固体。在低温下 Cl_2、N_2、O_2 甚至稀有气体也能液化。此外,对于极性分子来说,由前两种力算出的分子间作用能也比实验要小得多,说明还存在第三种力,这种力与前两种力不一样,必须根据近代量子力学原理才能正确理解它的来源和本质。由于从量子力学导出的这种力的理论公式与光色散公式相似,因此把这种力称为色散力。色散力可以看作分子的"瞬时偶极矩"相互作用的结果,即由于电子的运动,瞬间电子的位置对原子核是不对称的,也就是说正电荷重心和负电荷重心发生瞬时的不重合,从而产生瞬时偶极。这种瞬时偶极会诱导邻近分子也产生和它相对应的"瞬时偶极",而且这种作用不是单方面的而是相互的。这种相互作用便是色散力。

(2)离子键

1916 年,德国生物化学家科塞尔(Kossel)根据稀有气体原子的电子层结构特别稳定的事实提出了离子键理论。根据这一理论,当电负性小的活泼金属与电负性大的活泼非金属原子相遇时,它们都有达到稀有气体原子稳定结构的倾向,因此电子容易从一个原子转移到另一个原子而形成正、负离子,这两种离子通过静电引力形成离子键。由离子键形成的化合物称为离子化合物。

一般来说,元素的电负性差值越大,形成的离子键越强。当两种元素的电负性差值为 1.7

时,它们之间形成的单键离子性约为50%,因此,一般将元素电负性差值大于1.7时形成的化学键看成离子键。活泼金属原子与活泼非金属原子所形成的化合物如NaCl、MgO等,通常都是离子型化合物。它们的特点是在一般情况下主要以晶体的形式存在,具有较高的熔点和沸点,在熔融状态或溶于水后其水溶液均能导电。

离子键没有方向性。由于离子的电荷分布可看作是球形对称的,它在各个方向上的静电效应是等同的,因此离子间的静电作用在各个方向上都一样。

离子键也没有饱和性。同一个离子可以与不同数目的异号电荷的离子相结合,只要离子空间许可,每一个离子都有可能吸引尽量多的异号电荷离子。但这里并不是说一种离子周围所配位的异号电荷离子的数目就可以是任意的。恰恰相反,在晶体中每种离子都有一定的配位数。它主要取决于相互作用下离子的相对大小,还取决于带有不同电荷离子间的吸引力应超过同号离子间的排斥力。

(3)金属键

金属具有金属光泽,且不透明,易导电、导热,有延展性,这些特性肯定也是由它们的内部结构所决定的。那么金属原子之间的结合力即金属键又有什么特点呢?目前有两种较为成熟的金属键理论可以解释上述特性,一个是金属键的改性共价键理论,另一个是金属键的能带理论(energy band theory)。

1)金属键的改性共价键理论

金属晶体中的金属原子、金属离子和自由电子之间的结合力称为金属键。金属键的特征是没有方向性、没有饱和性。

20世纪初,德国物理学家德鲁德(Drude)等人首先提出了金属的自由电子气模型。该模型认为:在固态或液态金属中,由于金属原子的电离能较低,金属晶体中的原子的价电子可以脱离原子核的束缚,成为能够在整个晶体中自由运动的电子,这些电子称为自由电子。失去电子的原子则形成了带正电荷的离子。自由电子可以在整块金属中运动,而不是从属于某一个原子。正是这些自由电子的运动,把金属阳离子牢牢地黏在一起,形成了所谓的金属键。这种键也是通过共用电子而形成的。因此,可以认为金属键是一种改性共价键,其特点是整个金属晶体中的所有原子共用自由电子,就像金属阳离子存在于由自由电子形成的“海洋”中,或者说在金属晶格中充满了由自由电子组成的“气”,自由电子的存在使金属具有光泽,以及良好的导电性、导热性和延展性。

金属中的自由电子吸收可见光而被激发,激发的电子在跃回到较低能级时,将所吸收的可见光释放出来。因此,金属一般呈银白色光泽。

由于金属晶体中含有可自由运动的电子,在外加电场的作用下,这些电子可以做定向运动而形成电流。因此,金属晶体具有导电性。

当金属晶体的某一部分受到外加能量而温度升高时,自由电子的运动加速,晶体中的原子和离子的振动加剧,通过振动和碰撞将热能迅速传递给其他自由电子,即热能通过自由电子迅速传递到整个晶体中,因此金属具有导热性。

金属中的原子和离子是通过自由电子的运动结合在一起的,相邻的金属原子之间没有固定的化学键,因此,在外力作用下,一层原子在相邻的一层原子上滑动而不破坏化学键,这样,金属具有良好的延展性,易于机械加工。

金属键的改性共价键理论能定性地解释金属的许多特性,但不能解释导体、半导体和绝

缘体的本质区别。

2)金属键的能带理论

金属键的能带理论是一种量子力学模型,可看作分子轨道理论在金属键中的应用。其基本要点如下。

在形成金属键时,金属原子的价电子不再从属于某一特定的原子,而是由整个金属晶体所共有,这种价电子称为离域电子(delocalized electron)。

所有原子的原子轨道组合成一系列能量不同的分子轨道。因价层电子的能量基本相同,使得各价层分子轨道的能量差别极小,近似于连续状态,这些能量相近的分子轨道的集合称为能带(energy band)。

不同电子层的原子轨道形成不同的分子轨道能带,充满电子的能带称为满带(filled band),未充满电子的能带称为导带(conduction band),满带与导带之间的能量间隔称为禁带(forbidden band),禁带中没有电子存在。金属锂的能带模型如图 1.25 所示。

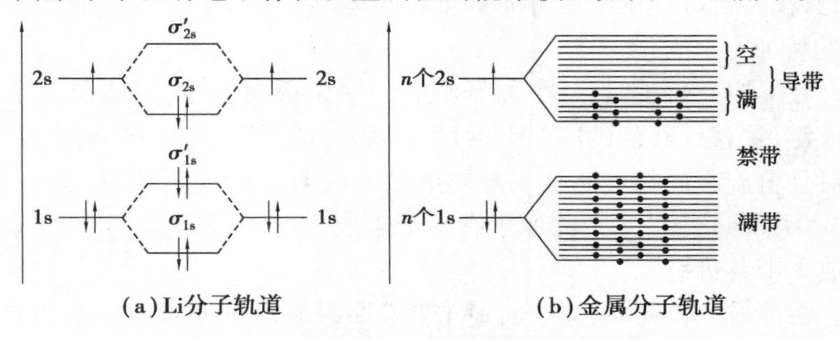

图 1.25 Li 分子的分子轨道能级和金属的能带模型

根据能带结构中禁带宽度和能带中的电子填充状况,可以决定固体材料是导体(conductor)、半导体(semiconductor)或绝缘体(insulator),如图 1.26 所示。

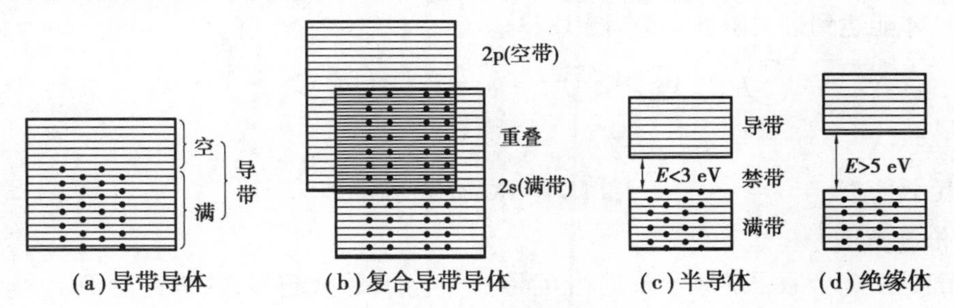

图 1.26 金属能带理论示意图

导体是由未充满电子的能带形成的导带[图 1.26(a)],或由充满电子的满带与未填充电子的空带发生能级交错而形成的复合导带[图 1.26(b)],在外电场作用下价电子可跃迁到邻近的空轨道中导电。例如,金属镁是导体,可以解释为镁的满带与空带交错。

半导体的能带结构如图 1.26(c)所示。满带被电子充满,而导带是空的,禁带宽度很窄($E<3$ eV)。在光照或外电场作用下,满带中的电子容易跃迁到导带上,使原来空的导带填充部分电子,同时,在满带中留下空位,使导带与原来的满带均未充满电子形成导带,具有这种性质的晶体称为半导体,如硅、锗等元素的晶体。

绝缘体的能带结构如图 1.26(d)所示。满带被电子充满,导带是空的,禁带宽度很大($E>$

5 eV)。在外电场作用下,满带中的电子不能跃迁到导带,故不能导电,如金刚石晶体等。

(4)共价键

共价键理论认为原子结合成分子时,原子间可以通过共用一对或几对电子而形成稳定的结构。例如,氢原子和氯原子各提供一个电子为双方共享,形成一对共用电子,使氢原子和氯原子稳定结合成氯化氢分子。这种由共享电子对而形成的化学键称为共价键。由共价键结合起来的化合物称为共价型化合物。在20世纪初,人们对共价键本质的认识是有限的。直到1927年,英国物理学家海特勒(Heitler)和德国物理学家伦敦(London)首次用量子力学处理氢分子结构,提出了价键理论(或称为电子配对法)。1931年美国化学家鲍林(Pauling)提出了杂化轨道理论,圆满解决了多原子分子的成键概念和分子的空间构型,发展和完善了价键理论。20世纪30年代,美国化学家马利肯(Mulliken)、德国化学家洪特(Hund)提出了分子轨道理论,它着重研究分子中电子的运动规律,成功地说明了很多分子的结构以及价键理论无法解释的问题,在共价键理论中占有非常重要的地位。

1)共价键的特征

①饱和性。在形成共价键时,一个原子具有 n 个未成对电子,只能与 n 个自旋方向相反的单电子配对成键,这就是共价键的"饱和性"。例如,氢原子只有一个未成对电子,它与另一个氢原子未成对且自旋方向相反的电子配对成键形成 H_2 后,便不能再与第三个氢原子的单电子配对;又如 NH_3 分子中的1个氮原子有3个未成对电子,只能与3个氢原子的未成对电子相互配对形成3个共价键。

②方向性。在形成共价键时,原子轨道重叠总是沿着尽可能重叠最多的方向进行。除了s轨道是球形外,p、d、f轨道在空间均有一定的伸展方向。因此,除了s轨道和s轨道成键没有方向限制外,其他原子轨道只有沿着一定的方向进行,才会有最大的重叠,这就是共价键的方向性。例如,形成HCl分子时,只有氢原子的1s轨道沿着氯原子的3p轨道(如 $3p_x$)的方向(x 轴方向)才能达到最大限度重叠(图1.27)。

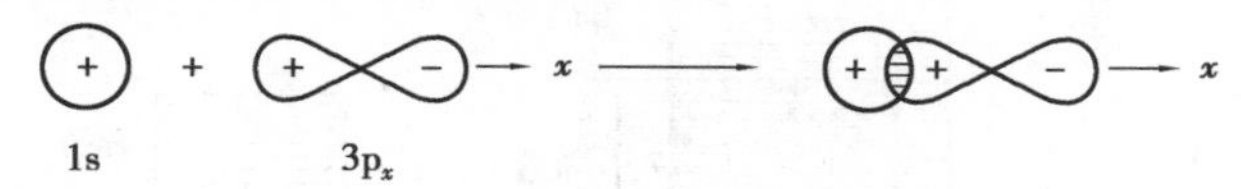

图1.27 HCl分子的形成

2)共价键类型

共价键是由2个原子的原子轨道相互重叠产生的,重叠越多,共价键越稳定。但是原子轨道的重叠并非都是有效的,只有原子轨道的有效重叠才能成键。原子轨道都有一定的对称性,因此重叠时必须对称性合适。所谓对称性合适就是两原子轨道必须以同号(+与+或−与−)重叠才能有效成键;反之,以不同号(+与−或−与+)重叠无效,难以成键。有时同号部分和异号部分相互抵消而为零的重叠,也不能成键。

在原子轨道有效重叠中,按对称性可以划分为不同的类型,最常见的是σ键和π键。

①σ键。两原子轨道沿键轴(成键原子核连线)方向进行同号重叠,所形成的键叫σ键。σ键原子轨道重叠部分集中在两核间,对称于键轴且通过键轴。如s-s轨道重叠、s-p_x 轨道重叠、p_x-p_x 轨道重叠等都是形成σ键。

②π键。两原子轨道沿键轴方向在键轴两侧平行同号重叠,所形成的键叫π键。π键原子轨道重叠部分集中在键轴的两侧。如 p_x-p_x 轨道重叠、d_{xz}-p_z 轨道重叠形成的共价键是

π键。

共价键在亚金属(碳、硅、锡、锗等)、聚合物和无机非金属材料中均占有重要地位,如图1.28所示。

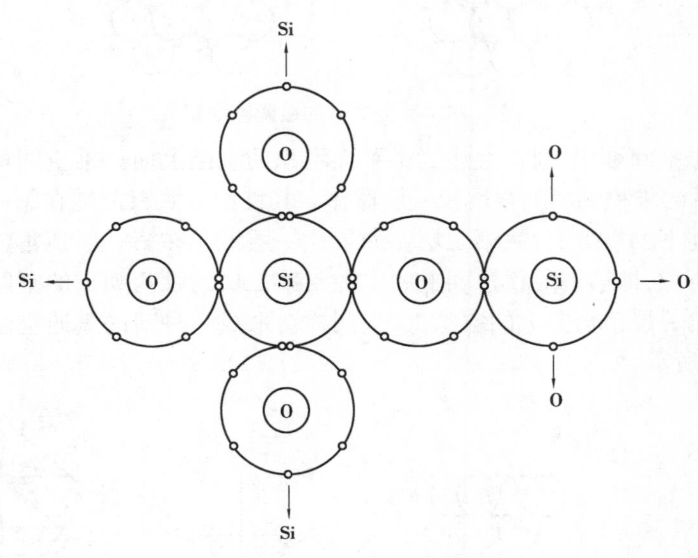

图1.28　SiO_2 中硅和氧原子间的共价键示意图

共价键晶体中各个键之间都有确定的方位,配位数比较小。共价键的结合极为牢固,故共价晶体具有结构稳定、熔点高、质硬脆等特点。由于束缚在相邻原子间的"共用电子对"不能自由地运动,因此共价结合形成的材料一般是绝缘体,导电能力差。

1.5.3　密堆原理及密堆

原子和离子都具有一定的有效半径,可看成具有一定大小的球体。在金属晶体中,金属键是没有方向性和饱和性的。因此,从几何角度看,金属原子之间的相互结合,在形式上可看成球体间的相互堆积。晶体具有最小的内能性,原子相互结合时,相互间的引力和斥力处于平衡状态,这就相当于要求球体间作紧密堆积。在典型的离子晶体中,正负离子的极化一般较小,因此,在正负离子结合时,彼此影响较小,仍可保持其球形对称性。故离子可以看成一个刚性球体。离子晶体中离子的结合,也可以看成球体的堆积。球体堆积越紧密,堆积密度越大,空间利用率越高,系统的内能越小,结构也越稳定。这就是离子堆积的最小内能原则,也称为球体最紧密堆积原理。晶体中离子在空间的堆积是服从这种最紧密堆积原理的。

球体的紧密堆积分为等径球体的最紧密堆积和不等径球体的紧密堆积。

(1)等径球体的最紧密堆积

等径球体的最紧密堆积可以根据堆积方式不同,形成两种结构形式:一种是六方最紧密堆积,另一种是立方最紧密堆积。当等径球体在平面内作二维堆积时,最紧密堆积方式如图1.29所示。若以其中任意一个球为中心,则它与周围6个球作点接触,而且形成6个弧状三角形空隙。这6个弧状三角形空隙大小相等,形状相同,但其分布方位不同。其中一半三角形顶角朝上,另一半顶角朝下,相间分布在中心球的周围。

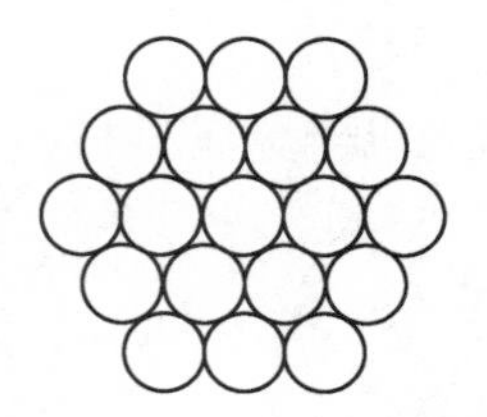
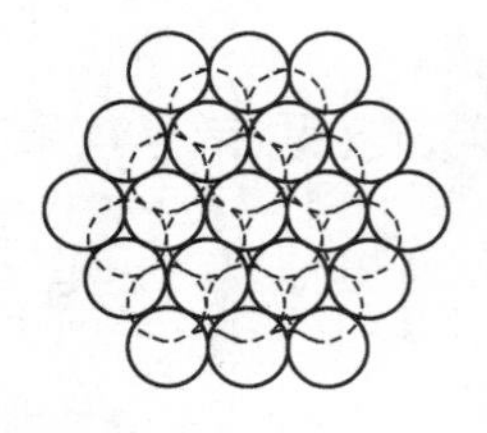

图 1.29　等径球体的最紧密堆积

若球体在三维空间堆积,则在上述二维平面堆积的基础上向三维空间堆积,这就相当于在图 1.30(a)所示的堆积平面上再堆积一层球体。其堆积方式只能堆在第一层的空隙上,即顶角向上或顶角向下的空隙上,属第二层。如果这一层堆积在第一层顶角朝下的空隙上,则又形成一种新的空隙,即第一层顶角朝上的空隙与第二层的顶角朝下的空隙所贯通的空隙。若第二层堆积在第一层顶角向上的空隙上,也同样会形成一种新的贯通空隙,得到同样的结果,如图 1.30(b)所示。

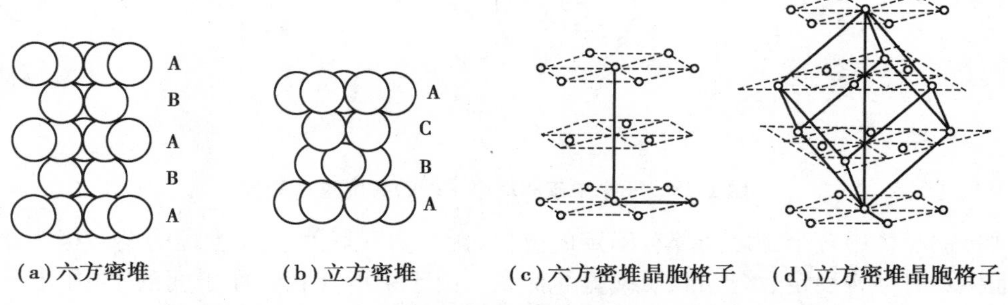

(a)六方密堆　(b)立方密堆　(c)六方密堆晶胞格子　(d)立方密堆晶胞格子

图 1.30　六方和立方最紧密堆积情况及其相应晶胞的格子构造

在堆积第三层时,可有两种情况,一种是堆在第二层形成的顶角朝上或朝下的空隙上,这样就造成了第三层与第一层重复,根据这种堆积方式,若第一层记作 A,第二层记作 B,第三层也是 A,如此堆积是按 ABAB…的层序堆积的,将这些球心连接起来就形成了空间格子中的六方底心格子,具有六方格子的对称性,故这种堆积方式称作六方最紧密堆积。每层球所构成的面网与(0001)面相平行,其密排面与 c 轴相垂直,如图 1.30(c)所示。

若第三层堆放在第一层和第二层所形成的贯通空隙上,则此层不与其他层重复,形成一个新层,记作 C。若继续堆积第四层,将与第一层重复,这样就形成了 ABCABC…重复出现的堆积方式。这种堆积方式中,球体在空间的分布与空间格子中立方面心格子相一致,具有立方晶系的对称性,故称作立方最紧密堆积。每层球面均与立方体三次轴相垂直,其密排面为(111)。这种堆积情况如图 1.30(d)所示。

六方和立方虽属最紧密堆积,但球体之间仍然存在着空隙。按包围空隙周围球体的分布情况,可将空隙分为四面体空隙和八面体空隙。所谓四面体空隙,即一个空隙的周围被 4 个球体所包围,若将此 4 个球心连线,则构成一个正四面体,称此空隙为四面体空隙,如图 1.31(a)所示。若一个空隙被 6 个球体所包围,将此 6 个球心连线,则形成一个正八面体,此空隙为八面体空隙,如图 1.31(b)所示。

在上述最紧密堆积中不难看出,每个中心球的四周均有 8 个四面体空隙,6 个八面体空隙,即每个中心球体上半球面上有 4 个四面体空隙、3 个八面体空隙。该球的下半球面上也有同样数目的四面体空隙和八面体空隙,如图 1.31 所示。然而,一个四面体空隙由 4 个球构

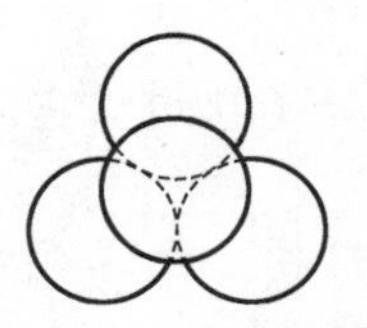
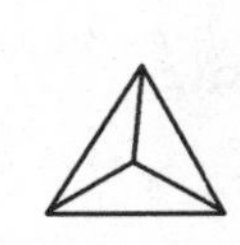

(a)四面体空隙

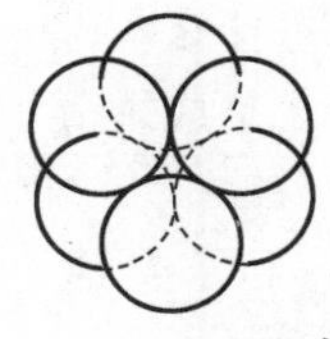
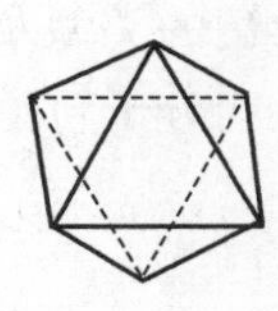

(b)八面体空隙

图 1.31　四面体空隙与八面体空隙

成,真正属于一个球的四面体空隙,只占四面体空隙的1/4;同理,真正属于一个球的八面体空隙,只占八面体空隙的1/6。因此,在最紧密堆积中属于某中心球体的四面体空隙为1/4×8=2个,八面体空隙为1/6×6=1个。这样,若n个球体作最紧密堆积,则必定有n个八面体空隙,$2n$个四面体空隙。

最紧密堆积中,用空间利用率来表示球体堆积的最紧密程度,即最紧密堆积的一定空间中,球体所占空间总体积的百分比。上述立方、六方最紧密堆积的空间利用率均为74.05%,而空间只占25.95%。最紧密堆积中中心球体周围的空隙情况如图1.32所示。

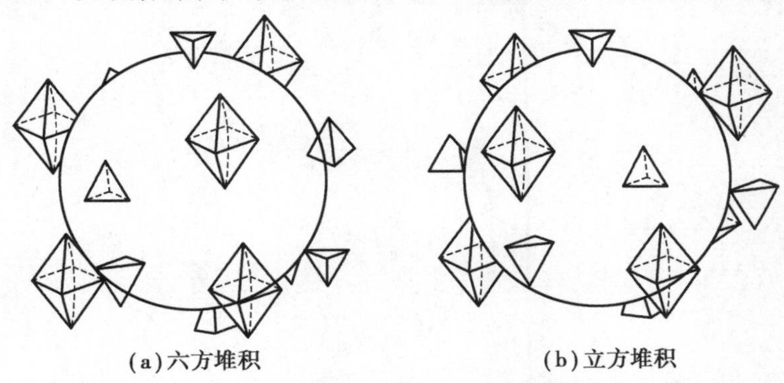

(a)六方堆积　　(b)立方堆积

图 1.32　最紧密堆积中中心球体周围的空隙情况

(2)不等径球体的紧密堆积

不等径球体的堆积可以看作较大球体作等径球的最紧密堆积,而较小球体视其本身大小填在四面体空隙或八面体空隙中,一般较小的球填在四面体空隙中,较大的球填在八面体空隙中,更大些的球则填于更大的空隙,甚至使堆积方式稍加改动,便于填充。

理想的离子晶体结构可看作是这种不等径球体的紧密堆积。通常较大的阴离子作最紧密堆积,较小的阳离子填在空隙中。一般硅酸盐晶体结构的离子堆积主要以O^{2-}作最紧密堆积,形成一个骨架,其他金属阳离子,如Si^{4+}、Al^{3+}、Mg^{2+}、Ca^{2+}、Fe^{3+}、Na^{+}等填在堆积的空隙中。

习题

1-1　名词解释:等同点、空间格子、单位平行六面体、点群、平移群、空间群、晶胞。

1-2　试述晶体的本质及其与性能的关系。

1-3　说明7个晶系的对称特点及与晶体几何常数的关系。

1-4　试说明在等轴晶系中,$(\bar{1}\bar{1}\bar{1})$、$(1\bar{1}1)$、(222)、(110)、(111)面之间的几何关系。

1-5　以六方原始格子为单位,画出相应的空间格子构造的(0001)面投影图。

1-6　化学键的类型及特点是什么？

1-7　什么叫分子轨道？什么是成键分子轨道？什么是反键分子轨道？它们和原子轨道有什么关系？

第2章 理想晶体结构

2.1 原子晶体和分子晶体

2.1.1 原子晶体

惰性气体以单原子分子形式存在,其单原子为满电子层结构,因为它们之间并不形成化学键且具有球形对称结构,所以可以把在平衡时原子之间的配置当作具有一定半径大小的“刚球”的堆积。低温时,除氦以外,所有惰性气体都能通过范德华键凝聚成晶体(氦在-272.2 ℃、26 MPa 下凝聚成晶体),由于范德华键无方向性、饱和性,一个“刚球”周围尽量排满同种“刚球”,因此惰性气体的晶体结构为面心立方或六方紧密堆积结构。

2.1.2 分子晶体

在分子晶体中,晶格结点上排列的是分子,分子之间通过分子间作用力相互吸引在一起。如干冰(固态的二氧化碳),在干冰晶格的结点上排列的是 CO_2 分子,分子之间以分子间作用力相结合。在晶格中,CO_2 分子以密堆积的形式组成了立方面心晶胞(图 2.1)。α-硫(图 2.2)以由 8 个硫原子通过共价键形成的环状分子为结构单元,通过范德华力连接起来形成硫晶体结构。范德华力很弱,因此分子晶体在比较低的温度下即熔融或升华,分解成分子单位。固态的 HCl、NH_3、N_2、CH_4 和蒽等都是分子晶体,稀有气体在固态时也是分子晶体。

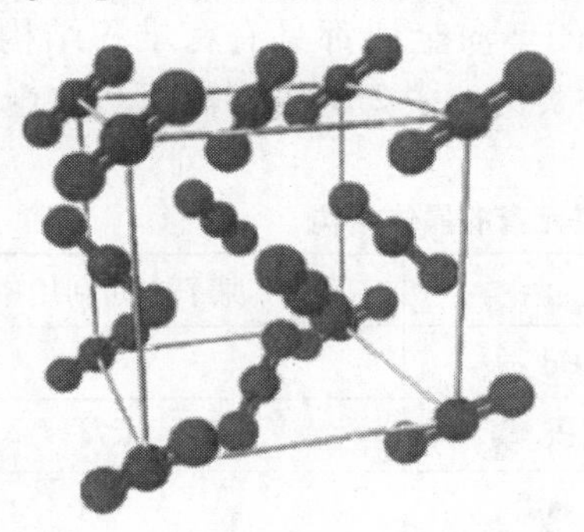

图 2.1 CO_2 分子结构

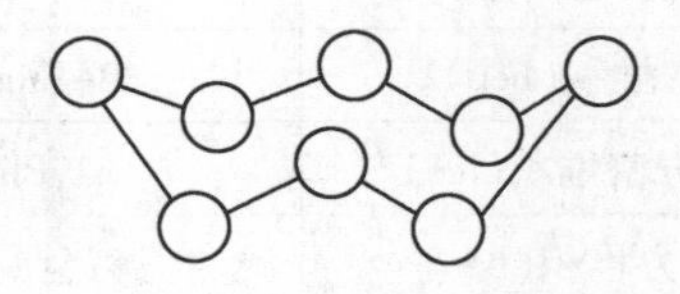

图 2.2 α-硫分子结构

2.2 金属晶体和共价晶体

2.2.1 金属晶体

在已知的一百多种元素中,金属元素约占80%。常温下,除汞为液体外,其余金属都是晶状固体。金属元素都有一些共同的物理、化学特性,这些通性表明,金属具有某些类似的内部结构。

金属原子核外一般只有1~2个s电子,只有少数的价电子能参与成键,因此金属在形成晶体时倾向于组成极为紧密的结构,使每个原子拥有尽可能多的相邻原子,以更好地共享电子,这种结构称为密堆积结构。例如,常温下铝晶体可以看成是等径圆球堆积形成的,金属原子排列成面心立方结构,即晶胞是一个立方体,立方体的8个顶角和6个面的中心各有一个原子,如图2.3所示。

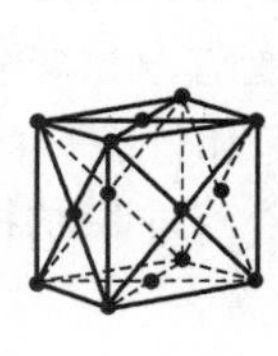
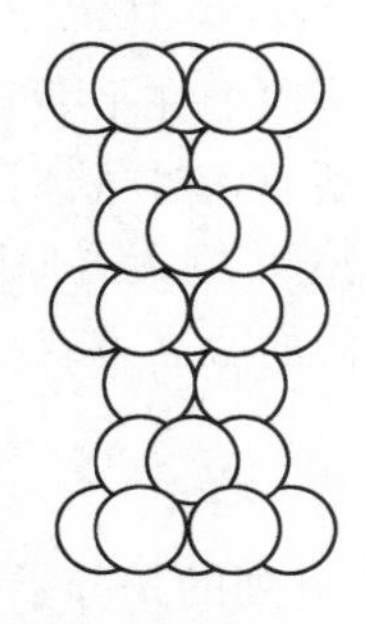

图2.3 铝的面心立方晶胞

金属晶体中粒子的常见排列方式为六方密堆积(hcp)、面心立方密堆积(fee)和体心立方堆积(bee)。不少金属具有多种晶体结构,这与形成晶体时的温度和压力有关。例如:铁在室温下为体心立方堆积,称为α-Fe;而在906~1 400 ℃时面心立方堆积结构较稳定,称为γ-Fe;但在1 400~1 535 ℃(熔点)时,其体心立方堆积结构的α-Fe又变得稳定;而β-Fe是在高压下形成的,这就是金属的多晶现象。但并非所有的单质金属都具有密堆积结构,如金属Po(α-Po)是在标准状况下具有简单立方结构的唯一实例。表2.1为常温下一些金属元素的晶体结构。

表2.1 常温下一些金属元素的晶体结构

金属原子堆积方式	元素	原子空间利用率/%
六方密堆积(hcp)	Be、Mg、Ti、Co、Zn、Cd	74
面心立方密堆积(fee)	Al、Pb、Cu、Ag、Ni、Pt	74
体心立方堆积(bee)	碱金属、Cr、Mo、W、Fe	68

研究金属晶体的结构类型,有利于了解它们的性质并应用于实践中。例如,Fe、Co、Ni等金属是常用的催化剂,其催化作用除与它们的d轨道有关外,也和它们的晶体结构有关。对某些加氢反应而言,面心立方的β-Ni具有较高的催化活性,而六方堆积的α-Ni则没有这种活性。另外,结构相同的两种金属容易互溶而形成合金。

2.2.2　共价晶体

在元素周期表中，不可能在金属和非金属之间画一条明显的界线。如果说周期表中前3个族的所有元素，除氢和硼以外，所有过渡族元素均无条件地是金属，而所有卤素元素和稀有气体均为非金属的话，那么在Ⅳ族至Ⅵ族中，既有非金属元素——电介质（金刚石型的碳、氮、磷、砷、氧和硫），也有按性质来说是居于金属和非金属之间的元素（硅、锗、α-锡、硒、碲、锑和铋），以及毫无疑问的金属元素（β-锡、特别是铅）。

周期表Ⅳ族至Ⅵ族中非金属和半金属元素的晶体结构满足一个简单的规则：元素的配位数 $Z=8-P$，其中，P 为原子的价电子数，等于原子在周期表中的族数。

这一规则表明，在这些元素的晶体中，起主要作用的是共价（同极）键。共价键是由同时属于两个相邻原子的一对电子来实现的，而且每个原子都力图有最大数量的相邻原子，为与其中每一个原子相键合均给出自己的一个没有成对的电子。价电子在形成分子的原子中力图占据最大可能数目的空电子轨道。

最典型的共价晶体结构是金刚石结构［图2.4（a）］。它是碳的一种结晶形式，具有配位数为4的共价键四面体三维网络结构，属于复杂的fee结构，可视为2个fee晶胞沿体对角线相对位移1/4距离穿插而成。这里，碳原子除按通常的fee排列外，立方体内还有4个原子，位于晶体内4个四面体间隙中心的位置，故晶胞内共含8个原子，而每个碳原子均有4个等距离（为0.154 nm）的最近邻原子，全部按共价键结合，符合“$8-P$”规则。

由于C—C之间形成很强的共价键，因此金刚石具有非常高的硬度和熔点，其硬度是自然界所有物质中最高的。另外，金刚石还具有很好的导热性能和优良的半导体性能。具有金刚石型结构的还有α-Sn、Si、Ge、SiC和闪锌矿（ZnS）等。

石墨是碳的另一种同素异构体，具有六边形二维层状结构［图2.4（b）］。它属于六方晶系，系由二维石墨层一片片地沿其法线方向重叠而成，呈层状排列，每层由碳原子构成正六角形网状结构，每个碳原子周围均有3个最近邻碳原子，其间构成共价键；层与层之间是结合力较弱的二次键，故沿层间解理，是很好的固体润滑材料。

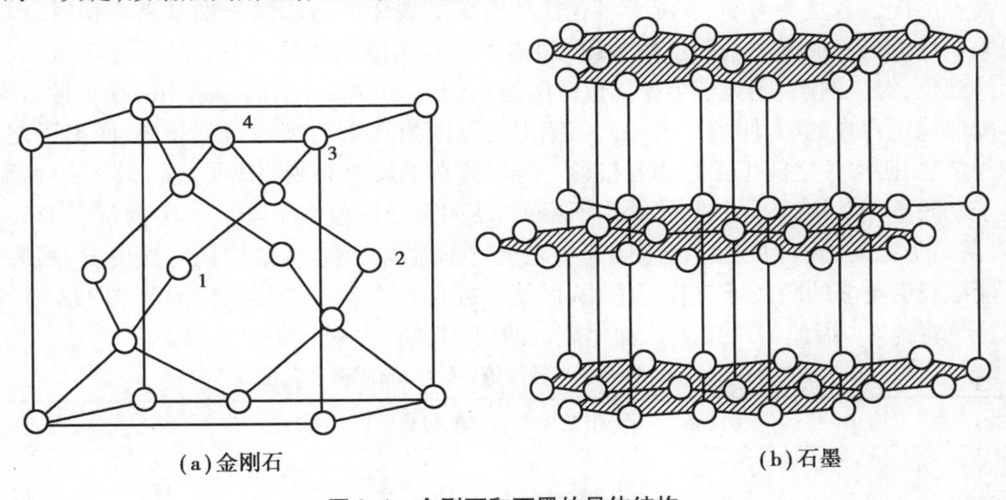

(a)金刚石　　(b)石墨

图2.4　金刚石和石墨的晶体结构

2.3 离子晶体

2.3.1 影响离子晶体结构的因素

(1)原子半径和离子半径

根据波动力学,在原子或离子中,围绕原子核运动的电子在空间形成一个球形电磁场。严格意义上的原子半径或离子半径应该是这个核外电子作用范围球体的半径。

在晶体化学中,一般都采用原子或离子的有效半径。所谓有效半径指原子或离子在晶体结构中相接触时的半径。在这种状态下,原子或离子相互间的静电吸引和排斥作用达到平衡。对于离子晶体,相邻的一对阴、阳离子的中心距即为该阴、阳离子的离子半径之和;对于共价晶体,2 个相邻键合原子的中心距即为这 2 个原子的共价半径之和;对于金属晶体,2 个相邻原子的中心距即为这 2 个金属原子的原子半径之和。如果能够确定化合物中某一元素的原子半径或离子半径,可以根据 2 个相邻原子或离子的中心距推算出其他元素的原子半径或离子半径。

原子半径或离子半径是晶体化学中一个非常重要的基本参数,常常作为衡量键性、键强、配位情况、极化情况的重要数据,对离子的结合状态和晶体性质都有很大的影响。但是,应当注意,离子半径这个概念并不十分严格。由于极化的影响,电子云往往向阳离子方向移动,因此阳离子的作用范围比有效离子半径要大一些,而阴离子作用范围则要小。

(2)配位数和配位多面体

配位数和配位多面体是描述晶体结构时经常使用的术语。所谓配位数是指在晶体结构中,一个原子或离子周围与其直接相邻的原子或异号离子的个数。例如,在 NaCl 晶体结构中,每个 Cl^- 周围有 6 个 Na^+,所以 Cl^- 的配位数为 6;而每个 Na^+ 周围也有 6 个 Cl^-,因此 Na^+ 的配位数也为 6。

离子的配位数主要与阳、阴离子半径比值有关。表 2.2 为阴离子做紧密堆积时,根据其几何关系计算出来的阳离子配位数与阳、阴离子半径比值之间的关系。从表 2.2 可见,对于八面体配位,对应的阳、阴离子半径比值范围为 0.414 ~ 0.732。从晶体结构的稳定性考虑,八面体配位稳定存在的阳、阴离子半径比值范围的下限为 0.414,所对应的是阳、阴离子之间正好相互接触,阴离子之间也正好相互接触。若比值小于 0.414,则阴离子之间相互接触,而阳、阴离子之间不相互接触,导致晶体结构不稳定,使阳离子配位数下降。若比值大于 0.414,将使阳、阴离子之间仍然相互接触,但阴离子之间逐渐脱离接触,从结构稳定性出发,阳离子将尽可能地吸引更多的阴离子与其配位,从而使其配位数上升。当其比值大于 0.732 时,阳离子配位数将为 8。因此,0.732 是八面体配位的阳、阴离子半径比值的上限。

表 2.2 阳、阴离子半径比值(r^+/r^-)与阳离子配位数

r^+/r^-	0	0.155	0.225	0.414	0.732	1	1
阳离子配位数	2	3	4	6	8	12	12

续表

配位多面体形状	哑铃形	正三角形	四面体形	八面体形	立方体形	截角立方体(立方最紧密堆积)	截顶2个三方双锥的聚形(六方紧密堆积)
实例	干冰 CO_2	B_2O_3	闪锌矿 ZnS	石盐 NaCl	萤石 CaF_2	铜 Cu	锇 Os

配位多面体指在晶体结构中,与某一个阳离子直接相邻,形成配位关系的各个阴离子的中心连线所构成的多面体。阳离子位于配位多面体的中心,各个配位阴离子(或原子)处于配位多面体的顶角上。图2.5给出了阳离子常见配位方式及其配位多面体。

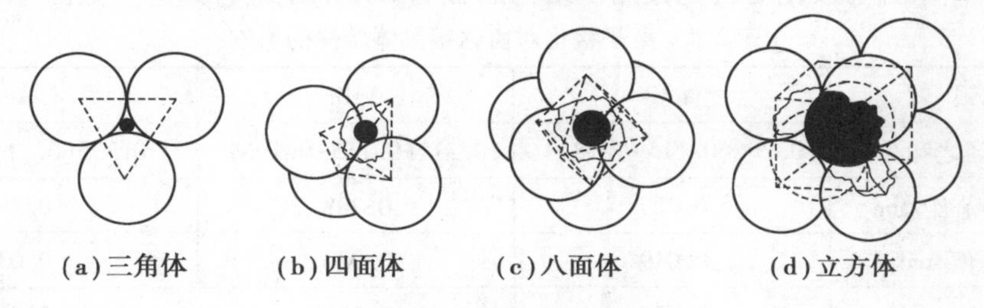
(a)三角体　(b)四面体　(c)八面体　(d)立方体

图2.5 常见配位多面体

(3)离子的极化

在研究离子晶体结构时,为了方便起见,往往把离子看作一个球体,把离子作为点电荷来处理,并且认为离子的正、负电荷中心是重合的,且位于离子中心。但是实际上,在外电场的作用下,离子的正、负电荷中心不再重合,产生偶极矩,离子的形状和大小将发生改变,这种现象称为离子的极化。

在离子晶体中,每个阴、阳离子都具有自身被极化和极化周围离子的双重作用。一个离子在其他离子电场作用下发生的极化称为被极化。被极化程度可以用极化率 α 表示为

$$\alpha=\frac{\mu}{F} \tag{2.1}$$

式中 F——离子所在位置的有效电场强度;

μ——诱导偶极矩,与极化后正、负电荷中心的距离成正比。

一个离子的电场作用于周围离子,使其发生极化称为主极化。主极化能力用极化力 β 表示为

$$\beta=\frac{W}{r^2} \tag{2.2}$$

式中 W——离子电价;

r——离子半径。

一般,阳离子的离子半径小、电价高,主要表现为主极化。阴离子则相反,主要表现为被极化,半径大、电价低的阴离子如 I^-、Br^- 的极化率特别大。因此,考虑离子间相互作用时,一般只考虑阳离子对阴离子的极化作用。但是当阳离子最外层为18或18+2电子构型时(如

Cu^+、Ag^+、Pb^{2+}、Cd^{2+}等)极化率也较大,应该考虑阳离子的被极化。表 2.3 给出了部分离子的离子半径与极化率。

表 2.3　部分离子的离子半径 r 与极化率 α

离子	Li^+	Na^+	K^+	Ca^{2+}	Sr^{2+}	Ba^{2+}	B^{3+}	Al^{3+}	Si^{4+}	F^-	Cl^-	Br^-	I^-	O^{2-}	S^{2-}
r/nm	0.059	0.099	0.137	0.100	0.118	0.135	0.011	0.039	0.026	0.133	0.181	0.196	0.220	0.140	0.184
$\alpha\times10^{-3}$ /nm^3	0.031	0.179	0.83	0.47	0.86	1.55	0.003	0.052	0.016 5	1.04	3.66	4.77	7.10	3.88	10.20

离子极化对晶体结构具有重要的影响。在离子晶体中,离子极化,电子云相互重叠,缩短了阴、阳离子之间的距离,使离子的配位数降低,离子键性减少,晶体结构类型和性质也将发生变化,从表 2.4 所示极化对卤化银晶体结构的影响可以清楚地看到这一点。

表 2.4　离子极化对卤化银晶体结构的影响

卤化银	AgCl	AgBr	AgI
Ag^+与X^-半径之和/nm	0.296(0.115+0.181)	0.311(0.115+0.196)	0.335(0.115+0.220)
Ag^+与X^-中心距/nm	0.227	0.288	0.299
极化靠近值/nm	0.019	0.023	0.036
r^+/r^-	0.635	0.587	0.523
理论结构类型	NaCl	NaCl	NaCl
实际结构类型	NaCl	NaCl	立方 ZnS
实际配位数	6	6	4

(4)电负性

电负性是各种元素的原子在形成价键时吸引电子的能力,用来表示其形成阴离子倾向的大小。元素的电负性值越大,越易得到电子,即越容易成为负离子。从表 2.5 可以看出,金属元素的电负性较低,非金属元素的电负性较高。两种元素的电负性差值越大,形成的化学键合的离子键性就越强;反之,共价键性就越强。电负性差值较小的两个元素形成化合物时,主要为非极性共价键或半金属共价键。图 2.6 为离子键分数与电负性差值的关系。大多数硅酸盐晶体是介于离子键与共价键之间的混合键。

(5)结晶化学定律

哥希密特(Goldschmidt)在系统研究离子晶体结构后,总结出了结晶化学定律,即“晶体的结构取决于其组成质点的数量关系、大小关系与极化性能”。结晶化学定律定性地概括了影响离子晶体结构的 3 个主要因素。对于离子晶体的晶体结构一般可按化学式的类型 AX、AX_2、A_2X_3 等来讨论。化学式类型不同,则意味着组成晶体质点之间的数量关系不同,因而晶体结构也不相同。例如,TiO_2 和 Ti_2O_3 中阳离子和 O^{2-}的数量关系分别为 1∶2 和 2∶3,前者为 AX_2 型化合物,具有金红石型结构;后者则为 A_2X_3 型化合物,具有刚玉型结构。

表 2.5　元素的电负性值(鲍林标度)

ⅠA	ⅡA	ⅢB	ⅣB	ⅤB	ⅥB	ⅦB	Ⅷ			ⅠB	ⅡB	ⅢA	ⅣA	ⅤA	ⅥA	ⅦA	ⅧA
H 2.20																	He —
Li 0.98	Be 1.57											B 2.04	C 2.55	N 3.04	O 3.44	F 3.98	Ne —
Na 0.93	Mg 1.31											Al 1.61	Si 1.90	P 2.19	S 2.58	Cl 3.16	Ar —
K 0.82	Ca 1.00	Sc 1.36	Ti 1.54	V 1.63	Cr 1.66	Mn 1.55	Fe 1.83	Co 1.88	Ni 1.91	Cu 1.90	Zn 1.65	Ga 1.81	Ge 2.01	As 2.18	Se 2.55	Br 2.96	Kr —
Rb 0.82	Sr 0.95	Y 1.22	Zr 1.33	Nb 1.60	Mo 2.16	Tc 1.90	Ru 2.20	Rh 2.28	Pd 2.20	Ag 1.93	Cd 1.69	In 1.78	Sn 1.96	Sb 2.05	Te 2.10	I 2.66	Xe —
Cs 0.79	Ba 0.89	La 1.10	Hf 1.30	Ta 1.50	W 2.36	Re 1.90	Os 2.20	Ir 2.20	Pt 2.28	Au 2.54	Hg 2.00	Tl 1.62	Pb 2.33	Bi 2.02	Po 2.00	At 2.20	Rn —
Fr 0.70	Ra 0.90	Ac 1.10															

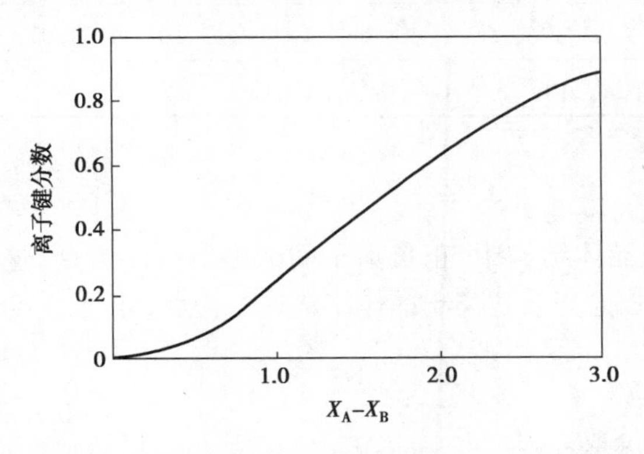

图 2.6　离子键分数与电负性差值(X_A-X_B)的关系

另外,已知晶体中组成质点的大小不同,即阳、阴离子半径比值(r^+/r^-)不同,配位数和晶体结构也不相同。并且,晶体中组成质点的极化性能也会影响配位数和晶体结构类型。实际上,组成晶体结构的质点的数量关系、大小关系与极化性能,决定于晶体的化学组成,即组成质点的种类和数量关系。

2.3.2　鲍林规则

人们对晶体结构进行了长期的研究,从大量的实验数据和结晶化学理论中,发现了离子化合物晶体结构的一些规律。特别是鲍林(Pauling)在 1928 年鉴于理论和实践的结合,根据当时已测定的结构数据和点阵能公式所反映的原理,归纳总结出了几条规律,这就是有名的鲍林规则。用鲍林规则分析离子晶体结构简单明了,突出结构特点。鲍林规则不但适用于结构简单的离子晶体,也适用于结构复杂的离子晶体及硅酸盐晶体。但鲍林规则中所依据的主要参数是离子半径,由于离子半径的概念还有不确切的成分,因而应用鲍林规则还是有例外,但就大多数离子晶体结构而言,能够运用鲍林规则得到很好的说明。鲍林规则主要包括下述五方面内容。

(1)负离子配位多面体规则

鲍林认为,“离子化合物中,在正离子周围形成一个负离子配位多面体,负离子在多面体角顶,正离子在负离子多面体中心,正负离子间的距离取决于半径之和,配位数取决于正负离子半径之比”。这就是鲍林第一规则。这一规则是符合最小内能原理的。当正负离子间的引力和斥力达到平衡时,其间的平衡距离正是正负离子半径之和,配位数尽管受许多因素影响,但主要是由半径比来决定的。在离子化合物中,正离子的配位数通常为4或6,但也有少数为3、8、12,见表2.6。

表2.6　各种正离子的氧离子配位数

氧离子配位数	正离子
3	B^{3+},C^{4+},N^{5+}
4	Be^{2+},B^{3+},Al^{3+},Si^{4+},P^{5+},S^{6+},Cl^{7+},V^{5+},Cr^{6+},Mn^{7+},Zn^{2+},Ca^{2+},Ge^{4+},As^{5+},Se^{6+}
6	Li^{+}, Mg^{2+}, Al^{3+}, Se^{3+}, Ti^{4+}, Cr^{3+}, Mn^{2+}, Fe^{2+}, Fe^{3+}, Co^{2+}, Ni^{2+}, Cu^{2+}, Zn^{2+}, Ga^{3+}, Nb^{5+}, Ta^{5+},Sn^{4+}
6~8	Na^{+},Ca^{2+},Sr^{2+},Y^{3+},Zr^{4+},Cd^{2+},Ba^{2+},Ce^{4+},Lu^{3+},Hf^{4+},Th^{4+},U^{4+}
8~12	Na^{+},K^{+},Ca^{2+},Rb^{+},Sr^{2+},Cs^{+},Ba^{2+},La^{3+},Ce^{3+},Pb^{2+}

(2)静电价规则

在一个稳定的离子晶体结构中,正负离子间的电荷一定平衡,这就是电价规则的实质。鲍林用静电键强度S的概念来表达离子晶体结构这一特点,即

$$S=\frac{Z_+}{n} \tag{2.3}$$

式中　Z_+——正离子的价数;

n——正离子的配位数,即其周围的负离子数。

这意味着位于负离子配位多面体中央的正离子的价电荷平均分配给它周围的配位负离子。在此基础上,鲍林又进一步指出,在稳定的离子晶体中,每个负离子的电价Z_-等于或近似等于它从周围正离子得到的静电键强度S的总和,其公式表示为

$$Z_-=\sum_i S_i \tag{2.4}$$

式中　i——负离子周围的正离子数,即负离子的配位数。

因此这一规则指明了一个负离子与几个正离子键相连。或者说,第二规则是关于几个配位多面体共用同一顶点的规则,这也是电价规则所要解决的主要问题,即配位多面体在空间可能的连接方式问题。例如,NaCl晶体,Na^+的配位数为6,配位多面体构型为八面体[$NaCl_6$],由Cl^-和Na^+间的静电键强度$S=Z_+/n=1/6$得

$$Z_{Cl^-}=i\cdot S=i\cdot\frac{1}{6}=1,i=6$$

故每个Cl^-为6个配位八面体[$NaCl_6$]的公共顶点,即一个Cl^-与6个Na^+键相连。

因为静电键强度实际是离子键强度,也是晶体结构稳定性的标志。而静电键强度也可近似地衡量正离子对配位多面体顶点处的正电位所作的贡献。在具有大正电位的地方,放置带有大负电荷的负离子,将使晶体的结构趋于稳定。这也正是鲍林第二规则所反映的物理实质。

(3)负离子多面体共用顶、棱和面的规则

在鲍林第二规则中指出了在离子晶体结构中,每个负离子被几个多面体共用,但并没有指出每个负离子多面体中有几个顶点被共用,即并没有指出2个负离子多面体共用1个顶点(共顶)、2个顶点(共棱)、还是3个顶点(共面)。鲍林第三规则指出,在一个配位结构中,配位多面体共用棱边,特别是共用面的存在,会降低这个结构的稳定性。对高电价、低配位的正离子来说,这个效应更显著,如图2.7所示。

在图2.7中,四面体若共顶连接,其间距离为1,则共棱连接为0.58,共面连接为0.33;同样,对八面体连接而言,共顶、共棱、共面其间距离分别为1、0.71、0.58。由库仑定律可知,2个同种电荷间的斥力与其距离的平方成反比,可见共顶连接稳定性好,共棱次之,共面较差。因此四面体以这种连接的不稳定效应比八面体更大。在其他条件相同时,电荷越多,这种不稳定效应也越大,如[SiO_4]四面体,一般只共顶连接,不共棱,更不共面。

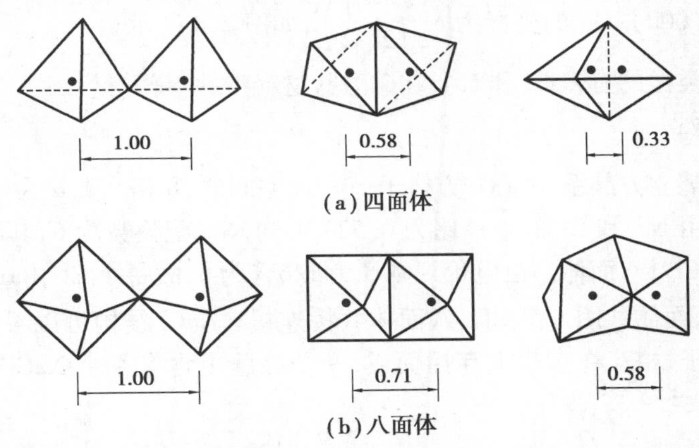

图2.7　四面体和八面体共用顶点、棱、面时中心距离变化示意图

(4)不同种类正离子配位多面体间连接规则

在硅酸盐和多元离子化合物中,正离子的种类往往不止一种,可能形成一种以上的配位多面体。对于多种正离子所形成的配位多面体,在晶体结构中如何连接的呢?根据鲍林第二规则,那些高电价、低配位数的正离子配位多面体应当尽量互不连接。由此引出鲍林第四规则为在含有一种以上正离子的离子晶体中,一些电价较高、配位数较低的正离子配位多面体之间,有尽量互不结合的趋势。这一规则总结了不同种类正离子配位多面体的连接规则。例如,孤岛状结构的镁橄榄石中的[SiO_4],并不互相结合,而是孤立存在,而[SiO_4]与[MgO_6]之间都有共顶、共棱连接的情况,这种结构才是稳定的。

(5)节约规则

鲍林第五规则指出:在同一晶体中,同种正离子与同种负离子的结合方式应最大限度趋于一致。因为在一个均匀的结构中,不同形状的配位多面体很难有效地堆积在一起。例如,在含有硅氧和其他正离子的晶体中,不会同时出现[SiO_4]和[Si_2O_7];又如在含有 Al^{3+}、Si^{4+}、O^{2-}、F^-的黄玉 Al_2[SiO_4]F_2 的晶体中,所有 Al^{3+}都形成[AlO_4F_2]八面体,而 Si^{4+}和 O^{2-}只形成[SiO_4]四面体,不形成其他形式的多面体。

2.4　二元化合物晶体

2.4.1　AB 型离子化合物

这里主要讨论 CsCl、NaCl、立方 ZnS、六方 ZnS 和 NiAs 型。

(1)CsCl 型结构

CsCl 型结构是简单离子结构中最简单的一种,属立方晶系,简单立方格子,*Pm*3*m* 空间群。晶格常数 *a* 为 0.411 nm。Cs^+半径(r_{Cs^+}为 0.169 nm)和 Cl^-半径(r_{Cl^-}为 0.181 nm)之比为 0.933,故负离子构成了正六面体,Cs^+在其中心,形成了[$CsCl_8$]正六面体,Cs^+和 Cl^-的配位数均为 8,多面体共面连接,一个晶胞内含有一个 Cs^+和一个 Cl^-,即一个晶胞内含一个 CsCl“分子”。Cl^-的坐标为(000),Cs^+的坐标为$\left(\frac{1}{2}\ \frac{1}{2}\ \frac{1}{2}\right)$,如图 2.8 所示。

属于这种结构类型的有 CsBr 和 CsI,在硅酸盐材料中并不普遍。

(2)NaCl 型结构

NaCl 晶体结构属立方晶系,面心立方格子,*Fm*3*m* 空间群,晶格常数 *a* 为 0.562 8 nm。Cl^-作立方最紧密堆积。由 Na^+和 Cl^-的半径比为 0.525 可知,Na^+配位数为 6,其填 Cl^-形成的八面体空隙中,构成[$NaCl_6$]八面体。由电价规则 *S* 为 1/6,*i* 为 6,故每个 Cl^-由 6 个 Na^+提供电价,即每 6 个[$NaCl_6$]八面体共用 1 个 Cl^-,八面体共棱连接。NaCl 结构可以看作 Cl^-和 Na^+各构成一套面心立方格子,相互在棱边上穿插而成,一个晶胞中含有 4 个 NaCl“分子”,如图 2.9 所示。

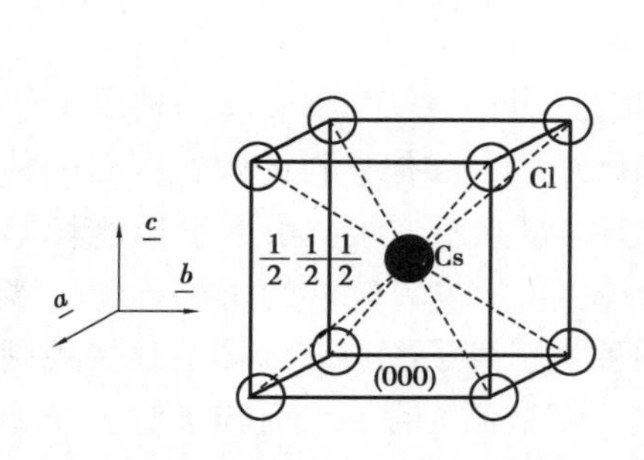

图 2.8　CsCl 结构的立方晶胞

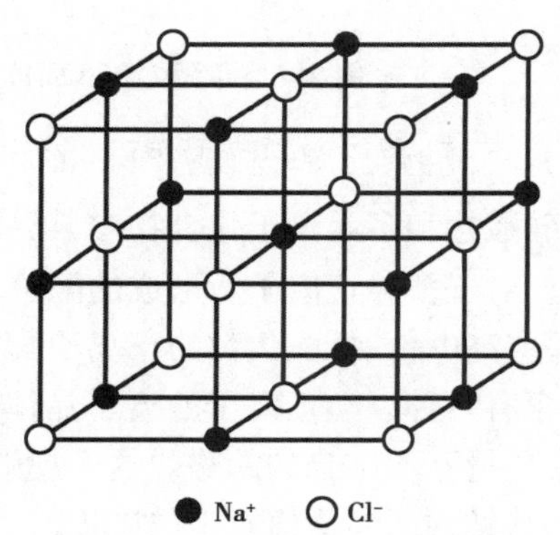

图 2.9　NaCl 晶体结构

属于 NaCl 型结构的化合物有氧化物 MgO、CaO、SrO、BaO、CdO、MnO、FeO、CoO、NiO;氮化物 TiN、LaN、ScN、CrN、ZrN;碳化物 TiC 等。这些化合物都属 NaCl 型结构,但各自组成不同,正负离子半径也不相同,因此,在结构中,有些化合物结构紧密,有的化合物结构稀松,性质各不相同。例如,MgO 晶格常数为 0.420 1 nm,静电键强度比 NaCl 高一倍,故离子间结合力强,结构稳定,熔点高达 2 800 ℃,是碱性耐火材料中的主要结晶相。而属于同一结构类型的 CaO,由于 Ca^{2+} 半径大,在填充八面体空隙中时,将其撑松,晶格常数为 0.480 nm,比 MgO 大,因此,结构疏松不稳定,最易水化,破坏了制品的性能,故在硅酸盐制品中应尽量减少或消除游离 CaO 的水化效应影响。

(3)立方 ZnS 型结构

立方 ZnS 结构类型又称闪锌矿型(β-ZnS),属于立方晶系,面心立方格子,$F\bar{4}3m$ 空间群,晶格常为 0.542 nm,如图 2.10 所示。

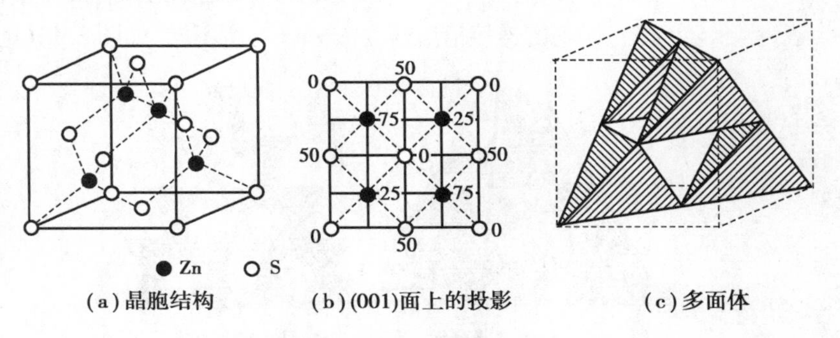

(a)晶胞结构　(b)(001)面上的投影　(c)多面体

图 2.10　立方 ZnS 型结构

图 2.10(b)中所标注的数字是以 Z 轴晶胞的高度为 100,其他离子根据各自位置标注为 75、50、25、0。从图中可以看出 S^{2-} 位于立方晶胞的角顶及面心上,构成一套完整的面心立方格子,而 Zn^{2+} 也构成了一套面心立方格子,在体对角线 1/4 处互相穿插而成。这种情况可以从投影图中看出。若将高度 25 的 Zn^{2+} 作为立方体的顶角,则另两个高度 75 的 Zn^{2+} 就是该立方体侧面面心位置,另一个高度 25 的 Zn^{2+} 就是底面面心位置。由点阵平移概念,高度 25 的 Zn^{2+} 平移至位置 100,则在高度 125 一定有一个 Zn^{2+}。同理高度 175 也有一个 Zn^{2+},若将高度 25 的 Zn^{2+} 定为 0,其他 Zn^{2+} 就分别在高度 50 和高度 100,由此可明显看出 Zn^{2+} 也是呈面心立方分布。

从离子堆积的角度看,S^{2-} 作面心立方最紧密堆积,Zn^{2+} 填在密堆体 1/2 的四面体空隙中,形成了[ZnS_4]四面体。Zn^{2+} 配位数为 4,同理 S^{2-} 的配位数也为 4。四面体共顶连接[图 2.10(c)]。理论上 $r_{Zn^{2+}}/r_{S^{2-}}$ 为 0.414,配位数应为 6,但 Zn^{2+} 极化作用很强,S^{2-} 又极易变形,因此,配位数降至 4,一个 S^{2-} 被 4 个[ZnS_4]四面体共用。图 2.10(a)示出了立方 ZnS 中[ZnS_4]四面体层,与(111)面平行。第三层的不重叠部分并未全部画出。

属立方 ZnS 型结构的化合物 β-SiC,其质点间键力很强,熔点很高,硬度很大,热稳定性也好,是一种很有前途的高温结构材料。另外,Be、Cd 的硫化物、硒化物、碲化物,以及 CuCl 也属此种类型结构。

(4)六方 ZnS 型结构

六方 ZnS 型又称纤锌矿型,属六方晶系,六方原始格子,晶格常数 a 为 0.382 nm,c 为 0.625 nm,$P6_3mc$ 空间群,晶胞结构如图 2.11 所示。每个晶胞内包含 4 个原子,其坐标为

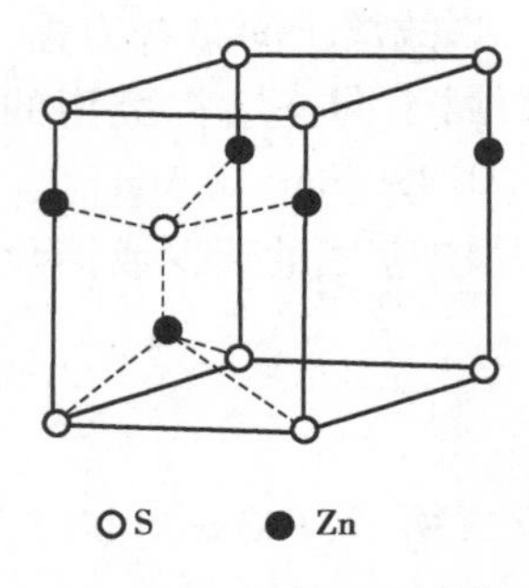

图 2.11　六方 ZnS 结构

$$S^{2-}: 000, \frac{2}{3}\frac{1}{3}\frac{1}{2}$$

$$Zn^{2+}: 00u, \frac{2}{3}\frac{1}{3}\left(u-\frac{1}{2}\right)$$

$$(u=0.875)$$

这个结构可以看成较大的负离子 S^{2-} 按 ABAB…六方密堆，Zn^{2+} 占据其中一半四面体空隙，构成[ZnS_4]四面体。这和立方 ZnS 一样，由于离子间极化的影响，配位数由 6 降至 4。其静电键强度 S 为 1/2，由静电价规则，每个 S^{2-} 被 4 个[ZnS_4]四面体共用，即 4 个四面体共顶连接。但它的连接情况与立方 ZnS 有所不同，如图 2.12(b)所示。

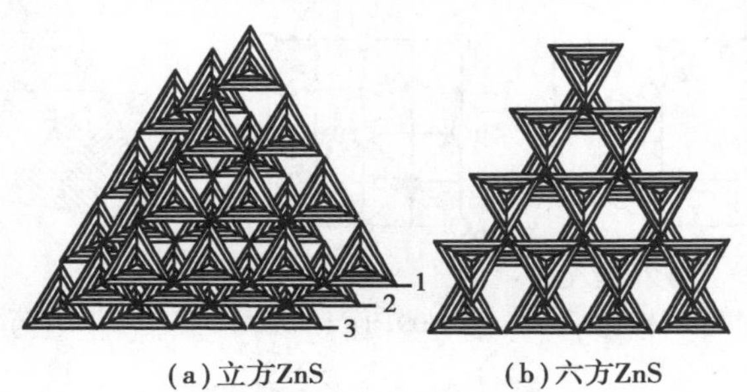

图 2.12　立方 ZnS 和六方 ZnS 中的[ZnS_4]配置

属于这种结构类型的有 BeO、AlN、ZnO 等。其中 BeO 晶格常数小，晶格常数 a 为 0.268 nm，c 为 0.437 nm，Be^{2+} 半径小(为 0.034 nm)，极化能力强，Be—O 间基本属于共价键性质，键能较强。因此，BeO 有较好的物理性质，如熔点为 2 550 ℃，莫氏硬度为 9，导热率是 α-Al_2O_3 的 15～20 倍，接近于金属的导热系数，具有良好的耐热冲击性，是导弹燃烧室内衬的重要耐火材料。同时，BeO 对辐射具有相当的稳定性，可作核反应堆中的材料。

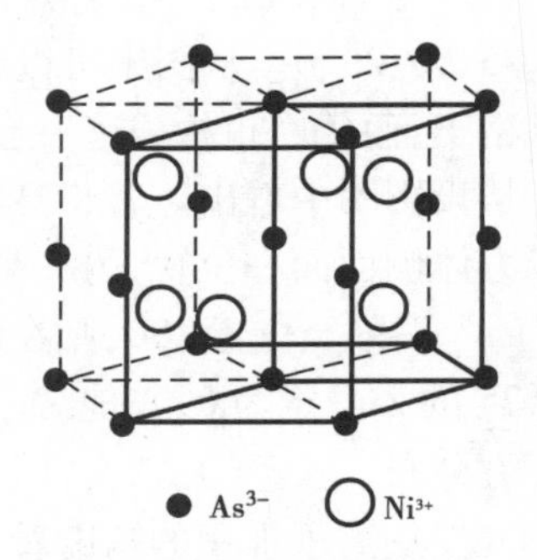

图 2.13　NiAs 晶体结构

(5) NiAs 型结构

砷化镍晶体结构属六方晶系，为简单六方点阵，如图 2.13 所示。Ni^{3+} 和 As^{3-} 的配位数都是 6，但 Ni 是处在 As 的八面体配位中，As 则处在 Ni 的三方柱体配位中。许多过渡金属的硫化物、硒化物和磷化物属于该类型。

2.4.2　AB_2 型离子化合物

这类化合物中典型的结构有萤石(CaF_2)型、金红石(TiO_2)型以及碘化镉(CdI_2)型。SiO_2 虽属 AB_2 型化合物，但其变体较多，将在硅酸盐晶体结构中详细介绍。

(1) 萤石型

萤石晶体结构为立方晶系 $Fm3m$ 空间群，晶格常数 a 为 0.545 nm，Z 为 4。CaF_2 型晶体结构中[图 2.14(a)]，Ca^{2+} 按面心立方分布，即 Ca^{2+} 占据晶胞的 8 个角顶和 6 个面心。$r_{Ca^{2+}}/r_{F^-}$ 为 0.975，Ca^{2+} 的配位数为 8，Ca^{2+} 位于 F^- 构成的立方体中心；F^- 的配位数为 4，填充于 Ca^{2+} 构

成的全部四面体空隙之中，F^-占据晶胞全部四面体空隙，如图2.14(b)所示。若把晶胞看成是[CaF_8]多面体的堆积，由图2.14(c)可以看出，晶胞中仅一半立方体空隙被Ca^{2+}所填充，这些立方体空隙为F^-以间隙扩散的方式进行扩散提供了空间，并且所有的Ca^{2+}堆积成的八面体空隙都没有被离子填充，因此，在CaF_2晶体中，F^-的弗仑克尔缺陷形成能较低，存在阴离子间隙扩散机制。

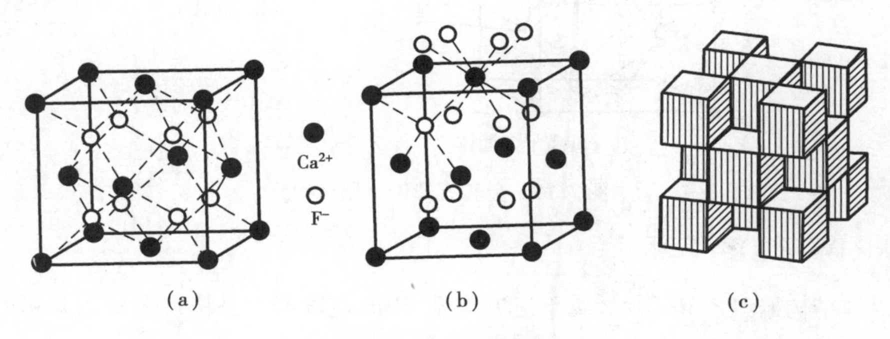

图2.14　萤石晶体结构

萤石在水泥、玻璃、陶瓷等工业生产中作矿化剂和助熔剂。属于萤石型结构的晶体有ThO_2、CeO_2、UO_2、ZrO_2等。这些氧化物中，ThO_2为高熔点（熔点为3 200 ℃）氧化物，UO_2是重要的陶瓷核燃料，ZrO_2也是一种优质的高温材料和制造理想的高温发热元件材料。低温型ZrO_2（单斜晶系）结构类似于萤石结构。ZrO_2的熔点很高（熔点为2 680 ℃），是一种优良的耐火材料。ZrO_2又是一种高温固体电解质，利用其氧空位的电导性能，可以制备氧敏传感器元件。利用ZrO_2晶形转变时的体积变化，可对陶瓷材料进行相变增韧。

另外，一些碱金属氧化物如Li_2O、Na_2O、K_2O其结构中的正、负离子的分布刚好与CaF_2型结构相反，即碱金属正离子占有F^-的位置，而O^{2-}占着Ca^{2+}的位置。这种正、负离子位置与CaF_2型相反的结构类型叫反萤石型结构。

无论是CaF_2型结构，还是反CaF_2型结构，晶胞中均有较大的空隙没有填满，有利于离子迁移，可用作新型的电介质材料。另外，在工业上常用作助熔剂、晶核剂、矿化剂等。

(2)TiO_2（金红石）型结构

金红石结构为四方晶系$P4_2/mnm$空间群。晶格常数a和b为0.458 nm，c为0.295 nm，Z为2。r^+/r^-为0.522，Ti^{4+}的配位数为6，由于与Ti^{4+}配位的4个O^{2-}键长为0.194 4 nm，而另外2个O^{2-}键长为0.198 8 nm，因此O^{2-}做畸变的六方紧密堆积排列[图2.15(a)]。Ti^{4+}填充于八面体空隙之中。在n个TiO_2分子的堆积系统，Ti^{4+}填充率P为1/2，Ti^{4+}填充八面体空隙的一半，从图2.15可以看出，八面体空隙的中心可连成四方格子，Ti^{4+}交替地占据四方格子0和50高度的四顶角与面心的八面体空隙位置。配位多面体配置方式如图2.15(a)所示，[TiO_6]以共棱的方式排成链状，链与链之间[TiO_6]以共顶相连。

金红石还有另外两种变体称板钛矿和锐钛矿，结构有一定的差别。金红石具有较高的折光率和介电常数，被广泛用作生产高折射率玻璃的原料和重要的电容器瓷料。

属于金红石型结构的AB_2型化合物还有GeO_2、SnO_2、PbO_2、MnO_2、NbO_2、MoO_2，以及MnF_2、FeF_2、MgF_2等。

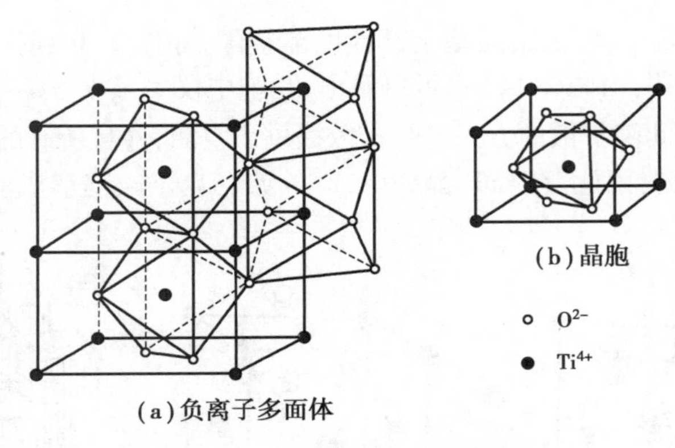

图 2.15 金红石(TiO_2)型结构

(3)碘化镉(CdI_2)型结构

CdI_2 晶体结构如图 2.16 所示,属于三方晶系,$P\bar{3}m$ 空间群。晶格常数 a 为 0.424 nm,c 为 0.684 nm,Z 为 1。晶胞中质点的坐标为

$$Cd^{2+}:000$$

$$I^-:\frac{2}{3}\ \frac{1}{3}u,\frac{1}{3}\ \frac{2}{3}\left(u-\frac{1}{2}\right)$$

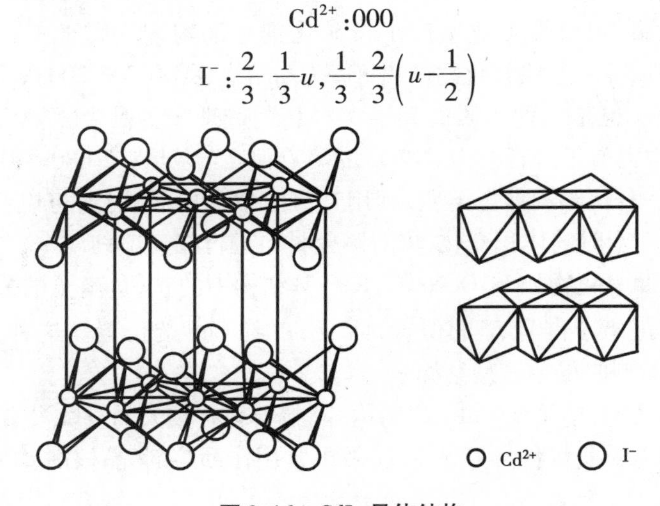

图 2.16 CdI_2 晶体结构

其中,u 为 0.75。CdI_2 晶体结构按单位晶胞看,Cd^{2+} 占有六方原始格子的结点位置,I^-交叉分布于 3 个 Cd^{2+}的三角形中心的上、下方。Cd^{2+}的配位数是 6,上、下各有 3 个 I^-。I^-的配位数为 3,3 个 Cd^{2+}处于同一边。因此,CdI_2 结构相当于两层 I^-中间加一层 Cd^{2+}。如果以这 3 层为一个单位,那么三层与三层之间是由范德华力相连。这是一种较典型的层状结构,层与层之间结合力弱,因而呈现出平行于(0001)的解理。层内由于极化作用,Cd—I 之间是具有离子键性质的共价键,键力较强。

属于 CdI_2 型结构的晶体有 $Ca(OH)_2$、$Mg(OH)_2$、CaI_2、MgI_2 等。

2.4.3 A_2B_3 型离子化合物

以 α-Al_2O_3 为代表的刚玉型结构,是 A_2B_3 型的典型结构类型。

刚玉晶体结构属三方晶系 $R\bar{3}c$ 空间群。晶格常数 a 为 0.514 nm,Z 为 2,如图 2.17 所示。

α-Al_2O_3 的结构可以看成 O^{2-} 按六方紧密堆积排列，即 ABAB…二层重复型，而 Al^{3+} 填充于 2/3 的八面体空隙。由于 Al^{3+} 只填充了 2/3 的空隙，因此，Al^{3+} 的分布必须有一定的规律。从鲍林规则出发，在同一层和层与层之间，Al^{3+} 之间的距离应保持最远，宏观上呈现均匀分布，以减少 Al^{3+} 之间的静电斥力，有利于结构的稳定性。否则，由于 Al^{3+} 位置的分布不当，出现过多的 Al—O 八面体共面的情况，将对结构的稳定性不利。

图 2.18 给出了 Al^{3+} 分布的 3 种形式。Al^{3+} 在 O^{2-} 的八面体空隙中，只有按 Al_D、Al_E、Al_F…这样的次序排列才满足 Al^{3+} 之间的距离最远的条件。再考虑 O^{2-} 是按六方紧密堆积排列，有两种方式：O_A 和 O_B，因此 α-Al_2O_3 晶体中 O^{2-} 与 Al^{3+} 的排列次序如下：

$$O_A Al_D O_B Al_E O_A Al_F O_B Al_D O_A Al_E O_B Al_F O_A Al_D$$

如将上述 12 层排列看成一个单元，则其重复就构成了 α-Al_2O_3 晶体结构。

属于刚玉型结构的有 α-Fe_2O_3、Cr_2O_3、Ti_2O_3、V_2O_3 等。此外，$FeTiO_3$ 和 $MgTiO_3$ 等也是具有刚玉结构，只是刚玉结构中的 2 个 Al^{3+}，分别被 1 个 Fe^{3+} 和 1 个 Ti^{3+} 所代替（$FeTiO_3$）。

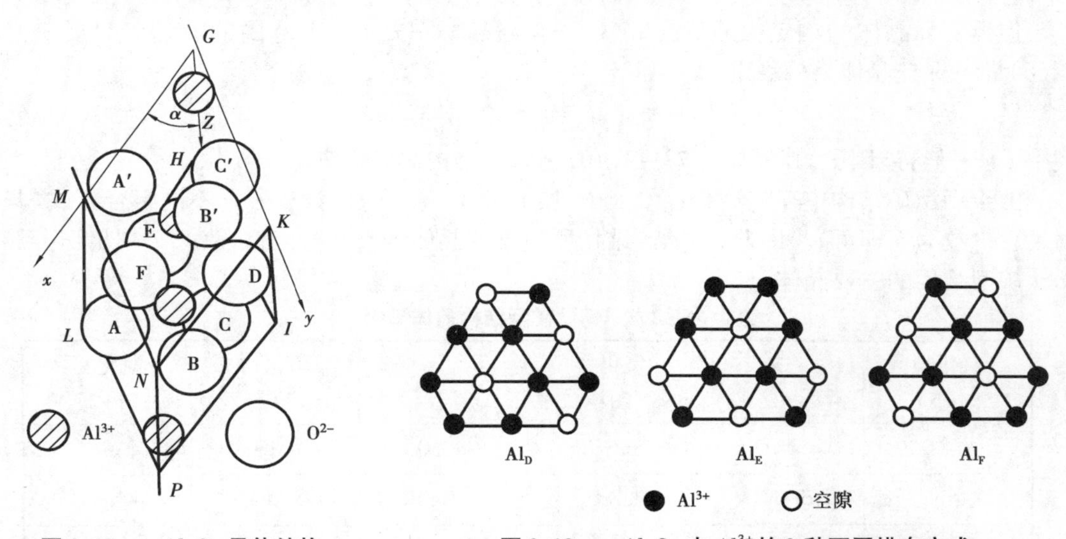

图 2.17　α-Al_2O_3 晶体结构

图 2.18　α-Al_2O_3 中 Al^{3+} 的 3 种不同排布方式

2.5　多元化合物晶体

2.5.1　ABO_3 型化合物

ABO_3 型化合物典型的代表是钙钛矿（$CaTiO_3$），它是一种复合氧化物结构。$CaTiO_3$ 在高温时为立方晶系，简单立方格子，$Pm3m$ 空间群。晶格常数 a 为 0.385 nm，Z 为 1。600 ℃以下为正交晶系，$PCmm$ 空间群。晶格常数 a 为 0.537 nm，b 为 0.764 nm，c 为 0.544 nm，Z 为 4。图 2.19 为 $CaTiO_3$ 的晶体结构图。其中，Ca^{2+} 占立方面心的 8 个顶角位置，O^{2-} 则占立方面心的 6 个面心位置。因此，$CaTiO_3$ 结构可看成由 O^{2-} 和半径较大的 Ca^{2+} 共同组成立方紧密堆积，Ti^{4+} 充填于 1/4 的八面体空隙之中。图中 Ti^{4+} 位于立方体的中心，Ti^{4+} 的配位数为 6，Ca^{2+} 的配位数为 12。

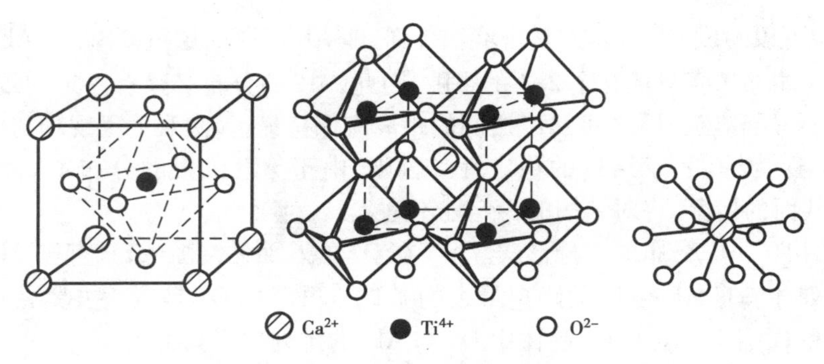

图 2.19　$CaTiO_3$ 晶体结构

分别以 r_A、r_B、r_O 代表 ABO_3 型结构中各离子的半径，则这 3 种离子半径之间存在如下的几何关系

$$r_A+r_O=\sqrt{2}(r_B+r_O) \tag{2.5}$$

但经实际晶体的测定发现，A、B 离子的半径都可以有一定范围的波动。只要满足式(2.6)即可保证晶体结构稳定

$$r_A+r_O=t\sqrt{2}(r_B+r_O) \tag{2.6}$$

式中　t——容差因子，其值为 0.77 ~ 1.10，钙钛矿结构都能稳定。

由于钙钛矿结构中存在这个容差因子，加上 A、B 离子的价数有若干不同组合方式(只要满足总价数为 6 即可)。因此，钙钛矿结构所包含的晶体种类十分丰富，表 2.7 列出部分属于钙钛矿型结构的主要晶体。

表 2.7　钙钛矿型结构晶体举例

氧化物 (1+5)	氧化物 (2+4)			氧化物 (3+3)	氧化物 (1+2)
—	$CaTiO_3$	$SrZrO_3$	$CaCeO_3$	$YAlO_3$	—
$NaNbO_3$	$SrTiO_3$	$BaZrO_3$	$BaCeO_3$	$LaAlO_3$	$KNgF_3$
$KNbO_3$	$BaTiO_3$	$PbZrO_3$	$PbCeO_3$	$LaCrO_3$	$KNiF_3$
$NaWO_3$	$PbTiO_3$	$CaSnO_3$	$BaPrO_3$	$LaMnO_3$	$KZnF_3$
—	$CaZrO_3$	$BaSnO_3$	$BaHfO_3$	$LaFeO_3$	—

2.5.2　尖晶石(AB_2O_4)和反尖晶石型

尖晶石晶体结构化学通式为 AB_2O_4，属于立方晶系 $Fd3m$ 空间群。晶格常数 a 为 0.808 nm，Z 为 8。图 2.20 给出了尖晶石型晶体结构的晶胞。其中氧离子可看成是按立方紧密堆积排列。二价阳离子 A 充填于 1/8 的四面体空隙中，三价阳离子 B 充填于 1/2 的八面体空隙中，图 2.21 是单位晶胞中配位多面体的连接方式。其中八面体之间是共棱相连，八面体与四面体之间是共顶相连。若图中 A 为 Mg^{2+}，B 为 Al^{3+}，图 2.22 即为镁铝尖晶石结构。对于这种二价阳离子分布在 1/8 四面体空隙中，三价阳离子分布在 1/2 八面体空隙的尖晶石，称为正型尖晶石。如果二价阳子分布在八面体空隙中，而三价阳离子一半在四面体空隙中，另一半在

八面体空隙中的尖晶石，称为反型尖晶石。例如，$MgFe_2O_4$（镁铁尖晶石），其中 Mg^{2+} 不在四面体中，而在八面体空隙中；Fe^{3+} 一半在四面体，一半在八面体空隙中。究竟哪些尖晶石是正型，哪些是反型？这主要从晶体场理论来解释，即决定于离子 A、B 的八面体择位能的大小。若离子 A 的八面体择位能小于离子 B 的八面体择位能，则生成正型尖晶石，反之为反型尖晶石结构。

在尖晶石结构中，一般离子 A 为二价，离子 B 为三价，但这并非尖晶石型结构的决定条件。也可以有离子 A 为四价，离子 B 为二价的结构。主要应满足 AB_2O_4 通式中离子 A、B 的总价数为 8。尖晶石型结构所包含的晶体有一百多种，其中用途最广的是铁氧体磁性材料，表 2.8 列出了部分主要的尖晶石型结构晶体。

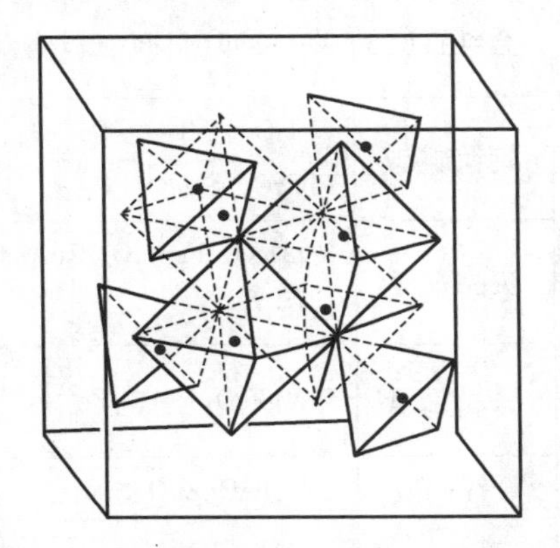

图 2.20 尖晶石型晶体结构中多面体连接方式

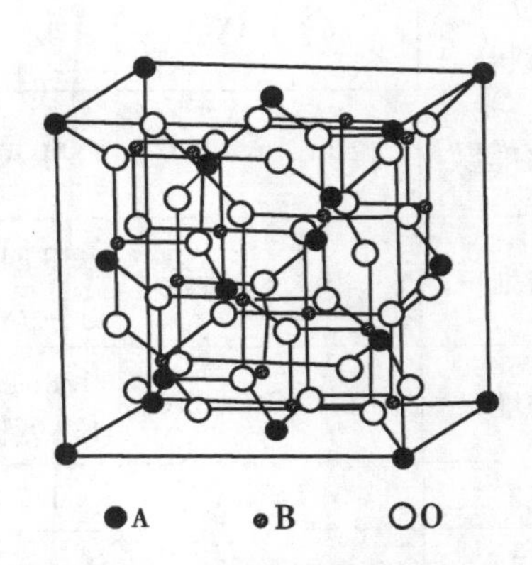

图 2.21 尖晶石型晶体结构

表 2.8 尖晶石型结构晶体举例

氟、氰化合物	氧化物				硫化物
$BeLi_2F_4$	$TiMg_2O_4$	$ZnCr_2O_4$	$CoCo_2O_4$	$MgAl_2O_4$	$MnCr_2S_4$
$MoNa_2F_4$	VMg_2O_4	$CdCr_2O_4$	$CuCo_2O_4$	$MnAl_2O_4$	$CoCr_2S_4$
$ZnK_2(CN)_4$	MgV_2O_4	$ZnMnO_4$	$FeNi_2O_4$	$FeAl_2O_4$	$FeCr_2S_4$
$CdK_2(CN)_4$	ZnV_2O_4	$MnMnO_4$	$GeNi_2O_4$	$MgGa_2O_4$	$CoCr_2S_4$
$MgK_2(CN)_4$	$MgCr_2O_4$	$MgFe_2O_4$	$TiZn_2O_4$	$CaGa_2O_4$	$FeNi_2S_4$
—	$FeCr_2O_4$	$FeFe_2O_4$	$SnZn_2O_4$	$MgIn_2O_4$	—
—	$NiCr_2O_4$	$CoFe_2O_4$ $ZnFe_2O_4$	—	$FeIn_2O_4$	—

前面所述各种晶体典型结构现根据阴离子的堆积方式和阴、阳离子的配位关系归纳成表 2.9。

表 2.9 阴离子堆积方式与晶体结构类型

阴离子堆积方式	阳阴离子的配位数	阳离子占据的空隙位置	结构类型	实例
立方紧密堆积	6:6 AX	全部八面体	NaCl 型	NaCl、MgO、CaO、SrO、BaO、MnO、FeO、CoO、NiO
立方紧密堆积	4:4 AX	1/2 四面体	闪锌矿	ZnS、CdS、HgS、BeO、SiC
立方紧密堆积	4:8 A_2X	全部四面体	反萤石型	LiO_2、Na_2O、K_2O、Rb_2O
立方紧密堆积	(4+4):4 AX_2	1/4 四面体	萤石型	CaF_2、ThO_2、CeO_2、UO_2、ZrO_2
扭曲的立方紧密堆积	6:3 AX_2	1/2 八面体	金红石型	TiO_2、SnO_2、GeO_2、PbO_2、VO_2
六方紧密堆积	12:6:6 ABO_3	1/4 八面体(B)	钙钛矿型	$CaTiO_3$、$SrTiO_3$、$BaTiO_3$、$PbTiO_3$、$PbZrO_3$、$SrZrO_3$
立方紧密堆积	4:6:4 AB_2O_4	1/8 四面体(A) 1/2 八面体(B)	尖晶石型	$MgAl_2O_4$、$FeAl_2O_4$、$ZnAl_2O_4$、$FeCr_2O_4$
立方紧密堆积	4:6:4 $B(AB)O_4$	1/8 四面体(A) 1/2 八面体(AB)	反尖晶石型	$FeMgFeO_4$、$Fe^{3+}[Fe^{2+}Fe^{3+}]O_4$
六方紧密堆积	4:4 AX	1/2 四面体	纤锌矿型	ZnS、BeO、ZnO、SiC
扭曲的六方紧密堆积	6:3 AX_2	1/2 八面体	碘化镉型	CdI_2、$Mg(OH)_2$、$Ca(OH)_2$
六方紧密堆积	6:4 A_2X_3	2/3 八面体	刚玉型	α-Fe_2O_3、Cr_2O_3、Ti_2O_3、V_2O_3
简单立方	8:8 AX	全部立方体空隙	CsCl 型	CsCl、CsBr、CsI

2.6 硅酸盐晶体

陶瓷、玻璃、水泥、耐火材料制品在生产过程中,多是用天然矿物作原料,其中最多最重要的是硅酸盐。所谓硅酸盐,过去将硅氧和金属结合的化合物称为硅酸盐,也有将这些化合物看成是硅酸盐的衍生物而称为硅酸盐的,故有正硅酸盐和偏硅酸盐之分。当然,这种分法并不能完全反映硅酸盐的各种性质和结构特点。硅酸盐的成分复杂,结构形式多种多样,其表达方式有化学式和结构式两种写法。若用化学式表达,则可先按一价、二价、三价……氧化物的顺序写,最后写出 SiO_2 和 H_2O。若用结构式表达,则可按下列顺序写出,先写外加阳离子,后写硅氧骨干,再写外加阴离子,(OH)和 H_2O。部分常见的硅酸盐矿物晶体的化学式和结构式见表 2.10。

表 2.10 一些硅酸盐矿物载体的化学式和结构式

矿物名称	化学式	结构式		
		外加阳离子	硅氧骨干	外加阴离子和 H_2O
镁橄榄石	$2MgO \cdot SiO_2$	Mg_2	$[SiO_4]$	—
绿柱石	$3BeO \cdot Al_2O_3 \cdot 6SiO_2$	Be_3Al_2	$[Si_6O_{18}]$	—
顽火辉石	$2MgO \cdot 2SiO_2$	Mg_2	$[Si_2O_6]$	—
矽线石	$Al_2O_3 \cdot SiO_2$	Al	$[AlSiO_5]$	—
透闪石	$2CaO \cdot 5MgO \cdot 8SiO_2 \cdot H_2O$	Ca_2Mg_5	$[Si_4O_{11}]$	$(OH)_2$
高岭石	$Al_2O_3 \cdot 2SiO_2 \cdot 2H_2O$	Al_2	$[Si_2O_5]$	$(OH)_4$
多水高岭石	$Al_2O_3 \cdot 2SiO_2 \cdot 4H_2O$	Al_2	$[Si_4O_{10}]$	$(OH)_8 \cdot 4H_2O$
正长石	$K_2O \cdot Al_2O_3 \cdot 6SiO_2$	K_2	$[AlSi_3O_8]$	—
石英	SiO_2	—	$[SiO_2]$	—

由表 2.10 可以看出,硅酸盐的结构主要由三部分组成,一部分是由硅和氧按不同比例组成的各种负离子团,称为硅氧骨干,这是非常重要的部分。另外两部分为硅氧骨干以外的阳离子和阴离子。由此可见,在硅酸盐结构中硅氧结合的情况起着骨干作用。因此,硅氧骨干及其连接方式最能表达硅酸盐结构的特点。硅酸盐晶体结构的基本特点大体可以归纳成如下几点。

①按照鲍林第一规则,$r_{Si^{4+}}/r_{O^{2-}}=0.041/0.14=0.293$,因此 Si^{4+} 的配位数为 4,形成$[SiO_4]$四面体。因而硅酸盐晶体中基本结构单元是$[SiO_4]$四面体,Si—O 平均距离为 0.160 nm,此值小于硅氧离子半径之和 0.181 nm,说明 Si—O 键并非纯离子键结合,而是具有相当高的共价键成分,据估计离子键和共价键大约各占一半。Si^{4+}不能直接相连,而必须通过 O^{2-} 相连。

②按照静电价规则,每个 O^{2-} 最多只能被两个$[SiO_4]$四面体所共有。

③按照鲍林第三规则,$[SiO_4]$四面体可以相互孤立地存在,两个相邻的$[SiO_4]$四面体通过共顶相互连接,如果以共棱或共面方式相连,将造成结构不稳定。

④Si—O—Si 结合键通常不是一条直线,而是一条折线,其 Si—O—Si 键角并不完全一致,一般为 145°。

在硅酸盐晶体中,除了硅和氧,还含有其他阳离子多达 50 多种,因此其结构十分复杂。

2.6.1 岛状硅酸盐结构

岛状结构是指在硅酸盐晶体中,$[SiO_4]$四面体以孤立状态存在。$[SiO_4]$四面体之间不是以 O^{2-} 共顶连接,即每个 O^{2-} 除了与一个 Si^{4+} 相连外,不再与其他$[SiO_4]$四面体中的 Si^{4+} 相连,而与其他金属离子相连。这类硅酸盐晶体中,主要有镁橄榄石(Mg_2SiO_4)、锆石($ZrSiO_4$)、三石(组成均为 $Al_2O_3 \cdot SiO_2$)、莫来石($3Al_2O_3 \cdot 2SiO_2$)等。下面以镁橄榄石为例分析这类结构的特点。

镁橄榄石(Mg_2SiO_4)属斜方晶系,*Pbnm* 群。晶格常数 a 为 0.467 nm,b 为 1.020 nm,c 为 0.598 nm,Z 为 4。图 2.22 是镁橄榄石在(100)面上的投影图。镁橄榄石的结构特征如下:

O^{2-}近似于六方密堆,密堆层平行于(100)面,Si^{4+}填充于四面体空隙,Mg^{2+}填充于1/2八面体空隙中。[SiO_4]四面体被[MgO_6]八面体隔开,呈孤岛状。从图2.22中可以看到,3个高度75(或高度25)的O^{2-}和1个高度25(或高度75)的O^{2-}形成了四面体,高度50的Si^{4+}位于其中。四面体彼此孤立存在。同样也可以看出,3个高度75(或高度25)的O^{2-}和3个高度25(或高度75)的O^{2-}形成了八面体,高度50的Mg^{2+}位于其中。每个O^{2-}和3个Mg^{2+},以及1个Si^{4+}相连,电价是平衡的。

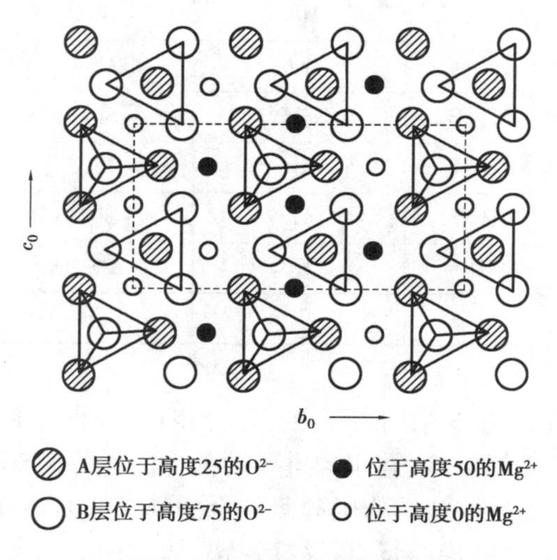

图2.22 镁橄榄石晶体结构

镁橄榄石结构紧密,静电键也很强,晶格能高,结构稳定,熔点高达1 890 ℃,是碱性耐火材料中的重要矿物相。镁橄榄石中的Mg^{2+}和Fe^{2+}的半径及化学性质相近,因此,Fe^{2+}可任意取代Mg^{2+},形成$(Mg,Fe)_2[SiO_4]$橄榄石。Mg^{2+}也可被Ca^{2+}取代,形成钙镁橄榄石$(Ca,Mg)_2[SiO_4]$。水泥熟料中的γ-Ca_2SiO_4也具有镁橄榄石型结构,只是将Mg^{2+}全部换成Ca^{2+},结构稳定,不易水化。另一种β-Ca_2SiO_4也属岛状结构,单斜晶系,其中Ca^{2+}的配位数有8和6两种,而不是全部为6。正是由于Ca^{2+}的不规则配位,β-Ca_2SiO_4的活性增大,能与水起水化反应。

2.6.2 组群状硅酸盐结构

2个、3个、4个或6个[SiO_4]四面体通过共用氧相连接,形成单独有限的硅氧络阴离子,构成[SiO_4]四面体群体,如图2.23所示。除双四面体外其余的通常为环状,环还可以重叠起来形成双环,环与环之间通过其他金属阳离子按一定的配位形式联系起来。这类硅酸盐晶体中,常见的有硅钙石$Ca_3[Si_2O_7]$、镁方柱石$Ca_2Mg[Si_2O_7]$、蓝锥矿$BaTi[Si_3O_9]$、绿柱石$Be_3Al_2[Si_6O_{18}]$等。下面以绿柱石为例介绍。

绿柱石晶体属于六方晶系*P6/mcc*空间群。晶格常数a为0.921 nm,c为0.917 nm,Z为2。图2.24是绿柱石结构在(0001)面上的投影图,表示半个晶胞。绿柱石中的基本结构单元是6个[SiO_4]四面体形成的六元环。六元环中的四面体有两个氧是共同的,它们与[SiO_4]四面体中的Si^{4+}处于同一高度,环与环相叠,图2.24中上下两层交叉30°。这些六元环之间是靠Al^{3+}和Be^{2+}相连的。Al^{3+}的配位数为6,构成Al—O八面体;Be^{2+}的配位数4,构成Be—O四面体。图中Al^{3+}处于高度75,分别由3个处于高度85和3个处于高度65的O^{2-}构成Al—O八面体。

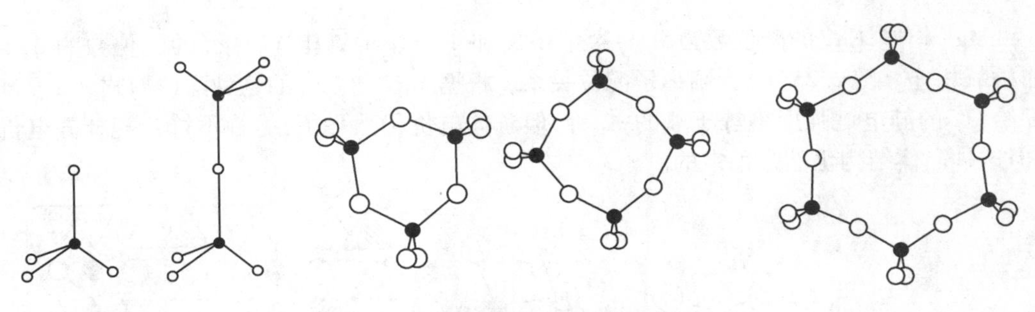

图 2.23　组群状硅氧骨干示意图

Be^{2+}也处于高度 75，分别由 3 个处于高度 85 和 3 个处于高度 65 的 O^{2-} 构成 Be—O 四面体。而对于 O^{2-}，连接有 3 个$[SiO_4]$四面体和 1 个$[AlO_6]$八面体，电价达到饱和。

由于绿柱石常呈六方或复六方柱外形，这种环形空腔中，如果有价数低、半径小的离子（如 Na^+）存在时，将呈现显著的离子导电，具有较大的介电损耗。因此，这种结构在无线电材料中具有较大的研究价值。

堇青石（$Mg_2Al_3[AlSi_5O_{18}]$）的结构和绿柱石相同，但六元环中有一个$[SiO_4]$四面体中的 Si^{4+}被 Al^{3+}所替代。因此，六元环负电价增加一价，环外正离子有 Mg_2Al_3 取代 Be_3Al_2，从而电价平衡。堇青石由于具有较低的热膨胀系数，因此，在陶瓷材料中应用广泛。

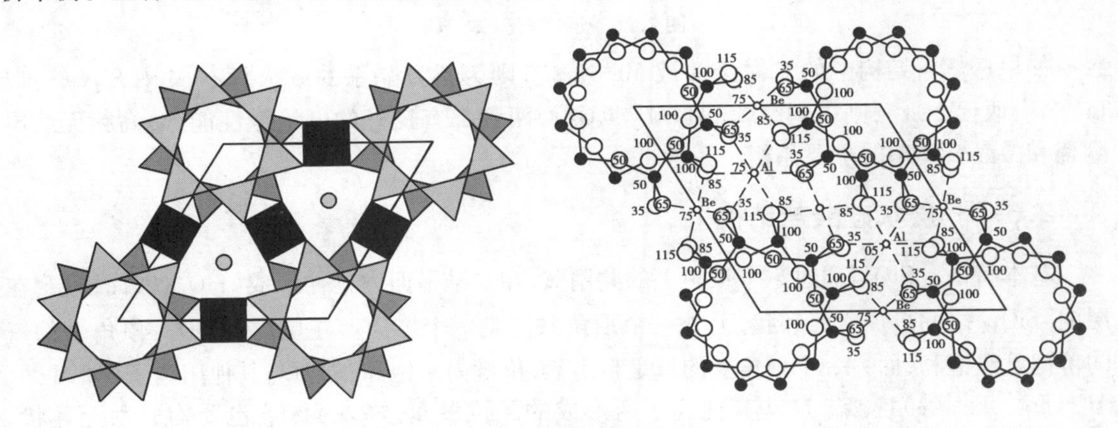

图 2.24　绿柱石晶体结构

2.6.3　链状硅酸盐结构

$[SiO_4]$之间通过桥氧相连，在一维方向无限延伸的链状结构称单链。在单链中，每个$[SiO_4]$中有 2 个 O^{2-}为桥氧，结构基元为$[Si_2O_6]^{4-}$，单链可看作$[Si_2O_6]^{4-}$结构基元在一维方向的无限重复，单链的化学式可写成$[Si_2O_6]_n^{4n-}$。两条相同的单链通过尚未共用的氧连起来向一维方向延伸的带状结构称双链。双链结构中，一半$[SiO_4]$有 2 个桥氧，一半$[SiO_4]$有 3 个桥氧。双链以结构基元为$[Si_4O_{11}]^{6-}$在一维方向的无限重复，其化学式写成$[Si_4O_{11}]_n^{6n-}$（图 2.25）。现以透辉石为例加以介绍。

透辉石的化学式为 $CaMg[Si_2O_6]$，单斜晶系 $C2/c$ 空间群。晶格常数 a 为 0.974 6 nm，b 为 0.889 9 nm，c 为 0.525 0 nm，Z 为 4。图 2.25(a)为透辉石结构，单链沿 c 轴伸展，$[SiO_4]$的顶角一左一右更迭排列，相邻两条单链略有偏离，且$[SiO_4]$的顶角指向正好相反，链之间则由

Ca^{2+}和Mg^{2+}相连，Ca^{2+}的配位数为 8，与 4 个桥氧和 4 个非桥氧相连；Mg^{2+}的配位数为 6，与 6 个非桥氧相连。图 2.25(b)为阳离子配位关系。根据Mg^{2+}和Ca^{2+}的这种配位形式，Ca^{2+}、Mg^{2+}分配给O^{2-}的静电键强度不等于氧的-2 价，但总体电价仍然平衡，尽管不符合鲍林静电价规则，但这种晶体结构仍然是稳定的。

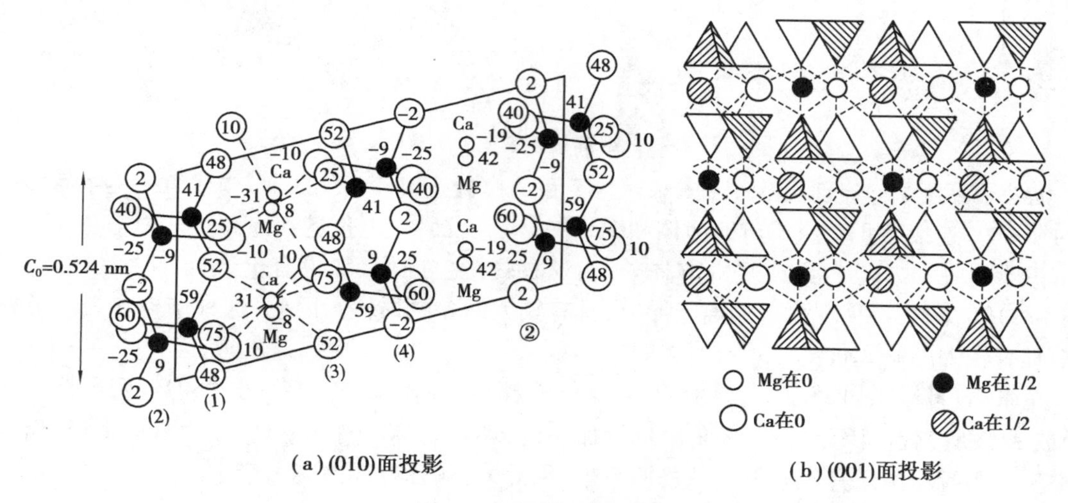

(a)(010)面投影　　(b)(001)面投影

图 2.25　透辉石晶体结构

如果透辉石结构中的Ca^{2+}全部被Mg^{2+}替代，则为斜方晶系的顽火辉石$Mg_2[Si_2O_6]$；以$Li^{+}+Al^{3+}$取代$2Ca^{2+}$，则得到锂辉石$LiAl[Si_2O_6]$，两者都有良好的电绝缘性能，是高频无线电陶瓷和微晶玻璃中的主要晶相。

2.6.4　层状硅酸盐结构

基本特征：$[SiO_4]$通过 3 个顶角上的共用氧，在二维平面内延伸形成$[SiO_4]$四面体层，在层内$[SiO_4]$之间形成六元环状，另外一个顶角共同朝一个方向。在层内，$[SiO_4]$顶角上的氧的价键已经饱和，而另一个顶角上的氧是自由氧，价键尚未饱和，需要与其他阳离子(如Mg^{2+}、Al^{3+}、Fe^{3+}、Fe^{2+}等)连接。这些其他离子所形成的配位多面体(八面体)也要构成六元环状。它们之间有两种连接方式：如果八面体以共棱方式相连，但O^{2-}只被 2 个阳离子所共用，这种八面体称为二八面体，也就是说，只有 2/3 八面体空隙被阳离子填充，$[AlO_6]$就属此种情况；如果八面体以共棱方式相连，但O^{2-}被 3 个阳离子所共用，这种八面体称为三八面体，也就是说，全部八面体空隙都被阳离子填充，$[MgO_6]$就属此种情况。这两种结构均达到了电荷平衡，是稳定的。此外，不管是二八面体还是三八面体，八面体层网络中仍有一些O^{2-}不能与Si^{4+}配位(活性氧)，剩余电价就要由H^{+}来平衡，因此层状结构中都有OH^{-}出现。

在层状硅酸盐结构中，又有两层型(1∶1 型)和三层型(2∶1 型)之分。前者是由一层$[SiO_4]$加一层$[AlO_6]$/$[MgO_6]$互交替排列而成，如图 2.26(a)所示，后者是由两层$[SiO_4]$层间夹一层$[AlO_6]$/$[MgO_6]$而形成，如图 2.26(b)所示。整个硅酸盐结构就是以这两层或者三层作为单元，重复堆积而成。每两层或每三层单元内质点之间是化学键结合很牢固，而单元层之间是依靠分子键或者氢键结合，结合力较弱，易沿层间解理，或者在层间渗入水分子。对于实际的硅酸盐晶体，还常常存在离子取代现象，如$[SiO_4]$中的Si^{4+}被Al^{3+}等取代，八面体层

中 Al^{3+} 也可能被 Mg^{2+} 或 Fe^{2+} 等取代，造成电价不平衡，就必然在单元层之间进入其他低价阳离子，如 Na^{+}、K^{+} 等，以保持电中性。如果该阳离子在层间结合力较弱，就有可能被其他浓度高或者结合力更强的阳离子所交换，这就是黏土类矿物的阳离子交换性质。某些层状矿物还有另外一个特点，就是单元层之间结合力很弱，容易渗入大量水分子。这些特点在蒙脱石中表现得最为突出。

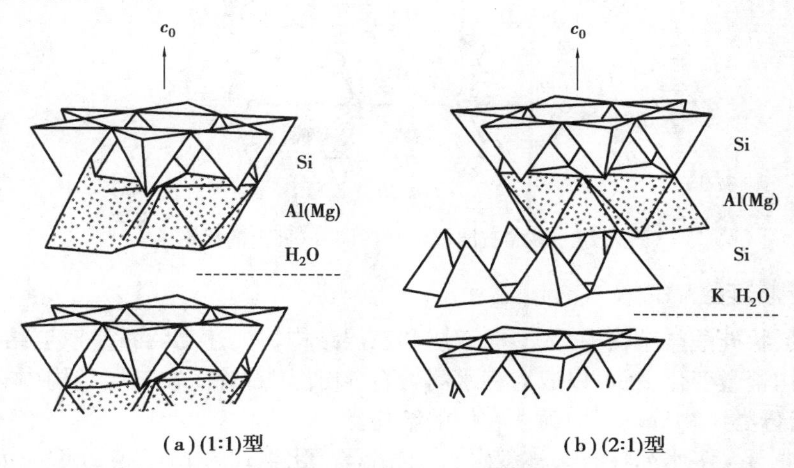

图 2.26 层状结构硅酸盐晶体中硅氧四面体层和铝氧或镁氧八面体层的连接方式

(1)高岭石结构

高岭石是自然界黏土中主要矿物，它是由长石、云母等风化而成。高岭石的理想化学组成为 $Al_2O_3 \cdot 2SiO_2 \cdot 2H_2O$。按重量计 SiO_2 为 46.53%，Al_2O_3 为 39.49%，H_2O 为 13.98%，结构式 $Al_4[Si_4O_{10}](OH)_8$，三斜晶系 $C1$ 空间群。晶格常数 a 为 0.514 nm，b 为 0.893 nm，c 为 0.737 nm，α 为 91.8°，β 为 104.7°，γ 为 90°。单位晶胞内含有一个分子。图 2.27 为高岭石结构。

从图 2.27 中可以看到，它是由四面体和八面体构成的双层结构。四面体层中每个 $[SiO_4]$ 四面体以 3 个顶点 O^{2-} 相连接，排成六元平面网格（即六元环）。活性氧指向同一方向，在网格的中心处 $(OH)^-$ 与六元网格中活性氧居同一高度，在此上面，再排列成一层完全的 $(OH)^-$ 网层，Al^{3+} 充填于由 4 个 $(OH)^-$ 和 2 个 O^{2-} 组成的八面体空隙中，形成 Al^{3+}、$(OH)^-$、O^{2-} 构成的八面体层，$[AlO_2(OH)_4]$ 八面体共棱连接。$[SiO_4]$ 四面体层和 $[AlO_2(OH)_4]$ 八面体层的结合就构成了高岭石的双层结构。层间以氢键结合。

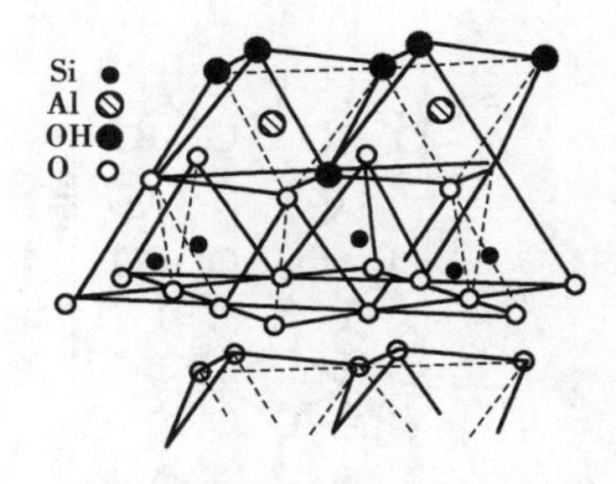

图 2.27 高岭石结构

图 2.28 为高岭石层状结构在(001)面的投影，图中各数字是相应质点在 c 轴方向上的位置。图中可明显地看到 $[SiO_4]$ 四面体和 $[AlO_2(OH)_4]$ 八面体的构成和连接情况。同时也可以看到双层结构的 $[SiO_4]$ 四面体构成的六元环与 $[AlO_2(OH)_4]$ 八面体的六元环的位置是错开的，这就降低了晶体结构的对称性。自然界中高岭石常呈现近似六角形小薄片，这就是由高岭石的结构特征所决定的。

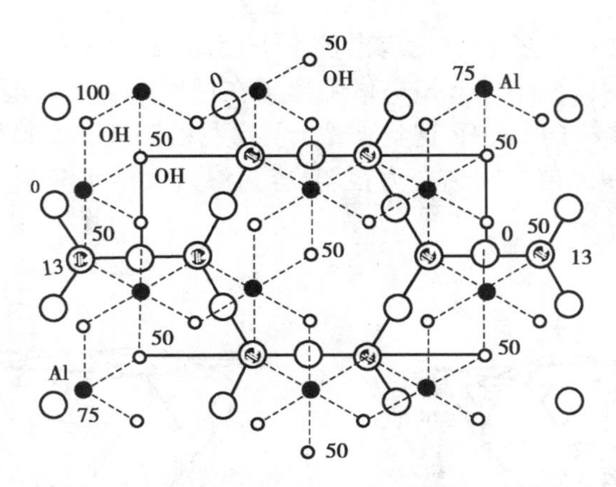

图 2.28　高岭石层状结构在(001)面上的投影

(2)其他层状硅酸盐结构

在常见的层状硅酸盐结构中,大多属双层和三层结构。上述高岭石是双层结构的典型代表。高岭石结构稍微变化,就可以成为多水高岭石、叶蛇纹石等。在三层结构中有叶蜡石、蒙脱石、滑石和云母类矿物等。下面简述它们的结构。

①多水高岭石。多水高岭石又称叙永石、埃洛石。化学式为 $Al_2O_3 \cdot 2SiO_2 \cdot nH_2O$。结构与高岭石几乎完全相同,所不同的就是有层间水存在于高岭石的各复合层之间。化学式中的 n 有一定限度,一般为 4 ~6。多水高岭石结构如图 2.29 所示。

②叶蛇纹石。如果将高岭石八面体空隙中所有的 Al^{3+} 用 Mg^{2+} 代替,为使电价平衡须用 3 个 Mg^{2+} 代替 2 个 Al^{3+},这样八面体空隙全部为 Mg^{2+} 所占据,成为三八面体,如图 2.30 所示。

③叶蜡石。将高岭石的双层结构再加上一层[SiO_4]四面体层就演变成叶蜡石,故叶蜡石是由两层[SiO_4]四面体层和一层[$AlO_2(OH)_4$]八面体层所构成的三层结构。[SiO_4]四面体层在[$AlO_2(OH)_4$]八面体层的两侧,显然它的层间靠范德华力结合。叶蜡石结构如图 2.31 所示。

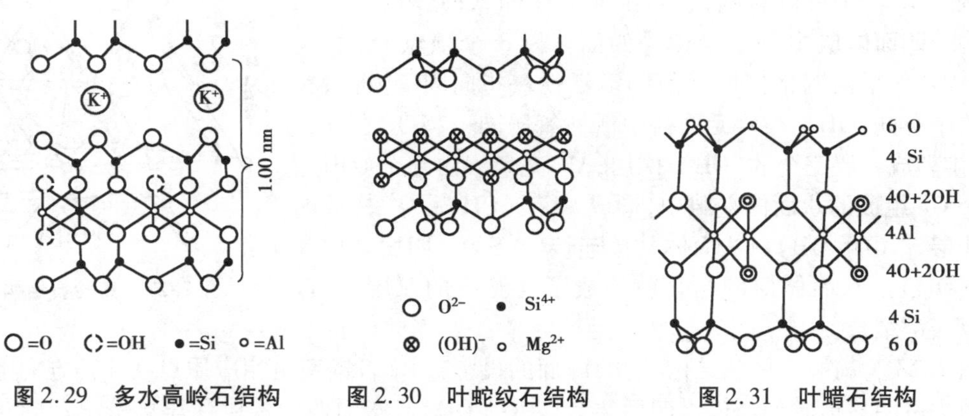

图 2.29　多水高岭石结构　　图 2.30　叶蛇纹石结构　　图 2.31　叶蜡石结构

叶蜡石与高岭石的晶格常数 a、b 几乎完全相同,但在 c 轴方向上叶蜡石远比高岭石大。在氧和氢氧离子的排布上与高岭石不同,高岭石的一端为氧,另一端为氢氧根;而叶蜡石两端均为氧,因此就造成了八面体层与高岭石结构的差异,即由高岭石[$AlO_2(OH)_4$]演变为叶蜡石的[$AlO_4(OH)_2$]八面体。这当然是因为高岭石为双层结构,而叶蜡石为三层结构的缘故。

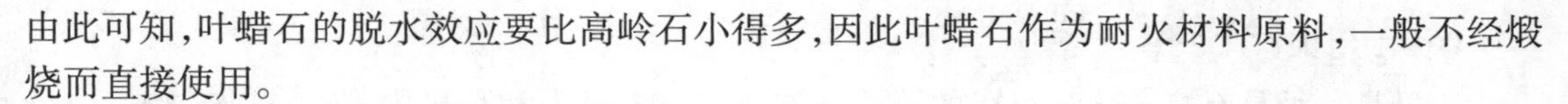

由此可知，叶蜡石的脱水效应要比高岭石小得多，因此叶蜡石作为耐火材料原料，一般不经煅烧而直接使用。

(3)蒙脱石(2：1型，[SiO_4]+[AlO_6]+[SiO_4])

化学式为 $Al_2O_3 \cdot 4SiO_2 \cdot H_2O+nH_2O$ 或 $Al_2[Si_4O_{10}](OH)_2 \cdot nH_2O$，如图2.32所示，单斜晶系，$C2/m$ 空间群，晶格常数 a 约为0.523 nm，b 约为906 nm，c 可变，Z 为2。蒙脱石中容易发生离子取代作用，主要是铝氧八面体中 Al^{3+} 被 Mg^{2+} 所取代。为了平衡多余的负电价，在单元层之间就要有其他阳离子 M^+ 或 M^{2+} 进入，取代后实际化学式变为 $Mg_xAl_{2-x}[Si_4O_{10}](OH)_2 \cdot M_x \cdot nH_2O$。在一定条件下，这些层间阳离子 M^+ 或 M^{2+} 容易被交换出来，因此蒙脱石的阳离子交换容量大。另外蒙脱石的每三层之间结合力弱，很容易渗入水分子，使 c 轴晶胞参数出现随着渗入水量而变化的现象，被称为膨润土。因此，蒙脱石具有阳离子交换容量大和 c 轴可膨胀的特性。

(4)滑石(2：1型，[SiO_4]+[MgO_6]+[SiO_4])

化学式为 $3MgO \cdot 4Si_2 \cdot H_2O$ 或 $Mg_3[Si_4O_{10}](OH)_2$，如图2.33所示，单斜晶系，$C2/c$ 空间群，晶格常数 a 为0.526 nm，b 为0.910 nm，c 为1.881 nm，β 为100°。滑石结构与蒙脱石结构相似，只是将中间[AlO_6]层换为[MgO_6]层。滑石晶体单元层之间依靠分子力结合，因此具有很好的片状解理，滑腻感很强，是爽身粉的主要原料。滑石可用作高分子材料的填料，滑石瓷是一种滑石为主要原料、电性能优良的高频装置瓷。

(5)伊利石

化学式为[$K_{1\sim1.5}Al_4Si_{7\sim6.5}Al_{1\sim1.5}O_{20}$]$(OH)_4$，单斜晶系，$C2/c$ 空间群。晶格常数 a 为0.520 nm，b 为0.900 nm，c 为1.000 nm，β 无确切值，Z 为2。伊利石也是三层结构，和蒙脱石不同的是[SiO_4]四面体中大约1/6的 Si^{4+} 被 Al^{3+} 所取代。为平衡多余的负电荷，结构中将近有1 ~1.5个 K^+ 进入结构单位层之间。K^+ 处于上下2个[SiO_4]四面体六元环的中心，相当于结合成配位数为12的K—O配位多面体。因此层间的结合力较牢固，这种阳离子不易被交换。

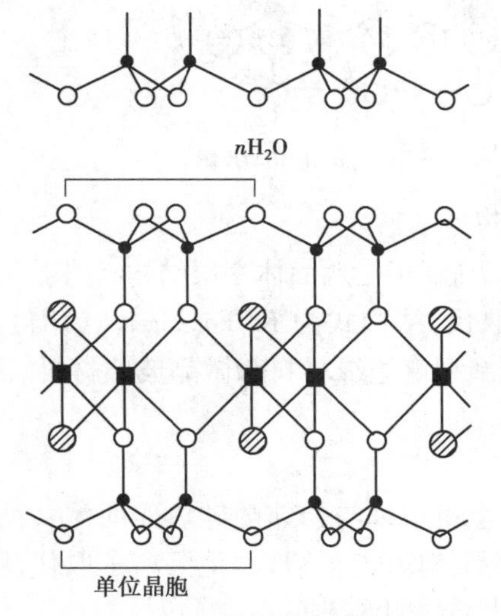

图2.32 蒙脱石晶体结构

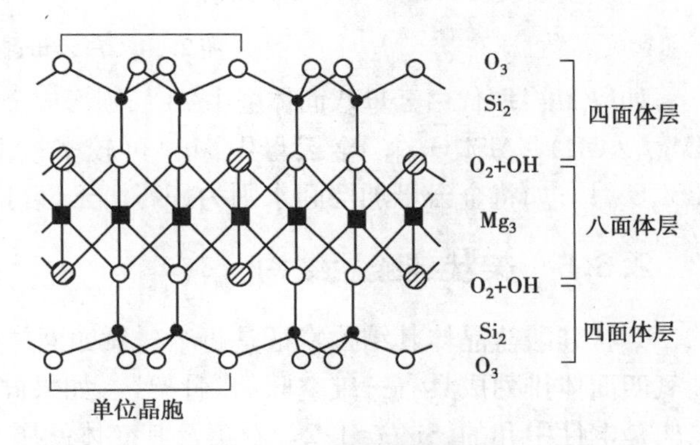

图2.33 滑石晶体结构

(6)云母类

云母是一种具有复杂化学组成的层状硅酸盐。许多黏土和页岩中都有这类矿物。白云母是最常见的一种。

白云母属单斜晶系,晶格常数 a 为 0.519 nm,b 为 0.900 nm,c 为 2.010 nm,β 为 95°11′。白云母的结构可以看成是由叶蜡石演变过来的。当叶蜡石中[SiO_4]四面体层内的 Si^{4+} 有规律地每 4 个就有 1 个被 Al^{3+} 取代,为了使电价平衡,同时在复合层间增加了一个 K^+,由于 K^+ 半径较大,就处在层间六元环的空隙中,与 12 个 O^{2-} 结合,这个结合力相当弱。白云母的结构如图 2.34 所示。

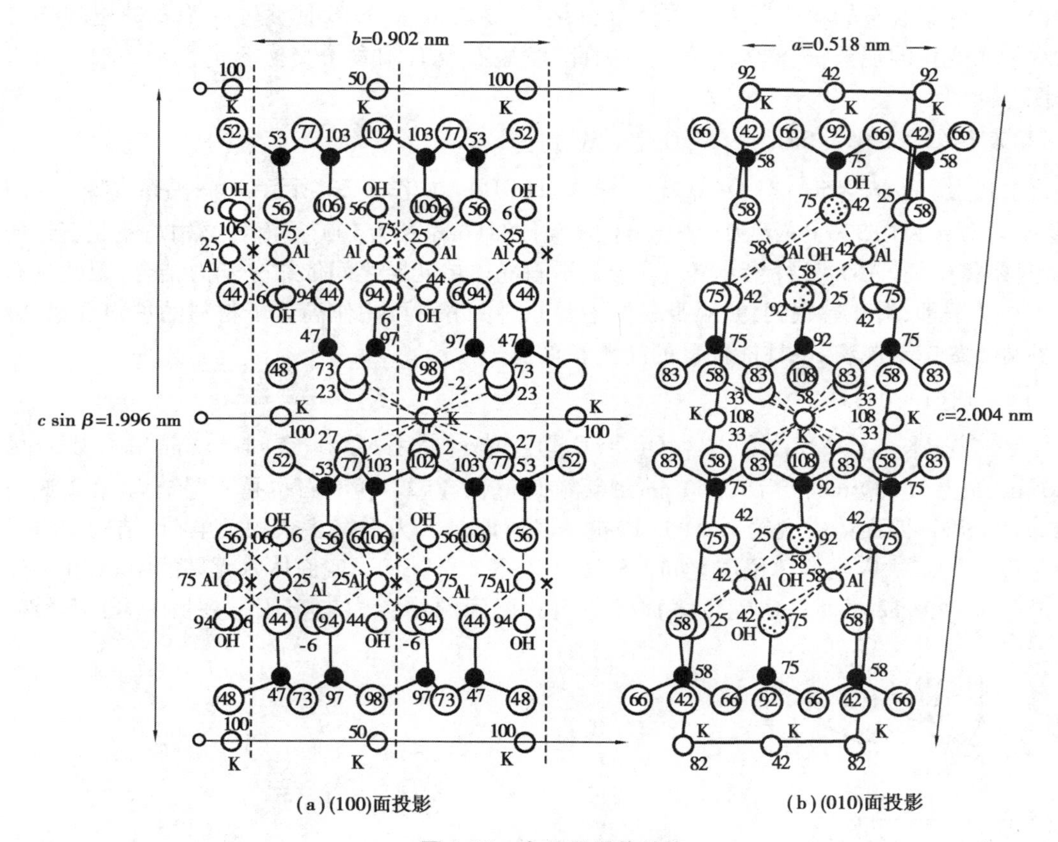

图 2.34　白云母晶体结构

如以 Mg^{2+} 取代白云母八面体层中 Al^{3+},则形成金云母,它属于三八面体三层结构,结构式为 $KMg_3[(OH)_2/AlSi_3O_{10}]$。金云母中 Mg^{2+} 可较多被 Fe^{2+} 取代,结构式为 $K[Fe,Mg]_3[(OH)_2/AlSi_3O_{10}]$。如将金云母加层间水则为蛭石。云母可作为新型电绝缘材料和微晶玻璃材料。

2.6.5　架状硅酸盐结构

架状硅酸盐晶体其结构特征是每个硅氧四面体的 4 个角顶都与相邻的硅氧四面体共顶。硅氧四面体排列成具有三维空间的“骨架”。如果硅氧四面体中的硅不被其他阳离子取代,则结构是电性中和的,Si/O=1/2。石英及其变体就属于架状硅酸盐结构。

当结构中出现 Al^{3+} 取代 Si^{4+} 时,就会有剩余负电荷,这时将有其他阳离子进入结构。一般是离子半径大而电荷较低的阳离子，如 K^+、Na^+、Ca^{2+}、Ba^{2+} 等。除了石英及其变体，各种架状硅酸盐晶体中均有 Al^{3+} 置换 Si^{4+}，使骨架带有一定的负电荷，需要在骨架外引入若干阳离子来平衡电价。

(1)石英晶体结构

石英在不同的热力学条件下有不同的变体，如果只考虑在常压的情况下，石英的变体共有 7 种(图 2.35)。

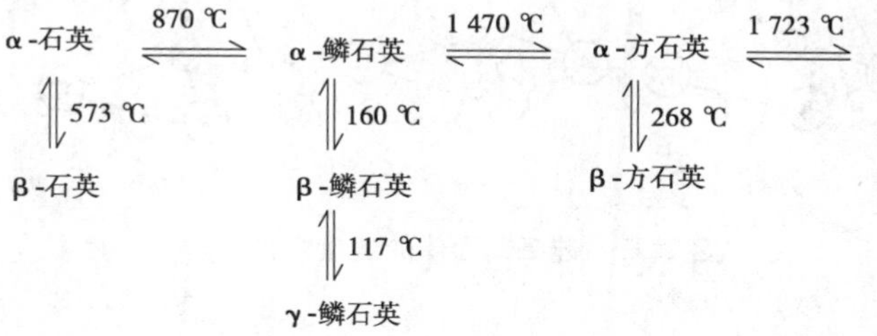

α-石英 ⇌(870 ℃) α-鳞石英 ⇌(1 470 ℃) α-方石英 ⇌(1 723 ℃) 熔体

α-石英 ⇅(573 ℃) β-石英

α-鳞石英 ⇅(160 ℃) β-鳞石英 ⇅(117 ℃) γ-鳞石英

α-方石英 ⇅(268 ℃) β-方石英

图 2.35 石英及其变体

在图 2.35 各种石英变体中，纵向之间的变化均不涉及晶体结构中键的破裂和重建，转变过程迅速而可逆，往往是键之间的角度稍作变动而已。这种转变称为位移型转变。横向之间的转变，如石英与鳞石英、方石英之间的转变都涉及键的破裂和重建，其过程相当缓慢，这种转变称为重建型转变。图 2.36 为这两种转变的示意图。

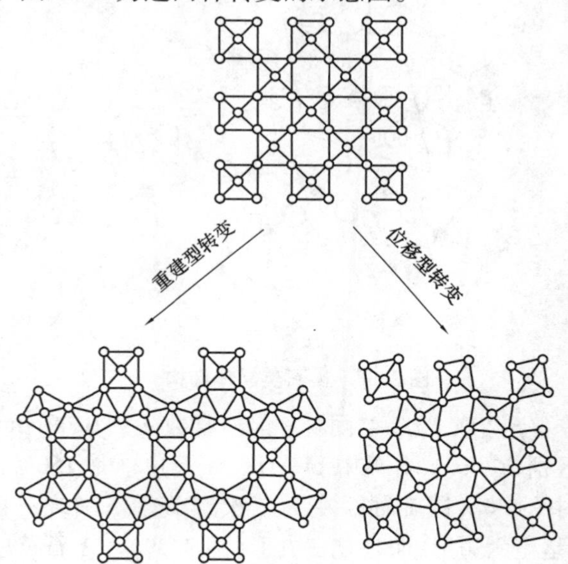

图 2.36 位移型和重建型转变示意图

石英的 3 个主要变体为 α-石英、α-鳞石英和 α-方石英，结构上的主要差别在于硅氧四面体之间的连接方式不同(图 2.37)。在 α-石英中，相当于以共用氧为对称中心的 2 个硅氧四面体中，Si—O—Si 键由 180°转变为 150°。在 α-鳞石英中，2 个共顶的硅氧四面体的连接方式相当于中间有 1 个对称面。在 α-方石英中，2 个共顶的硅氧四面体相连，相当于以共用氧为对称中心。由于这 3 种石英的硅氧四面体的连接方式不同，因此，它们之间的转变将拆开 Si—O 键，重新组合成新的骨架。

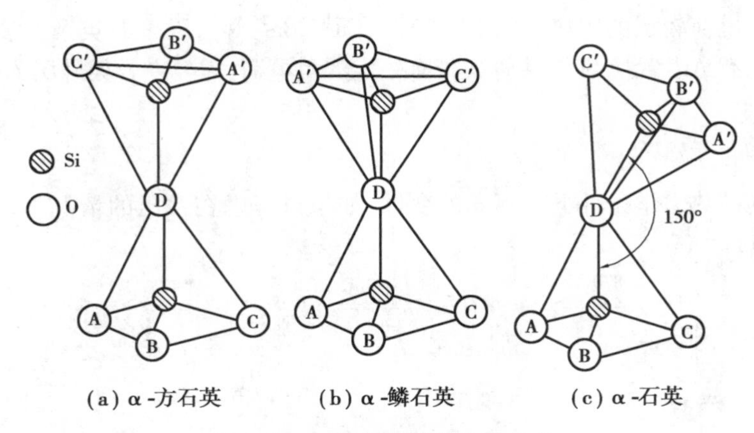

(a) α-方石英　(b) α-鳞石英　(c) α-石英

图 2.37　硅氧四面体的连接方式

1)α-石英结构

α-石英属于六方晶系,$P6_42$ 或 $P6_22$ 空间群。晶格常数 a 为 0.501 nm,c 为 0.547 nm,Z 为 3。图 2.38 为 α-石英的结构在(0001)面上的投影,在 α-石英晶体结构中存在六次螺旋轴,围绕螺旋轴的硅离子,在(0001)投影图上可连接成正六边形。因为 α-石英有左形和右形之分,因而分别为 $P6_42$ 和 $P6_22$ 空间群。

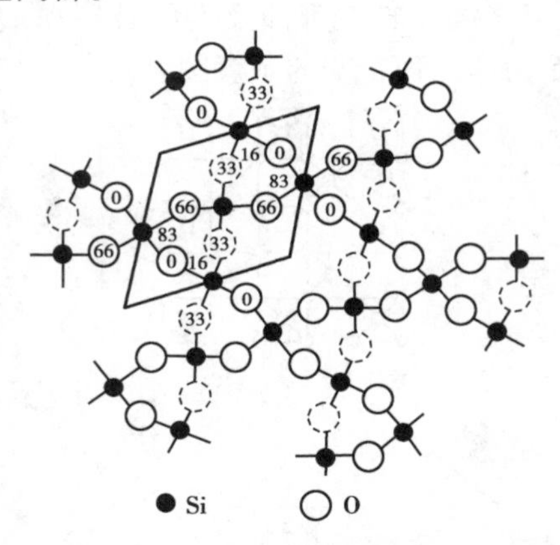

图 2.38　α-石英晶体结构

β-石英属于三方晶系,$P3_12$ 或 $P3_22$ 空间群。晶格常数 a 为 0.491 nm,c 为 0.540 nm,Z 为 3。β-石英和 α-石英的区别,在于 α-石英中 Si—O—Si 键角不是 150°,而是 137°。由于这一角度的变化,使 α-石英中的六次螺旋轴蜕变为三次螺旋轴。围绕三次螺旋轴的硅离子在(0001)投影图上已不再是正六边形,而是复三方形(图 2.39)。β-石英也有左、右形之分。

2)α-鳞石英结构

α-鳞石英属六方晶系,$P6_3/mmc$ 空间群。晶格常数 a 为 0.504 nm,c 为 0.825 nm,Z 为 4。其结构可看成平行于(0001)面,硅氧四面体按六节环的连接方式构成四面体层,和层状结构中的四面体层不同,α-鳞石英中,硅氧四面体层中任何两个相邻的四面体的角顶,指向相反方向,然后上下层之间再以角顶相连而成架状结构(图 2.40)。

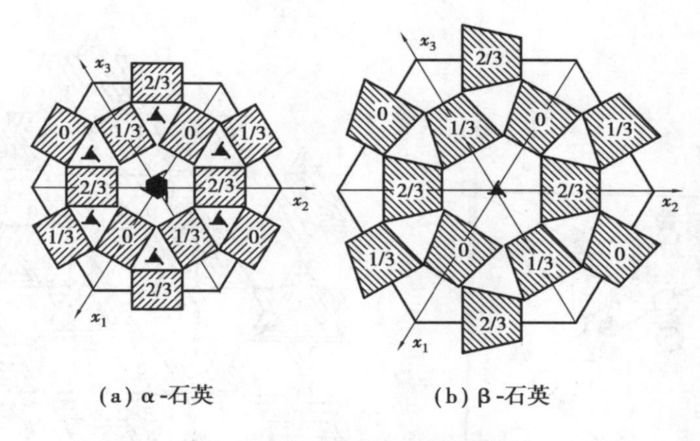

(a) α-石英 (b) β-石英

图 2.39 α-石英与 β-石英的关系

γ-鳞石英属正交晶系，C222 空间群。晶格常数 a 为 0.874 nm，b 为 0.504 nm，c 为 0.824 nm，Z 为 8。但有资料报道，认为 γ-鳞石英属单斜晶系。

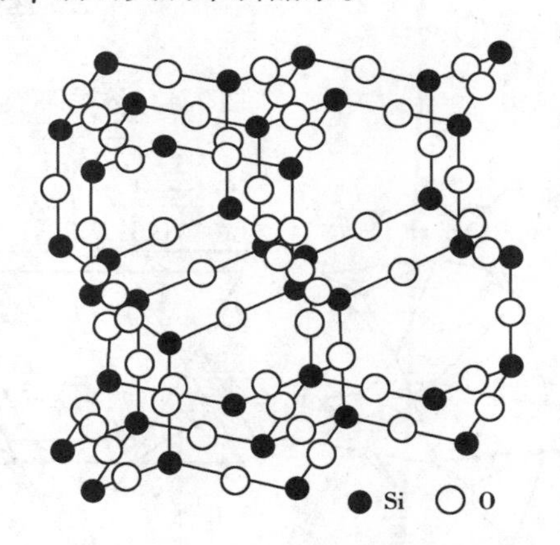

图 2.40 α-鳞石英晶体结构

3）α-方石英结构

α-方石英属于立方晶系，$Fd3m$ 空间群。晶格常数 a 为 0.713 nm，Z 为 8。图 2.41 为 α-方石英的晶胞，其中 Si^{4+} 占有全部面心立方结点的位置和立方体内相当于 8 个小立方体中心的 4 个。每个 Si^{4+} 都和 4 个 O^{2-} 相连。如果以 Si—O 四面体的排列看，α-方石英中也由硅氧四面体连接成如 α-鳞石英中的硅氧四面体层，层与层之间以顶角相连（图 2.41 和图 2.42）。不同的是，在 α-方石英中，若以硅的排列看，它们成三层重复的方式堆积（图 2.43）。现在有资料报道，认为在 α-方石英中，Si—O—Si 键并非直线，而稍有偏离。因此，α-方石英的空间群应为 $P2_13$。

（2）长石晶体结构

长石的主要组分有 4 种：钾长石 $K[AlSi_3O_8]$（符号 Or）；钠长石 $Na[AlSi_3O_8]$（符号 Ab）；钙长石 $Ca[Al_2Si_2O_8]$（符号 An）；钡长石 $Ba[Al_2Si_2O_8]$（符号 Cn）。

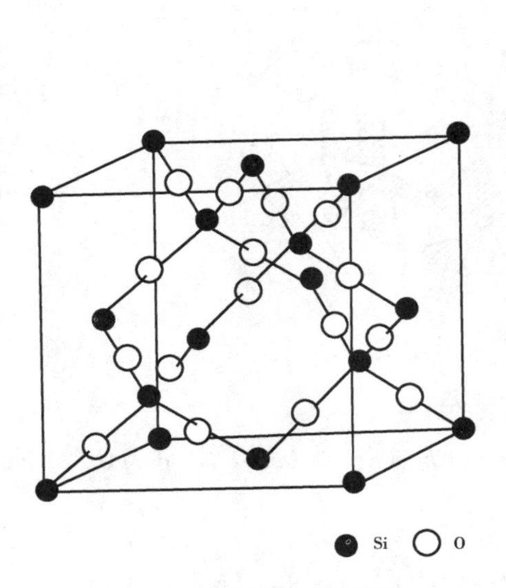

图 2.41　α-方石英晶体结构

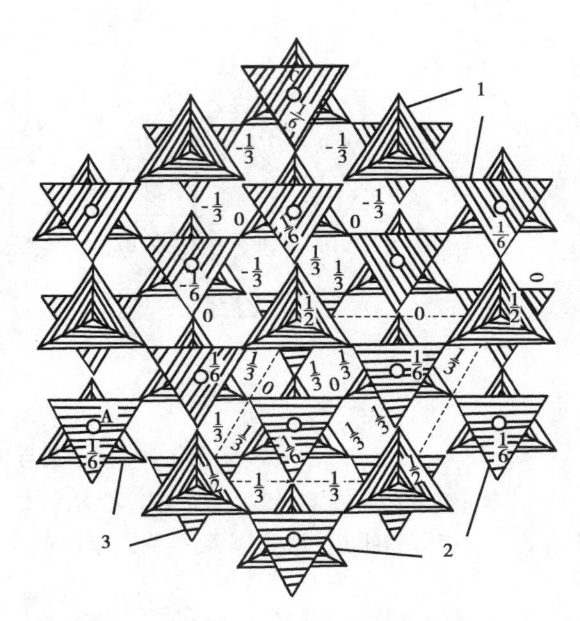

图 2.42　α-方石英中硅氧四面体连接方式

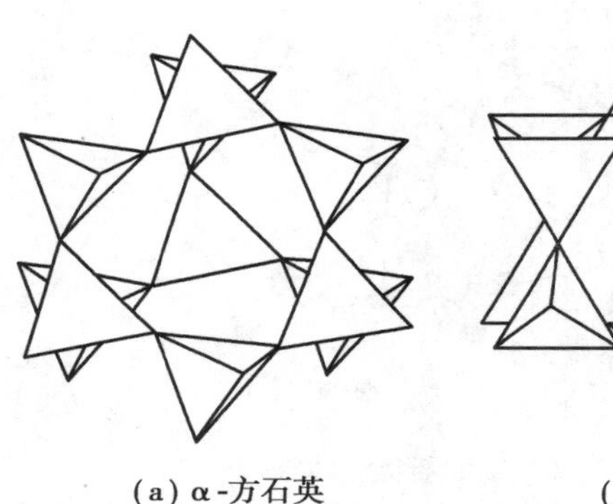

(a) α-方石英

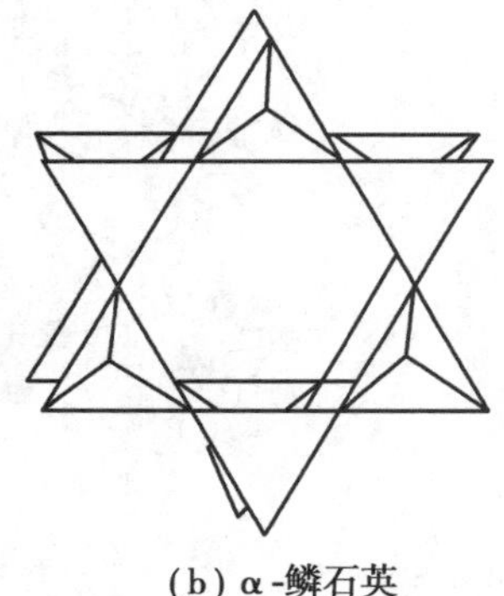

(b) α-鳞石英

图 2.43　α-方石英和 α-鳞石英中硅氧四面体的不同连接方式

在高温时,Or 和 Ab 能形成连续固溶体,低温时为有限固溶体,它们的固溶体称为碱性长石。Ab 和 An 也能形成固溶体,构成斜长石系列。钡长石较少见。在碱性长石中,当 Ab 在固溶体摩尔分数为 0 ~67% 时,晶体结构为单斜晶系,称为透长石,它是长石族晶体结构中对称性最高的。长石结构即以透长石为例。

透长石的化学式为 $K[AlSi_3O_8]$,属单斜晶系,$C2/m$ 空间群。晶格常数 a 为 0.856 nm,b 为 1.303 nm,c 为 0.718 nm,α 为 90°,β 为 115°59′,γ 为 90°,Z 为 4。透长石结构中的基本单位是 4 个四面体(硅氧或铝氧四面体)相互共顶形成一个四联环,其中 2 个四面体的尖顶朝上,另外 2 个尖顶向下。这样,它们又可以分别与上下的四联环共顶相连,成为曲轴状的链,其方向平行于 a 轴。链与链之间又以氧桥相连,形成三维架状结构。图 2.44 为四联环和曲轴状链。但在实际晶体结构中,这个链是有些扭曲的。因此,在垂直 a 轴的投影图上,上下四联环的投影不是重合的,而是错开一个角度。

透长石结构中由于 Si^{4+} 被 Al^{3+} 部分取代,因而负电荷有剩余,K^+ 填充于结构中,达到平衡电荷的作用。图 2.45 为透长石的结构图,投影图近于垂直 a 轴。图中画出 4 条曲轴状链的投影图。它们相互连接时在图正中形成一个八联环，K^+就位于八联环的空隙中，且处于对称面的位置上（图中 m 的位置）。K^+的配位数是9。透长石的四面体中 Si^{4+}和 Al^{3+}的分布是无序的。图中 4 条曲轴状链，都只画了 2 个四联环，如果它们各自向上下发展形成曲轴状链，便构成整个透长石结构。若八联环中的阳离子是 Na^+、Ca^{2+}时，即为斜长石。因 Na^+、Ca^{2+}在八联环中将偏向一侧，这就使结构的对称性下降，由透长石的单斜晶系变成斜长石的三斜晶系。长石是陶瓷的重要原料之一。

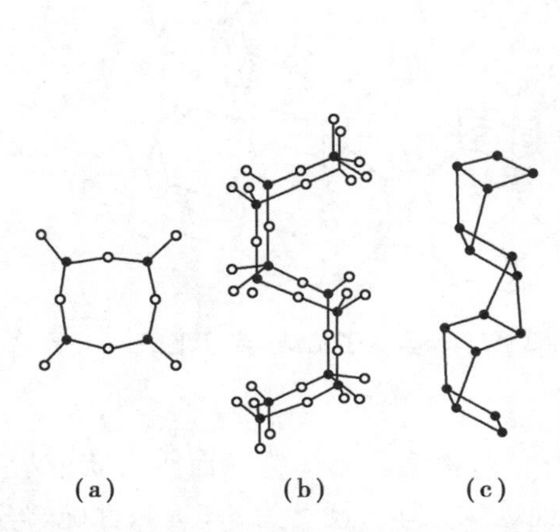

图 2.44　长石中的四联环和曲轴状链

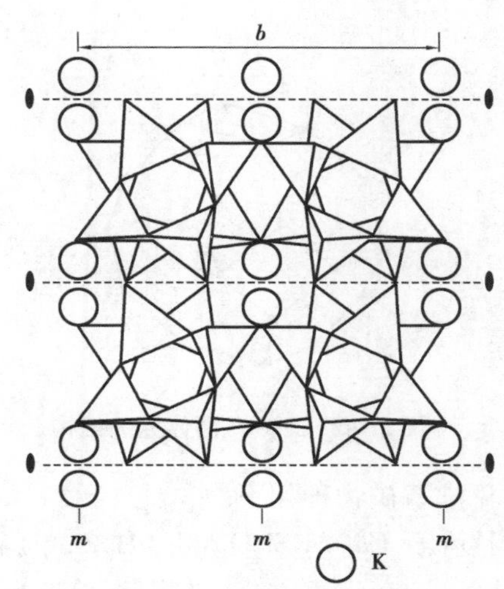

图 2.45　透长石晶体结构

长石的相对密度为2.56~3.37，硬度为6~6.5，熔点为1 100~1 715 ℃。颜色有无色、白色、灰白色、浅黄、肉红色。长石是重要的陶瓷和玻璃原料。生产中常用的长石为钾长石、微斜长石、钠长石，以及斜长石中富含钠的长石。钙长石和钡长石一般不能单独作熔剂使用。

长石的主要成分为 SiO_2、Al_2O_3、K_2O、Na_2O、CaO 并含少量其他杂质成分，其中 Fe_2O_3 为有害组分。

各种长石的理论组成（质量分数）见表 2.11。

表 2.11　长石主要成分（质量分数）　%

长石类型	SiO_2	Al_2O_3	K_2O	Na_2O	CaO
钾长石	64.7	18.4	16.9	—	—
钠长石	68.6	19.6	—	11.8	—
钙长石	43.0	36.9	—	—	20.1

（3）沸石结构

沸石是含水的骨架型铝硅酸盐，当它们受到灼烧时，晶体内的水被驱出，产生类似沸腾的现象，故称为沸石。沸石类硅铝酸盐具有比长石结构要空旷得多的硅氧骨架，有许多孔径均匀的孔道和内表面积很大的孔穴，能吸入或放出水分子，也能交换溶液中的阳离子，故可用作分子筛、干燥剂、吸附剂、分离剂和催化剂等，具有广泛的应用领域。除了天然沸石，还根据沸石的组成和形成条件，合成了百余种人造沸石分子筛。常见的有 A 型、X 型、Y 型等，这些分子筛都可看成是由立方八面体笼构成。立方八面体笼是由 24 个硅(铝)氧四面体连接而成的孔穴,为一个十四面体,该十四面体有 6 个四边形的面和 8 个六边形的面,如图 2.46 所示。

将 8 个立方八面体笼放在立方体的 8 个顶点上,在立方八面体笼的四边形面之间通过 8 个小立方体连接,就构成了 A 型分子筛的骨架,如图 2.47 所示。8 个立方八面体笼连接后,在中心形成一个大的笼,该笼为二十六面体,各个笼之间通过八元环互相连通,这些八元环是 A 型分子筛的主要通道。

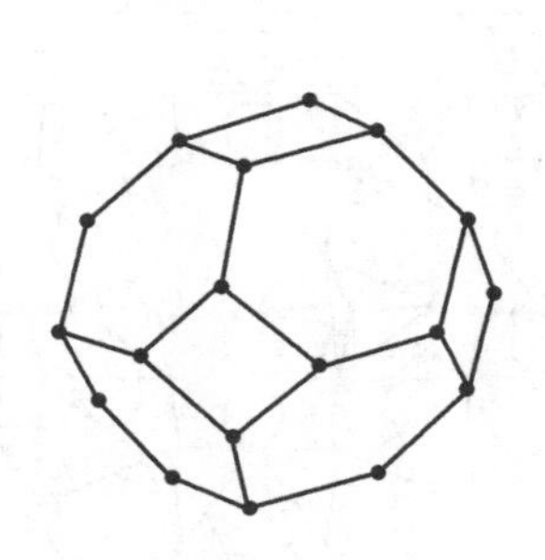

图 2.46 立方八面体笼的结构

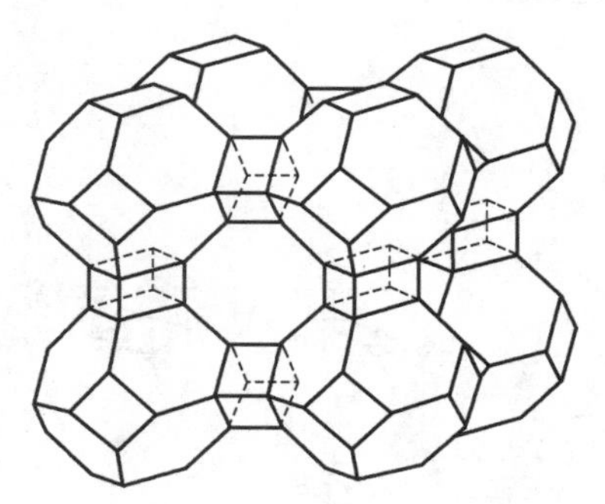

图 2.47 A 型分子筛结构示意图

常见沸石矿物种如下。

①片沸石 $Ca[Al_2Si_7O_{18}]\cdot 6H_2O$,单斜晶系,$L^2PC$ 对称型。晶体为三向等长状或板柱状[图 2.48(a)]。无色、白色或黄色,玻璃光泽,解理面珍珠光泽。硬度为 3.5 ~4,性脆,解理面平行于(010)完全。比重为 2.18 ~2.22。

②辉沸石 $(Ca,Na_2)[Al_2Si_7O_{18}]\cdot 7H_2O$,单斜晶系,晶体呈薄板状[图 2.48(b)]集合体常为束状。白色、淡黄或褐红色,玻璃光泽。硬度为 3.5 ~4,解理(010)完全,断口参差状,比重为 2.09 ~2.20。

③菱沸石 $(Ca,Na_2)[Al_2Si_4O_{12}]\cdot 6H_2O$,三方晶系,$L^3 3L^2 3PC$ 对称型。晶体呈近于立方体状的菱面体[图 2.48(c)],通常呈晶簇及致密块体产出。无色或白色,因杂质混入,可有粉红、淡黄色。玻璃光泽。硬度为 4.5,性脆,$(10\bar{1}1)$解理中等。比重为 2.08 ~2.16。

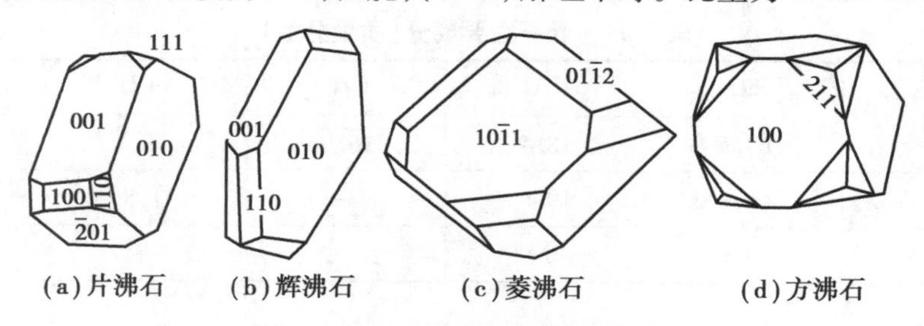

图 2.48 常见沸石的晶形

④方沸石 $Na[AlSi_2O_6]\cdot H_2O$,等轴晶系,$3L^4 4L^3 6L^2 9PC$ 对称型。晶体呈四角三八面体或立方体与四角三八面体组成的聚形[图 2.48(d)]。无色、淡红或淡绿色,玻璃光泽。硬度为 5 ~5.5,性脆,断口贝状。比重为 2.2 ~2.3。

2.7 硼酸盐、磷酸盐和锗酸盐晶体

2.7.1 硼酸盐晶体

硼通常为3价，所涉及的键是在一平面内指向等边三角形顶角的sp^2杂化键，与氧配位的最简单的离子团是[BO_3]三角体，如图2.49(a)所示。2个[BO_3]三角体也可通过共用1个氧形成[B_2O_5]$^{4-}$离子团，如图2.49(b)所示，或通过共用氧形成多个[BO_3]三角体相连接的封闭环甚至敞开链[BO_2]$_n^{n-}$，如图2.49(c)和图2.49(d)所示。

图2.49(a)表示的孤立[BO_3]$^{3-}$，通常出现在氧：硼=3：1的原硼酸盐中，结构上类似于硝酸盐和碳酸盐。例如，$ScBO_3$、$InBO_3$、YBO_3等具有方解石结构。图2.49(b)表示2个[BO_3]三角体共用1个氧形成的[B_2O_5]$^{4-}$离子团，通常出现在焦硼酸盐晶体中，例如在$Mg_2B_2O_5$、$Co_2B_2O_5$中已发现这种离子团。对于3个及3个以上的[BO_3]三角体连接起来形成的离子团，通常总出现在氧：硼=2：1的偏硼酸盐中，如偏硼酸钾中存在的[B_2O_5]$^{3-}$。在硼与氧的配位中，除了硼与3个氧进行配位形成[BO_3]三角体，也存在硼与4个氧进行配位形成[BO_4]四面体。例如在硼砂$Na_2B_4O_7 \cdot 10H_2O$中，有2个硼是与氧三配位的，而另外2个硼是与氧四配位的。

绝大多数的硼酸盐矿物，都呈白色或浅色(含铁、锰的硼酸盐矿物，硼镁铁矿等例外)，透明，玻璃光泽，比重不大，硬度也较低(尤其是含水硼酸盐)。

硼酸盐矿物主要形成于表生作用条件下。在内陆湖盆的沉积物中，可以形成巨大的有经济价值的矿床，例如我国青海、西藏的一些湖盆地就是如此。此外，在火山分布的地区及酸性火成岩与石灰岩的接触交代作用中，亦有产出。

硼酸盐矿物是提取硼的主要原料。硼在现代工业中应用极广，硼与氢的化合物，可作高能燃料，用于火箭、导弹及喷气飞机方面。硼能吸收中子，在原子能工业上可用做隔离材料及减速剂。硼的氮化物(过氮化硼)，其硬度与金刚石相当，而抗热性比金刚石还强，故可用作火箭推进器的内膛，此外，在冶金、电信、化工、化肥及日用医药等方面，硼及其化合物也都有广泛的用途。

硼酸盐矿物种类很多，但目前最有工业价值的主要是硼砂和硼镁石等。

硼砂$Na_2B_4O_7 \cdot 10H_2O$，单斜晶系，L^2PC对称型。晶体为短柱状，或依(100)发育成板状，多数情况下呈土状块体。白色或白色微带浅灰色调，玻璃光泽，透明。硬度低(2～2.5)，比重小(1.71)，(100)解理完全。在空气中易脱水，脱水后颜色变浊，并在表面形成裂纹及白轮状皮壳，在火焰上烧至体积膨胀并熔成透明的玻璃体，染火焰呈浓黄色，为提取硼的主要矿物原料。其易溶于水，具抗磁性。

硼砂的晶体结构和晶体形态如图2.50所示。由于它是离子化合物，因此，其光学性质、硬度、比重等，都和它的化学成分密切有关；沿Z轴伸长的晶体形态，则与晶体构造中链的方向一致；在链间由于极性水分子的存在，因此，解理极易沿此方向破裂。硼砂为最常见的硼酸盐矿物之一，主要产于含硼盐湖的干涸沉积物中，与石盐、石硝、芒硝及碳酸盐矿物等共生。

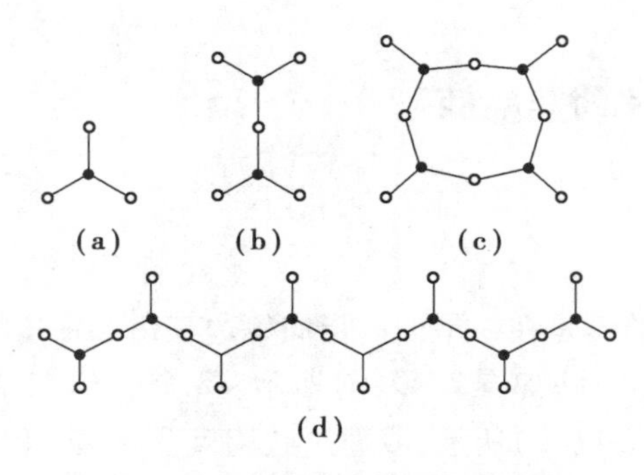

图 2.49　硼酸盐中的硼氧离子团

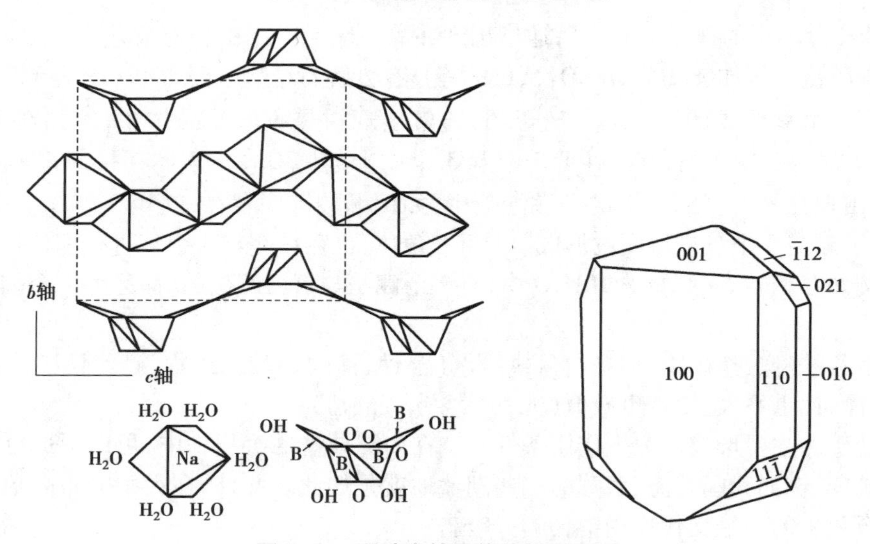

图 2.50　硼砂中的晶体结构及晶型

2.7.2　磷酸盐和锗酸盐晶体

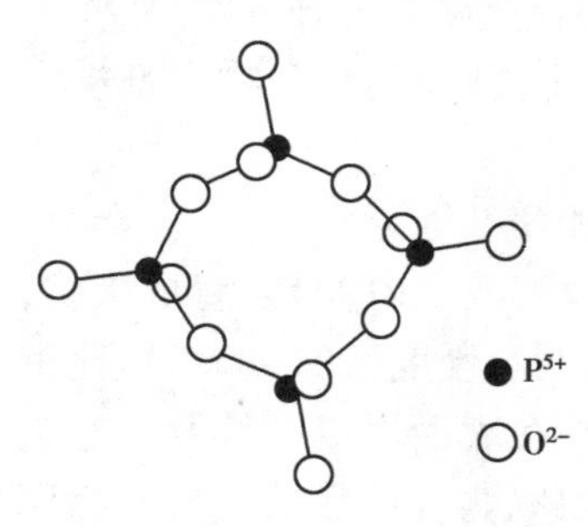

图 2.51　$[P_4O_{12}]^{4-}$ 结构

与[SiO_4]四面体类似，磷通常与氧配位构成[PO_4]四面体。这些孤立的[PO_4]四面体存在于许多原磷酸盐中，当原子价允许有适当差别时，一些原磷酸盐的结构与原硅酸盐结构密切相关。此外，[PO_4]四面体也可通过共用氧连接成多核配合物，例如，焦磷酸盐中存在的$[P_2O_7]^{4-}$离子团(类似于硅酸盐结构中的$[Si_2O_7]^{6-}$离子团)，偏磷酸盐中存在的$[P_4O_{12}]^{4-}$四元环离子团(类似于硅酸盐结构中的$[Si_3O_9]^{6-}$和$[Si_6O_{18}]^{6-}$离子团等)，如图 2.51 所示。但在磷酸盐中尚未确认有类似于硅酸盐晶体中链状结构的无限链存在。

磷酸盐矿物中有许多属于内生成因、外生成因的磷酸盐，大多是内生磷酸盐矿物的次生产物，或者是由有机残余物中磷形成的。就矿物种数来说，外生成因的磷酸盐矿物多于内生成因的。

磷酸盐类的典型矿物有独居石。

独居石（磷铈镧矿）（Ce,La,Y,Th）[PO_4]，成分中的 Ce_2O_3 和（La,Nd）$_2O_3$，可达 50% ~ 70%。单斜晶系，L^2PC 对称型。晶体常沿(100)呈板状，晶面具条纹。浅黄色至淡红褐色，强玻璃光泽或松脂光泽。硬度为 5 ~ 5.5，性脆，断口贝状或参差状。比重为 4.9 ~ 5.5，具放射性。在紫外光下发显著的荧光。在砂矿中的独居石表面覆盖有淡白色薄膜。与 KOH 熔合后加钼酸铵即出现磷钼酸铵黄色沉淀。

独居石在酸性和碱性岩浆岩中作为副矿物产出，在某些变质岩中亦有存在。具有工业意义的独居石常产于同花岗岩和正长岩有关的伟晶岩中，与锆石、磷灰石、铌铁矿、电气石及磷钇矿共生。原生独居石经风化、搬运，常富集成有工业价值的砂矿。板状晶形，浅黄褐至淡红褐色，松脂光泽，较大的比重和硬度为其特征。

由于 Ge^{4+} 的半径与 Si^{4+} 十分相近，锗很容易与氧配位形成[GeO_4]四面体。GeO_2 具有石英结构，而一些锗酸盐也具有类似于硅酸盐的结构。

习题

2-1　以 NaCl 晶胞为例，说明面心立方紧密堆积中的八面体和四面体空隙的位置和数量。

2-2　计算立方体配位、八面体配位、四面体配位、三角形配位的临界半径比。

2-3　ThO_2 具有萤石结构，Th^{4+} 离子半径为 0.100 nm，O^{2-} 离子半径为 0.140 nm。试问：①实际结构中的 Th^{4+} 离子配位数与预计配位数是否一致？②结构是否满足鲍林规则？

2-4　简述硅酸盐结构分类的原则和各类结构中硅氧四面体的形状，各类结构中硅与氧的比例是多少，并对每类结构举一实例说明之。

2-5　在氧离子立方密堆中，画出适合阳离子位置的间隙类型及位置，八面体间隙位置数与氧离子数之比为若干？四面体间隙位置数与氧离子数之比又为若干？

2-6　试解释：

①在 AX 型晶体结构中，NaCl 型结构最多。

②$MgAl_2O_4$ 晶体结构中，按 r_+/r_- 与 CN 关系，Mg^{2+}、Al^{3+} 都填充八面体空隙，但在该结构中 Mg^{2+} 进入四面体空隙，Al^{3+} 填充八面体空隙；而在 $MgFe_2O_4$ 结构中，Mg^{2+} 填充八面体空隙，而一半 Fe^{3+} 填充四面体空隙。

③绿柱石和透辉石中 Si : O 均为 1 : 3，前者为环状结构，后者为链状结构。

2-7　①什么叫阳离子交换？

②从结构上说明高岭石、蒙脱石阳离子交换容量差异的原因。

③比较蒙脱石、伊利石同晶取代的不同，说明在平衡负电荷时为什么前者以水化阳离子形式进入结构单元层，而后者以配位阳离子形式进入结构单元层。

2-8　金刚石结构中碳原子按面心立方排列，为什么其堆积系数仅为 34%？

2-9　硅酸盐结构由[SiO_4]四面体共顶连接成链状、环状、层状等结构。在磷酸盐[PO_4]$^{3-}$和硫酸盐[SO_4]$^{2-}$中也有相似的四面体，但常常是孤岛状结构。不过 $AlPO_4$ 却具有与石英 SiO_2 类似的结构，试解释。

第3章
晶体结构缺陷

在实际晶体中，由于内部质点的热振动及受到辐射、应力作用等，因此普遍存在着晶格缺陷。它是一种在晶体结构中的局部范围内，质点排列偏离了格子构造规律的现象。

晶格缺陷按其在晶体结构中分布的几何特点可分为点缺陷、线缺陷、面缺陷、体缺陷 4 种类型，一般情况下晶格缺陷主要指的是前三种类型。

3.1 点缺陷

点缺陷(point defect)是发生在一个或若干个质点范围内所形成的晶格缺陷。最常见的点缺陷表现形式有下列几种。

①空位。晶格中应有质点占据的位置因缺失质点而造成空位。图 3.1 中的 V_m 和 $2V_m$ 分别为单个质点的空位和两个质点的双空位。

②填隙。在晶体结构中正常排列的质点之间，存在多余的质点填充晶格空隙的现象(图 3.1 中的 M_i)。这种填隙的质点既可以是晶体自身固有成分中的质点，也可为其他杂质成分的质点。当填隙质点为晶体本身固有成分中的质点时，它可具与其正常的晶格位置不相符的配位数。如在 NaCl 晶体中，填隙离子 Na^+的配位数不为正常的 6 而为 4。

③替位。也称置换或取代。杂质成分的质点代替了晶体本身固有成分的质点，并占据了被替位质点的晶格位置(图 3.1 中的 M)的现象。由于替位与被替位质点间的半径、电价等方面存在差异，因而可造成不同形式和程度不等的晶格畸变(图 3.2)。

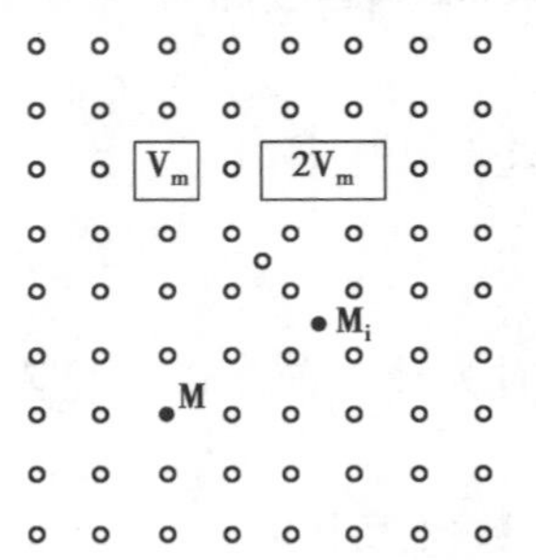

图 3.1　几种点缺陷

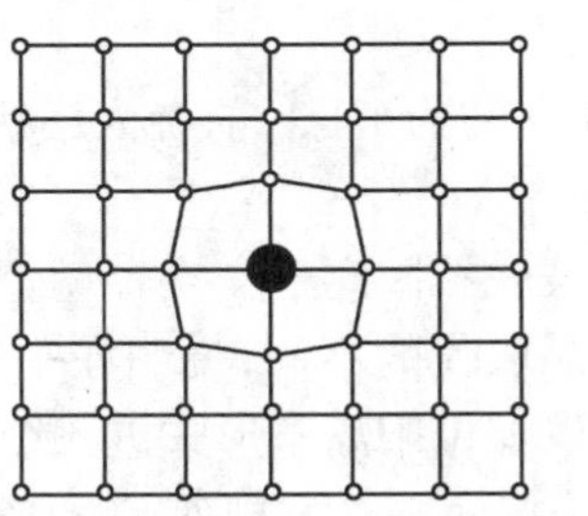

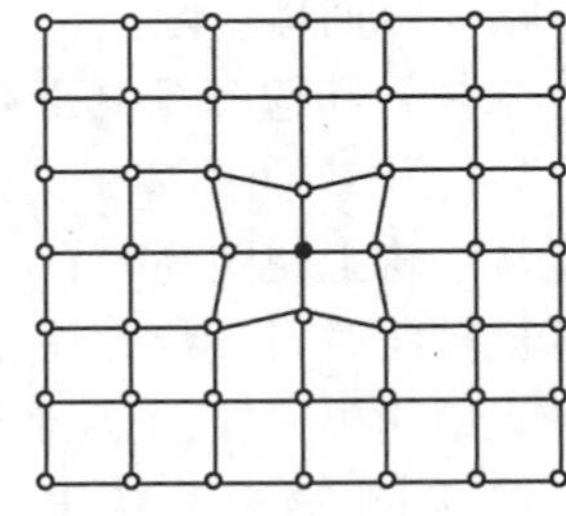

图 3.2　置换缺陷造成的晶格畸变

晶体结构中若产生其本身固有成分质点的空位或填隙，都可造成晶体结构的总电价失衡。如 NaCl 晶体中 Cl^- 的空位可造成正电荷过剩，Na^+ 的空位则造成负电荷过剩，而 Cl^- 或 Na^+ 的填隙可分别造成负、正电荷的过剩。为保持晶体结构总的电价平衡，当晶体结构中产生一个(些)点缺陷时，往往会同时伴随另一个(些)点缺陷的产生。

当晶格中某质点脱离原结构位置而成为填隙质点时，为保持总电价平衡，该质点的原位置形成空位，此时，空位和填隙同时产生且数目相等，这种类型的缺陷由弗仑克尔（Frenkel）于1926年首次提出，故称为弗仑克尔缺陷（Frenkel defect），如图3.3中a所示。当晶体为保持总电价平衡，其本身固有成分中阳、阴离子的空位同时成对出现，这种形式的缺陷称为肖特基缺陷（Schottky defect），如图3.3中b所示。如晶体固有成分中的阳、阴离子填隙同时成对出现，这种现象则称为肖特基缺陷的反型体，如图3.3中c所示。

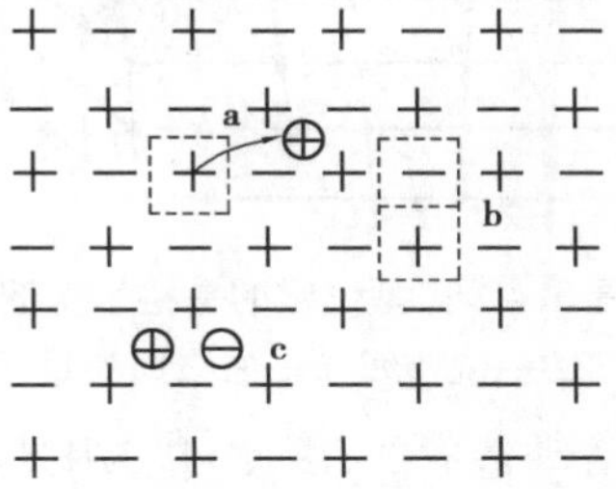

+ − + − + − + −
− + − a + ⊕ − + − +
+ − + − + − + −
− + − + − + − + b
+ − + − + − + −
⊕ ⊖ c
− + − + − + − +
+ − + − + − + −

图3.3 弗仑克尔缺陷、肖特基缺陷及其反型体

+—阳离子；-—阴离子；□—空位；○—空隙；a—弗仑克尔缺陷；
b—肖特基缺陷；c—肖特基缺陷的反型体

热运动和能量的起伏使晶体中点缺陷不断产生，也不断消失。在一定的温度条件下，单位时间内产生、消失的空位或填隙的数量有一定的平衡关系。弗仑克尔和肖特基缺陷及其反型体的最大特点之一是它们的产生主要与热力学条件有关，它们可以在热力学平衡的晶体中存在，是热力学稳定的缺陷，故又称为热缺陷。

弗仑克尔缺陷及肖特基缺陷及其反型体不会使晶体的化学成分发生变化，其阴、阳离子数服从严格的化学当量比例关系。但在另一些晶体中，点缺陷的产生则与晶体在成分上不符合化学当量比例有关。这类点缺陷称为非化学当量比缺陷。如磁黄铁矿（$Fe_{1-x}S$），由于其中的Fe既可呈Fe^{2+}也可呈Fe^{3+}，为保持电荷平衡，晶格产生空位而形成晶格缺陷。但若将磁黄铁矿中的呈Fe^{2+}的Fe看作它本身的固有成分，而将呈Fe^{3+}的Fe视为代替Fe^{2+}的杂质，则所形成的点缺陷可视为以替位的方式所产生的点缺陷。

在离子晶格中，点缺陷还可俘获电子或空穴。当光波入射晶体中时，可使电子发生迁移并与缺陷发生作用、吸收某些波长的光波的能量而呈色。这种能吸收某些光波能量而使晶体呈色的点缺陷又称为色心。

3.2 线缺陷

线缺陷（line defect）是指在晶体内部结构中，沿某条线（行列）方向上的周围局部范围内所产生的晶格缺陷。它的表现形式主要是位错。

位错（dislocation）是指在晶体中的某些区域内，一列或数列质点发生有规律的错乱排列现象。它可视为在应力作用下晶格中的一部分沿一定的面网相对于另一部分的局部滑动而造成的结果。滑动面的终止线，即滑动部分和未滑动部分的分界线称为位错线（图3.4中的线AB）。虽然位错存在着多种复杂的形式，但最简单的位错线为直线。

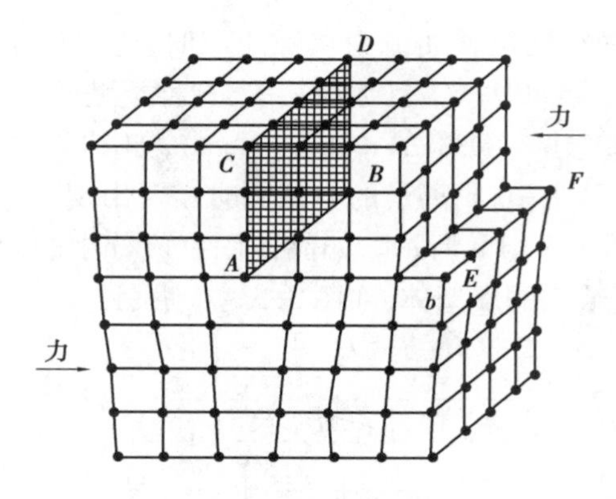

图 3.4　刃型位错的晶格示意图

AB—位错线；*b*—伯格斯矢量

由于位错可视为晶格的局部滑动造成的，因此可借用晶格滑动的矢量来表征位错。1939年伯格斯（Burgers）提出用晶格滑动的矢量来表示位错的特征，此矢量称伯格斯矢量，用符号 **b** 表示。确定伯格斯矢量的方法是：围绕位错线，避开位错畸变区，按逆时针方向做一适当大小的封闭回路，即伯格斯回路。以结点间距为量步单位，按顺序记录每一方向上的步数。然后在同种无位错的晶格中作同样的回路，即使回路运行的方向和量步单位及同一方向上所量的步数与前述回路成全相同，后一回路也不能闭合。此时自终点向起点所引的矢量即为位错的伯格斯矢量。如图 3.5 中（b）和（d）为两种有位错的晶格；（a）和（c）为分别与（b）和（d）所对应的同种无位错的晶格。在图 3.5（b）和（d）中以起点 *M* 顺序至 *N*，至 *P*（至 *R*）最后回到终点 *Q* 或 *M*（此时 *Q* 与 *M* 重合）处即构成一伯氏回路。然后在图 3.5（a）和（c）中做与图 3.5（b）和（d）中所对应的相同回路（*M*—*N*—*O*—*P*—（*R*）—*Q*），此时终点 *Q* 与起点 *M* 不能重合，即不能形成封闭回路。其闭合差——自终点 *Q* 至起点 *M* 所引的矢量 **b** 即为位错的伯格斯矢量。

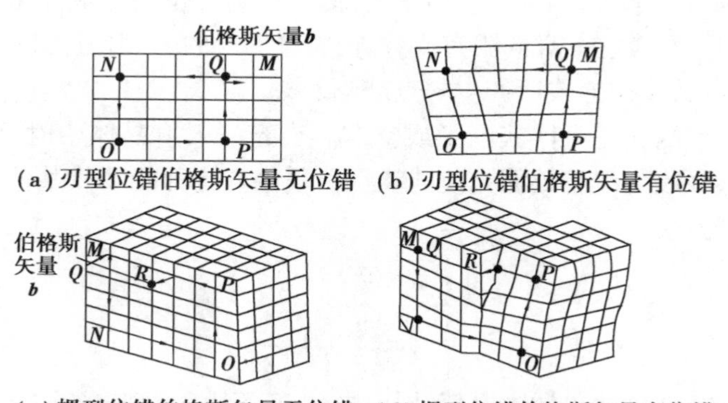

（a）刃型位错伯格斯矢量无位错　（b）刃型位错伯格斯矢量有位错

（c）螺型位错伯格斯矢量无位错　（d）螺型位错伯格斯矢量有位错

图 3.5　刃型位错伯格斯矢量和螺型位错伯格斯矢量的确定

在实际晶体中的稳定位错的伯格斯矢量不是任意的，它大多是晶体的最短平移矢量，这种位错称为全位错。如果位错的伯格斯矢量不是晶体的平移矢量，位错运动后必在位错扫过的面上留下层错，在层错能不高的情况下，这种位错可能存在，称为不全位错或部分位错。在低层错能的立方最紧密堆积（cubic close packing，CCP）和六方最密堆积（hexagonal close packing,HCP)晶体中常存在部分位错。一个全位错分解为两个部分位错并在两个部分位错之间带着一片层错称为扩展位错,位错经扩展后降低它运动的灵便性,因此层错能是衡量晶体力学性质的一个主要参量。对于离子晶体,考虑电性的中和,位错的伯格斯矢量不是点阵中最短的矢量,应是等同点之间的矢量。不同晶体结构中的位错结构和性质不同,要根据具体晶体来讨论具体的位错。

伯格斯矢量是位错与其他晶格缺陷区分的标志(其他缺陷无伯格斯矢量)。据伯格斯矢量与位错线的关系,可将位错分为刃型位错、螺型位错及混合位错等类型。

①刃型位错,是指位错线与伯格斯矢量 $\boldsymbol{b}$ 垂直的位错。图 3.4 为一具刃位错的晶体结构示意图。图中可见该晶格的上半部分相对于下半部分产生局部滑动,结果在晶格的上半部分多挤出了半层面网(平面 *ABCD*),它犹如一片刀刃插入晶格中直至滑动面(平面 *ABEF*)为止。在“刀刃”周围局部范围内,质点排列做格子构造规律,在稍远处,质点仍按格子构造规律排列。这个“多余”的半层面网(平面 *ABCD*)与滑动面(平面 *ABEF*)的交线(线段 *AB*)即为位错线。

②螺型位错,是指位错线平行于伯格斯矢量的位错。图 3.6 为螺型位错的晶格示意图。晶格前半部分的上、下部分相对滑动。滑动面即为图中的平面 *ABCD*。其滑动面的终止线 *AB* 即为位错线。在线段 *AB* 与线段 *CD* 之间的区域内,质点的排列偏离格子构造规律,而在其他区域仍规则排列。与刃型位错(图 3.4)不同,螺型位错的伯格斯矢量 $\boldsymbol{b}$ 与位错线 *AB* 平行,且没有挤进一层面网。若以位错线 *AB* 为轴线,绕此轴在晶格的右表面绕行一周(*E*—*F*—*G*—*H*—*I*—*C*)则面网增高一结点间距(*EC*)。这正是螺旋面的特点,螺型位错即由此而来。

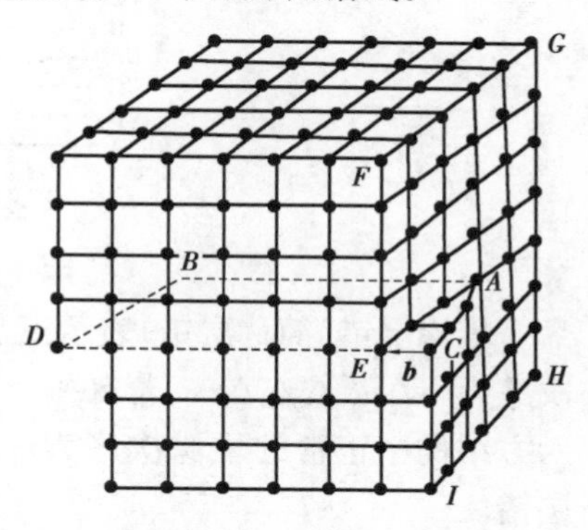

图 3.6　螺型位错的晶格示意图

AB—位错线;*b*—伯格斯矢量

③混合位错,实际的位错常常是混合型的,介于刃型和螺型之间,如图 3.7 所示,如果局部滑移从晶体的一角开始,然后逐渐扩大滑移范围,滑移区和未滑移区的交界为曲线 *AB*。在点 *A* 处,位错线和滑移方向平行,是纯螺型位错;在点 *B* 处,位错线和滑移方向垂直,是纯刃型位错。其他曲线 *AB* 上的各点,曲线和滑移方向既不垂直又不平行,原子排列介于螺型和刃型位错之间,因此称为混合位错。

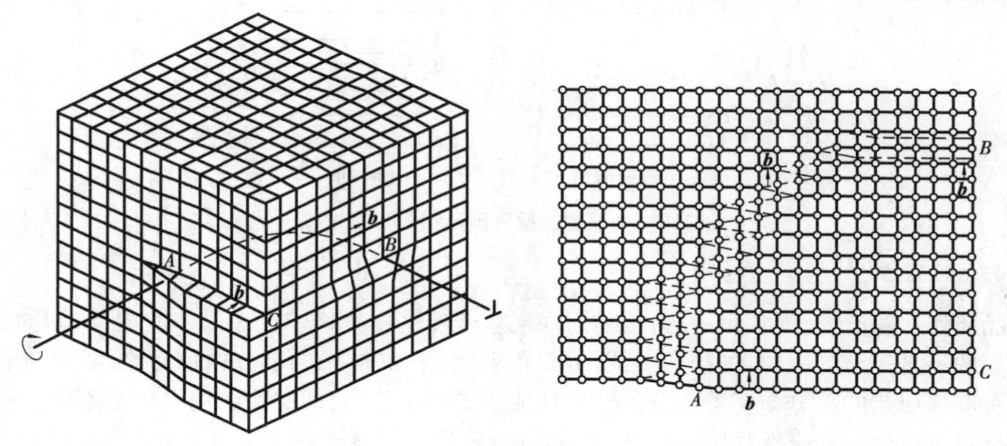

图 3.7　混合位错示意图

3.3 面缺陷

面缺陷是指两个方向尺寸较大,一个方向尺寸较小的缺陷。晶界、相界、堆垛层错等都属于晶体中的面缺陷。

3.3.1 堆垛层错及不全位错

(1)堆垛层错

面心立方结构和六方结构是两种密堆积结构。六方密堆积的堆垛次序为 ABABAB…,而面心立方密堆积的堆垛次序为 ABCABC…。用▽表示反方向的 BA、CB、AC 次序的堆垛,故面心立方结构的堆垛次序为△△△△…,六方结构的堆垛次序为△▽△▽△▽…,如图 3.8 所示。

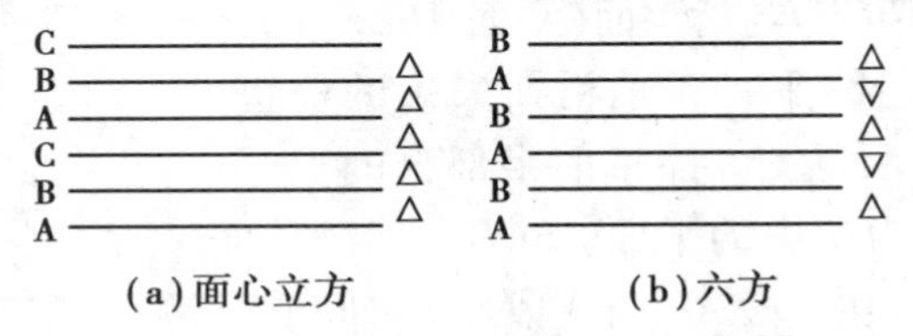

图 3.8 两种堆积点阵中(111)面的堆垛

堆垛层错(简称层错)表示正常的堆垛次序中发生了错误。如面心立方晶体中,正常的堆垛次序为…△△△△△…,若有一个▽代替了△,就产生了层错,其次序变成了…△△▽△△…;六方结构中正常的堆垛次序为…△▽△▽△▽…,若变成了…△▽△△△▽…,就产生了层错。

面心立方结构中,产生的层错可分成两种基本类型:一类相当于在正常层序中抽走一层,称抽取型或本征型,如图 3.9(a)为从正常层序中抽走一层 A 层,堆垛次序变为…△△△▽△△…;另一类相当于在正常层序中插入一层,称为插入型或非本征型,如图 3.9(b)为往正常层序中插入一层 B 层,相当于从正常层序中抽走一层 A 层和一层 C 层,堆垛次序变为…△△▽▽△△…。

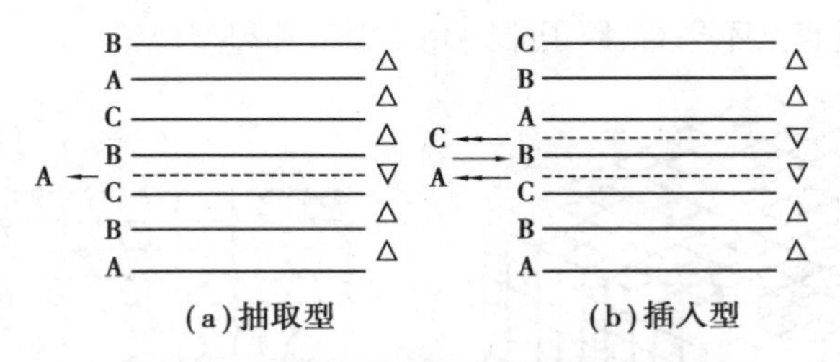

图 3.9 抽取型及插入型层错的形成过程

(2)不全位错

晶体作相对滑移,或抽出一层,或插入一层。若使这种滑移中止在晶体的内部,即抽去的或插入的不是完整的一层,这样所造成的堆垛层错只在晶体中的部分区域存在,这就在晶体中具有堆垛层错的部分与完整部分的交界处造成了不全位错,即层错的周界就是不全位错。

位错是滑移区和未滑移区的交界,其伯格斯矢量长度等于一个原子间距,故也可称为全位错。造成堆垛层错的滑移则只是一个原子间距的一部分,不全位错的伯格斯矢量小于一个原子排列发生一定的畸变,但畸变程度较全位错小,故不全位错上每个原子的最大失调能量比全位错小,但比层错大。

由滑移产生的层错与完整晶体的边界称为肖克莱不全位错(Shockley partial dislocation)。图3.10为肖克莱不全位错形成示意图。图面为$(10\bar{1})$面,图的右边密排面(111)排列完整,A层在C层之上,堆垛顺序为ABCABC…。图的左边A层沿LM在$[1\bar{2}1]$方向滑移到B层位置,堆垛顺序变为ABCBCABC…,产生了一个堆垛层错和一个不全位错,后者的伯格斯矢量在(111)面上,$\boldsymbol{b}=\frac{a}{6}[1\bar{2}1]$,(111)面为滑移面,矢量大小为$\frac{a}{\sqrt{6}}$。

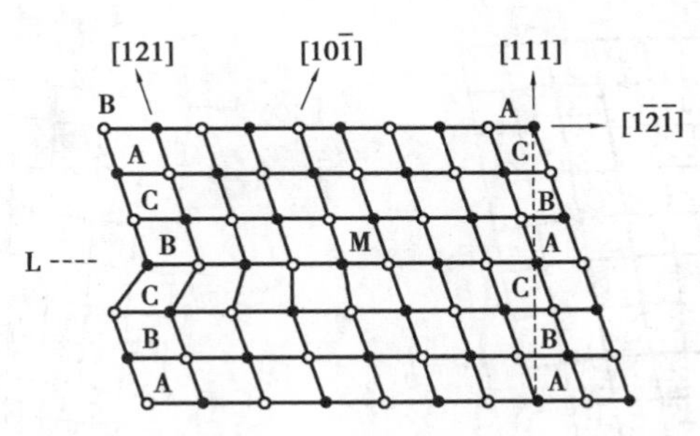

图3.10 沿LM滑移面在M处形成的$\boldsymbol{b}=\frac{a}{6}[1\bar{2}1]$肖克莱不全位错

在完整晶体原子层间插入或抽出一层半原子面而形成的层错边界称为弗兰克不全位错(Frank partial dislocation)。如图3.11所示,在正常堆垛顺序中抽去一层密排面B层的右半部,而将上面的C层垂直落下,则抽出部分的左端附近原子排列发生较大畸变,该处即为不全位错所在部位,这种由于抽出一层原子一部分造成的不全位错称为负的弗兰克位错。而插入一层密排层一部分造成的不全位错称为正的弗兰克位错。

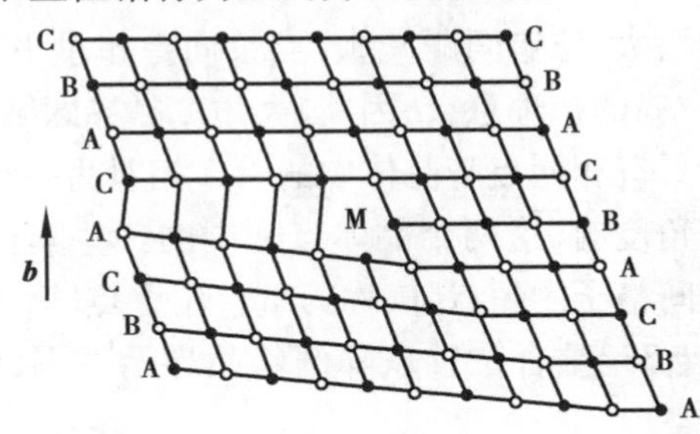

图3.11 弗兰克不全位错

3.3.2 晶界

许多无机非金属材料以多晶状态存在,与理想晶体相比,晶粒间界即晶界也是晶体中的一种缺陷,晶界对多晶材料的物理和化学性质有重要影响。晶粒间界分为大角度晶界和小角度晶界,一般晶粒间的取向差小于10°可称为小角度晶界。

(1)小角度晶界的位错模型

如图3.12(a)所示由两个简单立方晶体以(100)面为交界面构成的小角度晶界,两晶体间的取向差为θ,交界面两侧的晶体是对称配置的,故称为对称倾斜晶界,这种晶界可看作是由一系列位错构成,位错的伯格斯矢量就等于晶格常数 b。由图知:$\frac{\frac{b}{2}}{D}=\sin\frac{\theta}{2}$,即有 $\frac{b}{D}=2\sin\frac{\theta}{2}$,$\theta$ 角很小时,$\sin\frac{\theta}{2}\approx\frac{\theta}{2}$,则 $D=\frac{b}{\theta}$。式中,D 为位错间距离,b 为伯格斯矢量长度,θ 为两晶粒间的取向差。显然,θ 越大,D 越小,位错列阵密度越大。

如果倾斜晶界的交界面不是(100)面,而是任意的($hk0$)面,则这种晶界称为不对称倾斜晶界,如图 3.12(b)所示,这种晶界需用伯格斯矢量分别为 $\boldsymbol{b}_1=[100]$ 和 $\boldsymbol{b}_2=[010]$ 的两组平行的棱(刃型)位错来表示。

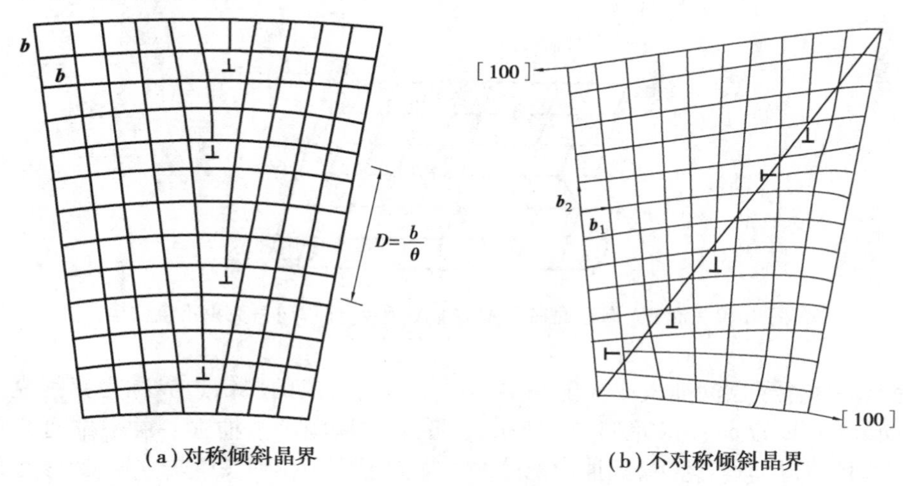

(a)对称倾斜晶界　(b)不对称倾斜晶界

图 3.12　倾斜晶界

(2)大角度晶界的重位点阵模型

随着两晶粒间位向差的增大,位错间距减少,当位向差超过 10°后,相邻位错的核心实际上重叠在一起,失去了单根位错的物理意义,因此,大角度晶界的结构很难用位错模型描述。

若将可无限延伸的两个具有相同点阵晶体中的一个相对另一个作平移或旋转,当平移到某个位置或旋转到某些特殊角度时,这两个晶体点阵中的一些阵点会重合起来,这些重合位置的阵点在空间构成三维空间格子的超点阵,称为重合位置点阵,简称重位点阵。图 3.13 为面心立方晶体绕[001]轴旋转 38°重合位置点阵倾斜晶界示意图,图中黑点为重合位置点阵原子。

经较大角度旋转的 2 个晶体,由于有很大位向差,它们的交接处就是大角度晶界。晶界上包含的重合位置越多,晶界上原子排列畸变的程度就越小,晶界能越低。因此,晶界力求将尽可能多的区域和重合位置点阵密排面重合,在不重合部分则出现台阶。

(3)孪晶界

除了一般的晶界,还存在一种特殊的晶界,界面上原子正好处于 2 个不同晶体的正常点阵的结点位置上,这种晶界称为共格晶界,由于界面上没有显著的原子错排,它的晶界能比一般晶界低得多,最常见的共格晶界为共格孪晶界,界面两侧的晶体位向满足反映对称关系,反映面称为孪晶面。

如图 3.14 所示,面心立方晶体中(111)面按 ABCABCABC 次序堆垛起来,可用堆垛符号

△△△△△△表示。如果从某一层起，堆垛层次颠倒过来，成为 ABCACBA 或△△△▽ ▽▽，上下两部分晶体就形成了孪晶关系，由图可见，所有原子第一近邻的数目和距离都和完整晶体相同，变化的只是孪晶界面上的第二近邻关系。显然，共格孪晶界和堆垛层错有密切关系，后者具有 ABCACABC(△△△▽△△△)层序，相当于单原子层的孪生。

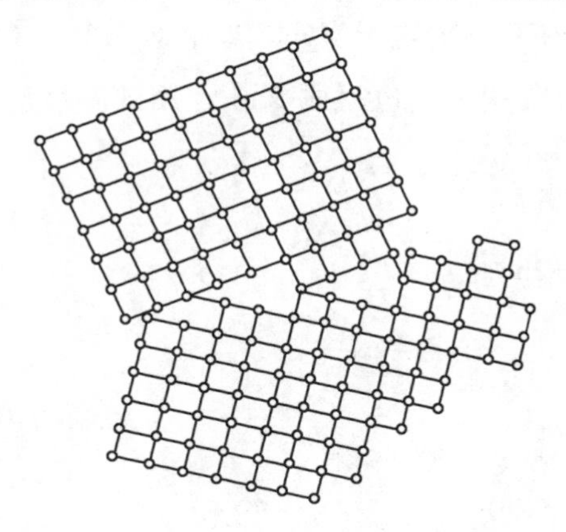

图 3.13　面心立方晶体绕[001]轴旋转 38°的重合位置点阵倾斜晶界

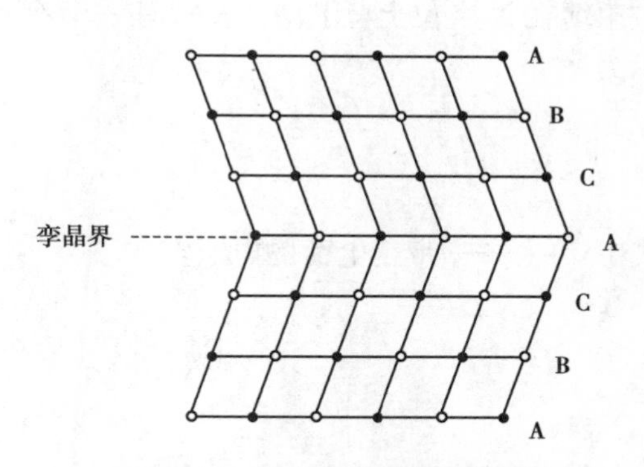

图 3.14　面心立方晶体孪晶界

(4)镶嵌组织、亚晶界

实验表明，实际晶体中各个部位在位向上有小的差异，即晶体内存在许多方位上有一定偏差的小区域，故可认为晶体中存在镶嵌组织，如图 3.15 所示。实际晶体中这些位向差很小的镶嵌块也称为亚晶或亚结构，这些亚结构之间的边界也称为亚晶界。通常认为造成晶体中各个部位间产生位向差的原因是在晶体中存在不规则排布的三维位错网络或者规则排布位错形成的小角晶界。

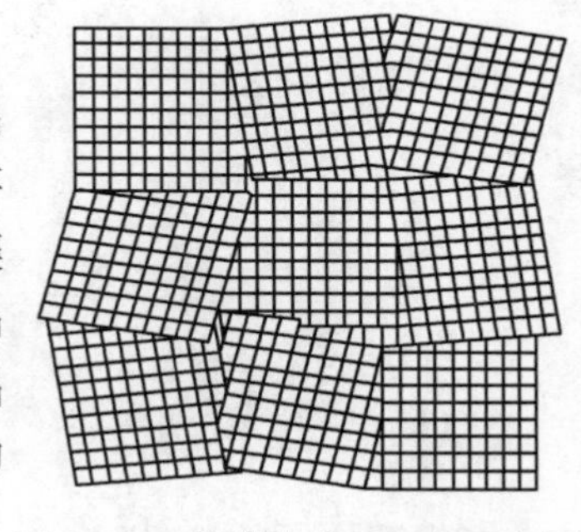

图 3.15　镶嵌块式亚结构示意图

3.4　缺陷反应式

3.4.1　缺陷符号

点缺陷既然被看作化学实物，则点缺陷之间会发生一系列类似化学反应的缺陷化学反应。在缺陷化学中，为了讨论方便，为各种点缺陷规定了一套符号。在缺陷化学发展史上，很多学者采用过多种不同的符号，目前采用最广泛的表示为克罗格-明克(Kroger-Vink)符号。

在克罗格-明克符号中，用一个主要符号来表明缺陷的种类，而用一个下标来表示这个缺陷的位置。缺陷的有效电荷在符号的上标表示。如上标“·”表示有效正电荷，上标“′”表示有效负电荷，上标“×”表示有效零电荷。以 MX 离子晶体(M 为二价阳离子、X 为二价阴离子)为例说明缺陷化学符号的表示方法。

①空位。用 V_M 和 V_X 分别表示 M 原子空位和 X 原子空位，V 表示缺陷种类，下标 M、X 表示原子空位所在的位置。必须注意，这种不带电的空位是表示原子空位。如 MX 离子晶

体，当 M^{2+} 被取走时，2 个电子同时被取走，留下 1 个不带电的 M 原子空位。

在 MX 离子晶体中，如果取走 1 个 M^{2+} 如图 3.16(a)所示，这时原有晶格中多了 2 个负电荷。或者说这个 V_M 必然和 2 个带有负电荷的附加电子相联系。此时附加电子写成 e′。如果这个附加电子被束缚在 M 空位上，用“ ′”表示一个有效负电荷，这时空位写成 V_M''。同样，如果取走 1 个 X，即相当于取走 1 个 X 原子加上 2 个带正电的电子空穴。如果这 2 个电子空穴被束缚在 X 空位上，用“ · ”表示有一个有效正电荷，这个空位写成 $V_M^{\bullet\bullet}$ 。用缺陷反应式表示为

$$\begin{aligned} V_M'' &\rightleftharpoons V_M + 2e' \\ V_X^{\bullet\bullet} &\rightleftharpoons V_X + 2h^{\bullet} \end{aligned} \tag{3.1}$$

式中　$h^{\bullet}$ ——带正电荷的电子空穴。

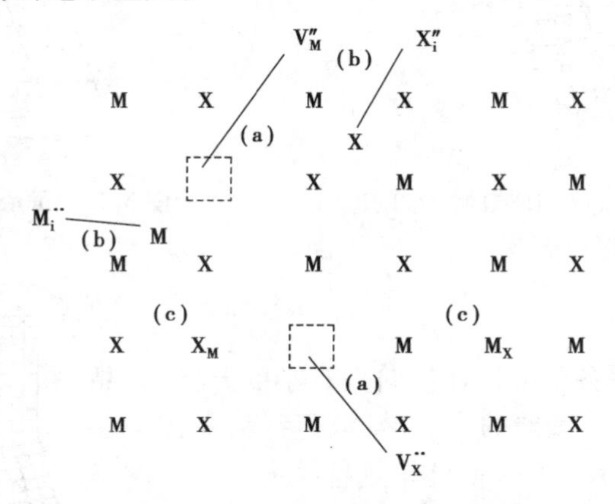

图 3.16　MX 化合物基本点缺陷

(a)—V_M'' 为 M 离子空位，$V_X^{\bullet\bullet}$ 为 X 离子空位；(b)—$M_i^{\bullet\bullet}$ 为 M 离子填隙，X_i'' 为 X 离子填隙；(c)—M_x 为 M 原子错位，X_M 为 X 原子错位。

②填隙原子。M_i 和 X_i 分别表示 M 及 X 原子处在间隙位置上，如图 3.16(b)所示。

③错放位置。M_X 表示 M 原子被错放在 X 位置上，如图 3.16(c)所示。

④溶质原子。L_M 表示 L 溶质处在 M 位置。例如，Ca 取代了 MgO 晶格中的 Mg 写作 Ca_{Mg}，若填隙在 MgO 晶格中写作 Ca_i。

⑤自由电子及电子空穴。在强离子性材料中，通常电子是局限在特定的原子位置上，这可以用离子价表示。但在有些情况下，有的电子并不一定属于某一个特定位置的原子，在某种光、电、热的作用下，可以在晶体中运动，这些电子用符号 e′表示。同样也可能在某些缺陷上缺少电子，这就是电子空穴用 $h^{\bullet}$ 表示。它们都不属于某一个特定的原子所有，也不固定在某个特定的原子位置。

⑥带电缺陷。不同价离子之间的替代就出现了除离子空位以外的又一种带电缺陷。如 Ca^{2+} 进入 NaCl 晶体，Ca^{2+} 取代了 Na^+，因为 Ca^{2+} 比 Na^+ 高一价，与这个位置应有的电价相比，Ca^{2+} 高出一个正电荷，所以写为 $Ca_{Na}^{\bullet}$。

⑦缔合中心。一个带电的点缺陷也可能与另一个带有相反符号的点缺陷相互缔合成一组或一群，这种缺陷把发生缔合的缺陷放在括号内来表示。例如，V_M'' 和 $V_M^{\bullet\bullet}$ 发生缔合可以记

作“($V_M''V_M^{\cdot\cdot}$)”。在有肖特基缺陷和弗仑克尔缺陷的晶体中，有效电荷符号相反的点缺陷之间，存在着一种库仑力，当它们靠得足够近时，在库仑力作用下，就会产生一种缔合作用。

3.4.2 缺陷反应式规则

在离子晶体中，如果每个缺陷被看作化学物质，材料中的缺陷及其浓度就可以和化学反应一样，用热力学函数如化学位、反应热效应等来描述，也可以把质量作用定律和平衡常数之类概念应用于缺陷反应，这对于掌握在材料制备过程中缺陷的产生和相互作用等是很重要和很方便的。

在写缺陷反应方程式时，也与化学反应式一样，必须遵守一些基本原则，点缺陷反应式的规则如下。

①位置关系。在化合物 M_aX_b 中，M 位置的数目必须永远与 X 位置的数目成一个正确的比例。例如，在 Al_2O_3 中，Al∶O 为 2∶3。只要保持比例不变，每一种类型的位置总数可以改变。如果在实际晶体中，M 与 X 的实际数目比例不等于原有的位置比例关系，则表明晶体中存在缺陷。例如，TiO_2 中 Ti∶O 为 1∶2，当它在还原气氛中，由于晶体中氧不足而形成 TiO_{2-x}，此时在晶体中生成氧空位，因而 Ti 与氧的质量比由原来的 1∶2 变为 1∶2−x，而钛与氧原子的位置比仍为 1∶2，其中包括 x 个 V_O。

②位置增殖。当缺陷发生变化时，有可能引入 M 空位 V_M，也可能把 V_M 消除。当引入空位或消除空位时，相当于增加或减少 M 的点阵位置数。但发生这种变化时，要服从位置关系。能引起位置增殖的缺陷有：V_M、V_X、M_M、M_X、X_M、X_X 等。不发生位置增殖的缺陷有：e'、$h^{\cdot}$、M_i、X_i 等。例如发生肖特基缺陷时，晶体中原子迁移到晶体表面，在晶体内留下空位，增加了位置数目。当然这种增殖在离子晶体中是成对出现的，因而它是服从位置关系的。

③质量平衡。与在化学反应中一样，缺陷方程的两边必须保持质量平衡，必须注意的是缺陷符号的下标只是表示缺陷位置，对质量平衡没有作用。如 V_M 为 M 位置上的空位，它不存在质量。

④电荷守恒。在缺陷反应前后晶体必须保持电中性，或者说缺陷反应式两边必须具有相同数目的总有效电荷。例如，TiO_2 在还原气氛下失去部分氧，生成 TiO_{2-x} 的反应可写为

$$2TiO_2 \longrightarrow 2Ti_{Ti}' + V_O^{\cdot\cdot} + 3O_O + \frac{1}{2}O_2 \quad (3.2)$$

式(3.2)表示晶体中的氧以电中性的氧分子的形式从 TiO_2 中逸出，同时在晶体中产生带正电荷的氧空位和与其符号相反的带负电荷的 Ti_{Ti}' 来保持电中性，式两边总有效电荷都等于零。

⑤表面位置。当一个 M 原子从晶体内部迁移到表面时，用符号 M_S 表示，下标 S 表示表面位置，在缺陷化学反应中表面位置一般不特别表示。

缺陷化学反应式在描述材料的掺杂、固溶体的生成和非化学计量化合物的反应中都是很重要的。为了掌握上述规则在缺陷反应中的应用，现以 $CaCl_2$ 溶解在 KCl 举例说明如下：

当 $CaCl_2$ 溶解在 KCl 中，每引入 1 个 $CaCl_2$ 分子，同时带进 2 个 Cl^- 和 1 个 Ca^{2+}。1 个 Ca^{2+} 置换 1 个 K^+，但由于引入 2 个 Cl^-，为保持原有晶格 K∶Cl 为 1∶1，必然出现 1 个钾空位。

$$CaCl_2 \xrightarrow{KCl} Ca_K^{\cdot} + V_K' + 2Cl_{Cl} \quad (3.3)$$

除式(3.3)以外,还可以考虑1个Ca^{2+}置换1个K^+,而多1个Cl^-进入填隙位

$$CaCl_2 \xrightarrow{KCl} Ca_K^{\bullet} + Cl_{Cl} + Cl_i' \tag{3.4}$$

当然,也可以考虑Ca^{2+}进入填隙位,而Cl^-仍然在Cl^-位置,为了保持电中性和位置关系,必须同时产生2个钾空位。写作

$$CaCl_2 \xrightarrow{KCl} Ca_i^{\bullet\bullet} + 2V_K' + 2Cl_{Cl} \tag{3.5}$$

式中,箭头上面的KCl表示溶剂,溶质写在箭头左边。式(3.3)—式(3.5)均符合缺陷反应规则,反应式两边质量平衡,电荷守恒,位置关系正确。3个反应式是否都实际存在呢?正确、严格判断它们的合理性,需根据固溶体生成条件及固溶体研究方法用实验证实。但是可以根据离子晶格结构的一些基本知识,粗略地分析判断它们的正确性。如式(3.5)的不合理性在于离子晶体是以阴离子作密堆,阳离子位于密堆空隙内。既然有2个K^+空位存在,一般Ca^{2+}首先填充空位,而不会挤到间隙位置使晶体不稳定因素增加。式(3.4)由于Cl^-半径大,离子晶体的密堆中一般不可能挤进间隙离子,因而3个反应式中式(3.3)最合理。

3.5 固溶体

3.5.1 固溶体的种类

液体有纯溶剂和含有溶质的溶液之分。固体中也有纯晶体和含有杂质原子的固体溶液之分,将含有外来杂质原子的晶体称为固体溶液,简称固溶体。

凡在固态条件下,一种组分(溶剂)内"溶解"了其他组分(溶质)而形成的单一、均匀的晶态固体称为固溶体。如果固溶体是由A物质溶解在B物质中形成的,一般将原组分B或含量较高的组分称为溶剂(或称主晶相、基质),把掺杂原子或杂质称为溶质。在固溶体中不同组分的结构基元之间是以原子尺度相互混合的,这种混合并不破坏原有晶体的结构。如以Al_2O_3晶体中溶入Cr_2O_3为例,Al_2O_3为溶剂,Cr_2O_3溶解在Al_2O_3中后,并不破坏Al_2O_3原有晶格构造,但少量Cr_2O_3质量分数为0.5%~2%的溶入,Cr^{3+}能产生受激辐射,使原来没有激光性能的白宝石(α-Al_2O_3)变为有激光性能的红宝石。

固溶体可以在晶体生长过程中生成,也可以从溶液或熔体中析晶时形成,还可以通过烧结过程由原子扩散而形成。

固溶体、机械混合物和化合物三者之间是有本质区别的。若晶体A、B形成固溶体,A和B之间以原子尺度混合成为单相均匀晶态物质。机械混合物AB是A和B以颗粒态混合,A和B分别保持本身原有的结构和性能,AB混合物不是均匀的单相而是两相或多相。若A和B形成化合物A_mB_n,$A:B=m:n$有固定的比例,A_mB_n化合物的结构不同于A和B。若AC与BC两种晶体形成固溶体$(A_xB_{1-x})C$,A与B可以任意比例混合,$x=0\sim1$范围内变动,该固溶体的结构仍与主晶相AC相同。

固溶体中杂质原子占据正常格点的位置,破坏了基质晶体中质点排列的有序性,引起晶体内周期性势场的畸变,这也是一种点缺陷范围的晶体结构缺陷。

固溶体在无机固体材料中所占比重很大,人们常常采用固溶原理来制造各种新型的无机材料。例如,$PbTiO_3$和$PbZrO_3$生成的锆钛酸铅压电陶瓷$Pb(Zr_xTi_{1-x})O_3$,广泛应用于电子、无

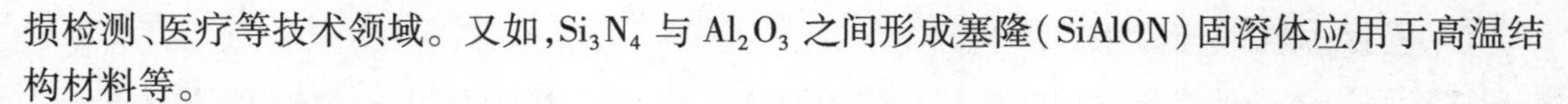

损检测、医疗等技术领域。又如，Si_3N_4 与 Al_2O_3 之间形成塞隆（SiAlON）固溶体应用于高温结构材料等。

固溶体的分类如下。

①按溶质原子在溶剂晶格中的位置划分。

溶质原子进入晶体后，可以进入原来晶体中正常格点位置，生成取代（置换）型的固溶体，在无机固体材料中所形成的固溶体绝大多数都属这种类型。在金属氧化物中，主要发生在金属离子位置上的置换。例如，MgO-CoO、MgO-CaO、$PbZrO_3$-$PbTiO_3$、Al_2O_3-Cr_2O_3 等都属于此类。

MgO 和 CoO 都是 NaCl 型结构，Mg^{2+} 离子半径为 0.072 nm，Co^{2+} 离子半径为 0.074 nm。这两种晶体结构相同，离子半径接近，MgO 中的 Mg^{2+} 位置可以无限地被 Co^{2+} 取代，生成无限互溶的置换固溶体。图 3.17 和图 3.18 为 MgO-CoO 系统相及固溶体结构。

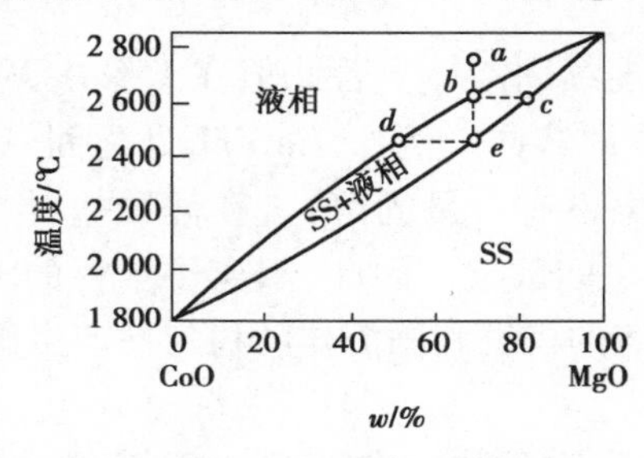

图 3.17　MgO-CoO 系统相

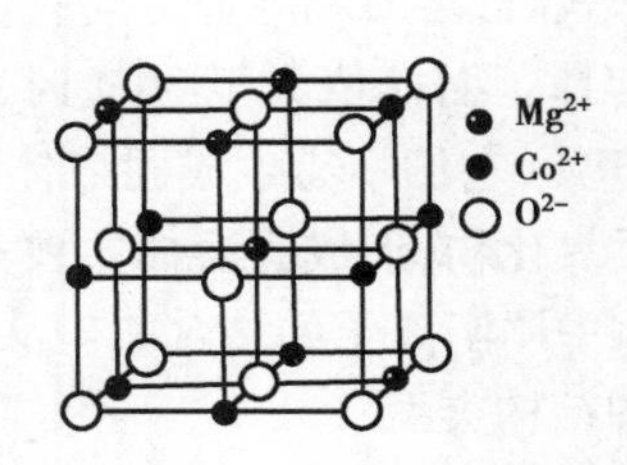

图 3.18　MgO-CoO 固溶体结构

杂质原子如果进入溶剂晶格中的间隙位置就生成了填隙型固溶体。在无机固体材料中，间隙固溶体一般发生在阴离子或阴离子团所形成的间隙中。

②按溶质原子在溶剂晶体中的溶解度分类。

固溶体分为连续固溶体和有限固溶体两类。连续固溶体是指溶质和溶剂可以按任意比例相互固溶。因此，在连续固溶体中溶剂和溶质都是相对的。在二元系统中连续固溶体的相平衡图是连续的曲线，如图 3.17 所示为 MgO-CoO 系统相。有限固溶体则表示溶质只能以一定的限量溶入溶剂，超过这一限度即出现第二相。例如，MgO 和 CaO 形成有限固溶体，如图 3.19 所示。在 2 000 ℃时，约有质量分数为 3% 的 CaO 溶入 MgO 中。超过这一限量，便出现第二相——氧化钙固溶体。从图 3.19 中可以看出，溶质的溶解度和温度有关，温度升高，溶解度增加。

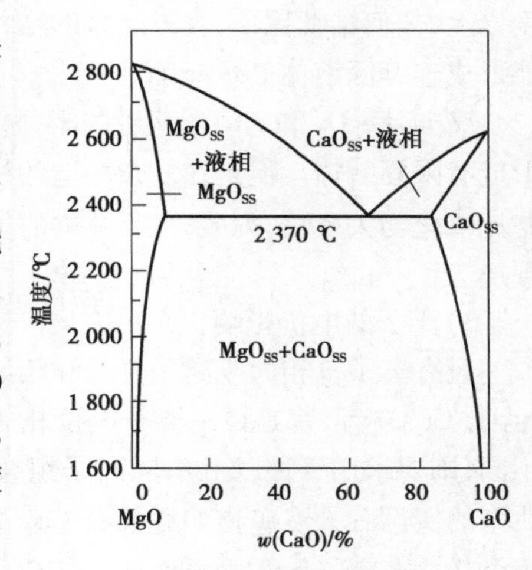

图 3.19　MgO-CaO 系统相

3.5.2　置换固溶体

在天然矿物方镁石（MgO）中常常含有相当数量的 NiO 或 FeO，Ni^{2+} 和 Fe^{2+} 置换晶体中 Mg^{2+}，生成连续固溶体。固溶体组成可以写为 $Mg_{1-x}Ni_xO$，x 为 0～1。能生成连续固溶体的实例还有：Al_2O_3-Cr_2O_3、ThO_2-UO_2、$PbZrO_3$-$PbTiO_3$ 等。除此以外，还有很多二元系统可以形成有限置换固溶体。例如，MgO-Al_2O_3、MgO-CaO、ZrO_2-CaO 等。

(1)置换固溶体溶解度影响因素

置换固溶体既然有连续固溶体和有限固溶体之分,那么影响置换固溶体中溶质原子(离子)溶解度的因素是什么呢?根据热力学参数分析及自由能与组成关系,可以定量计算。但是由于热力学函数不易正确获得,目前严格定量计算仍十分困难。然而实践经验的积累,已归纳了一些重要的影响因素,现分述如下。

1)离子尺寸因素

在置换固溶体中,离子的大小对形成连续固溶体或有限固溶体有直接的影响。从晶体稳定的观点看,相互替代的离子尺寸越相近,则固溶体越稳定,若以 r_1 和 r_2 分别代表半径大和半径小的溶剂或溶质离子的半径,经验证明一般规律如下

$$\left|\frac{r_1-r_2}{r_1}\right|<15\%$$

当符合上式时,溶质和溶剂之间有可能形成连续固溶体。若此值在 15% ~30% 时,可以形成有限固溶体。而此值大于 30% 时,不能形成固溶体。例如,CaO-MgO 之间,计算离子半径差别近于 30%,它们不易生成固溶体(仅在高温下有少量固溶)。在硅酸盐材料中多数离子晶体是金属氧化物,形成固溶体主要是阳离子之间取代。因此,阳离子半径的大小直接影响了离子晶体中阴阳离子的结合能。从而,对固溶的程度和固溶体的稳定性产生影响。

2)晶体的结构类型

能否形成连续固溶体,晶体结构类型是十分重要的。在下列二元系统中,MgO-NiO、Al_2O_3-Cr_2O_3、Mg_2SiO_4-Fe_2SiO_4、ThO_2-UO_2 都能形成连续固溶体,其主要原因之一是这些二元系统中两个组分具有相同的晶体结构类型。例如,$PbZrO_3$-$PbTiO_3$ 系统中,计算 Zr^{4+} 与 Ti^{4+} 半径之差,$r_{Zr^{4+}}$为 0.072 nm,$r_{Ti^{4+}}$为 0.061 nm,$(0.072-0.061)/0.072\approx15.28>15\%$,但由于相变温度以上,任何锆钛比下,立方晶系的结构是稳定的,虽然半径之差略大于 15%,但它们之间仍能形成连续固溶体 $Pb(Zr_xTi_{1-x})O_3$。

又如,Fe_2O_3 和 Al_2O_3 两者的半径差计算为 18.4%,它们都有刚玉型结构,但它们也只能形成有限固溶体。但是在复杂构造的柘榴子石 $Ca_3Al_2(SiO_4)_3$ 和 $Ca_3Fe_2(SiO_4)_3$ 中,它们的晶胞比氧化物大 8 倍,对离子半径差的宽容性就提高,因而在柘榴子石中 Fe^{3+} 和 Al^{3+} 能连续置换。

3)离子的电价影响

只有离子价相同或离子价总和相等时才能生成连续固溶体。如前面已列举的 MgO-NiO、Al_2O_3-Cr_2O_3 等,都是单一离子电价相等相互取代以后形成的连续固溶体。如果取代离子价不同,则要求用 2 种以上不同离子组合起来,满足电中性取代的条件也能生成连续固溶体。典型的实例有天然矿物如钙长石 $Ca[Al_2Si_2O_8]$和钠长石 $Na[AlSi_3O_8]$所形成的固溶体,其中一个 Al^{3+}代替一个 Si^{4+},同时有一个 Ca^{2+}取代一个 Na^+,即 $Ca^{2+}+Al^{3+}=\!=\!=Na^++Si^{4+}$,使结构内总的电中性得到满足。

4)电负性

离子电负性对固溶体及化合物的生成有一定的影响。电负性相近,有利于固溶体的生成,电负性差别大,倾向于生成化合物。

达肯(Darkon)等曾将电负性和离子半径分别作坐标轴,取溶质与溶剂半径之差为±15%

作为椭圆的一个横轴,又取电负性差±0.4 为椭圆的另一个轴,画一个椭圆。发现在这个椭圆之内的系统,65% 是具有很大的固溶度,而椭圆外有 85% 固溶度小于 5%。因此,电负性之差±0.4 也是衡量固溶度大小的边界。

(2)置换固溶体中的"组分缺陷"

置换固溶体可以有等价置换和不等价置换之分,在不等价置换的固溶体中,为了保持晶体的电中性,必然会在晶体结构中产生"组分缺陷",即在原来结构的结点位置产生空位,也可能在原来没有结点的位置嵌入新的质点。这种组分缺陷与热缺陷是不同的。热缺陷浓度是温度的函数,在晶体中具有普遍意义。而"组分缺陷"仅发生在不等价置换固溶体中,其缺陷浓度取决于掺杂量(溶质数量)和固溶度。不等价离子化合物之间只能形成有限固溶体,由于它们的晶格类型及电价均不同,因此它们之间的固溶度一般仅为百分之几。

以焰熔法制备尖晶石单晶为例,用 MgO 与 Al_2O_3 熔融拉制镁铝尖晶石单晶往往得不到纯尖晶石,而生成"富铝尖晶石",此时尖晶石中 MgO : Al_2O_3 不等于 1 : 1,Al_2O_3 比例大于 1,即"富铝",由于尖晶石与 Al_2O_3 形成固溶体时存在着 $2Al^{3+} \longrightarrow 3Mg^{2+}$,其缺陷反应式如下

$$Al_2O_3 \xrightarrow{MgAl_2O_4} 2Al_{Mg}^{\cdot} + V_{Mg}'' + 3O_O \tag{3.6}$$

为保持晶体电中性,结构中出现镁离子空位。如果将 Al_2O_3 的化学式改写为尖晶石形式,则应为 $Al_{8/3}O_4 = Al_{2/3}Al_2O_4$,可以将富铝尖晶石固溶体的化学式表示为 $[Mg_{1-x}(V_{Mg})_{\frac{1}{3}x}Al_{\frac{2}{3}x}]Al_2O_4$ 或写作 $(Mg_{1-x}Al_{\frac{2}{3}x})Al_2O_4$。当 $x=0$ 时,上式即为尖晶石 $MgAl_2O_4$;若 $x=1$ 时,为 $Al_{2/3}Al_2O_4$,即为 $\alpha\text{-}Al_2O_3$;若 $x=0.3$ 时,为 $(Mg_{0.7}Al_{0.2})Al_2O_4$,这时结构中阳离子空位占全部阳离子 0.1/3.0=1/30,即每 30 个阳离子位置中有一个是空位。类似这种固溶的情况还有 $MgCl_2$ 固溶到 LiCl 中、Fe_2O_3 固溶到 FeO 中,以及 $CaCl_2$ 固溶到 KCl 中等。

不等价置换固溶体中,还可以出现阴离子空位。例如,CaO 加入 ZrO_2 中,其缺陷反应表示为

$$CaO \xrightarrow{ZrO_2} Ca_{Zr}'' + V_O^{\cdot\cdot} + O_O \tag{3.7}$$

此外,不等价置换还可以形成阳离子或阴离子填隙的情况,现将不等价置换固溶体中,可能出现的 4 种"组分缺陷"归纳如下:

高价置换低价:阳离子出现空位(置换型固溶体);阴离子进入间隙(间隙型固溶体)

低价置换高价:阴离子出现空位(间隙型固溶体);阳离子进入间隙(间隙型固溶体)

如:

$$Al_2O_3 \xrightarrow{MgO} 2Al_{Mg}^{\cdot} + V_{Mg}'' + 3O_O$$

$$Al_2O_3 \xrightarrow{MgO} 2Al_{Mg}^{\cdot} + O_i'' + 2O_O$$

$$CaO \xrightarrow{ZrO_2} Ca_{Zr}'' + V_O^{\cdot\cdot} + O_O$$

$$CaO \xrightarrow{ZrO_2} Ca_{Zr}'' + Ca_i^{\cdot\cdot} + O_O$$

在具体的系统中,究竟出现哪一种"组分缺陷",目前尚无法从热力学计算来判断。上述 4 种情况中,阴离子进入间隙位置一般较少,因其半径大,形成填隙使晶体内能增大而不稳定,只有萤石结构是例外。组分缺陷的形式一般必须通过实验测定来确证。

不等价置换产生"组分缺陷"其目的是制造不同材料的需要,由于产生空位或间隙使晶格显著畸变,使晶格活化,材料制造工艺上常用来降低难熔氧化物的烧结温度。如 Al_2O_3 外加质量分数为 1% ~2% 的 TiO_2 使烧结温度降低近 300 ℃;又如 ZrO_2 材料中加入少量 CaO 作为

晶型转变稳定剂，使 ZrO_2 晶型转化时体积效应减少，提高了 ZrO_2 材料的热稳定性。

3.5.3 间隙固溶体

若杂质原子比较小，它们能进入晶格的间隙位置内，这样形成的固溶体称为间隙固溶体。形成间隙固溶体的条件有如下内容。

①溶质原子的半径小和溶剂晶格结构空隙大容易形成间隙固溶体。例如，面心立方格子结构的 MgO，只有四面体空隙可以利用；而在 TiO_2 晶格中还有八面体空隙可以利用；在 CaF_2 型结构中则有配位数为 8 的较大空隙存在；再如架状硅酸盐片沸石结构中的空隙就更大。因此在以上这几类晶体中形成间隙型固溶体的次序必然是片沸石>CaF_2>TiO_2>MgO。

②形成间隙固溶体也必须保持结构中的电中性，一般可以通过形成空位，复合阳离子置换和改变电子云结构来达到。例如，硅酸盐结构中嵌入 Be^{2+} 和 Li^{+} 等离子时，正电荷的增加往往被结构中 Al^{3+} 替代 Si^{4+} 平衡。

列举常见的间隙固溶体实例。

①原子填隙。金属晶体中，原子半径较小的 H、C、B 元素易进入晶格间隙中形成间隙固溶体。钢就是碳在铁中的填隙固溶体。

②阳离子填隙。当 CaO 加入 ZrO_2 中，CaO 加入量小于 0.15 时，在 1 800 ℃高温下发生下列反应式

$$CaO \xrightarrow{ZrO_2} Ca_{Zr}'' + Ca_i^{\bullet\bullet} + O_O \tag{3.8}$$

③阴离子填隙。将 YF_3 加入 CaF_2 中，形成 $(Ca_{1-x}Y_x)F_{2+x}$ 固溶体，其缺陷反应式为

$$YF_3 \xrightarrow{CaF_2} Y_{Ca}^{\bullet} + F_i' + 2F_F \tag{3.9}$$

在矿物学中，固溶体常被看作类质同象的同义词。类质同象（类质同晶）是物质结晶时，其晶体结构中原有离子或原子的配位位置被介质中部分性质相似的他种离子或原子所占有，共同结晶成均匀的、呈单一相的混合晶体，但不引起键性和晶体结构发生质变的现象。显然，与类质同象概念相同的只是固溶体中的置换，并不包括间隙固溶体。因此，严格地说，类质同象只是与置换固溶体同义。

3.5.4 固溶体的研究方法

固溶体的生成可以用各种相分析手段和结构分析方法进行研究。因为不论何种类型的固溶体，都将引起结构上的某些变化及反映在性质上的相应变化（如密度、光学性质、电学性质等）。因此，可以用 X 射线结构分析精确测定晶胞参数，用排水法精确测定固溶体的密度，根据预期生成固溶体的理论固溶式，计算出固溶体的理论密度，再与实测的密度进行比较，以此判定所生成的固溶体及其组分、鉴别固溶体的类型等。

盐类二元系统等价置换固溶体，晶胞参数的变化服从维加德（Vegard）定律

$$a = a_1 + (a_2 - a_1)c \tag{3.10}$$

式中 a——固溶体晶胞参数；

c——溶质浓度；

a_1——基质晶体晶胞参数；

a_2——溶质晶胞参数。

但是,对于许多无机非金属材料,并不能很好地符合维加德定律。研究固溶体时,主要通过测定晶胞参数并计算固溶体的理论密度,再与实验精确测定的固溶体实际密度值进行对比来分析判断。

设 D 为实验测定密度值,D_0 为计算的理论密度,g_i 为单位晶胞内第 i 种原子(离子)质量,V 为单位晶胞体积,则

$$D_0 = \sum_{i=1}^{n} \frac{g_i}{V} \tag{3.11}$$

式中,$g_i = \frac{(原子数目)_i(占有因子)_i(原子质量)_i}{R}$;对于立方晶系,$V$ 为 a^3;六方晶系 V 为 $\frac{\sqrt{3}}{2}a^2c$,其中 a 和 c 为六方晶系的晶胞参数。

例如,CaO 外加到 ZrO_2 中生成置换固溶体。在 1 600 ℃该固溶体具有萤石结构,属立方晶系。经 X 射线分析测定,当溶入 0.15 分子 CaO 时,晶胞参数 a 为 0.513 nm,实验测定的密度值 D 为 5.447 g/cm³。对于 CaO-ZrO_2 固溶体,从满足电中性要求看,可以写出两个固溶方程为

$$CaO \xrightarrow{ZrO_2} Ca''_{Zr} + V_O^{\bullet\bullet} + O_O \tag{3.12}$$

$$CaO \xrightarrow{ZrO_2} Ca''_{Zr} + Ca_i^{\bullet\bullet} + O_O \tag{3.13}$$

式(3.12)和式(3.13)究竟哪一种正确,它们之间形成何种组分缺陷?可从计算和实测固溶体密度的对比来决定。

已知萤石结构中每个晶胞应有 4 个阳离子和 8 个阴离子。当 0.15 分子 CaO 溶入 ZrO_2 中时,设形成氧离子空位固溶体,则固溶式可表示为 $Zr_{0.85}Ca_{0.15}O_{1.85}$,按此式求 D_0。

$$\sum_{i=1}^{n} g_i = \frac{4 \times 0.85 \times 91.22 + 4 \times 0.15 \times 40.08 + 8 \times \frac{1.85}{2} \times 16}{6.02 \times 10^{23}} = 75.18 \times 10^{-23}\,\mathrm{g}$$

$$V = a^3 = (0.513 \times 10^{-7})^3 = 135.0 \times 10^{-24}\,\mathrm{cm^3}$$

$$D_0 = \frac{75.18 \times 10^{-23}}{135.0 \times 10^{-24}} = 5.569\ \mathrm{g/cm^3}$$

与实验值 D 为 5.477 g/cm³ 相比,仅差 0.092 g/cm³ 是相当一致的。这说明在 1 600 ℃时,式(3.12)是合理的。化学式 $Zr_{0.85}Ca_{0.15}O_{1.85}$ 是正确的。

3.5.5　固溶体的应用

固体溶液就是含有杂质原子的晶体,这些杂质原子的进入使原有晶体的性质发生了很大变化,为新材料的来源开辟了一个广大的领域。因此了解固溶体的性质是具有重要意义的。

(1)活化晶格,促进烧结

物质间形成固溶体时,由于晶体中出现了缺陷,因此使晶体内能大大提高,活化了晶格,促进烧结进行。

Al_2O_3 陶瓷是使用非常广泛的一种陶瓷,它的硬度大、强度高、耐磨、耐高温、抗氧化、耐腐蚀,可用作高温热电偶保护管、机械轴承、切削工具、导弹鼻锥体等,但其熔点高达 2 050 ℃,依

塔曼温度可知，很难烧结；而形成固溶体后，则可大大降低烧结温度。加入质量分数为 3% 的 Cr_2O_3 形成置换固溶体，可在 1 860 ℃烧结；加入质量分数为 1% ~2% 的 TiO_2，形成缺位固溶体，只需在 1 600 ℃即可烧结致密化。

Si_3N_4 也是一种性能优良的材料，某些性能优于 Al_2O_3，但因 Si_3N_4 为共价化合物，很难烧结。然而 β-Si_3N_4 与 Al_2O_3 在 1 700 ℃可以固溶形成置换固溶体，此材料即为塞隆材料，其烧结性能好，且具有很高的机械强度。

(2)稳定晶形

ZrO_2 熔点高达 2 700 ℃，是一种极有价值的材料。但在 1 000 ℃左右由单斜晶形变成四方晶形，伴随较大体积收缩(7% ~9%)，且转化迅速、可逆，从而导致制品烧结时开裂。为改善此问题，可加入稳定剂(CaO、MgO、Y_2O_3)，当加入 CaO 并在 1 600 ~1 800 ℃处理，即可生成稳定的立方氧化锆固溶体，在加热过程中不再出现像纯的 ZrO_2 那样异常的体积变化，从而提高了 ZrO_2 材料的性能。

(3)催化剂

汽车或燃烧器排出的气体中有害成分已成公害，解决此问题一直是人们关心的热点。以往使用贵重金属和氧化物作催化剂均存在一定的问题。氧化物催化剂虽然价廉，但只能消除有害气体中的还原性气体；贵重金属催化剂则价格昂贵。用锶、镧、锰、钴、铁等氧化物之间形成的固溶体消除有害气体很有效。这些固溶体由于具有可变价阳离子，可随不同气氛而变化，使得在其晶格结构不变的情况下容易做到对还原性气体赋予其晶格中的氧，从氧化性气体中取得氧溶入晶格中，从而起到催化消除有害气体的作用。

(4)固溶体的电性能

固溶体的形成对材料的电学性能有很大影响，几乎所有功能陶瓷材料均与固溶体的形成有关。在电子陶瓷材料中可制造出各种奇特性能的材料，下面介绍固溶体形成对材料电学性能影响的两个应用。

1)超导材料

超导材料可用在高能加速器、发电机、热核反应堆及磁浮列车等方面。所谓超导体，即冷却到 0 K 附近时，其电阻变为零，在超导状态下导体内的损耗或发热均为零，故能通过大电流。超导材料的基本特征有临界温度 T_c、上限临界磁场 H_{c_2} 和临界电流密度 J_c 3 个临界值，超导材料只有在这些临界值以下的状态才显示超导性，故临界值越高，使用越方便，利用价值越高。

表 3.1 列出了部分单质及形成固溶体的 T_c 和 H_{c_2}。由表 3.1 可见，生成固溶体不仅使得超导材料易于制造，而且 T_c 和 H_{c_2} 均升高，为实际应用提供了方便。

表 3.1　部分材料 T_c 和 H_{c_2}

物质	临界温度 T_c/K	上限临界磁场 H_{c_2}/T	物质	临界温度 T_c/K	上限临界磁场 H_{c_2}/T
Nb	9.2	2.0	$Nb_3Al_{0.8}Ge_{0.2}$	20.7	41
Nb_3Al	18.9	32	Pb	7.2	0.8
Nb_3Ge	23.2	—	$BaPb_{0.7}Bi_{0.3}O_3$	13	—
$Nb_3Al_{0.95}Be_{0.05}$	19.6	—	—	—	—

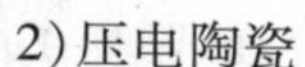
2)压电陶瓷

$PbTiO_3$ 是一种铁电体,纯的 $PbTiO_3$ 陶瓷,烧结性能极差,在烧结过程中晶粒长得很大,晶粒之间结合力很差,居里点为 490 ℃,发生相变时伴随着晶格常数的剧烈变化。一般在常温下发生开裂,因此没有纯的 $PbTiO_3$ 陶瓷。$PbZrO_3$ 是一个反铁电体,居里点约为 230 ℃。$PbTiO_3$ 和 $PbZrO_3$ 两者都不是性能优良的压电陶瓷,但它们两者结构相同,Zr^{4+} 与 Ti^{4+} 尺寸差不多,可生成连续固溶体 $Pb(Zr_xTi_{1-x})O_3$,x 为 0～1。随着组成的不同,在常温下有不同晶体结构的固溶体,而在斜方铁电体和四方铁电体的边界组成 $Pb(Zr_{0.54}Ti_{0.46})O_3$ 处,压电性能、介电常数都达到最大值,从而得到了优于纯 $PbTiO_3$ 和 $PbZrO_3$ 的压电陶瓷材料,称为 PZT,其烧结性能也很好。也正是利用了固溶体的特性,在 $PbZrO_3$-$PbTiO_3$ 二元系统的基础上又发展了三元系统、四元系统的压电陶瓷。

在 $PbZrO_3$-$PbTiO_3$ 系统中发生的是等价取代,因此对它们的介电性能影响不大。在不等价取代中,引起材料绝缘性能的重大变化,可以使绝缘体变成半导体,甚至导体,而且它们的导电性能是与杂质缺陷浓度成正比的。例如,纯的 ZrO_2 是一种绝缘体,当加入 Y_2O_3 生成固溶体时,Y^{3+} 进入 Zr^{4+} 的位置在晶格中产生氧空位。缺陷反应如下

$$Y_2O_3 \xrightarrow{ZrO_2} 2Y'_{Zr} + 3O_O + V_O^{\bullet\bullet} \tag{3.14}$$

从式(3.14)中可以看到,每进入一个 Y^{3+},晶体中就产生一个准自由电子 e',而电导率 σ 是与自由电子的数目 n 成正比的,电导率当然随着杂质浓度的增加直线上升。电导率与电子数目的关系如下

$$\sigma = ne\mu \tag{3.15}$$

式中　σ——电导率;

n——自由电子数目;

e——电子电荷;

μ——电子迁移率。

3)透明陶瓷及人造宝石

利用加入杂质离子可以对晶体的光学性能进行调节或改变。例如,在 PZT 中加入少量的氧化镧 La_2O_3,生成 PLZT 陶瓷就成为一种透明的压电陶瓷材料,开辟了电光陶瓷的新领域。这种陶瓷的基本化学式为 $Pb_{1-x}La_x(Zr_{0.65}Ti_{0.35})_{1-x/4}O_3$,通常 x 为 0.9,这个组成常表示为 9/65/35。式中假设 La^{3+} 取代钙钛矿结构中 A 位的 Pb^{2+},并在 B 位产生空位以获得电荷平衡。PLZT 可用热压烧结或在高 PbO 气氛下通氧烧结而达到透明。为什么 PZT 用一般烧结方法达不到透明,而 PLZT 能透明呢?陶瓷达到透明的主要关键在于消除气孔,就可以做到透明或半透明。烧结过程中气孔的消除主要靠扩散。在 PZT 中,因为是等价取代的固溶体,所以扩散主要依赖于热缺陷;而在 PLZT 中,由于不等价取代,La^{3+} 取代 A 位的 Pb^{4+},为了保持电中性,不是在 A 位便是在 B 位必须产生空位,或者在 A 位和 B 位都产生空位。这样 PLZT 的扩散,主要将通过由于杂质引入的空位而扩散。这种空位的浓度要比热缺陷浓度高出许多数量级。扩散系数与缺陷浓度成正比,由于扩散系数的增大,加速了气孔的消除,这是在同样有液相存在的条件下,PZT 不透明,而 PLZT 能透明的根本原因。

利用固溶体特性制造透明陶瓷的除了 PLZT,还有透明 Al_2O_3 陶瓷。在纯 Al_2O_3 中添加 0.3%～0.5% 的 MgO,氢气气氛下,约在 1 750 ℃烧成得到透明 Al_2O_3 陶瓷。之所以可得到

Al_2O_3 透明陶瓷，就是由于 Al_2O_3 与 MgO 形成固溶体的缘故。MgO 杂质的存在，阻碍了晶界的移动，使气孔容易消除，从而得到透明 Al_2O_3 陶瓷。下面讨论由于生成固溶体对单晶光学性能的影响。

表 3.2 列出了若干人造宝石的组成。可以看到，这些人造宝石全部是固溶体，其中蓝钛宝石是非化学计量的。同样以 Al_2O_3 为基体，通过添加不同的着色剂可以制出 4 种不同颜色的宝石，这都是不同的添加物与 Al_2O_3 生成固溶体的结果。纯的 Al_2O_3 单晶是无色透明的，称为白宝石。利用 Cr_2O_3 与 Al_2O_3 生成无限固溶体的特性，可获得红宝石和淡红宝石。Cr^{3+} 可使 Al_2O_3 变成红色的原因与 Cr^{3+} 造成的电子结构缺陷有关。在材料中，引进价带和导带之间产生能级的结构缺陷，可以影响离子材料和共价材料的颜色。

表 3.2　人造宝石

宝石名称	基体	颜色	着色剂/%
淡红宝石	Al_2O_3	淡红色	Cr_2O_3 为 0.01～0.05
红宝石	Al_2O_3	红色	Cr_2O_3 为 1～3
紫罗蓝宝石	Al_2O_3	紫色	TiO_2 为 0.5，Cr_2O_3 为 0.1，Fe_2O_3 为 1.5
黄玉宝石	Al_2O_3	金黄色	NiO 为 0.5，Cr_2O_3 为 0.01～0.05
海蓝宝石（蓝晶）	$Mg(AlO_2)_2$	蓝色	CoO 为 0.01～0.5
橘红钛宝石	TiO_2	橘红色	Cr_2O_3 为 0.05
蓝钛宝石	TiO_2	蓝色	不添加，氧气不足

在 Al_2O_3 中，由少量的 Ti^{3+} 取代 Al^{3+}，使蓝宝石呈现蓝色；少量 Cr^{3+} 取代 Al^{3+} 呈现作为红宝石特征的红色。红宝石强烈地吸收蓝紫色光线，随着 Cr^{3+} 浓度的不同，由浅红色到深红色，从而出现表 3.2 中浅红宝石及红宝石。Cr^{3+} 在红宝石中是点缺陷，其能级位于 Al_2O_3 的价带与导带之间，能级间距正好可以吸收蓝紫色光线而发射红色光线。红宝石除作为装饰用之外，还广泛地作为手表的轴承材料（即所谓钻石）和激光材料。

3.6　非化学计量化合物

定比定律是化学的基本定律之一，即化合物中各元素按一定的简单整数比结合，这种组分比称为化学计量比。如在Ⅲ—Ⅴ族或Ⅱ—Ⅵ族化合物 MX 中，组分 M 与 X 的原子比为 1∶1。但实验表明，几乎所有的无机化合物或多或少都有与化学计量比偏离的现象，当化学计量比偏离不大时，材料的化学性质与化学计量比化合物差别不大，但对材料的许多物理性质，如电学、光学、磁学等性质却有显著的影响。这种偏离化学计量比化合物的产生与晶体中点缺陷的存在有关。例如，当 NaCl 晶体中存在大量的 Cl 原子空位 V_{Cl} 时，就意味着晶体中 Cl 的原子总数少于 Na 的原子总数，故它偏离了 1∶1 的化学计量比。

非化学计量的固体物质可分成两类：一类是由纯粹化学定义规定的非化学计量化合物，它们用化学分析、X 射线衍射及平衡蒸汽压测定等手段能确定其组成偏离化学计量比的均一物相，如 FeO_{1+x}、FeS_{1+x} 和 PdH_x 等，它们的组成明显偏离化学计量比。另一类是用化学分析和

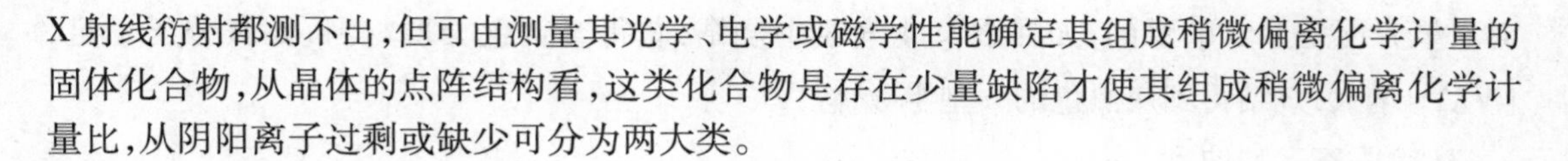

X 射线衍射都测不出,但可由测量其光学、电学或磁学性能确定其组成稍微偏离化学计量的固体化合物,从晶体的点阵结构看,这类化合物是存在少量缺陷才使其组成稍微偏离化学计量比,从阴阳离子过剩或缺少可分为两大类。

3.6.1　离子缺位型

离子缺位包括阳离子和阴离子缺位两种形式。

(1)阴离子缺位型

从化学计量观点看,在 TiO_2 晶体中,Ti : O 为 1 : 2。但由于环境中氧不足,晶体中的氧可以逸出到大气中,这时晶体中出现氧空位,使金属离子与化学式显得过剩。从化学观点看,缺氧的 TiO_2 可以看作四价钛和三价钛氧化物的固溶体,其缺陷反应式为

$$2Ti_{Ti}+4O_O \longrightarrow 2Ti'_{Ti}+V_O^{\bullet\bullet}+3O_O+\frac{1}{2}O_2\uparrow \tag{3.16}$$

式中,Ti'_{Ti} 是三价钛位于四价钛位置,这种离子变价现象总是和电子相联系的。Ti^{4+} 获得电子而变成 Ti^{3+},此电子并不是固定在一个特定的钛离子上,而是容易从一个位置迁移到另一个位置。更确切地说,可把这个电子看作在氧离子空位的周围,束缚了过剩电子,以保持电中性,如图 3.20 所示。因为氧空位是带正电的,在氧空位上束缚了 2 个自由电子,这种电子如果与附近的 Ti^{4+} 相联系,Ti^{4+} 就变成 Ti^{3+}。这些电子并不属于某一个具体固定的 Ti^{4+},在电场作用下,它可以从这个 Ti^{4+} 离子迁移到邻近的另一个 Ti^{4+} 上形成电子导电,因此具有这种缺陷的材料,是一种 n 型半导体。

Ti^{4+}　O^{2-}　Ti^{4+}　O^{2-}　Ti^{4+}　O^{2-}

O^{2-}　Ti^{4+}　e □ e　Ti^{4+}　O^{2-}　Ti^{4+}

Ti^{4+}　O^{2-}　Ti^{4+}　O^{2-}　Ti^{4+}　O^{2-}

F′ 色心

图 3.20　TiO_{2-x} 结构缺陷示意图

凡是自由电子陷落在阴离子缺位中而形成的一种缺陷又称为 F 心。它是由一个阴离子空位和一个在此位置上的电子组成的,由于陷落电子能吸收一定波长的光,因而使晶体着色而得名。例如,TiO_2 在还原气氛下由黄色变为灰黑色,NaCl 在钠蒸气中加热呈黄棕色等。

可将式(3.16)简化为下列形式

$$O_O \longrightarrow V_O^{\bullet\bullet}+\frac{1}{2}O_2\uparrow+2e' \tag{3.17}$$

式中,e′为 Ti'_{Ti},根据质量作用定律,平衡时

$$K=\frac{[V_O^{\bullet\bullet}][P_{O_2}]^{\frac{1}{2}}[e']^2}{[O_O]} \tag{3.18}$$

如果晶体中氧离子的浓度基本不变,$2[V_O^{\bullet\bullet}]=e'$

$$[V_O^{\bullet\bullet}]\propto[P_{O_2}]^{-\frac{1}{6}}$$

这说明氧空位的浓度和氧分压的 1/6 次方成反比。因此材料如金红石质电容器在烧结

时对氧分压是十分敏感的；如在强氧化气氛中烧结，获得金黄色介质材料；如氧分压不足，$[V_O^{\cdot\cdot}]$增大，烧结得到灰黑色的 n 型半导体。

(2)阳离子缺位型

图 3.21 为阳离子空位缺陷的示意图。如 $Cu_{2-x}O$ 和 $Fe_{1-x}O$ 属于这种类型。为了保持电中性，在阳离子空位周围捕获电子空穴，因此，它属于 p 型半导体。$Fe_{1-x}O$ 也可以看作 Fe_2O_3 在 FeO 中的固溶体，为了保持电中性，3 个 Fe^{2+} 被 2 个 Fe^{3+} 和 1 个空位所代替，可写成固溶式为 $(Fe_{1-x}Fe_{2/3x})O$。其缺陷反应式为

$$2Fe+\frac{1}{2}O_2(g)\rightleftharpoons 2Fe_{Fe}^{\cdot}+V_{Fe}''+O_O \tag{3.19}$$

$$\frac{1}{2}O_2(g)\rightleftharpoons 2h^{\cdot}+O_O+V_{Fe}'' \tag{3.20}$$

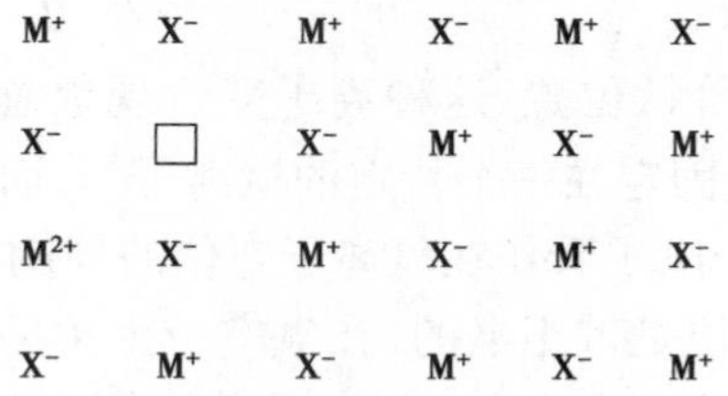

M⁺ X⁻ M⁺ X⁻ M⁺ X⁻
X⁻ □ X⁻ M⁺ X⁻ M⁺
M²⁺ X⁻ M⁺ X⁻ M⁺ X⁻
X⁻ M⁺ X⁻ M⁺ X⁻ M⁺

图 3.21 阳离子空位缺陷

从式(3.20)可见，铁离子空位带负电，为了保持电中性，两个电子空穴被吸引到 V_{Fe} 周围，形成一种 V 心。

3.6.2 离子间隙型

(1)阴离子间隙型

阴离子间隙型结构如图 3.22 所示。UO_{2+x} 属于这种类型，可看作 U_3O_8 在 UO_2 中的固溶体，其缺陷反应式为

$$\frac{1}{2}O_2 \longrightarrow O_i''+2h^{\cdot} \tag{3.21}$$

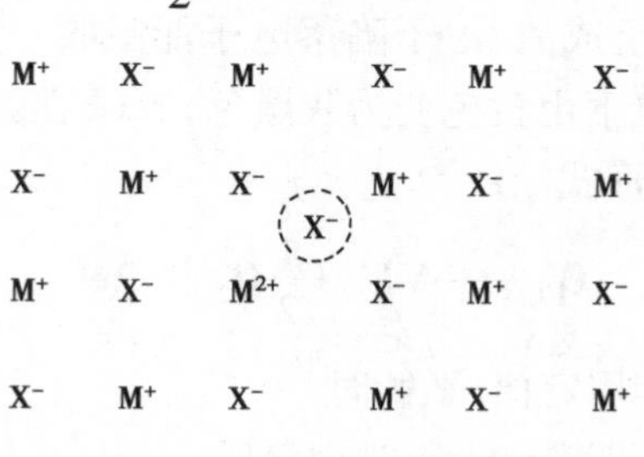

M⁺ X⁻ M⁺ X⁻ M⁺ X⁻
X⁻ M⁺ X⁻ (X⁻) M⁺ X⁻ M⁺
M⁺ X⁻ M²⁺ X⁻ M⁺ X⁻
X⁻ M⁺ X⁻ M⁺ X⁻ M⁺

图 3.22 阴离子间隙型结构

电子空穴也不局限于特定的阳离子，它在电场作用下会运动。因此这种材料为 p 型半导体。

由式(3.21)可得

$$[O_i''] \propto [P_{O_2}]^{\frac{1}{6}}$$

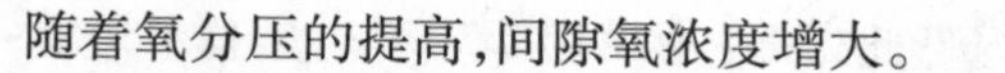

随着氧分压的提高，间隙氧浓度增大。

（2）阳离子间隙型

阳离子间隙型结构如图 3.23 所示。$Zn_{1+x}O$ 和 $Cd_{1+x}O$ 属于这种类型。过剩的金属离子进入间隙位置，它是带正电的，为了保持电中性，等价的电子被束缚在间隙正离子周围，这也是一种色心，如 ZnO 在锌蒸气中加热，颜色会逐渐加深，锌离子间隙的缺陷反应式为

$$Zn(g) \longrightarrow Zn_i^{\bullet\bullet} + 2e' \tag{3.22}$$

$$Zn(g) \longrightarrow Zn_i^{\bullet} + e' \tag{3.23}$$

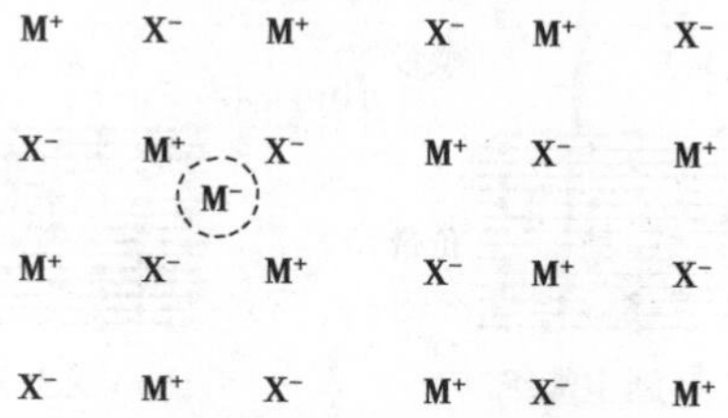

M^+　X^-　M^+　X^-　M^+　X^-

X^-　M^+　X^-　M^+　X^-　M^+

M^-

M^+　X^-　M^+　X^-　M^+　X^-

X^-　M^+　X^-　M^+　X^-　M^+

图 3.23　阳离子间隙型结构

即锌离子可以形成双电荷或单电荷间隙型，但实验证明，氧化锌在蒸气中加热单电荷间隙锌较普遍。

3.7　电子-空穴对与晶体色心

在研究和制备半导体材料时，往往要将一定量的杂质或点缺陷引入到晶体中，因为引入微量杂质或点缺陷，能改变晶体的能带结构，控制晶体中电子与空穴的浓度及其运动，对晶体的各种性能产生决定性的影响。缺陷的存在破坏了晶体点阵结构的周期性，点缺陷周围的电子能级也不同于正常晶格点阵中原子处的能级，可在晶体的禁带中造成能量高低不等的各种局域能级。实际晶体中由于点缺陷产生电子与空穴的情况有以下几种典型实例。

3.7.1　锗晶体中掺入杂质原子

纯净的结构完整的锗晶体为本征半导体，即其半导体性质由电子从价带被激发到导带所产生的电子-空穴对所引起，其禁带宽度 E_g 为 0.71 eV。

（1）砷原子掺入锗晶体

砷原子掺入锗晶体时形成置换杂质缺陷 $As_{Ge}^{\times}$。由于砷原子的外层电子数比锗原子多一个，这样电子不仅填满了价带，还多出一些电子，多出的电子数目与杂质缺陷的数目相同，即每有一个置换杂质缺陷就会多出一个电子，这个电子虽然受到砷原子实的束缚，但缺陷处的势场比正常的点阵结构中锗原子处的势场弱，故对这个额外电子的束缚较弱，则该电子的能量要高于价带中的其他电子。这个与缺陷相联系的电子能级实际上并不在价带中，而是在介于价带和导带之间的禁带中，如图 3.24（a）所示。该电子能级位于导带底以下靠近导带底的地方，与导带底相距仅 0.012 7 eV，故缺陷上的该电子很易受激发跃迁到导带中，成为准自由电子，同时在缺陷处形成一个正电中心 $As_{Ge}^{\bullet}$，该过程可表示为 $As_{Ge}^{\times} + E_D \rightleftharpoons As_{Ge}^{\bullet} + e'$，其中 E_D

为从缺陷 $As_{Ge}^{\times}$ 激发出一个电子所需要的能量，显然此处 E_D 为0.012 7 eV。由于 $As_{Ge}^{\times}$ 是一个给出电子的缺陷，故叫施主缺陷，其所在的能级叫施主能级，E_D 为施主电离能。由于 E_D 比禁带宽度 E_g 小得多，故使电子脱离 $As_{Ge}^{\times}$ 的束缚激发到导带所需的能量远小于使电子从价带激发到导带所需的能量。因此，温度不高时，导带中的电子主要来自杂质。这种含有施主缺陷的半导体称为 n 型（电子型）半导体。

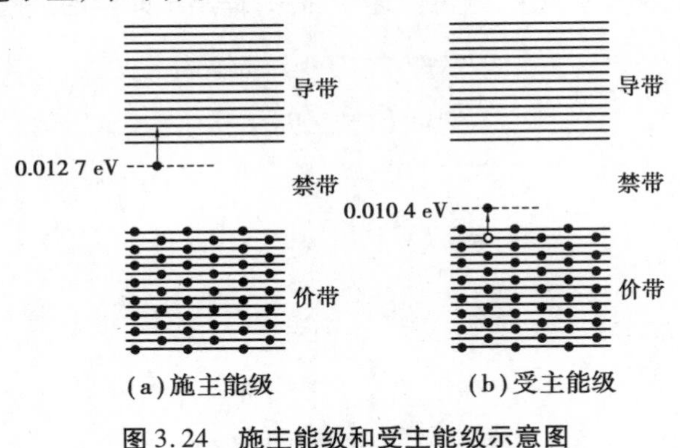

图 3.24　施主能级和受主能级示意图

（2）硼原子掺入锗晶体

硼原子掺入锗晶体时，形成置换杂质缺陷 $B_{Ge}^{\times}$，由于硼原子的外层电子数比锗原子少一个，从整个晶体看，价带不能完全充满而缺少一些电子，数目与 $B_{Ge}^{\times}$ 相同，即每有一个置换杂质缺陷就缺少一个电子，或者说每个置换杂质缺陷附近的价带中出现一个空穴。由于硼原子实比锗原子少一个正电荷，即相当于在这个杂质缺陷处存在一个负电荷中心。空穴被缺陷的负电荷中心松弛地束缚，使缺陷的能级位于价带顶上不远处的禁带中，如图 3.24(b)所示。束缚空穴的缺陷也可吸收一定能量而给出一个空穴到价带中，该过程相当于从价带中激发一个电子到价带顶上的缺陷所形成的局域能级上与被束缚的空穴复合，同时在价带中产生一个空穴。该过程可表示为 $B_{Ge}^{\times}+E_A \rightleftharpoons B_{Ge}'+h^{\bullet}$，其中，$E_A$ 为把一个束缚在缺陷上的空穴电离到价带中成为准自由空穴时所需的能量，该能量值也叫空穴电离能。由于这类置换杂质缺陷具有接受电子的作用，故这种缺陷叫受主缺陷，其所在的能级叫受主能级。$B_{Ge}^{\times}$ 缺陷的 E_A 为0.010 4 eV，即 B_{Ge}' 的局域能级位于价带顶上约0.010 4 eV 处的禁带中。由于空穴电离能 E_A 比禁带宽度 E_g 小得多，故温度不高时，价带中的电子很容易激发到价带顶上禁带中 $B_{Ge}^{\times}$ 缺陷空的电子能级，而在价带中留下能参与导电的准自由空穴。这种主要靠空穴导电的半导体称为 p 型（空穴型）半导体。

（3）锂原子掺入锗晶体

锂原子掺入锗晶体后，锂原子将进入点阵结构的间隙位置，形成间隙型杂质原子缺陷。这是一正电荷中心，束缚着一个电子，该电子能级远远高于价带中其他电子的能级，位于禁带最上边，靠近导带底的地方。缺陷的电离过程为 $Li_i^{\times}+E_D \rightleftharpoons Li_i^{\bullet}+e'$，其中 E_D 为0.009 3 eV。

3.7.2　电子与电子空穴

（1）在真空中加热 CdS 晶体时形成 $V_S^{\times}$

在真空中加热 CdS 晶体时，有少量中性硫原子从点阵结构中失去而形成硫离子的空位，

即在硫离子正常位置留下两个被松弛地束缚着的电子。空位符号 $V_S^\times$ 相当于($V_S^{\bullet\bullet}$ +2e′)。这两个电子能级位于导带底下接近导带底的位置,故很容易激发到导带中,显然,$V_S^\times$ 是一个施主缺陷。这种半导体称为电子型半导体。

(2)在硫蒸气中加热 CdS 晶体形成 $V_{Cd}^\times$

在硫蒸气中加热 CdS 晶体,将使晶体中硫含量高于化学计量,产生一定的镉离子空位。该过程中有两个电子被过量的硫原子夺去,在镉离子空位处留下两个空穴,这两个空穴被束缚在镉离子的空位上,缺陷符号 $V_{Cd}^\times$,相当于(V_{Cd}''+2h$^{\bullet\bullet}$)。$V_{Cd}^\times$ 可从价带中接受 1 个或 2 个电子,形成 V_{Cd}'和 V_{Cd}'' 两种缺陷,显然,$V_{Cd}^\times$ 是一个受主缺陷。这种半导体称为空穴型半导体。

3.7.3 离子晶体中掺入杂质原子

当离子晶体中的阳离子被比它电价高的阳离子取代时,就会有电子被松弛地束缚在杂质原子处。如 Al^{3+}取代 ZnS 晶体中的 Zn^{2+},生成缺陷为 $Al_{Zn}^\times$,相当于一价阳离子上束缚着一个电子,即($Al_{Zn}^\bullet e'$),缺陷的电离过程为 $Al_{Zn}^\times+E_D \rightleftharpoons Al_{Zn}^\bullet+e'$。

由上述实例可以发现,点缺陷周围的电子能级与其他地方不同,它们可在禁带中形成高低不同的能级,这些能级只局限于点缺陷附近,故称为局域能级。局域能级指束缚着电子缺陷的能量状态,即无论是施主能级还是受主能级,都为它带电子时的能量状态,其位置根据一个电子从这个能级转移到准自由状态时所需要的能量决定,即根据缺陷从带电子的状态转变为不带电子的状态所需要的电子电离能所决定。

(1)二级电离施主 D 的电子能级

二级电离施主 D 可电离出 1 个或 2 个电子。电离出第一个电子所需能量为第一电离能,用 E_{D_1} 表示;电离出第 2 个电子需要的能量为第二电离能,用 E_{D_2} 表示,电离过程可表示为 $D^\times+E_{D_1} \rightleftharpoons D^\bullet+e'$及 $D^\bullet+E_{D_2} \rightleftharpoons D^{\bullet\bullet}+e'$。对应于束缚 2 个电子的施主缺陷 $D^\times$的局域能级的位置在导带底下面 E_{D_1} 处,束缚着 1 个电子的施主缺陷 $D^\bullet$ 的局域能级的位置在导带底下面 E_{D_2}处,如图 3.25(a)所示。

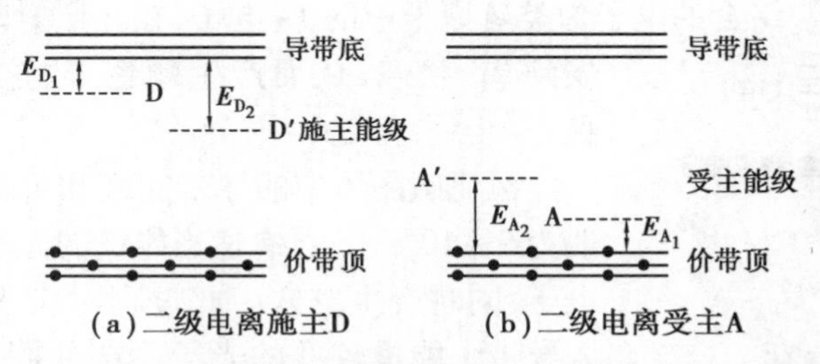

图 3.25 二级电离施主 D 的电子能级和二级电离受主 A 的电子能级的示意图

(2)二级电离受主 A 的电子能级

二级电离受主缺陷 A 的局域能级也指被电子占据时的能量状态。A 电离出第一个空穴后的状态就是被一个电子占据的状态,缺陷符号为 A′,相应的局域能级位于价带顶上的 E_{A_1} 处。A 电离出第 2 个空穴后的状态,其缺陷符号为 A″,相应的局域能级在价带顶上的 E_{A_2} 处。E_{A_1} 相当从价带顶激发出第一个电子到缺陷 A′的局域能级上所需的能量;E_{A_2} 相当从价带顶激发出第二个电子到缺陷 A″的局域能级上所需能量。其过程可表示为 $A^{\times}+E_{A_1} \rightleftharpoons A'+h^{\bullet}$，$A'+E_{A_2} \rightleftharpoons A''+h^{\bullet}$，如图 3.25(b)所示。

3.7.4 晶体色心

晶体中杂质原子、间隙原子、空位以及它们电离后荷电的点缺陷，并不是完全杂乱无序地分布的，当几个缺陷占据相邻的格点时，带有相反电荷的缺陷之间可通过库仑引力相互缔合，形成缺陷的缔合体。如置换杂质缺陷和空位缺陷之间、空位缺陷与空位缺陷之间、杂质原子与间隙原子之间都可发生缺陷的缔合。

缺陷的缔合除靠库仑引力引起外，还可由偶极矩作用、共价键作用等而产生。对同一种晶体，缔合缺陷的数目与温度及单个缺陷的浓度有关。由于热运动，缔合缺陷可分解为单个缺陷。故温度升高，缔合缺陷浓度减少。另外，单个缺陷的浓度越高，它们之间成为相邻缺陷并缔合的概率越大，缔合缺陷的浓度就越大。

例如，在 KCl 中 $$Ca_K^{\bullet}+V_K' \rightleftharpoons (Ca_K V_K)^{\times}+E \tag{3.24}$$

在 AgCl 中 $$V_{Ag}'+V_{Cl}^{\bullet} \rightleftharpoons (V_{Ag}V_{Cl})^{\times}+E \tag{3.25}$$

式(3.24)和式(3.25)中，E 为单个缺陷间的相互作用能。对于具有相反电荷的缺陷之间库仑引力形成的缔合缺陷，相互作用能为

$$E=\frac{q^2}{\varepsilon r}$$

式中 q——电子电荷；

r——两个缺陷间距离；

ε——该固体的介电常数。

晶体中的缺陷缔合体与晶体的光电特性有密切关系。如将 KCl 在钾蒸气中加热，则晶体呈紫色；将 NaCl 晶体在钠蒸气中加热，快速冷却后晶体变成褐色。这是由于晶体中原来的肖特基缺陷负离子空位 $V_{Cl}^{\bullet}$ 与附着在晶体表面上的钠原子电离后释放的电子缔合，生成 $V_{Cl}^{\bullet}+e'$ 缺陷缔合物，这个与 $V_{Cl}^{\bullet}$ 缔合的电子像类氢原子中的 1s 电子，在光照射时它吸收可见光而激发到 2p 状态，从而产生颜色，故这种缺陷缔合物称为色心。

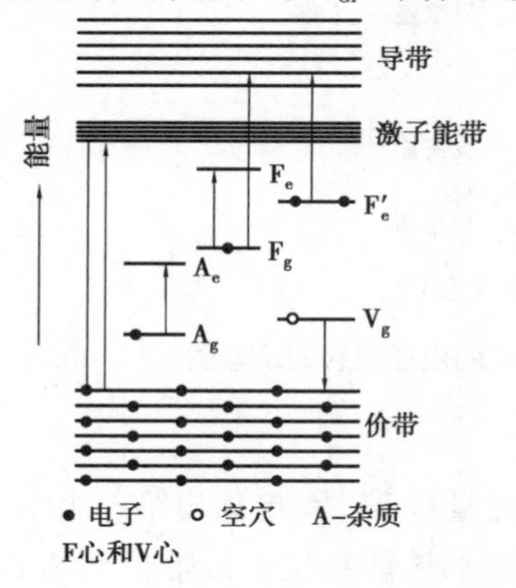

图 3.26 卤化碱晶体能带结构示意图
g—基态；e—受激态

卤化碱晶体中的导带能级和价带能级之间的带隙一般为 9～10 eV。具有适当能量的光子可使卤离子释放出电子，同时产生空穴。此过程对应于一个电子从价带移入导带。能量较低的光子不能使阴离子电离，而是将阴离子激发到较高的受激态，这些激发引起价电子向激子状态跃迁，在靠近晶体的基本吸收边外形成吸收带。激子可看作由一个正空穴束缚一个处于受激态的电子组成可移动的不带电的粒子，如图 3.26 所示，激子状态在导带的下面，紧靠导带。

离子晶体中的空位具有有效电荷，在辐射过程中释

放出的正空穴和电子都可被带适当电荷的空位场所俘获。电子被负离子空位所俘获形成 F 心,F 心的能级位于带隙中,如图 3.27 所示。F 心再俘获 1 个电子形成 F′心;2 个最近邻的 F 心组成 F_2 心,3 个最近邻的 F 心组成 F_3 心。当一个相邻的阳离子与基质晶格的阳离子不同时,形成 F_A 心。同样,如果在晶体中存在阳离子空位,正空穴也可被俘获,形成自陷空穴或 V 心。表 3.3 为碱金属卤化物 MX 中的各类色心,图 3.27 为碱金属卤化物 MX 中几种常见色心的模型。

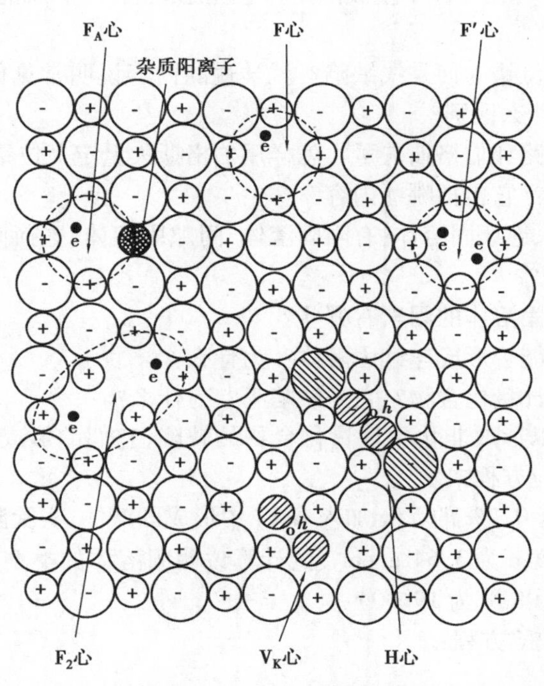

图 3.27　碱金属卤化物中几种常见色心的模型

表 3.3　碱金属卤化物 MX 中的各类色心

色心	符号	说明
F 心	$V_X^{\bullet}+e'$	阴离子空位缔合 1 个电子
F′心	$V_X^{\bullet}+2e'$	F 心缔合 1 个电子
F_A 心	$T'_M+V_X^{\bullet}$	杂质阳离子缔合阴离子空位
F_2 心	$2V_X^{\bullet}+2e'$	由沿〈110〉晶向两个最近邻 F 心组成
$V_K(X_2^-)$心	$X_2'+h^{\bullet}$	由 1 个自陷空穴局域在 2 个相邻卤离子之间形成
$H(X_4^{3-})$心		X_2^- 中的空穴与 X_2^- 两侧的 2 个相邻卤离子作用,形成含 4 个卤素核的线性分子离子
R_1 心	$2V_X^{\bullet}+e'$	两个相邻阴离子空位缔合 1 个电子
R_2 心	$2V_X^{\bullet}+2e'$	两个相邻阴离子空位缔合 2 个电子
α 心	$V_X^{\bullet}$	阴离子空位

习题

3-1　何谓点缺陷？包括哪几种缺陷？它们形成的原因是什么？

3-2　若在 MgO 晶体中，肖特基缺陷的形成能（激活能）为 9.61×10^{-19} J，试计算 25 ℃和 1 600 ℃时热缺陷浓度。若在晶体中生成的是弗仑克尔缺陷，其形成能不变，此时的缺陷浓度又该多少？

3-3　何谓线缺陷？位错为何是线缺陷？就学过的内容说明常见位错有哪几种？各是怎样产生的？它们之间有什么区别？

3-4　什么是伯氏回路和伯格斯矢量？怎样用伯格斯矢量定义位错？

3-5　什么是面缺陷？它包括哪些内容？

3-6　什么是固溶体、连续固溶体、有限固溶体、间隙固溶体、置换固溶体？固溶体和机械混合物、化合物有何区别？

3-7　影响形成置换固溶体的因素有哪些？

3-8　MgO 和 Al_2O_3 能否形成连续固溶体？为什么？

3-9　什么是非化学计量化合物？它是缺陷吗？为什么？

3-10　举例说明可以形成非化学计量化合物的缺陷，它们的形成属哪种形式的半导体，并写出它们缺陷形成反应方程式。

3-11　用摩尔分数为 0.2% 的 YF_3 加入 CaF_2 中形成固溶体，实验测得固溶体的晶胞参数 a 为 0.55 nm，固溶体密度 ρ 为 3.64 g/cm^3，试计算说明固溶体的类型？（元素的相对原子质量：Y 为 88.90，Ca 为 40.08，F 为 19.00）

3-12　试写出下列缺陷方程：

①$CaO \xrightarrow{Al_2O_3}$

②$TiO_2 \xrightarrow{Al_2O_3}$

③$Y_2O_3 \xrightarrow{MgO}$

3-13　非化学计量缺陷的浓度与周围气氛的性质、压力大小相关，如果增大周围氧气的分压，非化学计量化合物 $Fe_{1-x}O$ 及 $Zn_{1+x}O$ 的密度将发生怎样变化？为什么？

3-14　非化学计量氧化物 TiO_{2-x} 的制备强烈依赖于氧分压和温度：

①试列出其缺陷反应式。

②求其缺陷浓度表达式。

3-15　对于 MgO、Al_2O_3 和 Cr_2O_3，其正、负离子半径比分别为 0.47、0.36 和 0.40。Al_2O_3 和 Cr_2O_3 形成连续固溶体。①这个结果可能吗？为什么？②试预计，在 MgO-Cr_2O_3 系统中的固溶度是有限还是很大？为什么？

第4章
熔体和非晶态固体

固体的熔融状态称为熔体。在无机固体材料中，熔体不仅可以急冷制备玻璃，而且在特定的情况下对固体的反应和烧结起着一定作用，影响固体材料的结构和性质。例如，陶瓷的液相参与的烧结、水泥和耐火材料的高温熔融相，以及陶瓷釉的熔融性能，都会对制品的最终性能产生影响。

固体分为晶体和非晶体。非晶态固体包括玻璃体和高聚体（树脂、橡胶、沥青等），其结构特征是内部均为远程无序。无机非晶态固体包括传统玻璃和用非熔融法（如气相沉积、真空蒸发和溅射、离子注入和激光等）所获得的新型玻璃。

学习和研究熔体和非晶态固体的结构和性能，掌握相关的基本知识，对开发新材料、控制材料的制造过程和改善材料性能具有重要的指导价值。

4.1 熔体

由于熔体组成复杂、黏度大，研究其结构比较困难。但是随着研究手段的改进和测试技术的提高，人们对熔体的认识逐渐深入。

4.1.1 熔体的结构

(1)熔体结构特点

根据二氧化硅的晶体、熔体等4种不同状态物质的X射线衍射试验结果（图4.1）分析，当θ很小时，气体的散射强度极大，熔体和玻璃并无显著散射现象；当θ增大时，在对应于石英晶体衍射峰的位置，熔体和玻璃体均呈弥散状的散射强度最高值。这说明熔体和玻璃体结构很相似，它们的结构中存在着近程有序的区域。

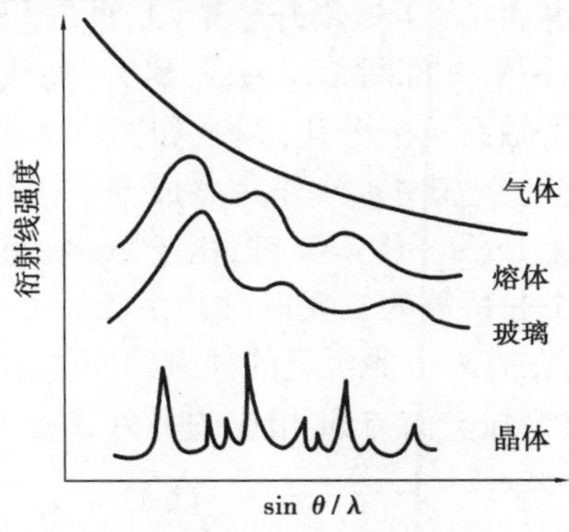

图4.1 SiO_2的气体、熔体、玻璃体和晶体的X射线衍射图谱

近年来，随着结构检测方法和计算技术的发展，熔体的有序部分被证实。石英熔体由大大小小含有序区域的熔体聚合体构成，这些聚合体是石英晶体在高温分化的产物，因此，局部的有序区域保持了石英晶体的近程有序特征。

熔体结构特点是熔体内部存在着近程有序区域，熔体由晶体在高温分化的聚合体构成。

熔体组成与结构有着密切的关系。组成的变化会改变结构形式。

(2)熔体组成与结构

以硅酸盐熔体为代表，分析说明熔体组成与结构的变化关系。

在硅酸盐熔体中，最基本的离子是硅、氧和碱土或碱金属离子。由于 Si^{4+} 电荷高、半径小，有很强的形成硅氧四面体的能力。根据鲍林电负性计算，Si—O 间电负性差值 ΔX 为 1.7，因此 Si—O 键既有离子键又有共价键成分，为典型的极性共价键。从硅原子的电子轨道分布来看，Si 原子位于 4 个 sp^3 杂化轨道构成的四面体中心。当 Si 与 O 结合时，可与氧原子形成 sp^3、sp^2、sp 3 种杂化轨道，从而形成 σ 键。同时氧原子已充满的 p 轨道可以作为施主与硅原子全空的 d 轨道形成 d_π—p_π 键，这时 π 键叠加在 σ 键上，使 Si—O 键增强，距离缩短。Si—O 键由于有这样的键合方式，因此具有高键能、方向性和低配位等特点。

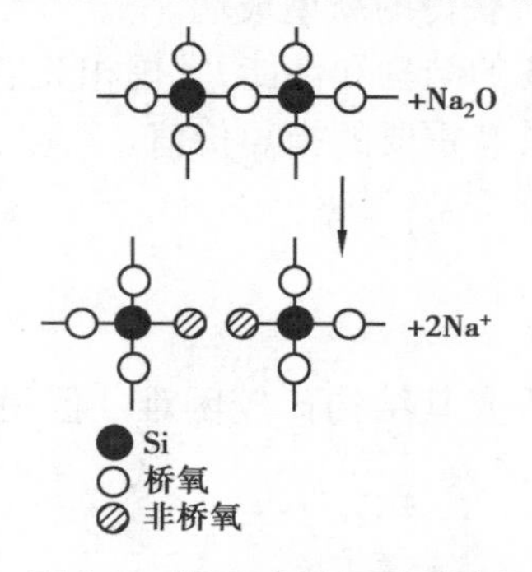

图 4.2 [SiO_4]桥氧断裂过程

熔体中 R—O 键(R 指碱或碱土金属)的键型是以离子键为主。当 R_2O、RO 引入硅酸盐熔体中时，由于 R—O 键的键强比 Si—O 键的弱得多。Si 能把 R—O 上的氧离子拉在自己周围，在熔体中与 2 个 Si 相连的氧称为桥氧，与 1 个 Si 相连的氧称为非桥氧。在 SiO_2 熔体中，由于 RO 的加入使桥氧断裂，结果 Si—O 键强、键长、键角都发生变动，如图 4.2 所示。

在熔融 SiO_2 中，O∶Si 为 2∶1，[SiO_4]连接成架状。若加入 Na_2O，则使 O∶Si 比例升高，随着加入量增加，O∶Si 可由原来的 2∶1 逐步升至 4∶1，此时[SiO_4]连接方式可从架状变为层状、带状、链状、环状直至最后桥氧全部断裂而形成[SiO_4]岛状。

这种架状[SiO_4]断裂称为熔融石英的分化过程，如图 4.3 所示。在石英熔体中，部分石英颗粒表面带有断键，这些断键与空气中水汽作用生成 Si—OH 键。若加入 Na_2O，断键处发生离子交换，大部分 Si—OH 键变成 Si—O—Na 键，由于 Na 在硅氧四面体中存在而使 Si—O 键的键强发生变化。在含有 1 个非桥氧的二元硅酸盐中，Si—O 键的共价键成分由原来 4 个桥氧的 52% 下降为 47%。因而在有 1 个非桥氧的硅氧四面体中，由于 Si—O—Na 的存在，且 O—Na 连接较弱，使 Si—O 相对增强。而与 Si 相连的另外 3 个 Si—O 变得较弱，很容易受碱的侵蚀而断裂，形成更小的聚合体。

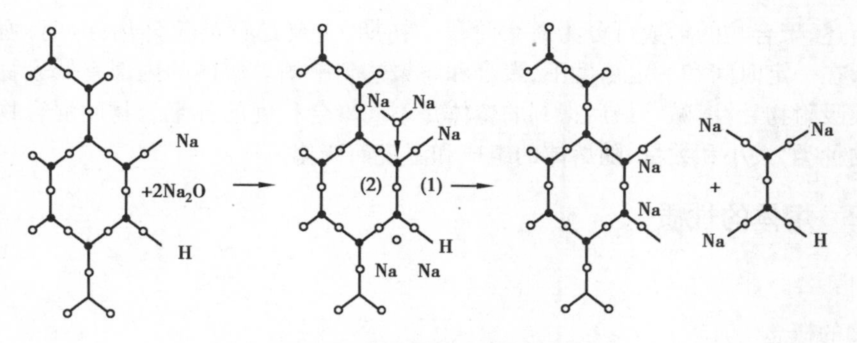

图 4.3　石英熔体网络分化过程

熔体的分化最初阶段尚有未被侵蚀的石英骨架,称为三维晶格碎片,用$[SiO_2]_n$表示。在熔融过程中随着时间的延长、温度的上升,不同聚合程度的聚合物发生变形。一般链状聚合物易发生围绕 Si—O 轴转动同时弯曲;层状聚合物使层体本身发生褶皱、翘曲;架状$[SiO_2]_n$由于热振动使许多桥氧键断裂(缺陷数目增多),同时 Si—O—Si 键角发生变化。分化过程产生的低聚合物不是一成不变的,它们可以相互作用,形成级次较高的聚合物,同时释放部分Na_2O,该过程称为缩聚。

缩聚释放的Na_2O又能进一步侵蚀石英骨架而使其分化出低聚物,如此循环,最后体系出现分化缩聚平衡。这样宿体中就有各种不同聚合程度的负离子团同时并存,有$[SiO_4]^{4-}$(单体)、$[Si_2O_7]^{6-}$(二聚体)、$[Si_3O_{10}]^{8-}$(三聚体)…$[Si_nO_{3n+1}]^{(2n+1)}$(n为聚体,n=1,2,3,…)。此外还有三维晶格碎片$[SiO_2]_n$,其边缘有断键,内部有缺陷。这些硅氧团除$[SiO_4]$是单体外,其余部分统称聚硅酸离子或简称聚离子。多种聚合物同时并存而不是一处独存,这就是熔体结构远程无序的实质。

(3)熔体温度与结构

在熔体的组成确定后,熔体结构内部的聚合物的大小和数量与温度有密切关系。

图 4.4 为硅酸盐熔体中聚合物分布与温度的关系。从图中可以看出,温度升高,低聚物浓度增加;温度降低,低聚物浓度也快速降低。这表明熔体中的聚合物和三维晶格碎片由于温度的变化而存在聚合和解聚的平衡。温度高时分化成低聚物,这时低聚物的数量大且以分立状态存在。随着温度降低其低聚物又不断碰撞聚合成高聚物,或者黏附在三维晶格碎片上。

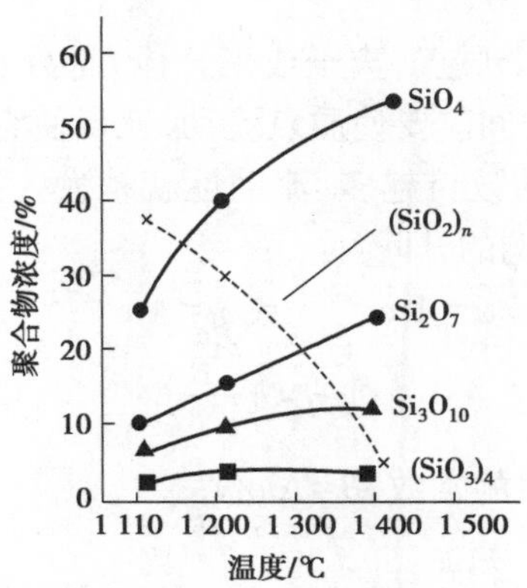

图 4.4　硅酸盐熔体中聚合物分布与温度的关系

综上所述,聚合物的形成可分为3个阶段。初期,主要是石英粒分化;中期,缩聚并伴随变形;后期,在一定时间和一定温度下,聚合和解聚达到平衡。熔体的内部有低聚物、高聚物、三维碎片及吸附物、游离碱。最后得到的熔体是不同聚合程度的各聚合物的混合物。熔体内部聚合体的种类、大小和数量,随熔体的组成和温度而变化。

4.1.2 熔体的性质

(1)黏度

1)黏度的概念

熔体流动时,上下两层熔体相互阻滞,其阻滞力 F 的大小与两层接触面积 S 及垂直流动方向的速度梯度$\frac{dv}{dx}$成正比,如式4.1所示

$$F=\eta S\frac{dv}{dx} \tag{4.1}$$

式中 η——黏度或内摩擦力。

因此,η 是指相距一定距离的两个平行平面,以一定速度相对移动的摩擦力。单位为 Pa·s。它表示相距1 m的两个面积为1 m^2 的平行平面相对移动所需的力为1 N。因此,1 Pa·s= 1 N·s/m^2。黏度的倒数称为流动度 Φ 为 $1/\eta$。

黏度在材料生产工艺上有很多应用。例如,熔制玻璃时,黏度小,熔体内气泡容易逸出;玻璃制品的加工范围和加工方法的选择也和熔体黏度及其随温度变化的速率密切相关;黏度还直接影响水泥、陶瓷、耐火材料烧成速度的快慢;此外,熔渣对耐火材料的腐蚀、高炉和锅炉的操作也和黏度有关。

由于硅酸盐熔体的黏度相差很大,从 $10^{-2}\sim10^{15}$ Pa·s,因此不同范围的黏度用不同方法来测定。范围在 $10^{6}\sim10^{15}$ Pa·s 的高黏度用拉丝法,根据玻璃丝受力作用的伸长速度来确定。范围在 $10\sim10^{7}$ Pa·s 的黏度用转筒法,利用细箱丝悬挂的转筒浸在熔体内转动,使丝受熔体黏度的阻力作用扭成一定角度,根据扭转角的大小确定黏度。范围在$(1.3\sim31.6)\times10^{5}$ Pa·s 的黏度可用落球法,根据斯托克斯(Stokes)沉速公式,测定铂球在熔体中的下落速度进而求出黏度。此外,很小的黏度(10^{-2} Pa·s)可以用振荡阻滞法,利用钳摆在熔体中振荡时,振幅受到阻滞逐渐衰减的原理来测定。

2)黏度-温度关系

由熔体结构可知,熔体中每个质点(离子或聚合体)都处在相邻质点的键力作用下,即每个质点均落在一定大小的势垒之间。要使质点流动,就得使它活化,即要有克服势垒(Δu)的足够能量。因此这种活化质点的数目越多,流动性就越大。按玻尔兹曼(Boltzmann)分布定律,活化质点的数目是和 e 成比例的,即

$$\varphi=A_1 e^{-\Delta u/kT} \text{ 或 } \eta=A_1 e^{\Delta u/kT}$$

$$\lg\eta=A+\frac{B}{T} \tag{4.2}$$

式中 A_1,A,B——熔体组成有关的常数,$B=\Delta u/k$;

k——玻尔兹曼常数;

T——温度。

在温度范围不大时，式(4.2)是和实验符合的。但是 SiO_2 钠钙硅酸盐熔体在较大的温度范围内和式(4.2)有较大偏离，活化能不是常数；低温时的活化能比高温时大，这是低温时负离子团聚合体的缔合程度较大，导致活化能改变。

由于温度对玻璃熔体的黏度影响很大，在玻璃成型退火工艺中，温度稍有变动就造成黏度发生较大的变化，导致工艺控制上的困难。为此提出用特定黏度的温度来反映不同玻璃熔体的性质差异，如图 4.5 所示。

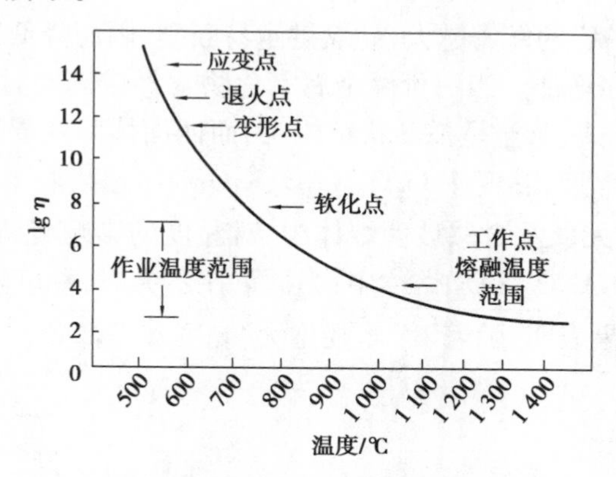

图 4.5　硅酸盐熔体的黏度-温度曲线

由图 4.5 可以看出，应变点是指黏度相当于 4×10^{13} Pa·s 时的温度，在该温度下黏性流动事实上不存在，玻璃在该温度退火时不能除去应力。退火点是指黏度相当于 10^{12} Pa·s 时的温度，也是消除玻璃中应力的上限温度，在此温度时应力在 15 min 内除去。软化点是指黏度相当于 4.5×10^{6} Pa·s 时的温度，它是用直径为 0.55～0.75 mm、长为 23 cm 的纤维在特制炉中以 5 ℃/min 速率加热，在自重下达到每分钟伸长 1 mm 时的温度。流动点是指黏度相当于 10^{4} Pa·s 时的温度，也就是玻璃成型的温度。以上这些特性温度都是用标准方法测定的。

玻璃生产中可从成型黏度范围（$\eta=10^{3}\sim10^{7}$ Pa·s）所对应的温度范围推知玻璃料性的长短，生产中调节料性的长短或凝结时间的快慢来适应各种不同的成型方法。

图 4.6 为不同组成熔体的黏度与温度的关系，从中可以看出总的趋势是：温度升高黏度降低，温度降低黏度升高，硅含量多黏度高。

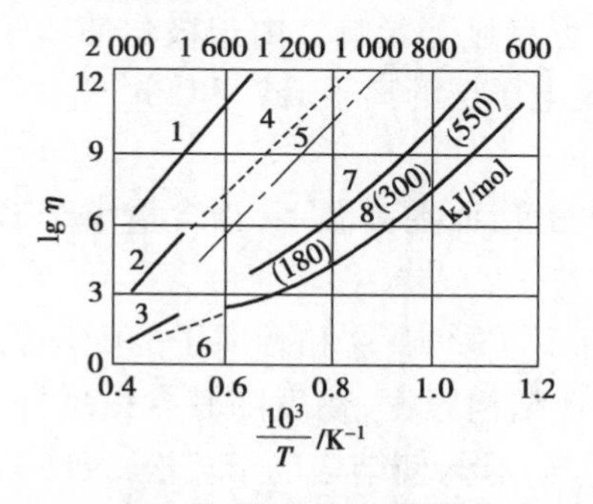

图 4.6　不同组成熔体的黏度与温度的关系

1—石英玻璃；2—90% SiO_2+10% Al_2O_3；3—50% SiO_2+50% Al_2O_3；

4—钾长石；5—钠长石；6—钙长石；7—硬质瓷釉；8—钠钙玻璃

3)黏度-组成关系

熔体的组成对黏度有很大影响,这与组成的价态和离子半径有关系。分析并讨论熔体的组成对黏度的影响,对理解和掌握黏度大有益处。

一价碱金属氧化物都是降低熔体黏度的,但一价碱金属氧化物含量较低与较高时对黏度的影响不同,这和熔体的结构有关。如图4.7所示,当SiO_2含量较高时,对黏度起主要作用的是[SiO_4]四面体之间的键力,熔体中硅氧阴离子团较大,这时加入的一价阳离子的半径越小,夺取硅氧阴离子团中“桥氧”的能力越大,硅氧键越易断裂,因而降低黏度的作用越大,熔体黏度按Li_2O、Na_2O、K_2O次序增加。当一价碱金属氧化物含量较高时,即氧硅比高,熔体中硅氧负离子团接近最简单的形式,甚至呈孤岛状结构,因而四面体间主要依靠键力R—O连接,键力最大的Li^+具有最高的黏度,黏度按Li_2O、Na_2O、K_2O顺序递减。

二价金属离子R^{2+}在无碱及含碱玻璃熔体中,对黏度的影响有所不同,如图4.8所示,在不含碱的$RO-SiO_2$,与$RO-Al_2O_3-SiO_2$熔体中;当硅氧比不大时,黏度随离子半径增大而上升,而在含碱熔体中,实验结果表明,随着R^{2+}半径增大,黏度却下降。

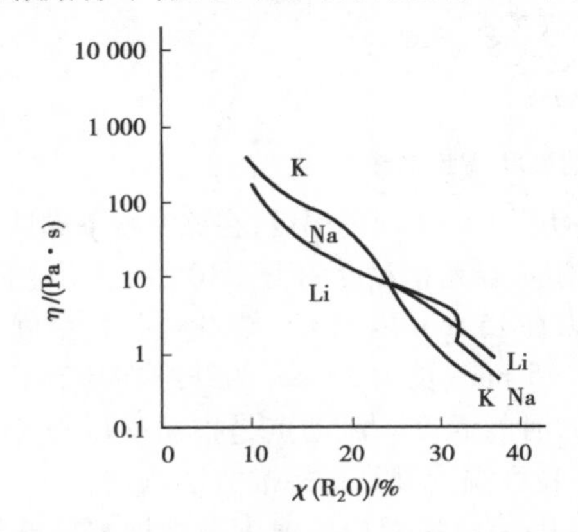

图4.7　R_2O-SiO_2在1 400 ℃温度时熔体的不同组成与黏度的关系

χ—摩尔分数

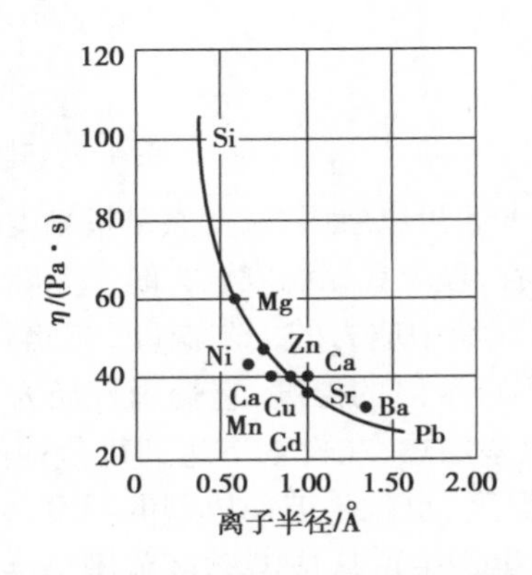

图4.8　二价阳离子对硅酸盐熔体的影响

离子间的相互极化对黏度也有显著影响。由于极化使离子变形,共价键成分增加,减弱了Si—O间的键力。因此含18电子层的离子Cd^{2+}和Pb^{2+}等熔体比含8电子层碱土金属离子熔体具有较低的黏度。

CaO在低温时增加熔体的黏度;而在高温下,当含量小于12%时,黏度降低;当含量大于12%时,则黏度增大。

B_2O_3含量不同时对黏度有不同影响,这和硼离子的配位状态有密切关系。B_2O_3含量较少时,硼离子处于[BO_4]状态,使结构紧密,黏度随其含量增加而升高。当较多量的B_2O_3引入时,部分[BO_4]会变成[BO_3]三角形,使结构趋于疏松,致使黏度下降,这称为硼反常现象。

Al_2O_3的作用是复杂的,因为Al^{3+}的配位数可能是4或6。一般在碱金属离子存在下,Al_2O_3可以[AlO_4]配位形式与[SiO_4]联成较复杂的铝硅氧负离子团,从而使黏度增加。

加入CaF_2会使熔体黏度急剧下降,主要原因是:F^-和O^{2-}的离子半径相近,很容易发生取代,F^-取代O^{2-}的位置,使硅氧键断裂,硅氧网络被破坏,黏度就降低了。

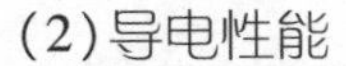

(2)导电性能

电导性是硅酸盐熔体的另一个重要性质,比如玻璃电熔就是利用熔体的电导率。钠钙硅酸盐熔体的电导率为0.3~1.1 S/m。玻璃的电流主要由碱金属离子(尤其是Na^+)传递的。在任何温度下这些离子的迁移能力远比网络形成离子大。

碱金属离子既降低黏度,又增加电导率。熔体的电导率σ和黏度η的关系为$\sigma^n\eta$=常数,其中n为和熔体组成有关的常数。由此可从熔体电导率推得黏度。

1)电导率和温度的关系

熔体的电导率随温度升高而迅速增大。在一定温度范围内,电导率可用如下关系式表示

$$\sigma=\sigma_0\exp\left(-\frac{E}{RT}\right) \tag{4.3}$$

式中　E——实验求得的电导活化能。活化能和电导温度曲线在熔体的转变温度范围表现出不连续性。这可联系到结构疏松的淬火玻璃电导率比网络结合紧密的退火玻璃大。

2)电导率和组成的关系

硅酸盐熔体的电导决定于网络改变剂离子的种类和数量,尤其是碱金属离子。在钠硅酸盐玻璃中,电导率和Na^+浓度成正比。曾测得熔融石英的活化能为142 kJ/mol,加50% Na_2O的碱硅酸盐的活化能为50 kJ/mol,相应的电阻率(350 ℃)分别是$10^{12}\ \Omega\cdot cm$和$10^2\ \Omega\cdot cm$,碱硅酸盐在一定温度下的电导率按以下次序递减Li>Na>K。其相应的活化能随碱金属氧化物含量的增加而降低。

混合碱效应又称中和效应或双碱效应,即当一种碱金属氧化物被另一种置换时,电阻率不随置换量起直线变化。一般当两种R_2O摩尔数几近相等时,电阻率达最大值。Na^+置换Li^+的硅酸盐熔体的电阻率变化如图4.9所示。活化能和两种R_2O的浓度比率有同样的变化。在机械性质和介电弛豫性质中也显示有混合碱效应,这和不同离子间的相互作用有关。不同碱金属离子半径相差越大,相互作用就越明显,混合碱效应也就越大,而它随总碱量的降低而减小。因为总碱量小,离子间距相对就大,相互作用就小,效应就明显。

在同样的Na^+浓度下,当CaO、MgO、BaO或PbO置换了部分SiO_2后,电导率降低。原因是荷电较高,半径较大的离子阻碍了碱金属离子的迁移行径。图4.10为电阻率随二价金属离子半径的增加而增加,次序为$Ba^{2+}>Pb^{2+}>Sr^{2+}>Ca^{2+}>Mg^{2+}>Be^{2+}$。

(3)表面张力和表面能

将表面增大一个单位面积所需做的功称为表面能。将表面增大一个单位长度所需要的力称为表面张力。熔体的表面能和表面张力在数值上是相同的。它们的单位分别为J/m^2和N/m。

硅酸盐熔体的表面张力比一般液体高,随其组成而变化,一般波动在220~380 mN/m,一些熔体的表面张力数值见表4.1。

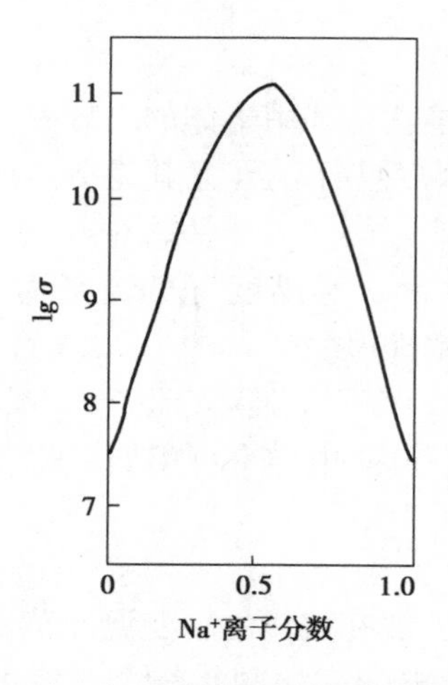

图 4.9　含 26% 总碱量的硅酸盐玻璃中 Na^+ 置换 Li^+ 电阻率的变化

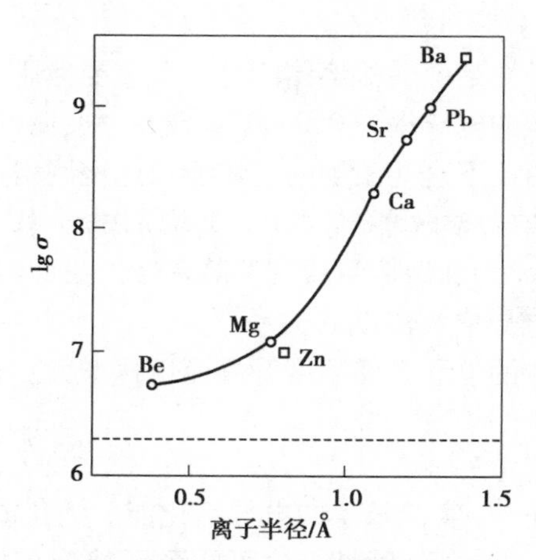

图 4.10　二价金属离子半径硅酸盐玻璃电阻率的影响

表 4.1　氧化物和硅酸盐熔体的表面张力

熔体	温度/℃	表面张力/(mN · m^{-1})	熔体	温度/℃	表面张力/(mN · m^{-1})
硅酸钠	1 300	210	Al_2O_3	1 300	380
钠钙硅玻璃	1 000	320	B_2O_3	900	80
硼硅玻璃	1 000	260	P_2O_5	100	60
瓷釉	1 000	250 ~ 280	PbO	1 000	128
瓷中玻璃	1 000	320	Na_2O	1 300	450
石英	1 800	310	Li_2O	1 300	450
珐琅	900	230 ~ 270	CeO_2	1 150	250
水	0	70	NaCl	1 080	95
ZrO_2	1 300	350	FeO	1 400	585

化学组成对表面张力的影响多有不同。Al_2O_3、SiO_2、CaO、MgO、Na_2O 等氧化物能够提高表面张力，B_2O_3、P_2O_5、PbO、SO_3、Sb_2O_3 等氧化物加入量较大时能够显著降低熔体表面张力。

B_2O_3 是陶瓷釉中降低表面张力的首选组分，由于 B_2O_3 熔体本身的表面张力就很小。这主要缘于硼氧三角体平面可以按平行表面的方向排列，使得熔体内部和表面之间的能量差别较小，而且平面[BO_3]团可以铺展在熔体表面，从而大幅度降低表面张力。PbO 也可较大幅度地降低表面张力，主要是因为二价铅离子极化率较高。

熔体内原子(离子或分子)的化学键对其表面张力有很大影响，表现在具有金属键的熔体表面张力>共价键>离子键>分子键。

①温度对表面张力的影响。大多数硅酸盐熔体的表面张力都是随温度升高而降低，一般规律是温度升高 100 ℃，表面张力减小 1%，近乎成直线关系。这是因为温度升高，质点热运动加剧，化学键松弛，使内部质点能量与表面质点能量差别变小。

②离子晶体结构类型的影响。结构类型相同的离子晶体，其晶格能越大，则其熔体的表

面张力也越大。单位晶胞边长越小,则熔体表面张力越大。进一步可以说熔体内部质点之间的相互作用力越大,则表面张力也越大。

③测定硅酸盐熔体的表面张力的常用方法有坐滴法、缩丝法、拉筒法和滴重法。

4.2　熔体的冷却过程

随着研究手段的改进和测试技术的提高,人们对熔体的认识逐渐深入。目前,熔体的有序部分已被证实。石英熔体由大大小小的含有序区域的熔体聚合体构成,这些聚合体是石英晶体在高温分化的产物,因此,局部的有序区域保持了石英晶体的近程有序特征。熔体结构特点是熔体内部存在着近程有序区域,熔体由晶体在高温分化的聚合体构成。熔体组成与结构有着密切的关系。组成的变化会改变结构形式。

4.2.1　均匀成核和非均匀成核

晶核形成过程是析晶第一步,分为均匀成核和非均匀成核两类。所谓均匀成核是指晶核从均匀的单相熔体中产生的概率处处是相同的。非均匀成核是指借助于表面、界面、微粒裂纹、器壁,以及各种催化位置等而形成晶核的过程。

(1)均匀成核

当母相中产生临界核胚后必须从母相中有原子或分子一个个逐步加到核胚上,使其生长成稳定的晶核。因此,成核速率除取决于单位体积母相中核胚的数目外,还取决于母相中原子或分子加到核胚上的速率,可以表示为

$$I_v = Vn_i \cdot n_k \tag{4.4}$$

式中　I_v——均匀成核速率,指单位时间、单位体积中所生成的晶核数目,其单位通常是晶核个数/(s · cm^3);

V——单个原子或分子同临界晶核的碰撞频率;

n_i——临界晶核周界上的原子或分子数;

n_k——半径等于临界半径 r_k 的原子或分子数。

碰撞频率 V 表示为

$$V = v_o \exp(-\Delta G_m / RT) \tag{4.5}$$

式中　v_o——原子或分子的跃迁频率;

ΔG_m——原子或分子跃迁新旧界面的迁移活化能。

因此成核速率可以写成

$$\begin{aligned} I_v &= v_o n_i n \exp(-\Delta G_k / RT) \exp(-\Delta G_m / RT) \\ &= B\exp(-\Delta G_k / RT) \exp(-\Delta G_m / RT) \\ &= P \cdot D \end{aligned} \tag{4.6}$$

式中　P——受核化位垒影响的成核率因子,$P = B\exp(-\Delta G_k / RT)$;

D——受原子扩散影响的成核率因子;$D = \exp(-\Delta G_m / RT)$

B——常数。

式(4.6)表示成核速率随温度变化的关系。当温度降低,过冷度增大,成核位垒下降,成核速率增大,直至达到最大值。若温度继续下降,液相黏度增加,原子或分子扩散速率下降,使 D

剧烈下降,致使 I_v 降低,成核率 I_v 与温度的关系应是曲线 P 和 D 的综合结果,如图 4.11 中 I_v 曲线所示。在温度低时,D 项因子抑制了 I_v 的增长。温度高时 P 项因子抑制了 I_v 的增长,只有在合适的过冷度下,P 与 D 因子的综合结果使 I_v 有最大值。

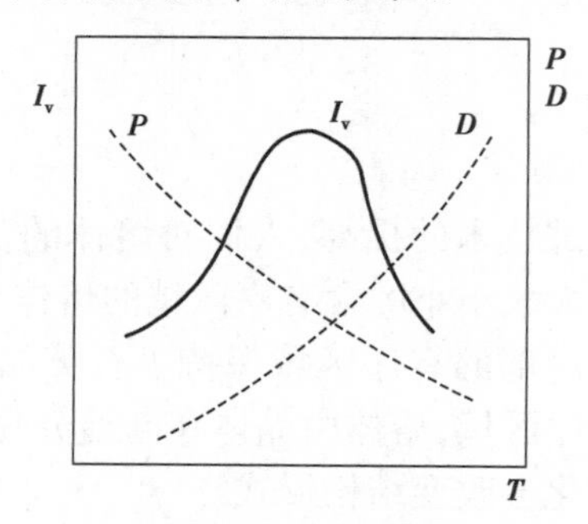

图 4.11　成核速率与温度关系

(2)非均匀成核

熔体过冷或液体过饱和后不能立即成核的主要障碍是晶核要形成液-固相界面需要能量。如果晶核依附于已有的界面上(如容器壁、杂质粒子、结构缺陷、气泡等)形成,则高能量的晶核与液体的界面被低能量的晶核与成核基体之间的界面所取代。显然,这种界面的代换比界面的创生所需要的能量要少。因此,成核基体的存在可降低成核位垒,使非均匀成核能在较小的过冷度下进行。

非均匀成核的临界位垒 ΔG_k^* 在很大程度上取决于接触角 θ 的大小。

当新相的晶核与平面成核基体接触时,形成接触角 θ,如图 4.12 所示。晶核形成一个具有临界大小的球冠粒子,这时成核位垒为

$$\Delta G_k^* = \Delta G_k \cdot f(\theta) \tag{4.7}$$

式中　ΔG_k^*——非均匀成核时自由能变化(临界成核位垒);

ΔG_k——均匀成核时自由能变化;

$f(\theta)$——由图 4.12 球冠模型的简单几何关系求得。

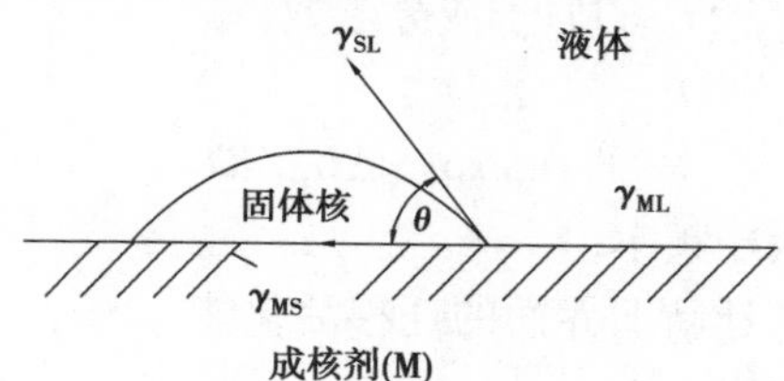

图 4.12　非均匀成核的球冠模型

由式(4.7)可见,在成核基体上形成晶核时,成核位垒应随着接触角 θ 的减小而下降。若 $\theta=180°$,则 $\Delta G_k^* = \Delta G_k$;若 $\theta=0°$,则 $\Delta G_k^* = 0$。

表 4.2 为接触角 θ 对非均匀成核自由能变化 ΔG_k^* 的影响。由表 4.2 可见,由于非均匀成核比均匀成核的位垒低,析晶过程容易进行,而润湿的非均匀成核又比不润湿的位垒更低,更易形成晶核。因此在生产实际中,为了在制品中获得晶体,往往选定某种成核基体加入熔体中。如在铸石生产中,一般用铬铁砂作为成核基体。在陶瓷结晶釉中,常加入硅酸锌和氧化锌作为核化剂。

表 4.2　接触角 θ 对非均匀成核自由能变化 ΔG_k^* 的影响

润湿性	θ	$\cos\theta$	$f(\theta)$	ΔG_k^*
润湿	0 ~ 90°	1 ~ 0	0 ~ 1	$(0\sim1/2)\Delta G_k$
不润湿	90° ~ 180°	0 ~ (-1)	1/2 ~ 1	$(1/2\sim1)\Delta G_k$

非均匀晶核形成速率为

$$I_s = B_s \exp\left(-\frac{\Delta G_k^* + \Delta G_m}{RT}\right) \tag{4.8}$$

式中　ΔG_k^*——非均匀成核位垒；

B_s——常数。

I_s 与均匀成核速率 I_v 公式极为相似，只是以 ΔG_k^* 代替 ΔG_k；用 B_s 代替 B 而已。

4.2.2　熔体的冷却途径

当熔体过冷却到析晶温度时，由于粒子动能的降低，液体中粒子的“近程有序”排列得到了延伸，为进一步形成稳定的晶核准备了条件。这就是“核胚”，也有人称之为“核前群”。在一定条件下，核胚数量一定，一些核胚消失，另一些核胚又会出现。温度回升，核胚解体。如果继续冷却，可以形成稳定的晶核，并不断长大形成晶体。因而析晶过程是由晶核形成过程和晶粒长大过程所共同构成的。这两个过程都各自需要有适当的过冷却程度。但并非过冷度越大，温度越低，越有利于这两个过程的进行。因为成核与生长受两个互相制约的因素影响。一方面，当过冷度增大，温度下降，熔体质点动能降低，粒子间吸引力相对增大，因而容易聚结和附在晶核表面上，有利于晶核形成。另一方面，由于过冷度增大，熔体黏度增加，粒子不易移动，从熔体中扩散到晶核表面也困难。对晶核形成和长大过程都不利，尤其对晶粒长大过程影响更甚。由此可见，过冷却程度 ΔT 对晶核形成和长大速率的影响必有一最佳值。

若 ΔT 以对成核和生长速率作图如图 4.13 所示。从图 4.13 中可以看出：①过冷度过大或过小对成核与生长速率均不利，只有其在一定冷度下才能有最大成核速率和生长速率。图中对应有 I_v 和 u 的两个峰值。从理论上峰值的过冷度可以用 $\partial I_v/\partial T=0$ 和 $\partial u/\partial T=0$ 来求得。由于 $I_v=f_1(T)$，$u=f_2(T)$，因此自发成核速率和生长速率两曲线峰值往往不重叠，而且成核速率曲线的峰值一般位于较低温度处。②自发成核速率与晶体生长速率两个曲线的重叠区通常称为析晶区。在这一区域内，两个速率都有一个较大的数值，因此最有利于析晶。③图中点 T_m（点 A）为熔融温度，两侧阴影区是亚稳区。高温亚稳区表示理论上应该析出晶体，而实际上却不能析晶的区域。点 B 对应的温度为初始析晶温度。在 T_m 温度（相当图中点 A），$\Delta T \to 0$ 而 $r_k \to \infty$ 时，无晶核产生。而此时如有外加成核剂，晶体仍能在成核剂上成长，因此晶体生长速率在高温亚稳区内不为零，其曲线起始于点 A。图中右侧为低温亚稳区。在此区域内，由于速率太低，黏度过大，质点难以移动而无法成核与生长。在此区域内不能析晶而只能形成过冷液体——玻璃体。④成核速率与晶体生长速率两个曲线峰值的大小、它们的相对位置（即曲线重叠面积的大小）、亚稳区的宽狭等都是由系统本身性质所决定的。而它们又直接影响析晶过程及制品的性质。如果成核与生长曲线重叠面积大，析晶区宽则可以用控制过冷度大小来获得数量和尺寸不等的晶体。若 ΔT 大，控制在成核率较大处析晶，则往往容易获得晶粒多而尺寸小的细晶，如搪瓷中 TiO_2 析晶；若 ΔT 小，控制在生长速率较大处析晶，则容易获得晶粒少而尺寸大的粗晶，如陶瓷结晶釉中的大晶花。如果成核与生长两个曲线完全分开而不重叠，则无析晶区，该熔体易形成玻璃而不易析晶；若要使其在一定过冷度下析晶，一般采用移动成核曲线的位置，使它向生长曲线靠拢。可加入适当的核化剂，使成核位垒降低，用非均匀成核代替均匀成核，使两个曲线重叠而容易析晶。

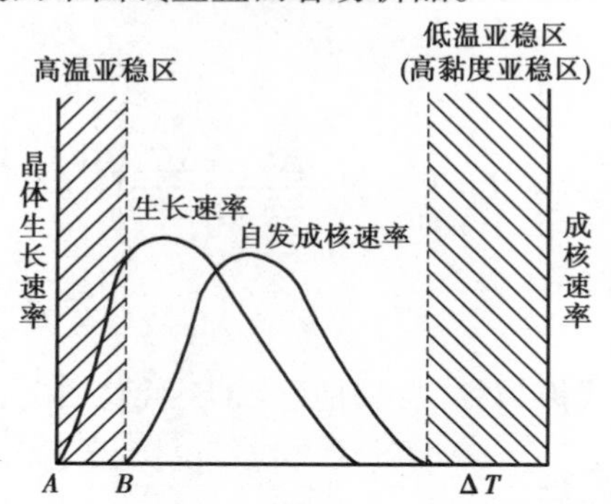

图 4.13　冷却程度 ΔT 对晶核生长及晶体生长速率的影响

熔体形成玻璃正是由过冷熔体中晶核形成最大速率所对应的温度低于晶体生长最大速率所对应的温度。当熔体冷却到生长速率最大处，因为成核率很小，当温度降到最大成核速率时，生长速率又很小，所以，两曲线重叠区越小，越易形成玻璃；反之，重叠区越大，则容易析晶而难以玻璃化。由此可见，要使自发析晶能力大的熔体形成玻璃，只有采取增加冷却速度以迅速越过析晶区的方法，使熔体来不及析晶而玻璃化。

4.3　非晶态固体

非晶态固体是物质的一种聚集状态，主要包括无定形固体、无定形薄膜及玻璃等。学习非晶态固体形成，掌握玻璃形成过程的条件及影响因素，对研究玻璃结构及合成有特殊性能的新型玻璃具有极其重要的理论价值和现实意义。非晶态固体的结构特点表现为近程有序而远程无序。非晶态固体又包括玻璃体和高聚体（如橡胶、沥青等）。无机玻璃是脆性材料而橡胶则有很大的弹性，二者在宏观性质上存在较大的差异，但微观结构上都呈现远程无序的结构特征。

4.3.1　非晶态固体制备方法

传统硅酸盐玻璃是玻璃原料经加热、熔融、常温冷却而形成的，这是目前玻璃工业生产所大量采用的方法。此法的不足之处是冷却速率比较慢。工业生产过程冷却速率一般为 40 ~ 60 K/h，而实验室样品急冷可达 1 ~ 10 K/s。这种冷却速率是不能使金属、合金或一些离子化合物形成玻璃态的，目前除传统冷却法以外还出现了许多非熔融法，而且冷却法本身在冷却速率上也有很大的突破。因此，使用传统法不能得到玻璃态的物质也可以用于制备新型玻璃。

4.3.2　非晶态固体的形成条件

不是所有的物质都能形成非晶态固体，也不是所有的化合物都能形成玻璃。经过科学家不懈地研究，已经找出了能形成非晶态固体和形成玻璃的物质。

表4.3列出了能形成玻璃的氧化物元素在周期表中的位置，并分成两组。一种是能形成单一的玻璃的氧化物，如SiO_2、B_2O_3等。另一种是本身不能形成玻璃，但能同某些氧化物一起形成玻璃，如MoO_3、TeO_2、SeO_2、Al_2O_3、Ge_2O_3、Bi_2O_3等，称为条件形成玻璃氧化物。C和N也是形成玻璃元素的条件，这些元素构成的氧化物玻璃就是碳酸盐和硝酸盐玻璃。碳酸盐玻璃必须在高压下熔制，以免碳酸根发生热分解反应。硫系玻璃(As-S、As-Se、P-Se、Ge-Se系统)和硒化物的玻璃形成组成范围较广。这类玻璃具有半导体特性，在低温时可变软，可有效透过红外辐射线。卤化物玻璃中只有BeF_2和$ZnCl_2$本身能形成单一玻璃。这类玻璃尤其是氟化物玻璃，由其优异的光学性质获得重要地位，这类玻璃又称离子玻璃。

表4.3　形成玻璃氧化物的元素

Ⅲ	组	Ⅳ	组	Ⅴ	组	Ⅵ	组
B	A	B	A	B	A	B	A
	B		C		N		O
	Al		Si		P		S
Sc	Ga	Ti	Ge	V	As	Cr	Se
Y	In	Zr	Sn	Nb	Sb	Mo	Te
La①	Tl	Hf	Pb	Ta	Bi	W	Po

注：①表示镧系元素；

□表示能单一的形成玻璃的氧化物的元素；

__表示“有条件的”形成玻璃的氧化物的元素。

根据表4.3—表4.5可以看出各种物质形成玻璃可能性的次序，反映了熔体结晶的难易程度。通过观察实际玻璃的熔制情况可知，硅酸盐、硼酸盐、磷酸盐和石英等熔融体在冷却过程中有可能全部转变成玻璃体，也有可能部分转变为玻璃体而部分转变为晶体，甚至全部转变为晶体。近年来，大量的研究发现了玻璃的分相现象，即玻璃在冷却或热处理中内部形成互不相溶的两个或两个以上的玻璃相，这和玻璃形成条件密切相关。因为自熔体冷却到一个稳定、均匀的玻璃体一般经过一个析晶温度范围，必须越过析晶温度范围，冷却到凝固点以下，方能形成玻璃体。

表4.4　熔融法形成玻璃物质

种类	物质
元素	O、S、Se、Te、P
氧化物	SiO_2、B_2O_3、GeO_2、P_2O_5、As_2O_3、Sb_2O_3、SnO_2、PbO_2、SeO_2、TeO_2、SeO_2、MoO_3、WO_3、Bi_2O_3、Al_2O_3、La_2O_3、V_2O_5、SO_3
硫化物	B、Ga、In、Tl、Ge、Sn、N、P、As、Sb、Bi、O、Se的硫化物，As_2S_3、Sb_2S_3、CS_2
硒化物	Tl、Si、Sn、Pb、P、As、Sb、Bi、O、S、Te的硒化物
碲化物	Tl、Sn、Pb、Sb、Bi、O、Se、As、Ge的碲化物
卤化物	BeF_2、AlF_3，、$ZnCl_2$、Ag(Cl、Br、I)、Pb(Cl_2，Br_2、I_2)和多组分混合物

续表

种类	物质
碳酸盐	K_2CO_3-$MgCO_3$
硫酸盐	Tl_2SO_4、$KHSO_4$ 等
有机化合物	简单的：甲苯、3-甲基己烷、2,3-二甲酮、二乙醚、甲醇、乙醇、甘油、葡萄糖等； 聚合物：聚乙烯等
水溶液	酸、碱、氯化物、硅酸盐、磷酸盐、硝酸盐等
金属	Au_4Si、Pd_4Si、Te_x-Cu_{25}-Au_5（特殊急冷法）

表 4.5　非熔融法形成玻璃物质

原始物质	形成主因	处理方法	实例
固体（结晶）	剪切应力	冲击波	对石英长石等结晶用爆破法、用铝板等施加 600 kPa 冲击波使其非晶化，石英变成相对密度为 2.22，n_d 为 1.46 的玻璃，但在 350 kPa 时不能非晶化
		磨碎	磨细晶体，粒子表面层逐渐非晶质化
	放射线照射	高速中子线粒子线	对石英晶体用强度为 $1.5\times10^{20}/cm^2$ 的中子线照射使非晶质化，相对密度为 2.26，n_d 为 1.47
液体	错体形成	加水分解	Si、B、P、Pb、Zn、Na、K 等金属醇盐酒精溶液加水分解得到胶体，再加热（$T<T_g$）形成单元或多元系统氧化物玻璃
气体	升华	真空蒸发	在低温基板上用蒸发法形成非晶质薄膜，如 Bi、Ga、Si、Ge、B、Sb、MgO、Al_2O_3、ZrO_2、TiO_2、Ta_2O_3、MgF_2、SiC 等化合物
气体	升华	阴极飞溅和氧化反应	在低压氧化气氛中，把金属或合金作成阴极，飞溅在基板上形成 SiO_2、PbO-TeO_3 系统薄膜、PbO-SiO_2 系统薄膜、莫来石薄膜等
		气相反应	$SiCl_4$ 加水分解或 SiH_4 氧化形成 SiO_2 玻璃
	气相反应	辉光放电	辉光放电制造原子氧气，在低压中分解金属有机化合物，使在基板上形成非晶质氧化物薄膜，该法不需高温
	电气分解	阳极法	利用电解质溶液的电解反应，在阴极上析出非晶质氧化物，如 Al_2O_3、ZrO_2 等

4.4 玻璃

4.4.1 玻璃的通性

玻璃是玻璃原料经过加热、熔融、快速冷却而形成的一种无定形的非晶态固体。除熔融法以外,气相沉积法、水解法、高能射线辐射法、冲击波法、溅射法等也可以制备玻璃。无机玻璃的宏观特征为在常温下能保持一定的外形,硬度较高,脆性大,破碎时具有贝壳状断面,对可见光透明度良好。玻璃除具有这些一般性能之外,还具有不同于晶体玻璃的通性。

(1)各向同性

均质玻璃其各个方向的性质,如折射率、硬度、弹性模量、热膨胀系数等性能都是相同的。

(2)介稳性

当熔体冷却成玻璃时,其状态并不是处于最低的能量状态。它能较长时间在低温下保留高温时的结构而不变化,因而称为介稳态。它含有过剩内能,有析晶的可能,熔体冷却过程中物质内能 Q 与体积 V 的变化如图 4.14 所示。在结晶情况下,内能与体积随温度的变化如折线 $ABCD$ 所示。而过冷却形成玻璃时的情况如折线 $ABKFE$ 所示的过程变化。由图 4.14 可见,玻璃态内能大于晶态。

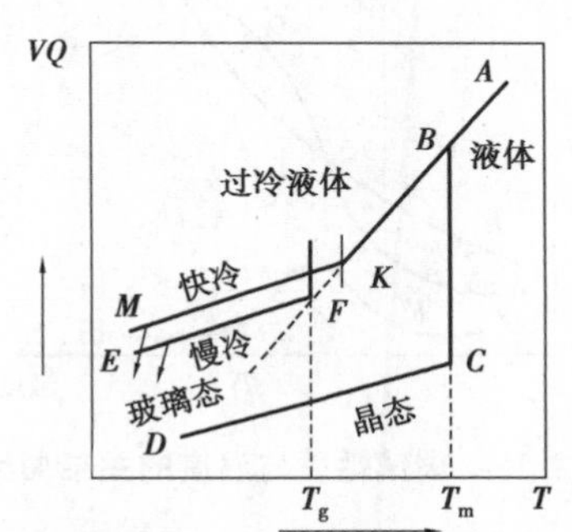

图 4.14　物质内能与体积随温度的变化关系

从热力学角度看,玻璃态是一种高能量状态,必然有向低能量状态转化的趋势,也有析晶的可能。从动力学角度看,由于常温下玻璃黏度很大,由玻璃态转变为晶态的速率是十分小的,因此它又是稳定的。

(3)熔融态向玻璃态转化的可逆与渐变性

当熔体向固体转变时,若是析晶过程,当温度降至熔点 T_m 时,随着新相的出现,会同时伴随体积、内能的突然下降与黏度的剧烈上升。若熔融物凝固成玻璃的过程中,开始时熔体体积和内能曲线以与 T_m 以上大致相同的速率下降直至 F 点(对应温度 T_g),熔体开始固化。T_g 为玻璃形成温度(或称脆性温度),继续冷却体积和内能降低程度较熔体小,因此曲线在 F 点出现转折。当玻璃组成不变时,此转折与冷却速率有关。冷却越快,T_g 也越高。例如,曲线 $ABKM$ 由于冷却速率快,K 点比 F 点提前。因此,当玻璃组成一定时,其形成温度 T_g 应该是一个随冷却速率而变化的温度范围。低于此温度范围体系呈现如固体的行为称为玻璃。

玻璃无固定的熔点,只有熔体-玻璃体可逆转变的温度范围。各种玻璃的转变范围有多宽取决于玻璃的组成，它一般波动在几十至几百摄氏度。如石英玻璃约在 1 150 ℃，而钠硅酸盐玻璃在 500 ~ 550 ℃。虽然不同组成的玻璃其转变温度相差可达几百摄氏度，但不论何种玻璃与温度 T_g 对应的黏度均为 $10^{12} \sim 10^{13}$ dPa·s。玻璃形成温度 T_g 是区分玻璃与其他非晶态固体（如硅胶、树脂、非熔融法制得新型玻璃）的重要特征。一些非传统玻璃往往不存在这种可逆性，它们不像传统玻璃那样是析晶温度对应熔点 T_m 高于形成温度 T_g，而是 T_g 大于 T_m，例如，许多用气相沉积等方法制备的 Si 和 Ge 等无定形薄膜，其 T_m 低于 T_g，即加热到 T_g 之前就会产生析晶的相变。虽然它们在结构上也属于玻璃态，但在宏观特性上与传统玻璃有一定的差别，故而习惯上称这类物质为无定形物质。

（4）物理化学性质变化的连续性

熔融态向玻璃态转化或加热的相反转变过程时物理、化学性质随着温度的变化是连续的。图 4.15 为玻璃性质与温度的关系曲线。由图 4.15 可见，玻璃性质随温度的变化可分为三类。第一类，性质如玻璃的电导、比容、热焓等是按曲线Ⅰ变化。第二类，性质如热容膨胀系数、密度、折射率等是按曲线Ⅱ变化。第三类，性质如热导率和一些机械性质（弹性常数等）如曲线Ⅲ所示，它们在 T_g-T_f 转变范围内有极大值的变化。在玻璃性质随温度逐渐变化的曲线上特别要指出两个特征温度 T_g 与 T_f。

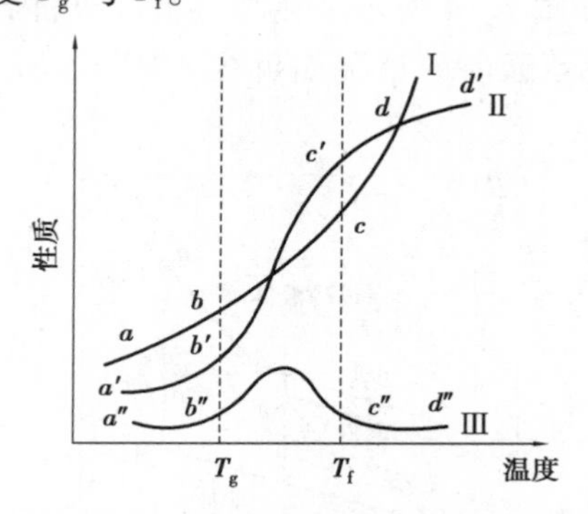

图 4.15　玻璃性质与温度的关系曲线

1）脆性温度 T_g

脆性温度 T_g 是玻璃出现脆性的最高温度，由于在这个温度下可以消除玻璃制品因不均匀冷却而产生的内应力，因此也称为退火温度上限。T_g 相应于性质与温度曲线上低温直线部分开始转向弯曲部分的温度，即图 4.15 中 b、b'、b''；T_g 时的黏度约为 10^{12} Pa·s，一般工业玻璃的脆性温度约为 500 ℃。玻璃的转变温度 T_g 不是固定不变的，它取决于玻璃形成过程的冷却速率。冷却速率不同，性质-温度曲线的变化也不同。

2）软化温度 T_f

软化温度 T_f 是玻璃开始出现液体状态典型性质的温度。无论玻璃组成如何，在 T_f 时相应的玻璃黏度约为 10^9 dPa·s。T_f 也是玻璃可拉成丝的最低温度。T_f 相应于曲线弯曲部分开始转向高温直线部分的温度，即图 4.15 中 c、c'、c''点；T_f 时的黏度约为 10^8 Pa·s。

3）反常间距 T_g-T_f

反常间距又称为转变温度范围。由图 4.15 可知，性质-温度曲线 T_g 以下的低温段和 T_f 以上的高温段其变化几乎成直线关系，这是因为前者的玻璃为固体状态，而后者则为熔体状态，它们的结构随温度是逐渐变化的。而在 T_g-T_f 温度范围内（即转变温度范围或反常间距）

是固态玻璃向玻璃熔体转变的区域,结构随温度急速地变化,因而性质随之突变。由此可见,T_g-T_f 对于控制玻璃的性质有着重要的意义。

任何物质不论其化学组成如何,只要具有上述4个特性都称为玻璃。

4.4.2 玻璃结构

玻璃结构是指玻璃中质点在空间的几何配置、有序程度及它们彼此间的结合状态。目前人们还不能直接观察到玻璃的微观结构。用一种研究方法根据一种性质只能从一个方面得到玻璃结构的局部认识,而且很难把这些局部认识相互联系起来。由于玻璃结构的复杂性,人们虽然运用众多的研究方法试图揭示出玻璃的结构本质,但至今尚未提出一个统一和完善的玻璃结构理论。

玻璃结构学说最早由门捷列夫(Mendeleev)提出,他认为玻璃是无定形物质,没有固定化学组成与合金类似;塔曼(Tammann)认为玻璃是过冷的液体;索克曼(Sockman)等提出玻璃基本结构单元是具有一定化学组成的分子聚合体;蒂尔顿(Tilton)在1975年提出玻子理论,玻子是由20个[SiO_4]四面体组成的一个单元。这种在晶体中不可能存在的五角对称是SiO_2形成玻璃的原因,他根据这一论点成功地计算出石英玻璃的密度。目前,最主要的、广为接受的玻璃结构学说是晶子学说和无规则网络学说。

物质的各种物理性质与它们的微观结构密切相关。由X射线通过晶体发生的衍射现象,人们证实了原子在晶体内是有规则排列的,目前晶态物质的结构可应用各种近代研究方法正确地了解。玻璃态物质结构的研究虽已进行了近百年,但人们对玻璃态材料结构的认识,远不如对晶体结构认识得那样深入,至今还不能应用直接的研究手段对玻璃态结构用几何模型准确完整地加以描述。对玻璃态结构的测定,主要采用分析晶体的衍射分析技术,现有的方法和技术尚不能完全满足玻璃态结构研究的需要,故玻璃态结构研究从手段到方法都还在不断发展之中。

(1)晶子学说

玻璃态结构的主要特征是没有长程有序性,但玻璃态结构是短程有序的。这种有序结构的范围及在有序范围中原子的排布与晶体是否相同,目前还没有一致的结论。

俄国学者列别捷夫(Lebedev)于1921年提出了晶子学说,并经过瓦连柯夫、波拉依-柯希茨等逐渐完善,其基本观点如下。

①硅酸盐玻璃的结构是由各种不同的硅酸盐和二氧化硅的微晶体(晶子)所组成。

②晶子的化学性质取决于玻璃的化学组成,这些晶子可以是组成一定的化合物,也可以是固溶体。

③晶子是带有晶格极度变形的有序区域,不具有正常晶格的构造。

④晶子分散在无定形介质中,从"晶子"部分到无定形部分的过渡是逐渐完成的,两者之间无明显界限。

晶子学说强调玻璃结构的一个结构特性,即微不均匀性及近程有序性。但对"晶子"尺寸、"晶子"含量、"晶子"化学组成、"晶子"之间无序过渡层的作用等一些重要的原则问题并未得到合理的确定。

一些实验结果能从晶子学说获得较好的解释。例如,硅酸盐玻璃的温度达到573 ℃时,一些性质会发生反常变化。玻璃折射率与温度关系的研究发现,玻璃在温度 T 时的折射率和室温测得的折射率之差 Δ 随温度 T 的上升而增加，在 500 ℃之前，Δ 与 T 几乎呈线性关系，但在 520～590 ℃，折射率突然变小，如图 4.16 所示。因为 573 ℃为 α-石英转变为 β-石英的晶型转变温度，故可推断玻璃中存在高分散石英微晶（晶子）的聚集体。

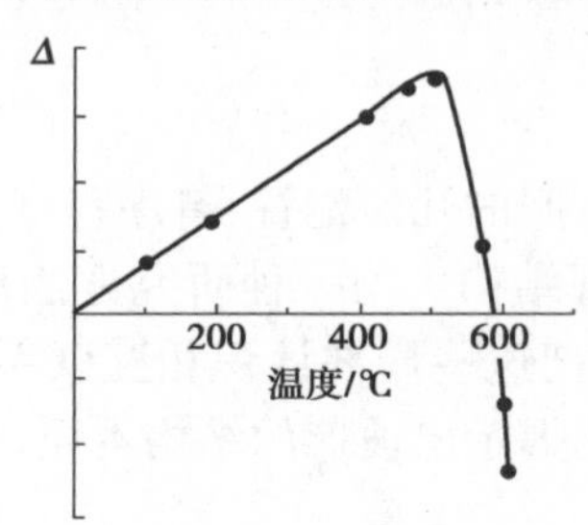

图 4.16　折射率之差 Δ 随温度变化的曲线

（2）无规则网络学说

无规则网络学说是由扎哈里阿森（Zachariasen）于 1932 年借助哥希密特（Goldschmidt）结晶化学原则提出的。该学说的基本观点是：成为玻璃态的物质与相应的晶体结构一样，也是由一个三度空间网络组成，这种网络由离子多面体（四面体或三角体）构筑而成，晶体结构网由多面体无数次有规则重复构成，而玻璃体结构中多面体重复没有规律性。

对于无机氧化物玻璃中网络的形成：网络由氧离子多面体构筑，多面体中心被多电荷离子即网络形成离子（Si^{4+}、B^{3+}、P^{5+}等）所占据，阳离子配位数为 3～4，且氧离子最多与两个形成网络的阳离子连接；氧离子有两种类型，凡属两个多面体的称为桥氧离子，凡属一个多面体的称为非桥氧离子。网络中过剩的负电荷则由处于网络间隙中的网络变性离子来补偿。这些离子一般都是低正电荷、半径大的金属离子（如 Na^+、K^+、Ca^{2+}等）。无机氧化物玻璃结构的二度空间结构如图 4.17 所示。显然，多面体的结合程度甚至整个网络结合程度都取决于桥氧离子的百分数，而网络变性离子均匀而无序地分布在四面体骨架空隙中。

扎哈里阿森认为玻璃和其相应的晶体具有相似的内能，并提出形成氧化物玻璃的 4 条规则。

①每个氧离子最多与两个网络形成离子相连。

②多面体中阳离子的配位数必须是小的，即为 4 或更小。

③氧多面体相互共角而不共棱或共面。

④形成连续的空间结构网要求每个多面体至少有 3 个角是与相邻多面体共用的。

瓦伦（Warren）对玻璃的 X 射线衍射光谱一系列卓越的研究，使扎哈里阿森的理论获得了有力的实验证明。图 4.18 为石英玻璃、方石英和硅胶的 X 射线图谱。玻璃的衍射线与方石英的特征谱线重合，这使一些学者把石英玻璃联想为含有极小的方石英晶体，同时将漫射归结于晶体的微小尺寸。然而瓦伦认为这只能说明石英玻璃与方石英中原子间距离大体上是一致的。他按强度-角度曲线半高处的宽度计算出石英玻璃内如有晶体其大小也只有 0.77 nm。这与石英单位晶胞尺寸 0.7 nm 相似。晶体必须是由晶胞在空间有规则地重复，因此“晶子”此名称在石英玻璃中失去意义。由图 4.18 还可以看到，硅胶有显著的小角度散射而玻璃中没有。这是由于硅胶是以尺寸为 1～10 nm 不连续粒子组成，粒子间有间距和空隙，强烈的散射是由于物质具有不均匀性的缘故。但石英玻璃小角度没有散射，这说明玻璃是一种密实体，其中没有不连续的粒子或粒子间没有很大空隙。这结果与晶子学说的微不均匀性又有矛盾。

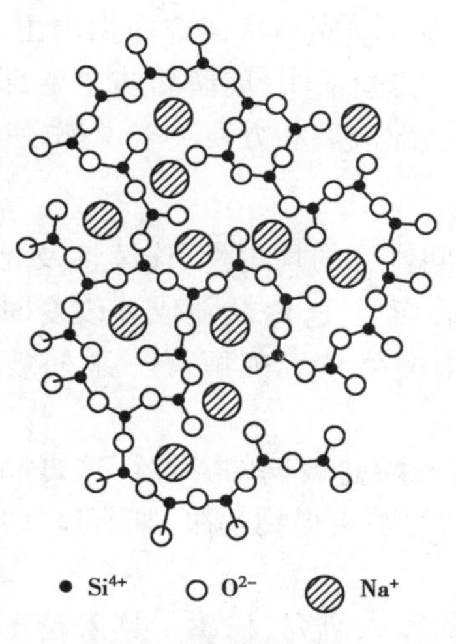

图4.17　钠硅玻璃结构

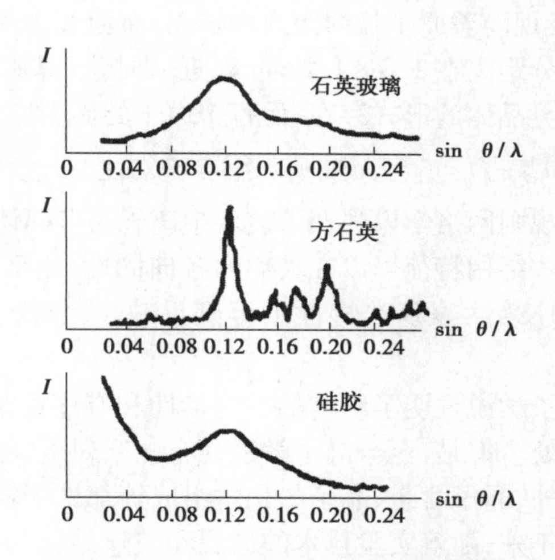

图4.18　不同硅材料的XRD谱图

同时，瓦伦用傅里叶分析法将实验获得的玻璃衍射强度曲线在傅里叶积分公式的基础上，换算成围绕某一原子的径向分布曲线，再利用该物质的晶体结构数据，即可以得到近距离内原子排列的大致图形。原子径向分布函数是取固体中任意一个原子中心为原点，离开这个原点距离为 $r+dr$ 的球壳内原子的数目若为 C_i，固体中每个原子都可作为原点，对试样中所有原子取平均值即得 $\frac{1}{n}\sum_{i=1}^{n} C_i$。定义 $\rho(r)$ 为距离等于 r 的球壳上原子的平均密度，则 $4\pi r^2\rho(r) = \frac{1}{n}\sum_{i=1}^{n} C_i$，将 $4\pi r^2\rho(r)$ 称为径向分布函数，其含义是以 i 原子为圆点的体积为 $4\pi r^2 dr$ 球壳内 i 类原子数目的平均值。径向分布函数可以描述固体中原子排列的有序程度，在原子径向分布曲线上第一个极大值是该原子与邻近原子间的距离，而极大值曲线下的面积是该原子的配位数。图4.19为 SiO_2 玻璃径向原子分布曲线。第一个极大值表示Si—O距离为0.162 nm。这与晶体硅酸盐中发现的Si—O平均间距（0.160 nm）非常符合。

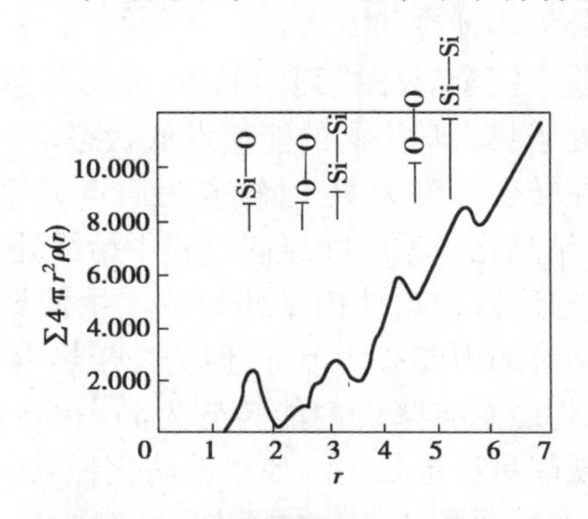

图4.19　石英玻璃径向分布曲线

按第一个极大值曲线下的面积计算得配位数为4.3，接近硅原子配位数4。因此X射线分析的结果直接指出在石英玻璃中的每一个硅原子，平均约为 4 个氧原子以大致 0.162 nm 的距离所围绕。利用傅里叶分析法，瓦伦研究了 Na_2O-SiO_2、K_2O-SiO_2、Na_2O-B_2O_3 等系统玻璃结构，发现随着原子径向距离增加，分布曲线中极大值逐渐模糊。从研究数据得出，玻璃结构有序部分距离在 1.0～1.2 nm 附近，即接近晶胞大小。实验证明，玻璃物质主要部分不可能以方石英晶体的形式存在，而每个原子的周围原子配位，对玻璃和方石英来说都是一样的。

(3)晶子学说与无规则网络学说对比

无规则网络学说强调了玻璃中离子与多面体相互间排列的均匀性、连续性及无序性等方面。这些结构特征可以在玻璃的各向同性、内部性质的均匀性，以及随成分改变时玻璃性质变化的连续性等基本特性上得到反映。因此，无规则网络学说能解释一系列玻璃性质的变化。

晶子学说说明了结构的不均匀性和有序性是所有硅酸盐玻璃的共性。这是晶子学说的成功之处。但是，至今晶子学说尚有一系列重要的原则问题未得到解决，如有序区尺寸大小、晶子尺寸、晶子含量、晶子的化学组成等都难于解释。

近年来，随着实验技术的进展和玻璃结构与性质的深入研究，积累了越来越多关于玻璃内部不均匀的资料。随着研究的日趋深入，这两种学说都有进展。无规则网络学说派认为，阳离子在玻璃结构网络中所处的位置不是任意的，而是有一定配位关系。多面体的排列也有一定的规律，并且在玻璃中可能不只存在一种网络(骨架)，因而承认了玻璃结构的近程有序和微不均匀性。同时，晶子学派代表者也适当地估计了晶子在玻璃中的大小、数量及晶子与无序部分在玻璃中的作用，即认为玻璃是具有近程有序(晶子)区域的无定形物质。两种学说的观点正在渐趋接近。

两种学说比较接近的观点是玻璃是具有近程有序、远程无序结构特点的无定形物质。但是在无序与有序区大小、比例和结构等方面仍有分歧。玻璃结构的研究还在继续进行，随着实验技术及数据处理方法的进步，为玻璃结构的研究提供了良好的条件，相信在不远的将来，研究玻璃的科学家会给玻璃结构一个圆满的描述。

4.4.3 玻璃形成的热力学条件

熔融体是物质在熔融温度以上的一种高能量状态。当温度降低时，熔体要释放一定的能量，根据释放能量的大小，可分为 3 种冷却方式。

①结晶化。熔体转变为质点完全有序排列的晶体，晶态是最稳定的状态，释放的能量最多。系统在凝固过程中始终处于热力学平衡的能量最低状态。

②玻璃化。熔体冷却时在转变温度为 T_g 时转变为质点无序排列的玻璃体，玻璃态的能量高于晶态，释放的能量低于结晶化。系统在凝固过程中始终处于热力学介稳状态。

③分相。冷却过程中质点迁移，使熔体内某些组成产生偏聚，从而形成组成不同且互不混融的 2 个玻璃相。分相使系统的内能有所下降，但仍处于热力学介稳态。

根据热力学理论，玻璃态物质总有降低内能转变为晶态的趋势。在一定条件下，通过析晶或分相放出能量使其处于低能量稳定状态。如果玻璃化释放的能量较多，使玻璃与晶体的内能相差很少，那么这种玻璃的析晶能力小，也能以亚稳态长时间稳定存在。表 4.6 列出了几种硅酸盐晶体和玻璃内能的比较。从表 4.6 中可看出晶体和玻璃体的内能相差很小，因此用内能差的大小作为玻璃形成能力的判断根据是不够准确的。

表 4.6　几种硅酸盐晶体与玻璃体的内能

组成	状态	$-\Delta H/(\mathrm{kJ\cdot mol^{-1}})$	组成	状态	$-\Delta H/(\mathrm{kJ\cdot mol^{-1}})$
Pb_2SiO_4	晶态	1 309	SiO_2	β-方石英	858
	玻璃态	1 294		玻璃态	848
Na_2SiO_3	晶态	1 528	SiO_2	β-石英	860
	玻璃态	1 507		β-磷石英	854

4.4.4　玻璃形成的动力学条件

高温熔体在降温过程中,可能在低于熔点的某一温度发生结晶过程,也可能过冷形成玻璃。玻璃的形成本质其实是防止结晶发生,这一过程在很大程度上取决于降温过程。

不同的物质从高温熔化状态降温冷却,形成玻璃态的过程差别非常大。有些物质的熔体黏度在冷却过程中增大,析晶困难,容易形成玻璃,如各种硅酸盐玻璃和石英;有些物质的熔体在冷却过程中很容易形成晶体,必须有足够快的冷却速度才能形成非晶态,如金属。

现代研究证实,如果冷却速度足够快,各类材料都可能形成玻璃。因而从动力学角度研究各类不同组成的熔体,以多快的速度冷却才能避免产生可探测到的晶体而形成玻璃,是非常有实际意义的研究工作。

塔曼认为物质的结晶过程主要由晶核生成速率 I_v(又称成核速率)和晶核生长速率 u 所决定,而 I_v 和 u 均与过冷度($d_T=T_m-T$,T_m 为熔点)有关,如图 4.20 所示。如果成核速率和生长速率的极大值所处的温度很靠近[图 4.20(a)],熔体易析晶而不易形成玻璃。反之,熔体就不易析晶而易形成玻璃[图 4.20(b)]。熔体究竟是析晶还是形成玻璃,主要取决于过冷度、黏度、成核速率和生长速率。

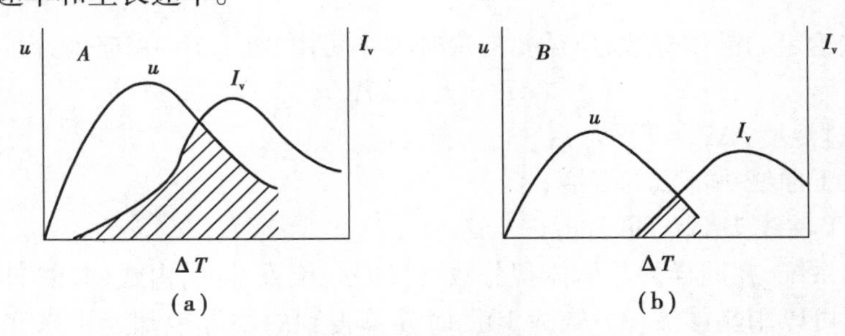

图 4.20　成核速率、生长速率与过冷度的关系

乌尔曼(Ullmann)在 1969 年将冶金工业中使用的三 T 图(又称 T-T-T 图)应用于玻璃转变并取得了很大成功,目前已成为玻璃形成动力学理论中的重要方法之一。

判断一种物质是否形成玻璃,首先必须确定玻璃中可以检测到的晶体最小分数,然后考虑熔体究竟需要多快的冷却速度才能防止这一结晶量的产生,从而获得检测上合格的玻璃。实验证明,当晶体混乱分布于熔体中时,晶体的体积分数 V^β/V(晶体体积/玻璃总体积)为 10^{-6} 时,为仪器可以探测出来的极限浓度。根据相变动力学理论,通过式(4.9)可以计算出玻璃形成所需的冷却速度。

$$\frac{V^{\beta}}{V}=\frac{\pi}{3}I_{v}u^{3}t^{4} \tag{4.9}$$

式中 V^{β}——析出晶体体积；

V——熔体体积；

I_{v}——成核速率（单位时间、单位体积内所形成的晶核数）；

u——生长速率（界面的单位表面积上固、液界面的扩展速率）；

t——时间。

如果只考虑均匀成核，为避免得到 10^{-6} 体积分数的晶体，可从式(4.9)通过绘制三 T 曲线来估算必须采用的冷却速率。绘制这种曲线首先选择一个特定的结晶分数，在一系列温度下计算成核速率 I_{v}、生长速率 u。将计算得到的 I_{v}、u 代入式(4.9)求出对应的时间 t。以过冷度($\Delta T=T_{m}-T$)为纵坐标，冷却时间 t 为横坐标作出三 T 图。图 4.21 列出了这(过冷度)随温度降低而增加，原子迁移率随温度降低而降低，因而造成三 T 曲线弯曲而出现头部突出点。在图中三 T 曲线凸面部分为该熔点的物质在一定过冷度下形成晶体的区域。三 T 曲线头部的顶点对应了析出晶体体积分数为 10^{-6} 时的最短时间。

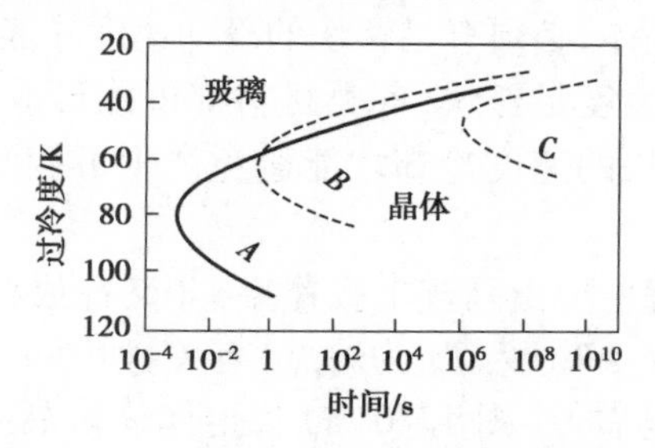

图 4.21　析晶体积分数为 10^{-6} 时不同熔点的三 T 曲线

A—T_{m}=356.6 K；B—T_{m}=316.6 K；C—T_{m}=276.6 K

为避免形成给定的晶体分数，所需要的冷却速率可由式(4.10)粗略地计算出来。

$$(\mathrm{d}T/\mathrm{d}t)_{c}\approx\Delta T_{n}/t_{n} \tag{4.10}$$

式中 ΔT_{n}——过冷度($\Delta T_{n}=T_{m}-T_{n}$)；

T_{n}——三 T 曲线头部点的温度；

t_{n}——三 T 曲线头部点的时间。

对于不同的系统，在同样的晶体体积分数下其曲线位置不同，由式(4.9)计算出的临界速率也不同。因此可以用晶体体积分数为 10^{-6} 时计算得到的临界冷却速率来比较不同物质形成玻璃的能力，若临界冷却速率大，则形成玻璃困难而析晶容易。

由式(4.9)可以看出，三 T 曲线上任意温度下的时间仅仅随(V^{β}/V)的 1/4 次方变化。可见，形成玻璃的临界冷却速率对析晶晶体的体积分数是不甚敏感的。因此，有了某熔体的三 T 图，对该熔体求冷却速率才有意义。

形成玻璃的临界冷却速率是随熔体组成而变化的。表 4.7 列举了部分化合物的冷却速率和熔融温度时的黏度。

表 4.7　部分化合物生成玻璃的性能

性能	化合物									
	SiO_2	GeO_2	B_2O_3	Al_2O_3	As_2O_3	BeF_2	$ZnCl_2$	LiCl	Ni	Se
$T_m/℃$	1 710	1 115	450	2 050	280	540	320	613	1 380	225
$\eta(T_m)/(dPa \cdot s)$	10^7	10^6	10^5	0.6	10^5	10^6	30	0.02	0.01	10^3
T_s/T_m	0.74	0.67	0.72	0.5	0.75	0.67	0.58	0.3	0.3	0.65
$dT/dt/(℃ \cdot s^{-1})$	10	10^{-2}	10^{-6}	10^3	10^5	10^{-6}	10^{-1}	10^8	10^7	10^{-3}

由表 4.7 可以看出，凡是熔体在熔点时具有高的黏度，并且黏度随温度降低而剧烈地增高，使析晶位垒升高的这类熔体易形成玻璃，而一些在熔点附近黏度很小的熔体，如 LiCl 和金属 Ni 等易析晶而不易形成玻璃。$ZnCl_2$ 只有在快速冷却条件下才生成玻璃。

从表 4.7 中还可以看出，玻璃化转变温度 T_g 与熔点 T_m 之间的相关性（T_g/T_m）也是判别能否形成玻璃的标志。转变温度 T_g 是和动力学有关的参数，它是由冷却速率和结构调整速率的相对大小确定的，对于同一种物质，其转变温度越高，表明冷却速率越快，越有利于生成玻璃。对于不同物质，则应综合考虑 T_g/T_m 值。

图 4.22 为化合物的熔点与转变温度的关系。图中直线为 $T_g/T_m=2/3$。由图 4.22 可知，易生成玻璃的氧化物位于直线上方，而较难生成玻璃的非氧化物，特别是金属合金位于直线的下方。当 T_g/T_m 为 0.5 时，形成玻璃的临界冷却速率约为 10 K/s。黏度和熔点是生成玻璃的重要标志，冷却速率是形成玻璃的重要条件。但这些毕竟是反映物质内部结构的外部属性。因此从物质内部的化学键特性、质点的排列状况等去探求才能得到本质的解释。

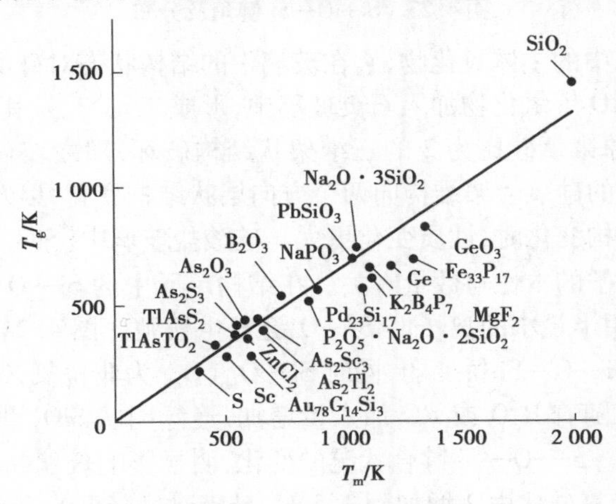

图 4.22　化合物的熔点和转变温度的关系

4.5 常见玻璃的类型

4.5.1 硅酸盐玻璃

硅酸盐玻璃由于资源广泛、价格低廉，对常见化学试剂和气体介质化学稳定性好、硬度高、生产方法简单等优点而成为实用价值最大的一类玻璃。

石英玻璃是由硅氧四面体[SiO_4]以顶角相连而组成的三维架状网络。熔融石英玻璃与晶体石英在两个硅氧四面体之间的键角的差别，如图4.23所示。石英玻璃Si—O—Si键角分布在120°～180°，中心在144°。与石英晶体相比，石英玻璃Si—O—Si键角范围比晶体中宽，而Si—O和O—O距离在玻璃中的均匀性几乎与相应的晶体中一样。由于Si—O—Si键角变动范围大，使石英玻璃中[SiO_4]四面体排列成无规则网络结构，而不像方石英晶体中四面体有良好的对称性。

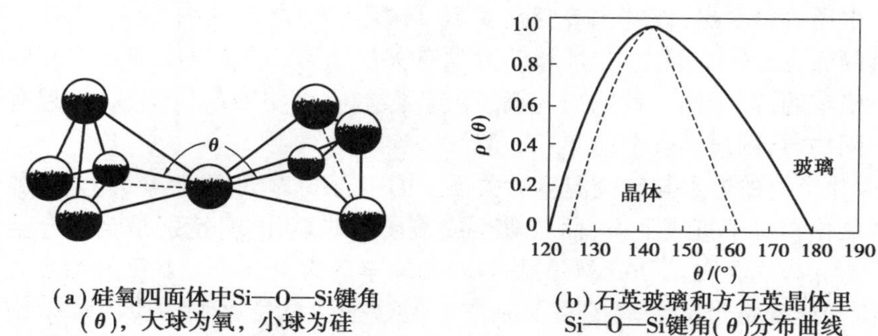

(a) 硅氧四面体中Si—O—Si键角(θ)，大球为氧，小球为硅

(b) 石英玻璃和方石英晶体里Si—O—Si键角(θ)分布曲线

图4.23 Si—O—Si键角及分布

SiO_2是硅酸盐玻璃中的主体氧化物，它在玻璃中的结构状态对硅酸盐玻璃的性质起决定性的作用。当R_2O或RO等氧化物加入石英玻璃中，形成二元、三元甚至多元硅酸盐玻璃时，由于增加了氧硅比，使原来氧硅比为2的三维架状结构破坏，随之玻璃性质也发生变化。尤其从连续3个方向发展的硅氧骨架结构向两个方向层状结构变化，以及由层状结构向只有一个方向发展的硅氧链结构变化时，性质变化更大。硅酸盐玻璃中[SiO_4]四面体的网络结构与加入R^+或R^{2+}金属阳离子的本性与数量有关。在结构单元中的Si—O化学键随着R^+极化力增强而减弱，尤其是使用半径小的离子时Si—O键发生松弛。图4.24表明随连接在四面体上R^+原子数的增加使Si—O—Si桥变弱，同时Si—O_{nb}（O_{nb}为非桥氧，O_b为桥氧）键变得更加松弛（相应距离增加）。随着R_2O或RO加入量增加，连续网状SiO_2骨架可以从松弛1个顶角发展到2个直至4个。Si—O—Si键合状况的变化，明显影响玻璃黏度和其他性质的变化。在Na_2O-SiO_2系统中，当氧硅比由2增加到2.5时，玻璃黏度降低8个数量级。

为了表示硅酸盐网络结构特征和便于比较玻璃的物理性质，有必要引入玻璃的4个基本结构参数。

这些参数之间存在着两个简单的关系

$$X+Y=Z$$

$$X+\frac{1}{2}Y=R \tag{4.11}$$

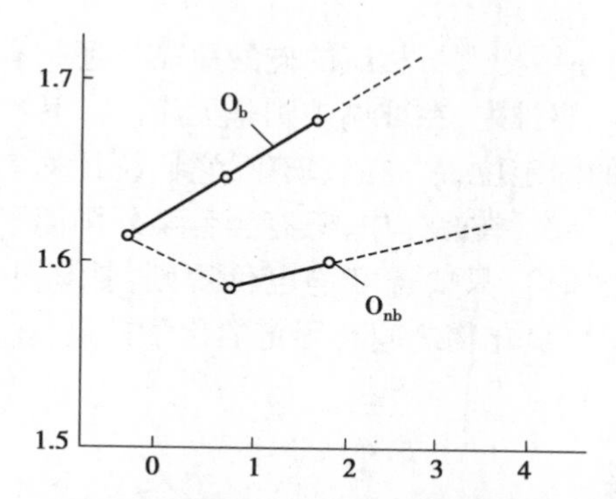

图 4.24　Si—O 距离随连接于四面体的钠原子数目的变化

式中　X——每个多面体中非桥氧数的平均数；

Y——每个多面体中桥氧数的平均数；

Z——每个多面体中氧离子平均总数；

R——玻璃中全部氧离子与全部网络形成硅离子总数之比。

每个多面体中的氧离子总数 Z 一般是已知的(在硅酸盐和磷酸盐玻璃中 Z 为 4,硼酸盐玻璃 Z 为 3)。R 即为通常所说的氧硅比,用它来描述硅酸盐玻璃的网络连接特点是很方便的,R 通常可以从组成计算出来,因此确定 X 和 Y 就很简单,举例如下。

①石英玻璃:$Z=4$;$R=O/Si=2/1=2$。求得 $X=0$,$Y=4$。

②10 % Na_2O · 18 % CaO · 72 % SiO_2 玻璃:$Z=4$。

$R=\dfrac{10+18+72\times2}{72}=2.39$,$X=2R-4=2\times2.39-4=0.78$

$Y=4-X=4-0.78=3.22$

但是,并不是所有玻璃都能简单地计算 4 个参数。因为有些玻璃中的离子并不属典型的网络形成离子或网络变性离子,如 Al^{3+} 和 Pb^{2+} 等属于中间离子,这时就不能准确地确定 R 值。在硅酸盐玻璃中,若组成中(R_2O+RO/Al_2O_3)>1,则 Al^{3+} 被认为是占据[AlO_4]四面体的中心位置,Al^{3+} 作为网络形成离子计算。若(R_2O+RO/Al_2O_3)<1,则把 Al^{3+} 作为网络变性离子计算。但这样计算出来的 Y 值比真正 Y 值要小。当玻璃组成按质量百分数表示时,要将其换算为摩尔百分数。

Y 又称为结构参数,玻璃的很多性质取决于 Y 值。Y 值小于 2 的硅酸盐玻璃就不能构成三维网络。Y 值越小,网络空间上的聚集也越小,结构也变得较松,并随之出现较大的间隙。结果使网络变性离子的运动,不论在本身位置振动还是从一位置通过网络的网隙跃迁到另一个位置都比较容易。因此随 Y 值递减,出现热膨胀系数增大、电导增加和黏度减小等变化。

当计算出 X、Y 值后,可再计算玻璃中桥氧百分数和非桥氧百分数为

$$\begin{aligned}&\text{桥氧百分数}=\frac{Y/2}{X+Y/2}\times100\\&\text{非桥氧百分数}=\frac{X}{X+Y/2}\times100\end{aligned}\tag{4.12}$$

硅酸盐玻璃与硅酸盐晶体随氧硅比由 2 增至 4,从结构上均由三维网络骨架而变为孤岛状四面体。无论是结晶还是玻璃态,四面体中的 Si^{4+} 都可以被半径相近的离子置换而不破坏骨架。除 Si^{4+} 和 O^{2-} 以外的其他离子相互位置也有一定的配位原则。

成分复杂的硅酸盐玻璃在结构上与相应的硅酸盐晶体还是有显著的区别。首先，在晶体中，硅氧骨架按一定的对称规律排列，在玻璃中则是无序的。其次，在晶体中，骨架外的M^+或M^{2+}金属阳离子占据了点阵的固定位置。在玻璃中，它们统计均匀地分布在骨架的空腔内，并起着平衡氧负电荷的作用。再次，在晶体中，只有当骨架外阳离子半径相近时，才能发生同晶置换。在玻璃中则不论半径如何，只要遵守静电价规则，骨架外阳离子均能发生互相置换。最后，在晶体中（除固溶体外），氧化物之间有固定的化学计量，在玻璃中氧化物可以非化学计量的任意比例混合。

4.5.2 硼酸盐玻璃

硼酸盐玻璃具有某些优异的性能而使它成为不可替代的一种玻璃材料，引起人们的广泛重视。例如，硼酐是唯一能用于制造有效吸收慢中子的氧化物玻璃，硼酸盐玻璃对X射线透过率高，电绝缘性能比硅酸盐玻璃优越。

硼酸盐玻璃中B—O之间形成sp^2三角形杂化轨道，它们之间形成3个σ键还有π键成分。[BO_3]是其基本结构单元，[BO_3]之间以顶点连接，B和O交替排列成平面六角环，这些环通过B—O—B链连成网络，如图4.25所示。由于B_2O_3玻璃的层状结构特性，层内B—O键很强，而层与层之间由较弱的分子键连接，因此B_2O_3玻璃的一些性能比SiO_2玻璃差。例如，B_2O_3玻璃软化温度低（约450 ℃）、化学稳定性差（易在空气中潮解）、热膨胀系数高，因而纯B_2O_3玻璃使用价值小，只有与R_2O、RO等氧化物组合后才能制成稳定的有实用价值的硼酸盐玻璃。实验证明，当数量不多的R_2O、RO同B_2O_3一起熔融时，所形成的玻璃特性如图4.26所示。图中各种性能的变化规律与硅酸盐玻璃相比，出现了反常的情况，因而称为硼反常现象。这是由于玻璃的基本结构单元为[BO_3]平面三角体，加入少量R_2O和RO后，使一部分[BO_3]转变为[BO_4]架状结构，从而加强了网络结构，使玻璃的各种性能变好。随着R_2O和RO加入量的增多，所生成的[BO_4]也增多并相互靠近，当超过一定加入量后，[BO_4]的静电斥力增大，结构发生逆转变化，性能也随之发生逆转变化，即架状结构遭破坏，重新回到[BO_3]平面三角体结构，反映在性质变化曲线上是随着R_2O和RO加入量而出现极值。

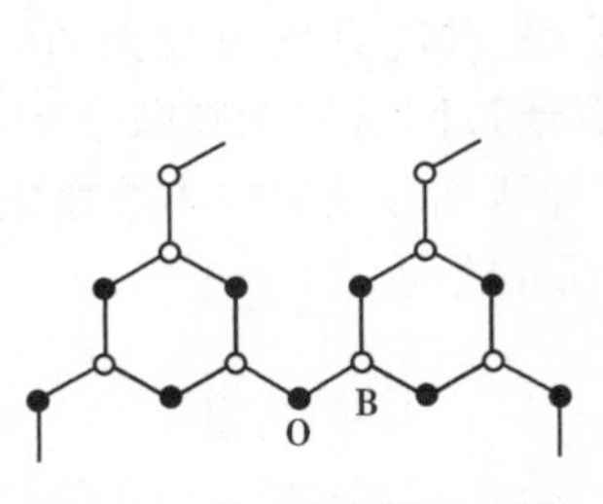

图4.25 B—O平面六元环

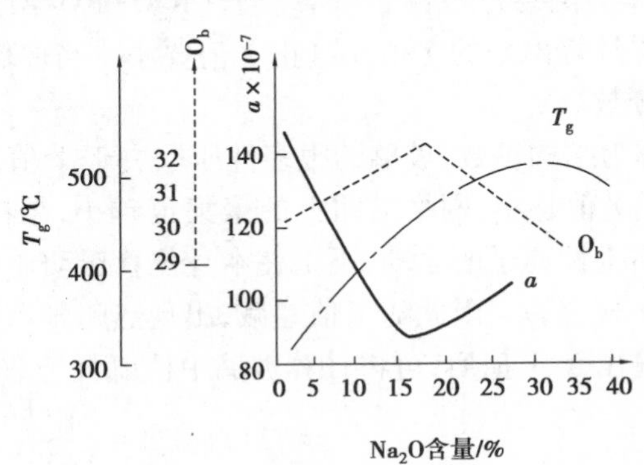

图4.26 硼酸盐玻璃性能随Na_2O含量变化

B_2O_3玻璃的转变温度约为300 ℃，比SiO_2玻璃低得多（1 200 ℃）。利用这一特点，硼酸盐玻璃广泛用作焊接玻璃、易熔玻璃，以及涂层物质的防潮和抗氧化。硼对中子射线的灵敏度高，硼酸盐玻璃作为原子反应堆的窗口对材料起到了屏蔽中子射线的作用。

4.5.3　磷酸盐玻璃

在磷酸盐玻璃中,玻璃的网络构成单位是 P 和 O 构成的磷氧四面体[PO_4]。由于 P 是五价离子,[PO_4]四面体的 4 个键中有一个构成双键,P—O—P 的键角约为 115°,[PO_4]四面体以顶角相连成三维网络。与硅氧四面体不同的是,双键的一端没有和其他四面体键合。因此,每个四面体只和 3 个四面体连接,而不能和 4 个四面体连接,因此磷酸盐玻璃的软化温度和化学稳定性较低。

4.5.4　锗酸盐玻璃

锗酸盐玻璃是由[GeO_4]四面体构成的不规则网络,很像石英玻璃。根据 X 射线研究,GeO_2 中加入 R_2O 后,Ge 的配位数可以由 4 变化到 6,Ge—O—Ge 的键角平均值为 138°。GeO_2 玻璃的不规则性主要体现在一个四面体相对另一个四面体旋转角度的不同,这是不规则四面体网络的第二种类型。

4.5.5　卤化物玻璃

SiO_2 晶型与 BeF_2 晶型之间在结构上相似,它们的阳离子与阴离子半径基本一致。只是 BeF_2 的化学价是 SiO_2 的一半。因此可以认为 BeF_2 是削弱的 SiO_2 模型,可以形成非晶态。它的玻璃结构由[BeF_4]四面体组成,Be—F 的距离为 0.154 nm。四面体之间以共顶相连,即一价的 F^- 和两个 Be^{2+} 离子相连。Be—F—Be 的平均键角为 146°,与石英玻璃的网络结构十分相似。但是由于 F—Be 键强较弱,在石英玻璃的转变温度,BeF_2 的黏度仅为 $\lg \eta<2$。

加入碱金属氟化物 RF 可形成二元的氟化物玻璃,玻璃形成区可以含有 RF50%(摩尔百分数)。在氟化物玻璃中,碱金属离子的作用与硅酸盐玻璃中的碱土离子相当。二元氟化物系统的玻璃形成总是发生在阳离子场强差大于 0.35(Z/R)的情况。因此除 BeF_2 外,在氟化物玻璃系统中,还有以 ZrF_2 和 AlF_3 为主要成分的氟化物玻璃系统。

4.6　其他非晶态材料

4.6.1　金属玻璃(非晶态合金)

金属玻璃是非晶态固体的重要研究与应用领域之一。一种金属或合金能否形成玻璃首先与其内因,即材料的非晶态形成能力密切相关;其次,由金属熔体形成金属玻璃的必要条件是足够快的冷却速率,这是形成金属玻璃的外因。

在一般情况下,熔体(如合金熔体)在冷却过程中会结晶,材料内部原子会遵循一定的规则有序排列。但是快速凝固能够阻止晶体的形成,使原子来不及恢复到通常的晶格结构就固定下来,原子处于随机无序的排列状态,它在微观结构上更像是非常黏稠的液体而不像固体。这样一类物质状态被称为非晶态。对于金属或合金,由于原子的扩散速率很大,因此一般的冷却速率是无法形成玻璃的。

不同成分的金属或合金熔体形成金属玻璃所要求的冷却速率不同。实验表明,就一般金属而言,合金比纯金属更容易形成玻璃体。在合金中,过渡金属与类金属合金较容易形成玻璃体,通常冷却速率约为 10^6℃/s 就可以。而纯金属形成玻璃体需要的冷却速率往往高达 10^{10}℃/s 以上,这是目前的技术水平难以达到的。

1960 年杜韦兹(Duwez)等发展了一种喷溅淬火技术,将液滴喷溅在导热率极高的冷板上,使冷却速率高达 10^6K/s,急冷而制成 $Au_{70}Si_{30}$ 非晶合金薄带。自此以后熔体急冷方法得到进一步改进和发展。而研究人员在 1970 年制成了塑性的铁基非晶条带,不仅有高强度和韧性,更显示了极佳的磁性。这项发明为非晶合金的工程应用开辟了道路,一项重要的新型工程材料从此诞生。

目前,除少数金属元素以外,几乎所有元素和化合物都可以用熔态淬火法来制备金属玻璃。可以设想,进一步提高冷却速率,将可能导致所有的物质都可以制备成玻璃态。

(1)金属玻璃的结构模型

常见的金属玻璃结构模型有两种。一是“微晶”无序模型,如图 4.27(a)所示。持这种观点者认为,非晶结构中只有尺寸很小的、不超过 1 nm 的微晶粒。所谓“微晶”不同于一般的晶体,而是带有晶格变形的有序区域,在“微晶”中心质点排列较有规律,越远离中心则变形程度越大,“微晶”分散在无定介质中。二是拓扑无序模型,如图 4.27(b)所示。持这种观点者认为,金属玻璃可以看作一些均匀连续的、致密填充的、混乱无规的原子硬球的集合,即不存在微晶与周围原子为晶界所分开的情况,在堆垛中没有容纳另一种球的孔洞。同时,在相隔 5 个或更多球的直径范围内,球的位置之间仅存在微弱的相关性。由于根据第二种模型所计算的结果与某些金属玻璃实测结果(如径向分布函数)相比,其一致性优于第一种模型,目前第二种模型应用更为普遍。实际上,前述无规则网络学说也属于拓扑无序模型之列,只不过以硅氧多面体代替了原子硬球而已。

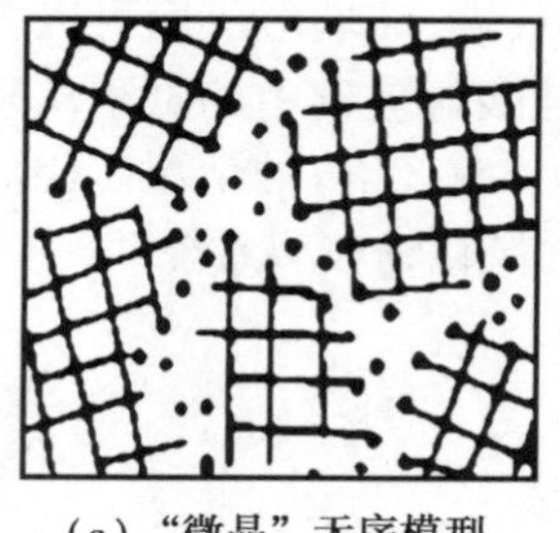

(a)“微晶”无序模型

(b)拓扑无序模型

图 4.27　金属玻璃结构模型

(2)金属玻璃的特性

与传统的晶态金属相比,金属玻璃材料在力学、物理学、化学性质和机械性能等方面都发生了显著的变化,具有独特的性能特点。

金属玻璃的特性主要包括以下几点。

①金属玻璃具有比普通金属更高的强度。金属玻璃的强度有时可能达到理论极限值。在普通金属中普遍存在位错,而位错在外加应力的作用下很容易运动,这是金属强度远低于其理论值的原因。有的研究者认为位错是具有周期性点阵构造的晶体中的一种特有缺陷,在非周期性构造的玻璃中似乎不应存在位错,在金属玻璃中不存在普通金属中存在的晶界,金属玻璃的高强度可能与此有关。表 4.8 为部分非晶态合金的屈服强度、弹性模量等性能,并

与其他超高强度材料作对比,可见它们已达到或接近这些超高强度材料的水平,但弹性模量较低。

表4.8　部分非晶合金及超高强度材料的拉伸性能

材料	屈服强度/GPa	密度/($g\cdot cm^{-3}$)	弹性模量/GPa	比强度/GPa
$Fe_{80}Be_{20}$ 非晶	3.6	7.4	170	0.5
$Ti_{50}Be_{40}Zr_{10}$ 非晶	2.3	4.1	105	0.55
$Ti_{60}B_{35}Si_{5}$ 非晶	2.5	3.9	110	0.65
$Cu_{50}Zr_{50}$ 非晶	1.8	7.3	85	0.25
碳纤维	3.2	1.9	490	1.7
SiC 微晶丝	3.5	2.6	200	1.4
高分子凯夫拉纤维	2.8	1.5	135	1.9
高碳钢丝	4.1	7.9	210	0.55

②金属玻璃比普通金属具有更强的耐化学侵蚀的能力。不锈钢在盐酸溶液中会发生晶界腐蚀,并出现蚀坑,但金属玻璃在盐酸溶液中几乎完全不被腐蚀。显然这是由于多晶金属位错露头处及晶粒间界处的原子往往有较高的能量,因此在这些地方将被择优侵蚀。而在金属玻璃中由于不存在位错或晶界,因而其化学反应活性较低。例如,不锈钢在盐酸溶液和10%的 $FeCl_2\cdot 6H_2O$ 溶液中会发生晶界腐蚀,并出现蚀坑,但金属玻璃(如 $Fe_{70}Cr_{10}P_{13}C_7$)在这类溶液中几乎完全不被腐蚀。

③有些金属玻璃表现出极好的软磁特性。非晶合金一般具有高的电阻率和小的电阻温度系数,有些非晶合金如 Nb-Si-B、Mo-Si-B、Ti-Ni-Si 等,在低于其临界转变温度可具有超导电性。目前非晶合金最令人瞩目的是其具有优良的磁学性能,包括软磁性能和硬磁性能。非晶合金是理想的软磁材料,其软磁特性明显地优于现在广泛使用的普通软磁合金。含铁和钴等元素的非晶合金有特别的矫顽力,很容易磁化或退磁且涡流损失少,是极佳的软磁材料。其中代表性的是 Fe-Si-B 合金。正因为金属玻璃具有许多优异的特性,因此能在许多领域中得到广泛应用。目前,从磁屏蔽到各种类型的磁头,从传递微瓦级信号的变换器到千兆瓦能量的脉冲开关,从各种小型变压器到 100 kV · A 的配电变压器等方面都获得了成功。

4.6.2　非晶态半导体

非晶态半导体又称为半导体玻璃,是非晶态功能材料的一个相当活跃的领域。其中有些材料,如非晶态硒和非晶态硅的研究已日趋成熟,并形成产业。因此说半导体玻璃是材料科学的一个重要分支。

非晶态半导体是非晶态物理的重要研究领域之一。自 20 世纪 60 年代末至 70 年代初,一些研究上的进展引起了人们广泛的注意。1977 年莫特(Mott)主要以他在非晶态半导体理论研究中的成绩获得了诺贝尔奖。

非晶态半导体材料包括的范围很广,主要有四面体配置的非晶态半导体(如非晶硅及非晶锗等)和硫系非晶态半导体等两类。一种非晶态半导体材料的性能好坏在很大程度上取决于材料的微结构和缺陷状态，因而了解非晶态半导体材料的微结构和缺陷形成机理也是材料工作者的重要工作之一。

(1)非晶态半导体的结构模型

硅和锗等四价半导体材料，是以共价键结合形成的。原子形成共价结合时，价电子进行 sp^3 轨道杂化，形成沿正四面体4个顶角方向的共价键，任意两个键的夹角均为109°28′。在晶态共价键四面体结构的半导体的讨论中常把这种基本四面体单元分为两种组态，一种称为蚀状组态，另一种称为交错组态。以这两个四面体中各一个原子之间的连线（价键）为公共轴，其他各3个共价键若其对应的价键之间形成的两面角都为0°，即两个四面体在以公共轴垂直的某一镜面作为对称面而互为镜面对称关系时的组态称为蚀状组态；若3个两面角都为60°，即互为反演关系时的组态称为交错组态。金刚石结构中每个原子的4个价键都是交错组态，硅和锗的结构也都是这种组态；而纤锌矿结构中，4个价键有3个为交错组态，一个为蚀状组态。相邻四面体键的这两种组态情况，如图4.28所示。硅、锗等在形成非晶态后仍然保留四面体的结构单元，也可用类似的关系来描述。

描述非晶半导体的结构模型有多种，主要有微晶模型、非晶原子团模型和连续无规则网络模型等。

微晶模型是早期对非晶锗、硅等非晶半导体提出的结构模型。该模型认为，非晶是由大量线度很小的微晶组成，如图4.29所示。每个微晶内部的原子规则排列，并且常常假设与相应的晶态具有相同的晶格，但是，微晶的线度足够小，比通常多晶中的小晶粒要小得多。每个晶粒中的原子之间仍保持着基本结构单元的键角和键长。当微晶粒的尺度仅为3~4个基本结构单元时，则大部分原子处在微晶粒的边界处及存在于晶粒之间的连接组织中，数目很多的微晶在空间无规取向，从而形成整体的无序结构。然而，结构中原子仍连续分布，不存在结构上原子排列的不连续。因此，微晶之间存在连接区，即微晶间界。间界区的原子处于完全无序的排列。

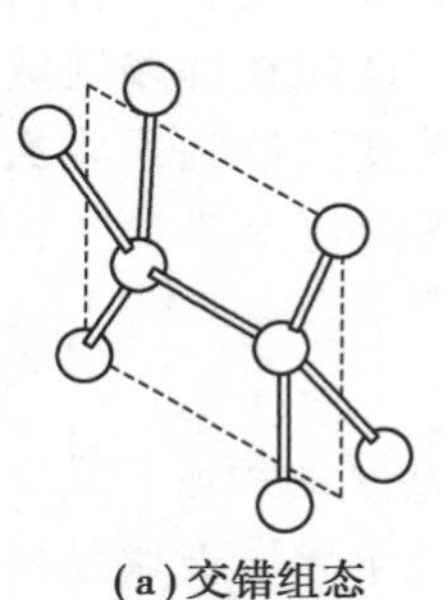

(a)交错组态

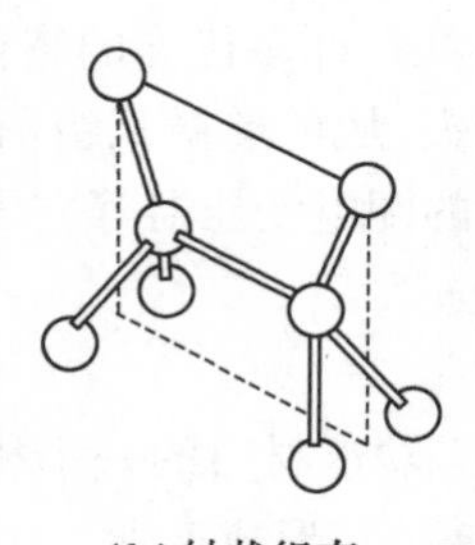

(b)蚀状组态

图4.28　相邻四面体键的两种组态

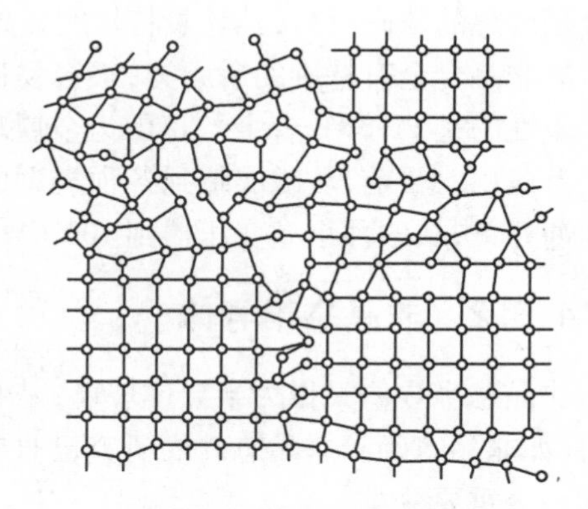

图4.29　微晶结构示意图

对共价结合的四面体型非晶半导体，如锗、硅等，曾经用微晶模型进行过较多的研究。微晶的晶格也作过多种选择，包括下列晶格之一或它们之间的组合，如金刚石、纤锌矿等。它们都包含有四面体单元，只是四面体单元之间按照不同的组态相结合而已。

非晶原子团模型是一个十二面体，每个面皆为五边形，如图4.30所示。其中每个组成原

子的 4 个价键均处于蚀状组态，但允许键角有 1°的小偏离，即键角为 108°，形成平面五原子环。由 12 个这样的五原子环平面就形成了一个包含有 20 个原子的十二面体非晶子。两个或更多的“非晶子”可以沿着它们任何一个五原子环连接起来，但是这种连接不能无限地延续，因为组合时需要键角的偏离进一步增大。

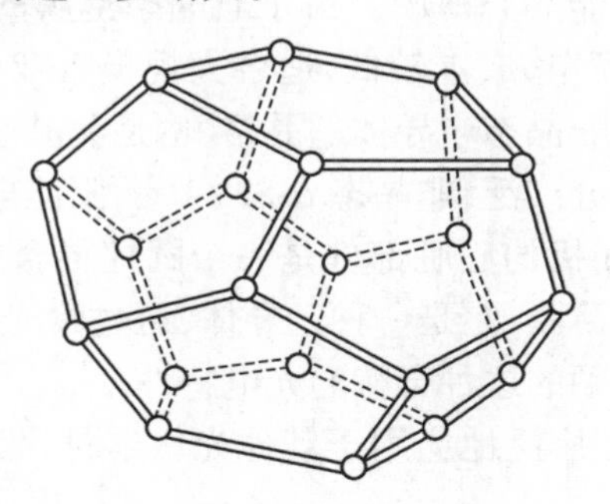

图 4.30　非晶原子团模型

连续无规网络(continuous random network，CRN)模型假设每个原子在三维空间排列的短程序只有相同的化学键特性，而在几何上的排列是完全无序的、没有周期性的，因而该结构模型可无限地堆积直到充满整个空间。图 4.31 是这种模型的二维结构图。当然，这种由化学键合性质决定的基本结构单元之中的键长、键角以及组态的二面角的无规起伏是明显受到限制的。在这种模型中，当所有的键都得到满足时，称为理想连续无序网络模型。

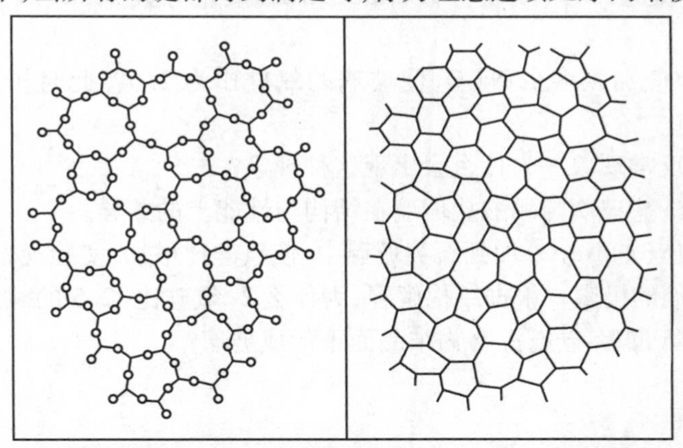

(a)扎哈里阿森的二元玻璃(A_2B_3)图　(b)三重配位元素的CRN

图 4.31　二维连续无序网络结构示意图

由于根据模型计算与实验获得的物理量之间符合得相当好，因此无规网络模型目前已成为描述和研究非晶半导体结构的主要根据。模型的进一步改进，例如，对原子间相互作用势的松弛等工作也有很大的进展。

(2)非晶态半导体的微结构

非晶态半导体的实际结构十分复杂，不同的半导体材料，其结构情况也不相同。

关于四面体键合的非晶态半导体硅和锗的结构可以概括说明如下：它们均为无规网络结构，最近邻仍保持四面体单元，配位数为 4。但与晶态相比，最近邻距可变化百分之几，键角变化为±7° ~ ±10°。次近邻有 12 个原子，二面角的取值在 0° ~ 60°连续分布。结构中存在的原子环类型,不同的结构模型给出的结果不完全一致,但多数认为,非晶结构中不只存在一种原子环,其中最可能的是六原子环,其他可能的原子环依次为:五、七、八原子环。

(3)非晶态半导体的应用

应用最多的半导体玻璃是非晶态薄膜。由于非晶态薄膜的制备对衬底材料没有晶态膜那样严格,因此制备工艺相对简单,成本较低,适合大规模工业化生产。另外,利用非晶态半导体薄层交替叠合形成的人工非晶态半导体超晶格,也是非晶态半导体研究的一个新领域。

非晶态半导体的应用已十分广泛,非晶态 α-Si∶H 太阳能电池是人们最为关注的非晶材料的应用之一。此外,光电复印机的心脏部件是一个圆柱形金属鼓,其上用真空蒸发法沉积的一层非晶态硒是一种半导体薄膜,它是一种光导体,通过曝光,其电子电导率大大加强。静电复印技术就是利用了非晶态硒的这种奇特的光电特性。

除此之外,非晶态半导体还广泛地应用于其他光敏器件、发光器件、场效应器件、热敏器件、电子开关与光盘等方面。

习题

4-1 试说明熔体中聚合物形成的过程。

4-2 试分析影响熔体黏度的因素有哪些?

4-3 玻璃的组成是13%(质量分数)NaO、13%(质量分数)CaO、74%(质量分数)SiO_2,计算桥氧数。

4-4 在 SiO_2 中应加入多少 Na_2O,使玻璃的氧硅比为2.5?此时析晶能力是增强还是削弱?

4-5 什么是硼反常现象?为什么会出现这种现象?

4-6 试比较硅酸盐玻璃与硼酸盐玻璃在结构与性能上的差异。

4-7 网络变性体(如 Na_2O)加到石英玻璃中,使氧硅比增加,实验观察到氧硅比为2.5~3时,即达到形成玻璃的极限。根据结构解释,为什么 $2<$氧硅比<2.5 的碱-硅石混合物可以形成玻璃,而氧硅比为3的碱-硅石混合物结晶而不形成玻璃?

第5章 胶体化学基础

胶体化学是物理化学的一个重要分支。它所研究的领域是化学、物理学、材料科学、生物化学等学科的交叉与重叠,已成为这些学科的重要理论基础。在无机材料科学领域中,常常涉及胶体体系和表面化学问题。例如,在陶瓷制造过程中,为适应成型工艺的需要,将高度分散的原料加水或加黏结剂制成流动的泥浆或可塑的泥团;在水泥砂浆中,使用减水剂促进水泥的分散等。

传统陶瓷工业中的泥浆系统,是以黏土(高岭石、蒙脱石、伊利石等)粒子为分散相,水为分散介质构成的分散体系。黏土-水系统胶体化学性质复杂,这些性质是无机材料制备工艺的重要理论基础。

5.1 分散体系

胶体科学研究的对象主要是某些大分子或小质点体系,是一个相(分散相)以一定细度分散于另一个相(分散介质)中所形成的多相体系,由于胶粒尺寸极小,该体系的界面非常大,因此其能量极高,是热力学不稳定体系。该体系中至少有一种组分的一个线度在 $1 \sim 10^3$ nm。因此,用“微多相”这个词来描述大多数胶体体系是比较恰当的。然而,在胶体和非胶体体系之间有时并没有明确的界限。

在实际应用中,重要的胶体体系非常多,在自然现象中,包含胶体与表面化学的过程也不少。表5.1是属于(至少在某些方面符合)胶体体系的例子。

表5.1 胶体体系

纸	食品	染料	墨水	橡胶	土壤	塑料	油漆
乳状液	除草剂	气溶胶	纺织品	发泡剂	混凝土	药物和化妆品	

与胶体和表面现象的利用密切相关的过程见表5.2。

表5.2 利用胶体和表面现象的实例

黏附	研磨	润湿	防水	离子交换	土壤改良	洗涤作用
电泳沉积	油井钻探	水的净化	乳液聚合	矿物浮选	污水处理	食品加工
路面处理	多相催化	沉淀作用	润滑作用	食糖精制	色层分离法	水蒸发控制

由表5.1和表5.2可以看出,物质处于胶体状态及其过程,有时对其应用是有利的,有时则是不利的。因此,掌握有关形成和破坏胶体的知识是相当重要的。描写物质行为的整体状态和分子状态的物理和化学的自然规律,当然也适用于胶体状态。胶体科学的典型特征,在

于将所研究的物理化学性质放在相对重要的位置上。

5.1.1 分散体系的组成

胶体化学研究的主要对象是高度分散的多相系统,而分散体系是指至少由两相组成的体系,其中形成粒子的相称为分散相,是不连续相;分散粒子所处的介质称为分散介质,即连续相。分散的粒子越小,则分散程度越高,体系内的界面积也越大。例如,水泥粉分散于水中形成的料浆系统中,水泥粉为分散相,而水则为分散介质。

5.1.2 分散体系的分类

粒子的大小直接影响到体系的物理化学性质。通常按分散程度的不同可将分散体系分为3类,其中粗分散体系颗粒大小大于0.1 μm,不扩散,不渗析,显微镜下可见;而分子分散体系(溶液)正相反,颗粒大小小于1 nm,扩散很快,能渗析,在超显微镜下看不见;胶体分散体系(溶胶)介于它们之间,颗粒大小在1 nm~0.1 μm,扩散极慢,在普通显微镜下看不见,但在超显微镜下可以看见。

上述分类方法在研究体系粒子大小时很方便,但对于实际体系的状态描述很含糊。因此引入下列分类方法,即分散体系按分散相和分散介质的聚集状态不同来分类,见表5.3。这种分类法包括范围很广,其中固-液溶胶、固-固凝胶体系对材料化学具有重要意义。

表5.3 分散体系的分类

类型	分散相	分散介质	名称	实例
1	液	气	气-液溶胶	雾
2	固		气-固溶胶	烟、尘
3	气	液	泡沫	洗衣泡沫、灭火泡沫
4	液		乳状液	牛奶
5	固		溶胶悬浮液	金溶胶、油漆、牙膏
6	气	固	凝胶(固态泡沫)	面包、泡沫塑料
7	液		凝胶(固态乳状液)	珍珠
8	固		凝胶(固态悬浮液)	合金、有色玻璃

胶体分散体系是指分散相的大小在1 nm~0.1 μm的分散体系。此范围内的粒子,具有一些特殊的物理化学性质。分散相的粒子可以是气体、固体或液体,比较重要的是固体分散在液体中的溶胶。一般将溶胶分为亲液溶胶和憎液溶胶两种。亲液溶胶指分散相和分散介质之间有很好的亲和能力,有很强的溶剂化作用,因此将这类大块分散相,放在分散介质中往往也自动散开,它们的固液间没有明显的相界面,如蛋白质、淀粉水溶液及其他高分子溶液等。虽然亲液溶胶具有某些溶胶特性,但本质上与普通溶液一样属于热力学稳定体系。憎液溶胶的分散相与分散介质之间亲和力较弱,有明显的相界面,属于热力学不稳定体系。憎液溶胶是胶体化学研究的主要内容。

5.2 胶体分散体系的物理化学性质

5.2.1 动力学性质

(1)液体介质中质点的运动

热运动在微观上表现为布朗运动,在宏观上表现为扩散与渗透。重力场(或离心力场)是沉降现象的推动力,在测定分子或质点大小以及形状的技术中,都涉及对这些简单性质的测定。在详细讨论这些动力学性质之前,有必要就液体中质点运动的一般规律进行一些概括。

1)沉降速度

设有一不带电的质点处于密度为ρ的液体中,质点的质量为m,比容为ν,则质点沉降时的推动力(或沉降力)为$m(1-\nu\rho)g$,与质点的形状或溶剂化程度无关。式中g为当地的重力加速度(或离心力加速度),因子$(1-\nu\rho)$为液体的浮力。液体对质点运动所施加的阻力随运动速度的增加而增加。设运动速度不是太快(胶体或稍大的质点通常如此),大致可认为,液体的阻力与质点的沉降速度成正比。在某一瞬间,当沉降推动力与液体阻力平衡时,其极限速度为$\mathrm{d}x/\mathrm{d}t$,则

$$m(1-\nu\rho)g=f\frac{\mathrm{d}x}{\mathrm{d}t} \tag{5.1}$$

式中 f——质点在该介质中的摩擦系数。

对于球形质点,斯托克斯定律给出的摩擦系数为

$$f=6\pi\eta\alpha \tag{5.2}$$

式中 η——介质的黏度;

a——质点的半径。

设ρ_2为处于溶解或分散状态的球形质点密度(即$\rho_2=1/\nu$),则

$$\frac{4}{3}\pi\alpha^3(\rho_2-\rho)g=6\pi\eta\alpha\frac{\mathrm{d}x}{\mathrm{d}t}$$

或

$$\frac{\mathrm{d}x}{\mathrm{d}t}=\frac{2\alpha(\rho_2-\rho)g}{9\eta} \tag{5.3}$$

斯托克斯定律的导出作了如下假设。

①球形质点的运动非常缓慢。

②质点周围的液体介质延伸至无限远处,即在无限稀释的溶液或悬浮液中。

③液体介质分子比质点的线度小,因此它是连续的。这一假设适用于胶体质点的运动而不适用于小分子或离子的运动,因为小分子或离子的大小与构成液体的分子相当。

对于球形胶体质点的沉降、扩散或电泳,其偏离斯托克斯定律的程度通常远远小于1%,因而可以忽略不计。

2)摩擦比

不对称质点的摩擦系数与质点的取向有关。在低速度下,由于偶然的扰动,质点的取向应该是随机分布的,同时,液体对于质点运动的阻力可用以各种可能取向的摩擦系数的平均值来表示。当质点的大小均匀时,摩擦系数随不对称程度的增加而增加,因为不对称质点以

其端头朝着流动方向时,液体的阻力有所减少,但当质点以其侧面朝着流动方向时,则阻力大为增加,故平均阻力也将增加。

质点的溶剂化(或在水溶液中的水化)也会增加其摩擦系数。

一个具有一定体积的干物质中的质点,只有在某一特定液体中,且当它处于未溶剂化的球形时,才具有最小的摩擦系数f_0。因此,摩擦比为f/f_0(即实际摩擦系数与相应的未溶剂化的球的摩擦系数之比)是衡量质点的不对称性与溶剂化的一个综合指标。

(2)布朗运动与平移扩散

1)布朗运动

动力学理论的一个基本推论是在没有外力存在时,所有的悬浮质点,不论其大小,都有相同的平均平动能。任一质点的平均平动动能均为$\frac{3}{2}kT$,或沿给定轴方向为$\frac{1}{2}kT$,即$\frac{1}{2}m(\mathrm{d}x/\mathrm{d}t)^2=\frac{1}{2}kT$等。换言之,即质点的平均速度随质点质量的减小而增加。

由于质点无规撞击悬浮液的分子、其他质点和容器壁,使得质点运动的方向不断改变,每个质点沿着一个复杂而不规则的"之"字形路线运动。当质点大到能够观察到的程度时,这种无规则运动被称为布朗运动。因植物学家布朗第一个用花粉颗粒悬浮于水中观察到这种现象而得名。质点越细,布朗运动越明显。

如果把布朗运动看成三维的"无规行走",那么质点在时间t中,沿指定轴的位移x可由爱因斯坦方程给出

$$\bar{x}=(2Dt)^{\frac{1}{2}} \tag{5.4}$$

式中　D——扩散系数。

无规则运动的理论有助于理解线性高聚物在溶液中的行为,柔顺的线性聚合物分子的各个链段经受着独立的热扰动,因而整个分子具有一种经常改变的某种无规构型。对于一个完全柔顺而无规的链,由每个长度为1的n个链节构成,则链的平均末端距为$1(n)^{1/2}$[参照式(5.4)];如果相邻链节的夹角指定为109°28′(四面体角),则链的末端距为$1(2n)^{1/2}$。

悬浮物质的扩散系数与质点摩擦系数的关系由爱因斯坦扩散定律给出

$$Df=kT \tag{5.5}$$

因此,对于球形质点

$$D=\frac{kT}{6\pi\eta\alpha}=\frac{RT}{6\pi\eta\alpha N_A} \tag{5.6}$$

式中　N_A——阿伏伽德罗(Avogadro)常数,从而

$$\bar{x}=\left(\frac{RTt}{3\pi\eta\alpha N_A}\right)^{\frac{1}{2}} \tag{5.7}$$

佩兰(Perrin)于1908年研究了已知质点大小的经分馏玛碲脂和藤黄悬浮液的布朗位移,所计算出N_A在$(5.5\sim8)\times10^{23}\ \mathrm{mol^{-1}}$范围之内。此后的实验得出过更加接近于公认的$N_A$,其数值为$6.02\times10^{23}\ \mathrm{mol^{-1}}$。例如,斯维德伯格(Svedberg)于1911年对已知质点大小的金溶胶在超显微镜下进行观察,计算出$N_A=6.09\times10^{23}\ \mathrm{mol^{-1}}$。从观察布朗运动而获得相当准确的阿伏伽德罗常数为动力学理论提供了十分有益的证实。

分子或小质点所不断发生的浓度涨落也是布朗运动的结果,因此,热力学第二定律仅适

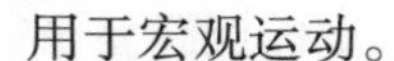

用于宏观运动。

2)平移扩散

扩散是分子从高浓度区向低浓度区迁移的行为,也是布朗运动的直接结果。

菲克(Fick)定律(类似于热传导方程)说明,在 $\mathrm{d}t$ 时间内通过面积 A 朝 x 方向扩散的物质之量 $\mathrm{d}m$ 与该平面处的浓度梯度 $\mathrm{d}c/\mathrm{d}x$ 成正比

$$\mathrm{d}m=-DA\frac{\mathrm{d}c}{\mathrm{d}x}\mathrm{d}t \tag{5.8}$$

式中,负号表示扩散是朝着浓度降低的方向进行的,任一指定部位的浓度变化速度还可用完全等效的菲克第二定律来表达。比例系数 D 称为扩散系数,它不是一个固定的而是与浓度的变化略有关系的常数。

式(5.4)与式(5.5)可以从式(5.6)导出如下

$$\frac{\mathrm{d}c}{\mathrm{d}t}=D\frac{\mathrm{d}^2c}{\mathrm{d}x^2} \tag{5.9}$$

5.2.2 电动现象

(1)电泳

在外加电场下,胶体粒子在分散介质中做定向移动的现象称为电泳。有多种研究电泳的实验方法,例如,观察溶胶与其超滤液之间的界面,在外加电场中的移动来测定电泳速率;纸上电泳(主要用于生物胶体);观察个别胶粒电泳的微电泳仪等。胶体的电泳证明了胶粒是带电的。根据胶粒所带的电荷正负号,溶胶可向阳极或阴极移动。

若在溶胶中加入电解质,则对电泳会有显著影响。随外加电解质的增加,电泳速率常会降低以至变为零,外加电解质还能够改变胶粒带电的符号。

影响电泳的因素有带电粒子的大小、形状;粒子表面的电荷数目;溶剂中电解质的种类、离子强度以及 pH 值、温度和所加电压等。

(2)电渗

在外加电场下,能观察到分散介质会通过多孔膜或极细的毛细管(半径为 1 ~ 10 nm)而移动,即固相不动而液相移动,此现象称为电渗。实验表明,液体移动的方向因多孔膜的性质不同而异。例如,当用滤纸、玻璃或棉花等构成多孔膜时,则水向阴极移动,这表示液相带正电荷;而当用 Al_2O_3、$BaCO_3$ 等物质构成多孔膜时,则水向阳极移动,显然此时液相带负电荷。外加电解质对电渗速率的影响也很显著,随电解质浓度的增加电渗速率降低,甚至会改变液体流的方向。

(3)流动电势

电渗作用的反面现象是流动电势,它是指在外力作用下(加压)液体在毛细管中流经多孔膜时,在膜的两边会产生电势差。毛细管的表面是带电的,如果外力迫使液体流动,由于扩散层的移动,与固体表面产生电势差,从而产生了流动电势。用泵输送碳氢化合物,在流动过程中产生流动电势,高压下易于产生火花。由于此类液体易燃,故应采取相应的防护措施。如油管接地或加入油溶性电解质,以增加介质的电导,减小流动电势。

(4)沉降电势

若使分散相粒子在分散介质中迅速沉降,则在液体的表面层与底面层之间会产生电势

差,称为沉降电势,它是电泳作用的反面现象。储油罐中的油内常含有水滴,水滴的沉降常形成很高的沉降电势,甚至达到危险的程度。通常解决的办法是加入有机电解质,以增加介质的电导。

电泳、电渗(由外加电势差而引起固-液相之间的相对移动)、流动电势和沉降电势(由固-液相之间的相对移动而产生电势差),其电学性质均与固相与液相间的相对移动有关,故统称为电动现象,其中以电泳和电渗最为重要。通过电动现象的研究,可以进一步了解胶体粒子的结构以及外加电解质对溶胶稳定性的影响。电泳还有多方面的实际应用,如应用电泳的方法可以使橡胶容易硫化,得到拉力很强的产品。此外,电泳涂漆、陶器工业中高岭土的精炼、石油工业中天然石油乳状液油水的分离,以及不同蛋白质的分离等,都应用到了电泳作用。工业和工程中泥土和泥炭的脱水则是电渗实际应用的另一个例子。

(5)双电层和电动电势

直到双电层的理论提出以后,人们才了解产生电动现象的原因。当固体与液体接触时,可以是固体从溶液中选择性吸附某种离子,也可以是固体分子本身的电离作用使离子进入溶液,以致固液两相分别带有不同符号的电荷,在界面上形成了双电层结构。

亥姆霍兹(Helmholtz)于 1879 年提出平板型模型,认为带电质点的表面电荷(即固体的表面电荷)与带相反电荷的离子(也称为反离子)构成平行的两层,称为双电层。其距离约等于离子半径,如同一个平板电容器。固体表面与液体内部的电位差称为质点的表面电势函 Φ_0(即热力学电势),在双电层内 Φ_0 呈直线下降,如图 5.1 所示 δ 是双电层厚度。在电场作用下,带电质点和溶液中的反离子分别向相反的方向运动。这种模型虽然对电动现象给予了说明,但显然是极简单的。例如,由于离子的热运动,它不可能形成平板式的电容器。

古依(Gouy)和查普曼(Chapman)修正了上述模型,提出了扩散双电层模型。该模型认为,由于静电吸引作用和热运动两种效应的结果,在溶液中与固体表面离子电荷相反的离子只有部分紧密地排列在固体表面上(距离 1 ~ 2 个离子的厚度),另一部分离子与固体表面的距离则可以从紧密层一直分散到本体溶液之中,因此双电层实际上包括了紧密层和扩散层两部分。在扩散层中离子的分布可用玻尔兹曼分布公式表示。当在电场作用下,固-液相之间发生电动现象时,移动的切动面为面,如图 5.2 所示。相对运动边界处于液体内部的电位差称为电动势或 ζ 电势。显然,表面电势 Φ_0 与 ζ 电势不同。随着电解质浓度的增加或电解质价型增加,双电层厚度减小,ζ 电势也减小。

古依-查普曼模型虽然克服了亥姆霍兹模型的缺陷,但也有许多不能解释的实验事实。例如,虽然提出了扩散层的概念,提出了 Φ_0 与 ζ 电势的不同,但对电势并未赋予更明确的物理意义。根据古依-查普曼模型,ζ 电势随离子浓度的增加而减小,但永远与表面电势同号,其极限值为零。但实验中发现,有时电势会随离子浓度的增加而增加,甚至有时可与 Φ_0 反号。这些均无法用古依-查普曼模型解释。

斯特恩(Stern)作了进一步修正。他认为紧密层(后又称为斯特恩双电层)有 1 ~ 2 个分子层厚,紧密吸附在表面上;在紧密层中,反离子的电性中心构成所谓的斯特恩平面;在斯特恩双电层内电势的变化情形与亥姆霍兹的平板模型一样,Φ_0 直线下降到斯特恩平面的 Φ_δ 由于离子的溶剂化作用,紧密层结合一定数量的溶剂分子,在电场作用下,它和固体质点作为一个整体一起移动。因此,切动面的位置略比斯特恩双电层靠右,如图 5.3 所示,ζ 电势也相应略低于 Φ_δ(如果离子浓度不太高,则可以认为两者是相等的,一般不会引起很大的误差)。

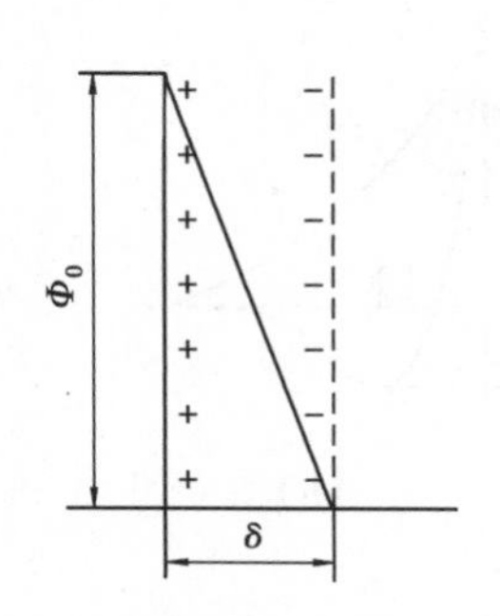

图 5.1 平板双电层模型

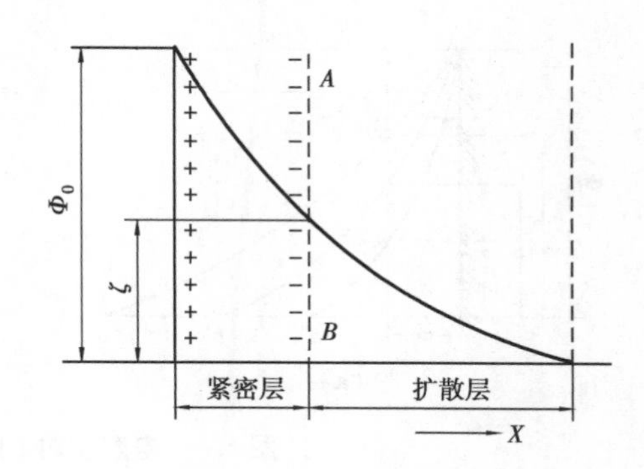

图 5.2 扩散双电层模型

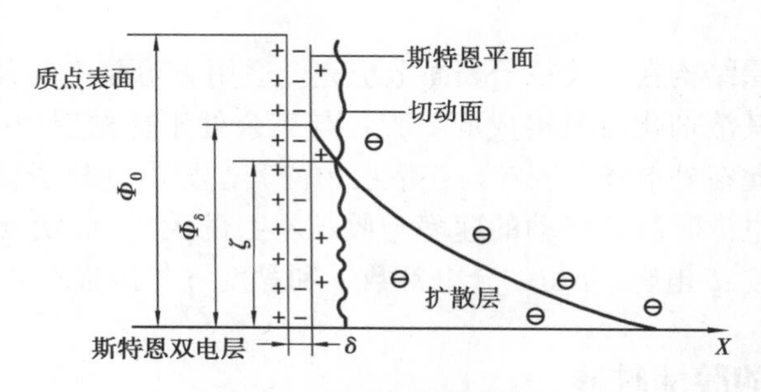

图 5.3 斯特恩双电层模型

当某些高价反离子或较大的反离子(如表面活性离子),由于高的吸附能而大量进入紧密层时,则可能使 Φ_0 反号。若同号大离子因强烈的范德华力能够克服静电排斥而进入紧密层时,可使 Φ_δ 电势高于 Φ_0。

综上所述,任何模型都是在不断修正过程中得以逐步完善。斯特恩双电层模型显然能解释更多的事实。但是由于定量计算上的困难,因此通常其理论处理仍然可以采用古依-查普曼模型处理方法,只是将 Φ_0 换为 Φ_δ。

ζ 电势与热力学电势 Φ_0 不同。Φ_0 的数值主要取决于溶液中与固体成平衡的离子浓度;而 ζ 电势则随着溶剂化层中离子的浓度而改变,少量外加电解质对电势的数值会有显著的影响,随着电解质浓度的增加,ζ 的数值降低,甚至可以改变符号。图 5.4(a)中绘出了 ζ 电势随外加电解质浓度的增加而变化的情况。图 5.4 中 δ 为固体表面所束缚的溶剂化层厚度,d 为没有外加电解质时扩散双电层的厚度,其大小与电解质的浓度、价数及温度都有关系。随着外加电解质浓度的增加,有更多与固体表面离子符号相反的离子进入溶剂化层,同时双电层的厚度变薄(从 d 变成 d',d'',…),ζ 电势下降(从 ζ 变为 ζ',ζ'',…)。当双电层被压缩到与溶剂化层叠合时,ζ 电势降到零为极限。如果外加电解质中异电性离子的价数很高,或者其吸附能力特别强,则在溶剂化层内吸附了过多的异电性离子,这样就使 ζ 电势改变符号。图 5.4(b)表示 ζ 电势变号前后双电层中电势分布的情况。可是,少量外加电解质对热力学电势 Φ_0 却未产生显著的影响。

利用双电层和 ζ 电势的概念,可以说明电动现象。以电渗为例,研究电渗时所有的多孔膜实际上是许多半径极细的毛细管的集合。对于其中每一根毛细管而言,固-液界面上都有如上所述的双电层结构。在外加电场下固体及其表面溶剂化层不动,而扩散层中其余与固体

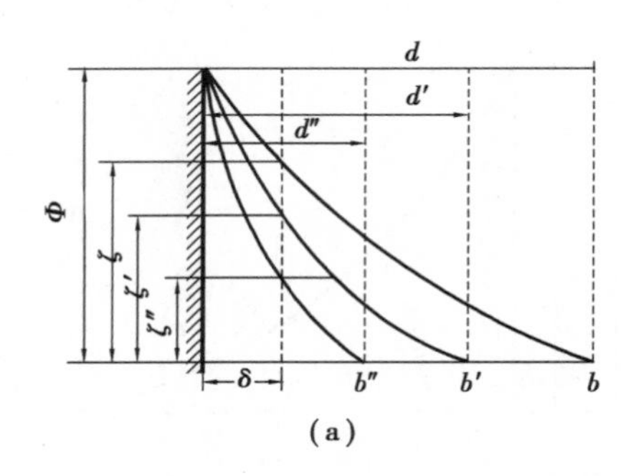

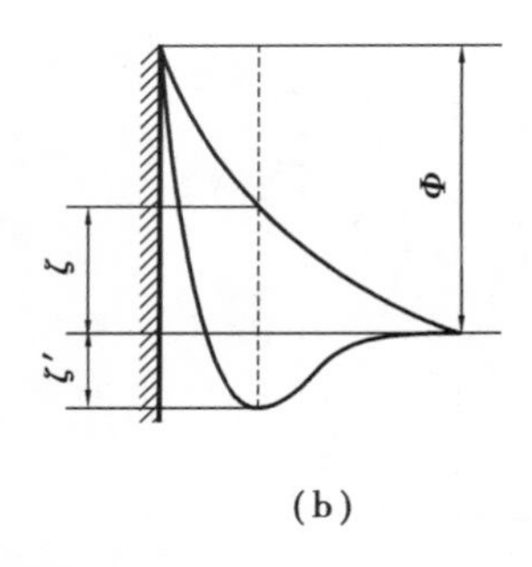

图 5.4　电解质对 ζ 的影响

表面带相反电荷的离子则可以发生移动。这些离子都是溶剂化的,因此便可观察到分散介质的移动。

上述讨论的双电层结构在溶胶粒子表面上也完全适用。溶胶中的独立运动单位是胶粒,它实际就是固相连同其溶剂化层所构成的。胶粒与其余处于扩散层中的异电性离子之间的电位降即为电势。因此在外电场下胶粒与扩散层中的其余异电性离子彼此向相反方向移动,而发生电泳作用。在电泳时胶粒移动的速率与胶粒本身的大小、形状及所带的电荷有关,也与外加电场的电场强度、ζ 电势、介质的介电常数 ε 和黏度 η 等因素有关。

5.3　黏土-水体系的胶体性质

胶体是一个相(分散相)以一定细度分散于另一个相(分散介质)中所形成的多相体系,由于胶粒尺寸极小,该体系的界面非常大,因而其能量极高,是热力学不稳定体系。

黏土是无机非金属材料工业生产中的主要原料。在陶瓷材料制造过程中,为适应成型工艺的需要,常将黏土分散到水中以制成流动性好的泥浆体系或具有可塑性的泥团体系,这两类体系由于具有高度分散性和多相性等特点,又属于胶体系统研究的范畴。

黏土是具有层状结构的硅酸盐矿物,主要有高岭石、蒙脱石、伊利石三大类。由于黏土具有层状结构,其层间的作用力较弱,较易发生层与层之间的片状解理,因此黏土的尺寸一般很小,为 0.1 ~ 10 μm,它具有很大的比表面积,高岭石约为 20 m^2/g,蒙脱石为 100 m^2/g,因而它们表现出一系列的表面化学性质。黏土又具有荷电与水化等性质,黏土粒子分散在水介质中所形成的泥浆系统是介于溶胶-悬浮液-粗分散体系之间的一种特殊状态。泥浆在适量电解质的作用下具有溶胶稳定的特性,而泥浆中黏土粒度分布范围宽,细分散粒子有聚结降低表面能的趋势,粗颗粒有重力沉降作用。因此,聚结不稳定性(聚沉)是泥浆存放后的必然结果。分散和聚沉除与黏土本性有关外,还与电解质数量及种类、温度、泥浆浓度等因素有关。这就构成了黏土-水系统胶体化学性质的复杂性。这些性质是无机材料制备工艺的重要理论基础。

5.3.1　带电理论与ζ-电位

(1)黏土胶体的电动电位

胶体化学中已经指出,胶体体系处于一种介稳状态,是一个热力学不稳定而动力学稳定的体系。许多胶体能长期稳定存在而不发生聚沉是因为胶体中微粒表面带有相同的电荷,或是胶体颗粒外存在着"扩散双电层",使得胶体微粒在相互接近或碰撞时产生斥力,进而保持体系的稳定性。

扩散双电层是若固体表面带电,当其分散到液相中时,在它的周围就会分布着与固相表面电性相反、电荷相等的离子,由于离子的热运动,使得这些等量异号的离子扩散分布在固体颗粒周围。其中部分紧靠固体表面被牢固吸附的异号离子层叫吸附层,其余形成一个异号离子浓度减小的扩散层,扩散层一直到固体表面的电荷全部被中和为止。

黏土粒子表面一般带有负电荷,因此,当黏土粒子分散在水溶液中时,其颗粒表面也会形成类似的扩散双电层。黏土颗粒(又称胶核)表面吸附着完全定向的水分子层和水化阳离子,这部分吸附层与胶核形成一个整体,一起在介质中移动(称为胶粒);吸附层外由于吸引力较弱,被吸附的阳离子将依次减少,形成离子浓度逐渐减小的扩散层(胶粒+扩散层称为胶团),这样围绕黏土粒子便形成了扩散双电层。在电场或其他力场作用下,带电黏土与双电层之间发生部分剪切运动而表现出来的电学性质称为电动性质。

黏土胶粒分散在水中时,黏土颗粒对水化阳离子的吸附随着黏土与阳离子之间距离的增大而减弱,又由于水化阳离子本身的热运动,因此黏土表面阳离子的吸附不可能整齐地排列在一个面上,而是随着与黏土表面距离的增大,阳离子分布由多到少,如图5.5所示。到达点P平衡了黏土表面全部的负电荷,点P与黏土质点距离的大小则决定于介质中离子的浓度、离子电价及离子热运动的强弱等。在外电场作用下,黏土质点与一部分吸附牢固的水化阳离子(如面AB以内)随黏土质点向正极移动,这一层称为吸附层;而另一部分水化阳离子不随黏土质点移动,却向负极移动,这层称为扩散层(由面AB至点P)。因为吸附层与扩散层各带有相反的电荷,所以相对移动时两者之间就存在着电位差,这个电位差称为电动电位或ζ-电位。

黏土质点表面与扩散层之间的总电位差ψ称为热力学电位差,ζ-电位则是吸附层与扩散层之间的电位差。显然$\psi>\zeta$,如图5.6所示。

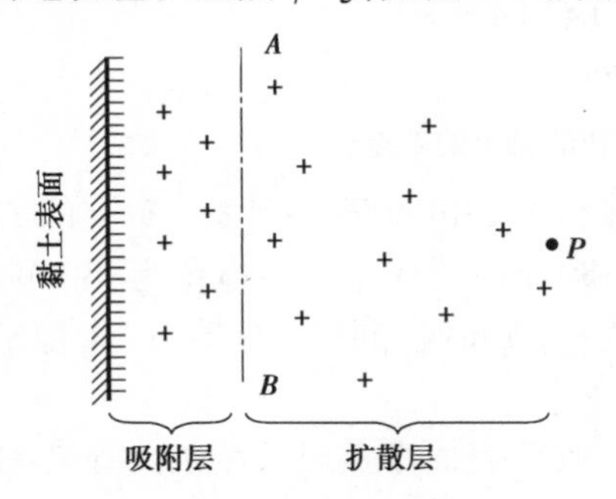

图5.5　黏土表面的吸附层与扩散层

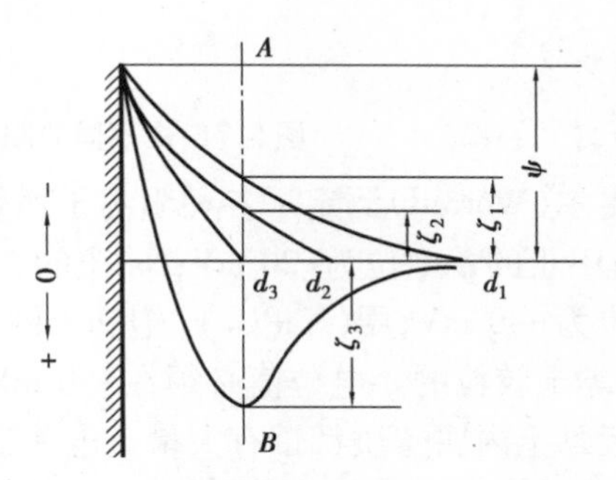

图5.6　黏土的电动电位

ζ-电位的高低与阳离子的电价和浓度有关。如图5.6所示,ζ-电位随扩散层的增厚而增高，如 $\zeta_1>\zeta_2$，$d_1>d_2$。这是由于溶液中离子浓度较低，阳离子容易扩散而使扩散层增厚。当离子浓度增加，致使扩散层压缩，即点 P 向黏土表面靠近，ζ-电位也随之下降。当阳离子浓度进一步增加直至扩散层中的阳离子全部压缩至吸附层内，此时点 P 与面 AB 重合，ζ-电位等于零，即等电态。如果阳离子浓度进一步增加，甚至达到改变 ζ-电位符号，如图 5.6 所示的 ζ_3 与 ζ_1、ζ_2 符号相反。一般有高价阳离子或某些大的有机离子存在时，往往会出现 ζ-电位改变符号的现象。

根据静电学基本原理可以推导出电动电位的公式为

$$\zeta=\frac{4\pi\sigma d}{D} \tag{5.10}$$

式中 ζ——电动电位；

σ——表面电荷密度；

d——双电层厚度；

D——介质的介电常数。

由式(5.10)可见，ζ-电位与黏土表面的电荷密度、双电层厚度成正比，与介质的介电常数成反比。ζ-电位数值对黏土泥浆的稳定性有重要的作用。

黏土胶体的电动电位受到黏土的静电荷和电动电荷的控制，因此凡是影响黏土这些带电性能的因素都会对电动电位产生作用。

溶液中阳离子浓度较低时，扩散较容易，则扩散双电层较厚，ζ-电位上升。黏土吸附了不同阳离子后对 ζ-电位的影响可由图 5.7 看出，由不同阳离子所饱和的黏土，其 ζ-值电位与阳离子半径、阳离子电价有关。用不同价阳离子饱和的黏土其 ζ-电位次序为：M^+-土>M^{2+}-土>M^{3+}-土（其中吸附 H_3O^- 例外）。而同价阳离子饱和的黏土，其 ζ-电位次序随着离子半径的增大，ζ-电位降低。这些规律主要与离子水化度及离子同黏土吸引力强弱有关。

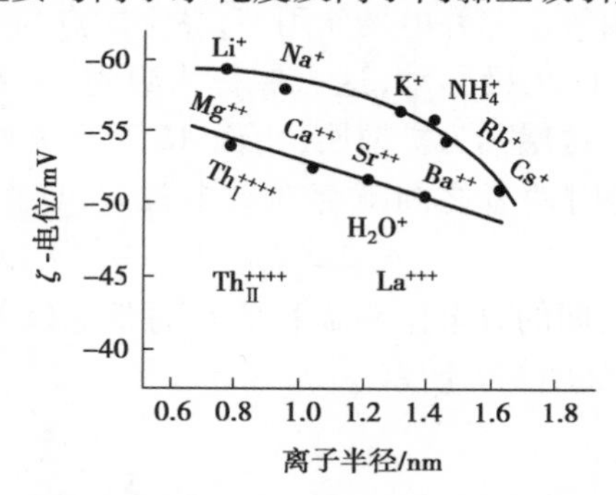

图 5.7 由不同的阳离子所饱和的黏土的 ζ-电位

瓦雷尔（Worrall）测定了各种阳离子所饱和高岭土的 ζ-电位值。例如，Ca-土的 ζ-电位为 -10 mV；H-土的 ζ-电位为 -20 mV；Na-土的 ζ-电位为 -80 mV；天然土的 ζ-电位为 -30 mV；Mg-土的 ζ-电位为 -40 mV；用 $(NaPO_3)_6$ 饱和土的 ζ-电位为 -135 mV。同时，还指出一个稳定的泥浆悬浮液，黏土胶粒的 ζ-电位值必须在 -50 mV 以上。

一般黏土内腐殖质都带有大量负电荷，使得黏土胶粒表面净负电荷增加。显然黏土内有机质对黏土 ζ-电位有影响。如果黏土内有机质含量增加，则导致黏土 ζ-电位升高。如河北唐山紫木节土含有机质为 1.53%，测定原土的 ζ-电位为 -53.75 mV。如果用适当方法去除其有机质后测得 ζ-电位为 -47.30 mV。

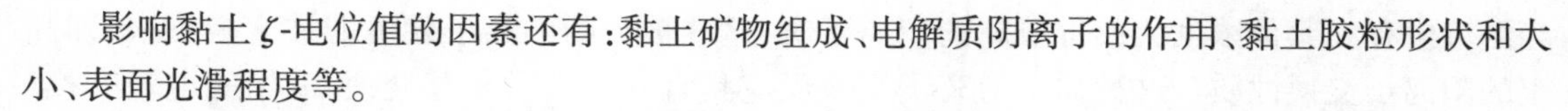

影响黏土 ζ-电位值的因素还有：黏土矿物组成、电解质阴离子的作用、黏土胶粒形状和大小、表面光滑程度等。

ζ-电位的高低对黏土泥浆的一系列工艺性质，如稳定性、流动性等都有很大的影响。一般来说，ζ-电位越高，泥浆越稳定，流动性也越好。

(2)黏土与水的作用

通过对黏土的热分析表明，黏土中的水有结合水(吸附水)和结构水两种。结合水吸附在黏土矿物层间，在 100～200 ℃较低温度下即可脱去。结构水以—OH 形式存在于黏土晶格中，其脱水温度为 400～600 ℃，随黏土种类不同而不同。

对于黏土-水系统，结合水往往更为重要。黏土带有结合水的原因有：黏土的同晶置换，使其电价不平衡而吸附阳离子，这些被吸附的阳离子又是水化的，从而使得黏土粒子带有结合水；黏土粒子表面或层间的氧、—OH 可与靠近表面的水分子通过氢键而键合；此外，黏土粒子表面带电，存在着一个静电场，使得极性水分子在黏土表面上发生定向排列。基于以上 3 个原因，黏土表面总含有一部分结合水，即黏土的表面吸附着一层层定向排列的水分子层，极性分子依次重叠，直至水分子的热运动足以克服上述引力作用时，水分子逐渐过渡到不规则的排列。

黏土表面的结合水根据水与黏土胶粒之间结合力的强弱而分成牢固结合水、疏松结合水和自由水。紧靠黏土颗粒、束缚很紧的一层完全定向的水分子层称为牢固结合水(又称吸附水膜)，其厚度为 3～10 个水分子层。这部分水与黏土颗粒形成一个整体，在介质中一起移动。在牢固结合水周围一部分定向程度较差的水称为松结合水(又称扩散水膜)。在松结合水以外的水为自由水。

由于结合水(包括牢固结合水与松结合水)在电场作用下发生定向排列，其在物理性质上与自由水有所不同，如密度大、热容小、介电常数小、冰点低等。

影响黏土结合水量的因素有黏土矿物组成、黏土分散度、黏土吸附阳离子种类等。黏土的结合水量一般与黏土阳离子交换容量成正比。一般黏土阳离子交换容量大的，结合水量也大。对于含同一种交换性阳离子的黏土，蒙脱石的结合水量要比高岭石大。高岭石结合水量随粒度减小而增加，这是因为高岭石细度减小后，吸附离子量增加，结合水量也增加，而蒙脱石与蛭石的结合水量则与颗粒细度无关。此外，吸附离子种类不同时，结合水量也不同。关于黏土吸附不同价阳离子后的结合水量通过实验证明，黏土与一价阳离子结合水量>黏土与二价阳离子结合的水量>黏土与三价阳离子结合的水量。同价离子与黏土结合水量是随着离子半径的增大，结合水量减少，如 Li-黏土结合水量>Na-黏土结合水量>K-黏土结合水量。

黏土与水结合的数量可以用测量润湿热来判断。黏土与这 3 种水结合的状态与数量将会影响黏土-水系统的工艺性能。如塑性泥料要求含水量达到松结合水状态，而流动泥浆则要求有自由水存在。

5.3.2 离子交换与结合水

(1)离子交换与吸附

由于黏土颗粒表面带有电荷，因此，它就会吸附介质中的异号离子以平衡其过剩的电价。如蒙脱石板面上通常带负电，一些水化的阳离子如 Ca^{2+}、Na^{+}、H^{+} 就可能被吸附在其表面上。

当溶液中存在其他浓度大或价数高的阳离子时，这些被吸附的离子就可能被交换出来，即黏土的阳离子交换性质。这种黏土的离子交换反应具有同号离子相互交换、离子等电量交换、交换和吸附是可逆过程和离子交换不影响黏土本身结构等特点。

离子吸附和离子交换是一个反应中同时进行的两个不同过程，例如

$$2Na\text{-黏土}+Ca^{2+}\longrightarrow Ca\text{-黏土}+2Na^{+}$$

在这个反应中，为满足黏土与离子之间的电中性，必须 1 个 Ca^{2+} 交换 2 个 Na^{+}。而对 Ca^{2+} 是由溶液转移到胶体上，这是离子的吸附过程。但对被黏土吸附的 Na^{+} 转入溶液，则是解吸过程。吸附和解吸的结果使 Ca^{2+}、Na^{2+} 相互换位即进行交换。由此可见，离子吸附是黏土胶体与离子之间的相互作用，而离子交换则是离子之间的相互作用。

利用黏土的阳离子交换性质可以提纯黏土及制备吸附单一离子的黏土。例如，将带有各种阳离子的黏土通过带一种离子的交换树脂发生如下的反应

$$X\text{-树脂}+Y\text{-黏土}\longrightarrow Y\text{-树脂}+X\text{-黏土}$$

式中　X——单一离子；

　　Y——混合的各种离子。

因为任何一个树脂的交换容量都是很高的（250～500 mmol/100 g 树脂），在溶液中 X 离子浓度远大于 Y，因此能保证交换反应完全。

（2）阳离子交换容量及影响因素

黏土的阳离子交换容量（cation exchange capacity，CEC），用 100 g 干黏土所吸附离子的毫摩尔数来表示。

黏土的阳离子交换容量是黏土荷电多少、吸附量大小的表征。黏土荷电越多、吸附量越大，则交换容量就越大。那么，影响黏土阳离子交换容量的因素如下。

1）矿物组成

不同类型的黏土矿物其交换容量相差很大。在蒙脱石中同晶置换的数量较多，约占 80%，晶格层间结合疏松，遇水易膨胀而分裂成细片，颗粒分散度高，因而交换容量大，为 75～150 mmol/100 g 土。在伊利石中层状晶胞间结合很牢固，遇水不易膨胀，颗粒分散度较蒙脱石小，晶格中同晶置换只有 Al^{3+} 取代 Si^{4+}，结构中 K^{+} 位于破裂面时，才成为可交换阳离子的一部分，因此其交换容量比蒙脱石小，为 10～40 mmol/100 g 土。高岭石中同晶置换极少，只有断键是吸附交换阳离子的主要原因，因此其交换容量最小，为 3～15 mmol/100 g 土。

2）黏土的分散度

不同矿物组成的黏土，分散度对交换容量的影响程度不同。例如，蒙脱石交换容量的 80% 是由同晶置换引起的，分散度对其交换容量的影响不是很大；而高岭石和伊利石的交换容量主要是靠断键或将层间的 K^{+} 暴露而引起，故分散度越高，颗粒越细，阳离子交换容量越大。

3）黏土内有机质的含量

黏土内有机质带有大量负电荷，约每 100 g 腐殖质的阳离子交换容量为 200～500 mmol，因此，有机质含量越高，阳离子交换容量越大。

4）介质的 pH 值

介质中 pH 值升高，碱性增强，净负电荷增加，阳离子交换容量增大。

总之，同一种矿物组成的黏土其交换容量并不是固定的，而是在一定的范围内波动。黏

土的阳离子交换容量通常代表黏土在一定 pH 值条件下的净负电荷数，由于各种黏土矿物的交换容量数值差距较大，因此测定黏土的阳离子交换容量也是定性鉴定黏土矿物组成的方法之一。

(3)阳离子交换序列

为什么有的离子可将已吸附在黏土上的离子交换下来，有的则不能呢？这主要取决于黏土与吸附离子之间作用力的大小。作用力大的，吸附得牢固，从而能将吸附不牢固即作用力小的离子交换下来。当环境条件相同时，这种作用力的大小取决于以下两个因素。

1)黏土吸附阳离子的电荷数

黏土吸附阳离子的价数越高，则与黏土之间吸力越强，作用力越大。黏土对不同价阳离子的吸附能力次序为 $M^{3+}>M^{2+}>M^{+}$(M 为阳离子)。如果 M^{3+} 被黏土吸附，则在相同浓度下 M^{2+}、M^{+}不能将它交换下来；而 M^{3+}能把已被黏土吸附的 M^{2+}、M^{+}交换出来。H^{+}是特殊的，由于它的体积小，电荷密度高，黏土对它吸力最强。

2)离子的水化半径

离子的水化半径增大，与黏土间的静电引力减弱，吸附能力也减弱。同价离子间，离子半径越小，其对水分子偶极子所表现的电场强度越大，其水化膜越厚，水化半径就越大，此时与黏土表面的距离增大，根据库仑定律它们之间的吸附能力就减弱。如一价阳离子的离子半径 $K^{+}>Na^{+}>Li^{+}$，则水化半径 $Li^{+}>Na^{+}>K^{+}$，故吸附能力为 $K^{+}>Na^{+}>Li^{+}$。

对于不同价离子的水化半径，情况就较复杂一些。一般高价离子的水化分子数大于低价离子，但由于高价离子具有较高的表面电荷密度，它的电场强度将比低价离子大，此时高价离子与黏土颗粒表面的静电引力的影响可以超过水化膜厚度的影响。

根据离子价效应及离子水化半径，在离子浓度相同的条件下，可将黏土的阳离子交换序排列如下

$$H^{+}>Al^{3+}>Ba^{2+}>Sr^{2+}>Ca^{2+}>Mg^{2+}>NH_4^{+}>K^{+}>N^{+}>Li^{+}$$

H^{+}由于离子半径小，电荷密度大，占据交换吸附序首位。在离子浓度相等的水溶液里，位于序列前面的离子能交换出序列后面的离子。离子浓度不等时，一般浓度大的离子可以交换浓度低的离子。

5.3.3　泥浆流动性和稳定性

在硅酸盐材料制造过程中，为了适应工艺的需要，希望获得含水量低，又同时具有良好的流动性(流动度=$1/\eta$)、稳定性的泥浆(如黏土加水、水泥拌水)。为达到此要求，一般都在泥浆中加入适量的稀释剂(或称减水剂)，如水玻璃、纯碱、纸浆废液、木质素磺酸钠等。图 5.8 和图 5.9 为泥浆加入减水剂后的流变曲线和泥浆稀释曲线。这是生产与科研中经常用于表示泥浆流动性变化的曲线。

图 5.8 通过剪切应力改变时，剪切速度的变化来描述泥浆流动状况。泥浆未加碱(曲线 1)时显示高的屈服值。随着加入碱量的增加，流动曲线由曲线 1 向着屈服值降低方向移动得到曲线 2 和曲线 3。同时泥浆黏度下降，尤其以曲线 3 为最低，当在泥浆中加入 $Ca(OH)_2$ 时，曲线 5 和曲线 6 又向着屈服值增加方向移动。

图 5.9 表示黏土在加水量相同时，随电解质加入量增加而引起的泥浆黏度变化。由图可见当电解质加入量为 0.015～0.025 mmol/100 g 土范围内泥浆黏度显著下降，黏土在水介质

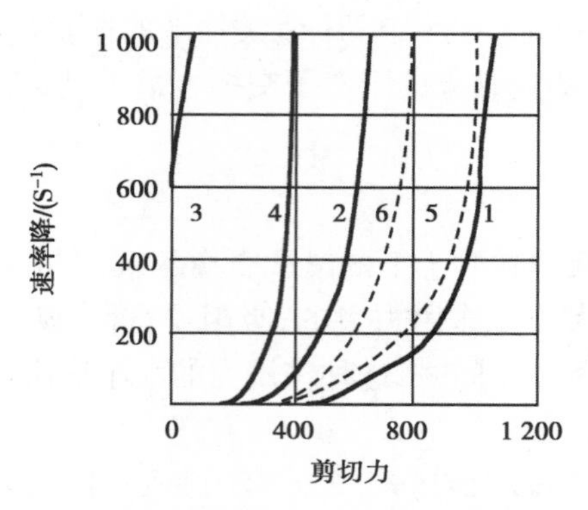

图 5.8 H-高岭土的流变曲线(200 g 土在 500 mL 溶液中)

1—未加碱;2—0.002 g/L NaOH;3—0.02 g/L NaOH;

4—0.2 g/L NaOH;5—0.002 g/L $Ca(OH)_2$;6—0.02 g/L $Ca(OH)_2$

中充分分散,这种现象称为泥浆的胶溶或泥浆稀释。继续增加电解质,泥浆内黏土粒子相互聚集黏度增加,此时称为泥浆的絮凝或泥浆增稠。

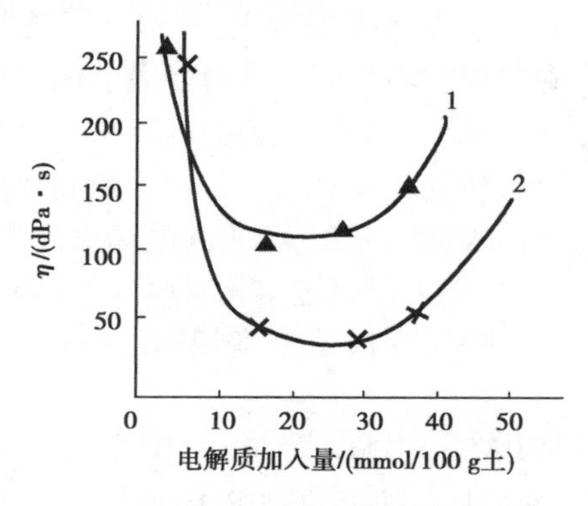

图 5.9 黏土泥浆稀释曲线

1—高岭土加 NaOH;2—高岭土加 Na_2SiO_3

从流变学观点看,要制备流动性好的泥浆必须拆开黏土泥浆内原有的一切结构。由于片状黏土颗粒表面是带静电荷的,黏土的边面随介质 pH 值的变化既能带负电,又能带正电,而黏土板面上始终带负电。因此黏土片状颗粒在介质中,由于板面、边面带同号或异号电荷必然产生如图 5.10 所示的结合方式。

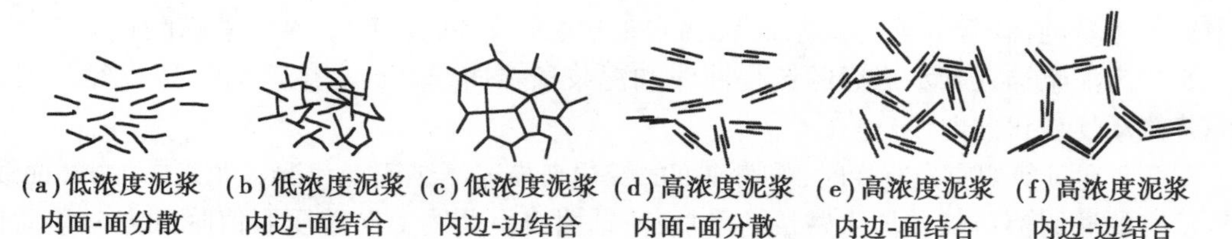

图 5.10 黏土颗粒在介质中的聚集方式

很显然这几种结合方式只有面-面排列能使泥浆黏度降低,而边-面或边-边结合方式在泥浆内形成一定结构使流动阻力增加,屈服值提高。因此,泥浆胶溶过程实际上是拆开泥浆的

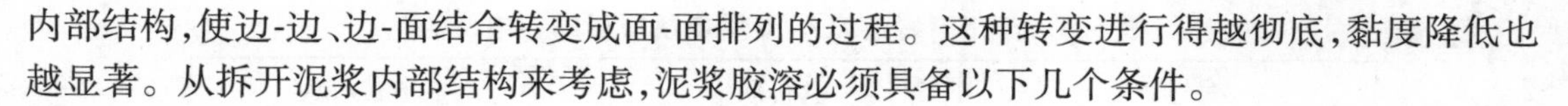

内部结构,使边-边、边-面结合转变成面-面排列的过程。这种转变进行得越彻底,黏度降低也越显著。从拆开泥浆内部结构来考虑,泥浆胶溶必须具备以下几个条件。

(1)介质呈碱性

欲使黏土泥浆内边-面、边-边结构拆开必须先消除边-面、边-边结合的力。黏土在酸性介质边面带正电,因而引起黏土边面与带负电的板面之间强烈的静电吸引而结合成边-面或边-边结构。黏土在自然条件下或多或少带有少量的边面正电荷,尤其高岭土在酸性介质中成矿,断键又是高岭土带电的主要原因,因此在高岭土中边-面或边-边吸引更为显著。

在碱性介质中,黏土边面和板面均带负电,这样就消除了边-面或边-边的静电吸力,还增加了黏土表面净负电荷,使黏土颗粒间静电斥力增加,为泥浆胶溶创造了条件。

(2)必须有一价碱金属阳离子交换黏土原来吸附的离子

黏土胶粒在介质中充分分散,必须使黏土颗粒间有足够的静电斥力及溶剂化膜。这种排斥力由艾特尔(Eiter)提出

$$f \propto \frac{\zeta^2}{k}$$

式中 f——黏土胶粒间的斥力;

ζ——电动电位;

$1/k$——扩散层厚度。

天然黏土一般都吸附着大量 Ca^{2+}、Mg^{2+}、H^+ 等阳离子,也就是自然界黏土以 Ca-黏土、Mg-黏土或 H-黏土形式存在。这类黏土的 ζ-电位较低。因此用 Na^+ 交换 Ca^{2+}、Mg^{2+} 等,使之转变为 ζ-电位高及扩散层厚的 Na-黏土。这样 Na-黏土就具备了溶胶稳定的条件。

(3)阴离子的作用

不同阴离子的 Na 盐电解质对黏土胶溶效果是不同的。阴离子的作用概括起来有两方面。

①阴离子与原土上吸附的 Ca^{2+}、Mg^{2+} 形成不可溶物或形成稳定的络合物,因而促进了 Na^+ 对 Ca^{2+}、Mg^{2+} 等离子的交换反应更趋完善。从阳离子交换序可以知道在相同浓度下 Na^+ 无法交换出 Ca^{2+}、Mg^{2+},用过量的钠盐虽交换反应能够进行,但同时会引起泥浆絮凝。如果钠盐中阴离子与 Ca^{2+} 形成的盐溶解度越小或形成的络合物越稳定,就越能促进 Na^+ 对 Ca^{2+}、Mg^{2+} 交换反应的进行。例如,NaOH、Na_2SiO_3 与 Ca-黏土交换反应如下

$$\text{Ca-黏土} + 2NaOH \rightleftharpoons \text{2Na-黏土} + Ca(OH)_2$$

$$\text{Ca-黏土} + Na_2SiO_3 \rightleftharpoons \text{2Na-黏土} + CaSiO_3 \downarrow$$

由于 $CaSiO_3$ 的溶解度比 $Ca(OH)_2$ 低得多,因此下反应式比上反应式更易进行。

②聚合阴离子在胶溶过程中的特殊作用。选用 10 种钠盐电解质(其中阴离子都能与 Ca^{2+}、Mg^{2+} 形成不同程度的沉淀或络合物),将其适量加入苏州高岭土中,并测得对应的 ζ-电位值见表 5.4。由表可知,仅 4 种含有聚合阴离子的钠盐能使苏州高岭土的 ζ-电位值升至 −60 mV 以上。

表 5.4　苏州高岭土加入 10 种电解质后的 ζ-电位值

编号	电解质	ζ-电位/mV
0	原土	-39.41
1	NaOH	-55.00
2	Na_2SiO_3	-60.60
3	Na_2CO_3	-50.40
4	$(NaPO_3)_6$	-79.70
5	$Na_2C_2O_4$	-48.30
6	NaCl	-50.40
7	NaF	-45.50
8	丹宁酸钠盐	-87.60
9	蛋白质钠盐	-73.90
10	CH_3COONa	-43.00

近年来,较多学者以实验证实了硅酸盐、磷酸盐和有机阴离子在水中发生聚合,这些聚合阴离子由于几何位置上与黏土边表面相适应,因此被牢固地吸附在边面上或吸附在 OH 面上。当黏土边面带正电时,它能有效地中和边正电荷;当黏土边面不带电时,它能够物理吸附在边面上建立新的负电荷位置。这些吸附和交换的结果导致原来黏土颗粒间边-面、边-边结合转变为面-面排列,原来颗粒间面-面排列进一步增加颗粒间的斥力,因此泥浆得到充分的胶溶。

目前,根据这些原理在硅酸盐工业中除采用硅酸钠、丹宁酸钠盐等作为胶溶剂外,还广泛采用多种有机或无机-有机复合胶溶剂等,取得泥浆胶溶的良好效果。如木质素磺酸钠、聚丙烯酸酯、芳香醛磺酸盐等。

胶溶剂种类的选择和数量的控制对泥浆胶溶有重要的作用。因为黏土是天然原料,胶溶过程与黏土本性(矿物组成、颗粒形状尺寸、结晶完整程度)有关,还与环境因素和操作条件(温度、湿度、模型、陈腐时间)等有关,所以泥浆胶溶是受多种因素影响的复杂过程。因此胶溶剂(稀释剂)种类和数量的确定往往不能单凭理论推测,而应根据具体原料和操作条件通过试验来决定。

5.3.4　泥料的可塑性

当黏土与适当比例的水混合均匀制成泥团,在泥团受到高于某个数值剪应力作用后,可以塑造成任何形状,当去除应力泥团能保持其形状,这种性质称为可塑性。

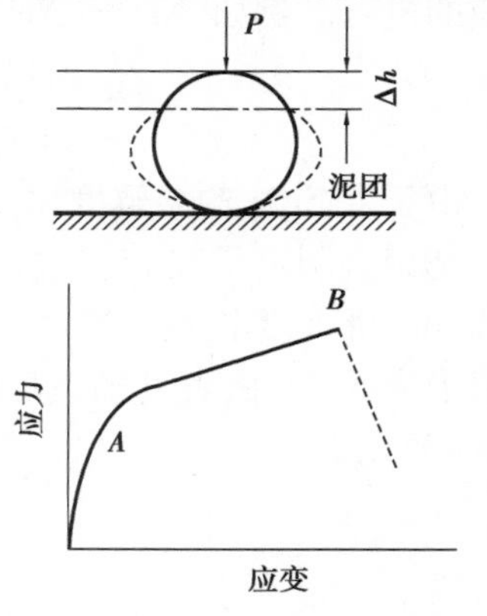

塑性泥团在加压过程中的变化如图 5.11 所示。当开始在泥团上施加小于点 *A* 应力时,泥团仅发生微小变形,外力撤除后泥团能够恢复原状。这种变形称为弹性变形,此时泥团服从胡克(Hooke)定律。当应力超过点 *A* 以后直至点 *B*,泥团发生明显变形;当应力超过点 *B*,泥团出现裂纹。

图 5.11　塑性泥料的应力-应变用

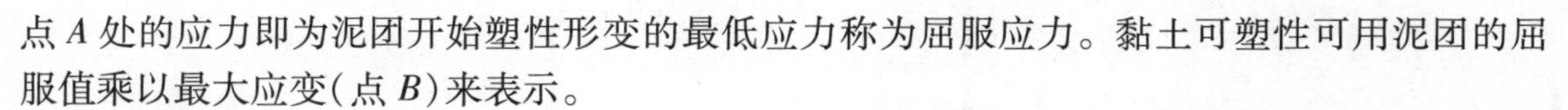

点 A 处的应力即为泥团开始塑性形变的最低应力称为屈服应力。黏土可塑性可用泥团的屈服值乘以最大应变(点 B)来表示。

黏土可塑泥团与黏土泥浆的差别仅在于固液之间比例不同,由此而引起黏土颗粒之间、颗粒与介质之间作用力的变化。据分析,黏土颗粒之间存在两种力。

①吸力。主要有范德华力、局部边-面静电引力和毛细管力。吸力作用范围离表面为 2 nm。毛细管力是塑性泥团中颗粒之间的主要吸力。在塑性泥团含水量下,堆聚的粒子表面形成一层水膜,在水的表面张力作用下紧紧吸引。

②斥力。由带电黏土表面的离子间引起的静电斥力。在水介质中这种作用范围距黏土表面为 20 nm 左右。

由于黏土颗粒间存在这两种力,随着黏土中水含量的高低,黏土颗粒之间表现出这两种力的不同作用。塑性泥料中黏土颗粒处于吸力与斥力的平衡之中。吸力主要是毛细管力,粒子间毛细管力越大,相对位移或使泥团变形所加的应力也越大,即泥团的屈服值越高。

毛细管力 ρ 的数值是与介质表面张力 γ 成正比,而与毛细管半径 r 成反比,计算公式为

$$\rho=\frac{2\gamma}{r}\cos\theta \tag{5.11}$$

式中　θ——润湿角。

毛细管直径与毛细管力数值关系见表 5.5。

表 5.5　毛细管直径与毛细管力

毛细管直径/μm	0.25	0.50	1.00	2.00	4.00	8.00
毛细管力/($N\cdot m^{-1}$)	0.420	0.210	0.105	0.500	0.260	0.130

诺顿(Norton)曾测定了 H-黏土与 Na-黏土颗粒间水膜厚度与作用力的关系,如图 5.12 所示。图中显示水膜越薄,粒子间作用力随之增加。无论 H-黏土和 Na-黏土作用力线都交于横轴,表明水膜厚度增至一定值时,粒子间作用力等于零,毛细管力随黏土颗粒间距离的增大而显著减弱,直至为零。H-黏土水膜厚度为 0.025 μm 时截断于力轴零处,计算可得此时 H-高岭颗粒间水膜厚度为 80 水分子层。Na-高岭截面断于力轴零处,水膜厚为 0.014 μm,约为 48 水分子层。从图 5.12 还可看出,在相同水膜厚度时,H-黏土颗粒间吸力大于 Na-黏土。因此 H-黏土颗粒间相对位移必须施加的力也大于 Na-黏土。这表明 H-黏土屈服值高,可塑性强。如果 Na-黏土与 H-黏土颗粒间作用力相等,那么 Na-黏土水膜厚度小于 H-高岭土。也就是说,达到相同程度的可塑性,H-黏土比 Na-黏土需要加入的水量更多。

各种阳离子所饱和的黏土,颗粒间距离仅在一定范围内才显示出粒子间的吸力。如果水量过少,不能维持颗粒间水膜的连续性,在外力作用下颗粒位移到新的位置,由于水膜中断,导致毛细管力下降,斥力增强,此时破坏了力的平衡,泥团就出现裂纹而破坏。如果加水量过多,水膜太厚,致使颗粒间距离过大而无毛细管引力作用,塑性破坏。

吸附不同阳离子的黏土塑性变化主要是由黏土颗粒之间吸力和黏土颗粒间水膜厚度的改变而引起的。

吸附不同阳离子的黏土颗粒之间吸力大小次序与黏土阳离子交换序相同。因此其屈服值和塑性强弱次序也与阳离子交换序相同。

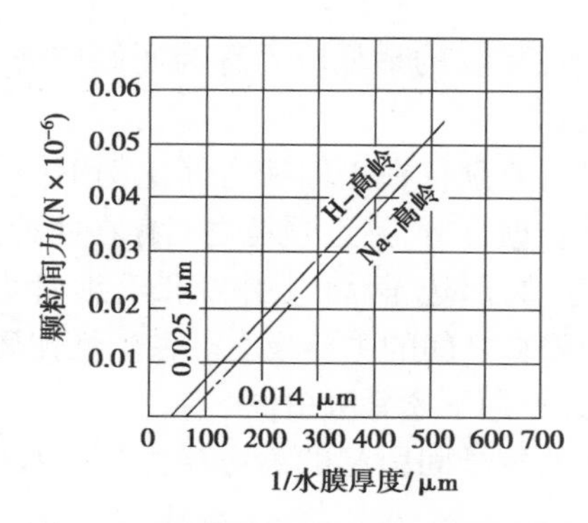

图 5.12　颗粒间力与水膜厚度的关系

吸附不同阳离子的黏土颗粒之间吸力的强弱决定了它们之间水膜的厚度。黏土胶体表面阳离子浓度越大,吸附水也越牢。黏土吸附离子半径小、价数高的阳离子(如 Ca^{2+}、H^+)与吸附半径大、价数低的阳离子黏土相比,前者颗粒间水膜厚而后者薄。这是由一定含水量下颗粒间吸力所允许的最大间距所决定的。这与胶溶状态含水量时吸附离子的黏土颗粒间水膜情况是不相同的。据测定在相同含水量下,Na-黏土屈服值约为 70 kPa,Ca-黏土屈服值约为 490 kPa,Ca-黏土屈服值高于 Na-黏土,这与两种土塑性泥团中的内部结构有关。

黏土矿物组成不同,由于比表面积悬殊,如蒙脱石比表面积约为 810 m^2/g,而高岭石仅为 7~30 m^2/g,两种矿物的毛细管力相差甚大。显然,蒙脱石颗粒间毛细管力大,吸力增强,因而塑性高。

黏土在相当狭窄的含量水范围(18%~25%)内才显示可塑性。塑性最高时,每颗粒周围的水膜厚度有各种不同估计,厚度可能要 10 nm,约 30 个水分子层。不同黏土的含水量范围,由黏土矿物组成、胶粒数量、吸附离子等情况而定。

影响黏土可塑性因素除以上内容外,还有黏土中腐殖质含量、介质表面张力、泥料陈腐、添加塑化剂、泥料真空处理等。

习题

5-1　如何定义胶体系统?胶体系统的主要特征是什么?

5-2　简述溶胶的基本性质。

5-3　影响胶粒电泳速度的主要因素有哪些?电泳现象说明什么问题?

5-4　溶胶为热力学非平衡系统,但它在相当长的时间范围内可以稳定存在,其主要原因是什么?

5-5　什么是 ζ 电势?如何确定 ζ 电势的正、负号?ζ 电势在数值上一定要少于热力学电势吗?请说明原因。

5-6　试解释黏土结合水(牢固结合水、松结合水)、自由水的区别,分析后两种水在胶团中的作用范围及其对工艺性能的影响。

5-7　影响黏土可塑性的因素有哪些?生产上可以采用什么措施来提高或降低黏土的可塑性以满足成形工艺的需要?

5-8　结合实例,说明陶瓷料浆稳定悬浮的方法和原理。

5-9　试解释黏土胶体中为何会出现絮凝现象。

5-10　黏土分别吸附一价、二价和三价阳离子以后，ζ-电位变化规律如何？当黏土分别吸附 Li^+、Na^+、K^+后，其ζ-电位值又如何变化，为什么？

第6章 表面与界面

固体的界面一般可分为表面、界面和相界面。表面是指固体与气相(或真空)的接触面。界面指一相与另一相(结构不同)接触的分界面。自然界的物质一般以气、液、固3种相态存在,相与相之间可以形成5种界面,即液-固、液-液、气-固、气-液、固-固界面。习惯上将与气体接触的界面又称为表面。

通常所说的固体表面是指它与自身蒸气间的界面,而固体的界面则是指具有不同结构的两固相之间的界面(相界)、多晶材料中不同晶粒之间的界面(晶界),以及固相和液相之间的界面。需要注意的是,两相之间并不存在一个截然的分界面。实际上,两相之间的界面是一个物理区域,即界面并不是一个二维的几何平面,而是一个准三维的区域,被认为是由一相过渡到另一相的一个过渡区域。

随着材料科学的发展,固体表面的结构和性能日益受到科学界的重视。随着近年来表面微区成分分析、超高真空技术,以及低能电子衍射等研究手段的发展,固体表面的组态、构型、能量和特性等方面的研究逐渐发展和深入,薄膜与多层膜、超晶格、超细微粒与纳米材料等以表面和界面起突出作用的新材料迅速发展,并显示出了巨大的应用潜力。

在讨论晶体和玻璃体时,假定物体中任意一个质点(原子或离子)都是处在三维无限连续的空间之中,周围对它的作用状况是完全相同的。而实际上处在物体表面的质点,其境遇和内部是不同的,表面的质点由于受力不均衡而处于较高的能阶。这就使物体表面呈现一系列特殊的性质。

6.1 固体表面的特性

在以往的很长一段时间里,人们总是把固体的表面和体内看成完全相同的,并且认为只要知道了固体的整体性质也就知道了表面的性质。但是,许多实验事实都证明了这种看法是错误的。因为固体表面的结构和性质在很多方面都与体内不同。例如,晶体内部的三维平移对称性在晶体表面消失了。因此,应把固体表面称为晶体三维周期结构和真空之间的过渡区域。

这种表面实际上是理想表面,理想表面是一种理论上的结构完整的二维点阵平面。它忽略了晶体内部周期性势场在晶体表面中断的影响,忽略了表面原子的热运动、热扩散和热缺陷,忽略了外界对表面的物理化学作用等。也就是说,作为半无限的体内原子的位置及其结构的周期性,与原来无限的晶体完全一样。图6.1为理想表面的示意图。

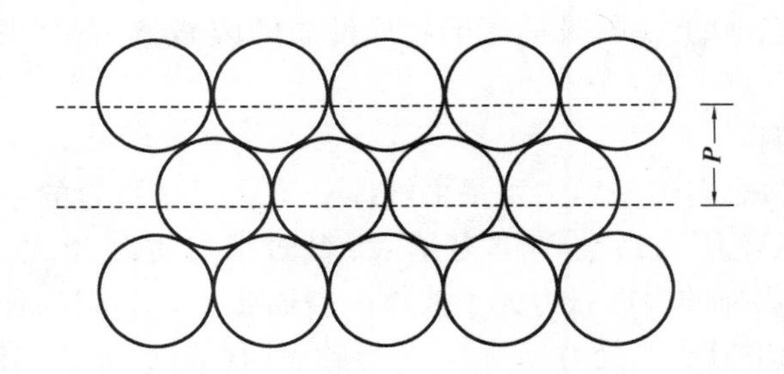

图 6.1 理想表面结构示意图

6.1.1 表面张力和表面自由焓

(1)表面张力

固体也有表面张力,但尚不能直接测定,而且由于固体表面通常是不规则的,不同的部分具有不同的性质和不同的表面张力值。目前采用测量劈裂固体所需要的功或测定一个物质稍高于熔点时液态的表面张力,然后用外推法延伸到该物质是固态时的较低温度。由于构成固体的物质粒子间的作用力远大于液体,故一般固体物质的表面张力要比液态物质的表面张力更大。

建立一个表面就必须对体系做功。例如,劈裂开一个与蒸气相平衡的晶体以便获得新表面,其中须包括断裂键和移走邻近的原子。在恒温、恒容(V 不变)、平衡条件下增加 dA 表面面积所需要做的可逆表面功为

$$\delta W_{q,r}^{\sigma}=\sigma \mathrm{d}A \tag{6.1}$$

式中 σ——表面张力,即将表面增大一个单位长度所需要的力。

假设表面有一点 P,通过 P 画一曲线 AB 将表面分为 1、2 两部分(图 6.2)。假如穿过 AB 的一个小单元 δ_1,区域 2 产生一个与表面相切的力为 $\sigma\delta_1$,σ(垂直 δ_1)就称为点 P 的表面张力。如果在每一点不管什么方向的 σ 值都相同,此外在表面上所有点都具有相同的 σ 值,σ 就称为表面张力。

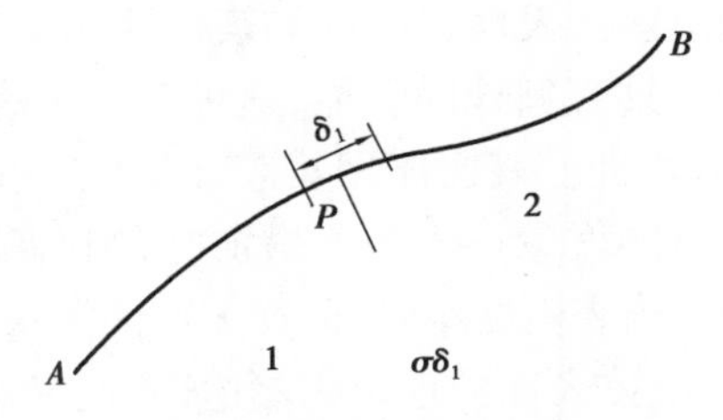

图 6.2 表面张力的定义

需要着重指出的是,晶体的表面张力和液体的表面张力有所不同。液体的表面从力学行为来考虑,像一个被力均匀和各向同性伸张的膜。因此,所有点和所有方向上的表面张力是相同的,而固体的表面张力不一定是各向同性,它的值依赖于表面的方向,固体和另一相之间界面张力的数值是形成界面固体平面的函数。固体不同,晶面中原子安排是不同的,而液体的任何面上原子的堆积是相等的。通常晶体越是紧密堆积的平面,其 σ 值将越低。因此这些面最易发展为界面,故一个固-气界面的表面张力 $\sigma(\hat{n})$ 可以定义为恒温、恒容、恒组分化学势条件下形成具有 $\hat{n}$ 定向单位界面的可逆功。

表面张力取决于表面的性质，凡能影响物质性质的因素，对表面张力均有影响。影响表面张力的因素有以下 3 点。

①分子间力的影响。

不同液体表面张力之间的差异主要是由液体分子之间作用力的不同而造成的。液体或固体中分子间的相互作用力或化学键力越大，表面张力也就越大。一般 $\gamma_{金属键} > \gamma_{离子键} > \gamma_{极性共价键} > \gamma_{非极性共价键}$。固体的表面张力大于液体的表面张力。当同一种物质与不同性质的其他物质接触时，表面层中分子所处力场则不同，导致表面（界面）张力出现明显差异。

②温度的影响。

同一种物质的表面张力因温度不同而存在差异，当温度高时物质的体积膨胀，分子间的距离增加，分子之间的相互作用减弱，因此表面张力一般随温度的升高而减小。液体的表面张力受温度的影响较大，表面张力随温度的升高近似呈线性下降。当温度趋于临界温度时，饱和液体与饱和蒸气的性质趋于一致，相界面消失，此时液体的表面张力趋于零。纯液体表面张力和温度间的关系可表示为

$$\gamma=\gamma_0\left(1-\frac{T}{T_c}\right)^n \tag{6.2}$$

式中 T_c——临界温度；

γ_0, n——常数。范德华力从热力学角度得出：对于金属液体，n 为 1；对于多数有机液体，n 为 1.21。

③压力的影响。

压力对表面张力的影响比较复杂。增加气相压力，可使气相的密度增加，液体表面分子受力不对称的程度减小；此外可使气体分子更多地溶于液体，改变液相成分。这些因素的综合效应一般是使表面张力下降。通常每增加 1 MPa 压力，表面张力降低约 1 mN/m。例如，电荷量同为 20 C 下，压力为 101.325 kPa 时，水和 CCl_4 的表面张力分别为 72.8 mN/m 和 26.8 mN/m，而在压力为 1 MPa 时，水和 CCl_4 的表面张力分别为 71.8 mN/m 和 25.8 mN/m。

(2) 表面自由焓

表面自由焓也称为表面自由能。表面自由能和表面张力是表征物体表面性质的重要物理量。表面相分子比本体相分子具有额外的势能，这种势能只有当分子处在表面时才有，因此称为表（界）面自由能，简称表面能。表面能即将表面增大一个单位面积所需做的功，或是每增加单位表面积时体系自由焓的增量。当表面增加时，则必须消耗一定数量的功，所消耗的功即等于表面自由能的增加。当表面缩小时，同样大小的能量又将被释放。

对于固体表面，一般来说在液体表面的理论仍然适用，但又有重要的差别。在液体中，由于液体原子（分子）间的相互作用力较弱，它们之间的相对运动较容易，因此，液体中产生新的表面过程就是内部原子（分子）克服引力移动到表面上成为表面原子（分子）的过程。新形成的液体表面很快就达到一种平衡状态（动态），液体的表面自由能与表面张力在数值上是一致的。但是，对固体来说，其中原子（分子、离子）间的相互作用力较强。就大部分固体而言，组成它的原子（分子、离子）在空间按一定的周期性排列，形成具有一定对称性的晶格。即使对于许多无定形的固体，也是如此，只是这种周期性的晶格延伸的范围要小得多（微晶）。因此，通常条件下，固体中原子、分子彼此间的相对运动比液体中的原子分子要困难得多。固体的表面能和表面张力表现出以下特点。

①固体在表面原子总数保持不变的条件下，由于弹性形变而使表面积增加。因此，固体的表面能中包含了弹性能，表面张力在数值上已不再等于表面能。

②固体表面上的原子组成和排列的各向异性导致固体的表面张力也是各向异性的，不同晶面的表面能也不相同。若表面不均匀，表面能甚至随表面上不同区域而改变。在固体表面的凸起处和凹陷处的表面能是不相同的。处于凸起部分分子的作用范围主要包括的是气相，而处于凹陷处底部分子的作用范围大部分在固相，因此在固体表面凸起处的表面能与表面张力比凹陷处的大。

③实际固体的表面绝大多数处于非平衡态，决定固体表面形态的主要不是它表面张力的大小，而是形成固体表面时的条件及它所经历的历史。

④固体的表面能和表面张力的测定非常困难，目前还没有直接测量的可靠方法。

对于固体，仅仅在缓慢的扩散过程引起表面或界面面积发生变化时，如晶粒生长过程中晶界运动时，表面自由能和表面张力在数值上相等。如果引起表面变形过程比原子迁移率快得多，则表面结构受拉伸或压缩而与正常结构不同，在这种情况下，表面自由能与表面张力在数值上不相等。

固体的表面张力是通过向表面上增加附加原子，以建立新表面时所做的可逆功来定义的。固体的表面能可以通过实验测定或理论计算法来确定。比较普遍的实验方法是将固体熔化测定液态表面张力与温度的关系，作图外推到凝固点以下来估算固体的表面张力。理论计算比较复杂，下面介绍两种近似的计算方法。

①共价键晶体表面能。

共价键晶体不必考虑长程力的作用，表面能 u_s 是破坏单位面积上的全部键所需能量的一半。

$$u_s = \frac{1}{2} u_b \tag{6.3}$$

式中　u_b——破坏化学键所需能量。

以金刚石的表面能计算为例，若解理面平行于(111)面，可计算出每 1 m^2 上有 1.83×10^{19} 个键，若取键能为 376.6 kJ/mol，则可算出表面能为

$$u_s = \frac{1}{2}\times1.83\times10^{19}\times\frac{376.6\times10^3}{6.022\times10^{23}} = 5.72(\mathrm{J/m^2}) \tag{6.4}$$

②离子晶体的表面能。

每一个晶体的自由能都是由两部分组成，体积自由能和一个附加的过剩界面自由焓。

为了计算固体的表面自由能，选取真空中绝对零度下一个晶体的表面模型并计算晶体中一个原子(离子)移到晶体表面时自由焓的变化。在 0 K 时，这个变化等于一个原子在这两种状态下的内能之差$(\Delta U)_{s,v}$。以 u_{ib} 和 u_{is} 分别表示第 i 个原子(离子)在晶体内部与在晶体表面上时和最邻近的原子(离子)的作用能，以 n_{ib} 和 n_{is} 分别表示第 i 个原子在晶体体积内和表面上时和最邻近的原子(离子)的数目(配位数)。无论从体积内或从表面上拆除第 i 个原子都必须切断与最邻近原子的键。对于晶体中每取走一个原子所需能量为 $u_{ib}n_{ib}/2$，在晶体表面则为 $u_{is}n_{is}/2$。这里除以 2 是因为每一根键是同时属于两个原子的，因为 n_{ib} 大于 n_{is}，而 u_{ib} 约等于 u_{is}，所以从晶体内取走一个原子比从晶体表面取走一个原子所需能量大。这表明表面原子具有较高的能量。以 u_{ib} 等于 u_{is}，得到第 i 个原子在体积内和表面上两个不同状态下内能的差 1 为

$$(\Delta U)_{s,v}=\left[\frac{n_{ib}u_{ib}}{2}-\frac{n_{is}u_{is}}{2}\right]=\frac{n_{ib}u_{ib}}{2}\left[1-\frac{n_{is}}{n_{ib}}\right]=\frac{U_0}{N_A}\left[1-\frac{n_{is}}{n_{ib}}\right] \tag{6.5}$$

式中　U_0——晶格能；

N_A——阿伏伽德罗常数。

如果 L_s 表示表面 1 m^2 上的原子数，从式(6.5)可得到

$$\frac{L_s U_0}{N_A}\left(1-\frac{n_{is}}{n_{ib}}\right)=(\Delta U)_{s,v}\cdot L_s=\gamma_0 \tag{6.6}$$

式中　γ_0——0 K 时的表面能(单位面积的附加自由能)。

在推导方程(6.6)时，并未考虑表面层结构与晶体内部结构相比的变化。为了估计这些因素的作用，将计算 MgO 在(100)晶面的 γ_0 并与实验测得的 γ 进行比较。

MgO 晶体 $U_0=3.93\times10^3$ J/mol、$L_s=2.26\times10^{19}$ m^{-2}、$N_A=6.022\times10^{23}$ mol^{-1} 和 $n_{is}/n_{ib}=5/6$，计算得到 $\gamma_0=24.5$ J/m^2。在 77 K 下，真空中测得 MgO 的 γ 为 1.28 J/m^2。由此可见，计算值约是实验值的 20 倍。

表面能实测值比表面能理想值低的原因之一，可能是表面层的结构与晶体内部相比发生了改变，在包含有大阴离子和小阳离子的 MgO 晶体与 NaCl 类似，Mg^{2+} 从表面向内缩进，表面将由可极化的氧离子所屏蔽，实际上等于减少了表面上的原子数。根据式(6.6)，导致 γ_0 降低的另一个原因可能是自由表面不是理想的平面，而是由许多原子尺度的阶梯构成，这在计算中没有考虑。因此实验数据中的真实面积实际上比理论计算所考虑的面积要大，这也使 γ_0 偏大。

固体和液体的表面能与周围环境条件，如温度、气压、第二相的性质等条件有关。随着温度的上升，表面能是下降的。部分物质在真空中或惰性气体中的表面能数值见表 6.1。

表 6.1　部分物质在真空或惰性气体中的表面能

材料	温度/℃	表面能/($\times10^3$ N · m^{-1})
水	25	72
NaCl(液)	801	114
NaCl(晶)	25	300
硅酸钠(液)	1 000	250
Al_2O_3(液)	2 080	700
Al_2O_3(固)	1 850	905
MgO(固)	25	1 000
TiC(固)	1 100	1 190
$0.2Na_2O-0.8SiO_2$	1 350	380
$CaCO_3$ 晶体(1010)	25	230

6.1.2　表面结构

(1)固体表面结构

1)弛豫表面

晶体有序的结构到达表面时终止，使得表面层结构不同于内部。处于晶体自由表面的原

子键合具有更高的能量，系统往往调整表面结构，包括弛豫表面、表面重构、台阶表面和表面偏聚等以达到更稳定的低能量状态。

固体表面结构可以从微观质点的排列状态和表面几何状态两方面来描述。前者属于原子尺寸范围的超细结构，后者属于一般的显微结构。

表面力的存在使固体表面处于较高的能量状态。液体总是力图形成球形表面来降低系统的表面能，而晶体由于质点不能自由流动，只能借助离子极化、变形、重排并引起晶格畸变来降低表面能，这样就造成了表面层与内部结构的差异，对于不同结构的物质，其表面力的大小和影响不同，因而表面结构状态也不相同。

有研究曾基于结晶化学原理，分析了晶体表面结构，认为晶体质点间的相互作用、键强是影响表面结构的重要因素。

离子晶体(MX 型)在表面力作用下，离子的表面电子云受极化变形与重排过程如图 6.3 所示。处于表面层的阴离子只受到上下和内侧阳离子的作用，如图 6.3(a)所示，而外侧是不饱和的。电子云将被拉向内侧的阳离子一方而发生极化变形，该阴离子诱导成偶极子，如图 6.3(b)所示，表面质点通过电子云极化变形来降低表面能的这一过程称为松弛。松弛在瞬间即可完成，其结果改变了表面层的键性。接着是发生离子重排过程。从晶格点阵排列的稳定性考虑，作用力较大、极化率较小的阳离子应处于稳定的晶格位置。为降低表面能，各离子周围作用能应尽量趋于对称，因而阳离子在内部质点作用下向晶体内靠拢，而易极化的阴离子受诱导极化偶极子排斥被推向外侧。从而形成表面双电层如图 6.3(c)所示。随着重排过程的进行，表面层中的离子间键性逐渐过渡为共价键性，固体表面好像被一层阴离子所屏蔽并导致表面层在组成上成为非化学计量的。重排的结果使晶体表面能量上趋于稳定。

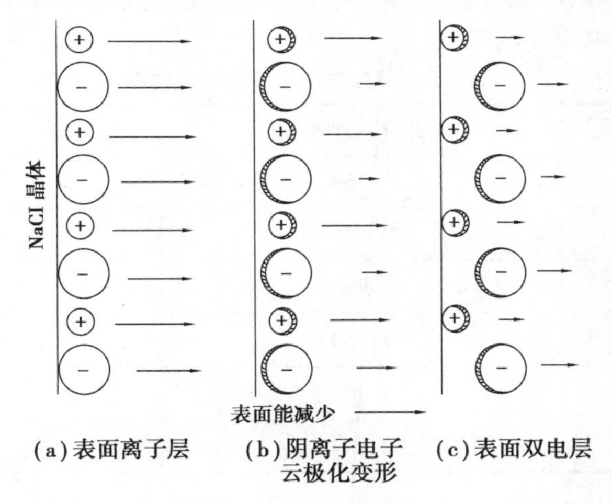

图 6.3 离子晶体表面的电子云变形和离子重排

图 6.4 为维尔威(Verwey)以 NaCl 晶体为例所作的计算结果。由图 6.4 可知，在 NaCl 晶体表面，最外层和次层质点面网之间 Na^+的距离为 0.266 nm，而 Cl^-的距离为 0.286 nm，因而表面形成一个厚度为 0.02 nm 的双电层；次层和第三层之间的离子间距则为 0.281 nm。

这样的表面结构已被间接地由表面对氪气(Kr)的吸附和同位素交换反应所证实。此外，在真空中分解 $MgCO_3$ 所制得的 MgO 粒子呈现相互排斥的现象也是一个例证。可以预料，对于其他由半径大的阴离子与半径小的阳离子组成的化合物，特别是金属氧化物如 Al_2O_3、SiO_2

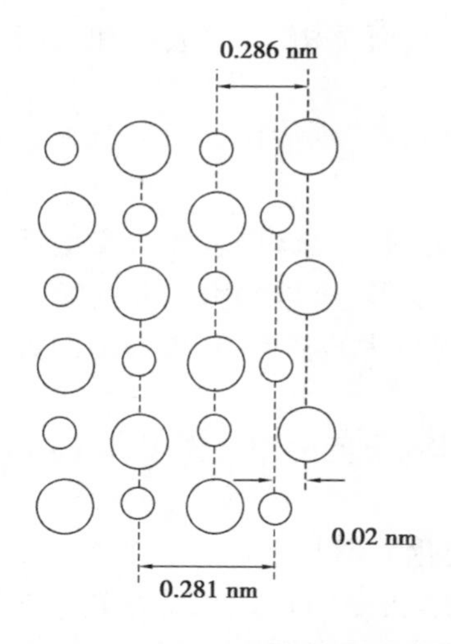

图 6.4　NaCl 表面形成一个厚度为 0.02 nm 的双电层

和 ZrO_2 等也会有相应的效应，也就是在这些氧化物的表面，大部分由氧离子组成，阳离子则被氧离子所屏蔽，而产生这种变化的程度主要取决于离子极化性能。对含 Pb^{2+}、Hg^{2+} 等极化性能大的阳离子固体，其表面能下降较大；而含极化性能小的 Si^{4+} 和 Al^{3+} 等阳离子固体，其表面能下降就小。

图 6.4 还表明，NaCl 晶体表面最外层与次外层，次外层和第三层之间的离子间距（即晶面间距）是不相等的，说明由上述极化和重排作用引起了表面层的晶格畸变和晶胞参数的改变。而随着表面层晶格畸变和离子变形又必将引起相邻的内层离子的变形和键力的变化，依次向内层扩展。但这种影响将随着向晶体内部深入而递减，与此相应的阳、阴离子间的作用键强也沿着从表面向内部方向交替地增强和减弱，离子间距离交替地缩短和变长。因此与晶体内部相比，表面层离子排列的有序程度降低，键强数值分散了。不难理解，对于一个无限晶格网络的理想晶体，应该具有一个或多个取决于晶格取向的确定键强数值。然而在接近晶体表面的若干原子层内，由于化学成分、配位数和有序程度的变化，其键强数值变得分散，分布在一个较宽的数值范围。

离子极化性能与表面能及硬度的关系见表 6.2，可见所列化合物中 CaF_2 的表面能最大，PbF_2 次之，PbI_2 表面能最小。这是由于 Pb^{2+} 和 I^- 都具有大的极化性能，且双电层厚，导致表面能和硬度都降低。如用极化性能小的 Ca^+ 和 F^- 依次置换 Pb^{2+} 和 I^-，表面能和硬度迅速增加，可以预料相应的双电层厚度将减小。

表 6.2　部分晶体化合物的表面能

化合物	表面能/($\times10^3$ N·m^{-1})	硬度
PbI_2	0.130	1.0
Ag_2CrO_4	0.575	2.0
PbF_2	0.900	2.0
$BaSO_4$	1.250	2.5～3.5
$SrSO_4$	1.400	3.0～3.5
CaF_2	2.500	4.0

又如在 $BaSO_4$ 和 $SrSO_4$ 中，Ba^{2+} 的电子层较 Sr^{2+} 多一层，离子半径大，极化性能大，因而 $BaSO_4$ 的表面能小于 $SrSO_4$。表面能大的物质，硬度相应也较大，该类物质溶液的过饱和度也较大。这是因为当过饱和的溶液生成晶体时，伴随着界面的形成需要较大的界面能。界面能越大，形成新相越困难，因而过饱和度越大。如极化性能大的 Hg^{2+} 氯化物、重金属硫化物、溴化物、碘化物不能制得稳定的过饱和溶液。

当晶体表面最外层形成双电层以后，它将对内层发生作用，即层间距弛豫现象发生的范围要超过第二层的深度，并引起内层离子的极化与重排，弛豫的大小随深度近似按指数规律衰减。层间距较小的高密勒指数表面显示出的弛豫现象向内传播更多的原子层，但并不是在距离上更大。深度方向上的弛豫也绝不总是收缩，更普遍的是层间距交替地发生收缩和膨胀。

上述晶体表面结构的概念，可以较方便地用以阐明许多与表面有关的性质，如烧结性、表面活性和润湿性等。

2）表面重构

表面重构是指表面原子层在水平方向上的周期性不同于体内，但垂直方向的层间距与体内相同。概括地说，重构是表面化学键优化组合的结果，主要作用是降低表面能。

重构有几种形式。一种是位移型重构，此时质点相对于理想晶格点阵位置稍微发生位移，打乱了理想的周期性，从而产生超点阵。在这种形式的重构中，一般没有化学键的断裂或新建，但键长和键角有所变化。

另一种是缺行型重构，典型的例子为 In、Pt、Au 的（110）表面，整列的原子从理想的衬底点阵切面上消失。在金属表面观察到的另一种重构类型是形成一种密排的最表面层。在这种情况下，最外层的原子面原子间距在平行于表面的方向上收缩几个百分点，这有利于使这层原子崩塌成近似密排六方的密排结构，而不是保持下层原子的立方或完美六方点阵。

半导体材料如 Si、Ge 等，原子间为共价键结合，解理后表面产生悬挂键，这些悬挂键在能量上处于非常不利的状态。半导体材料表面重构的一个重要驱动机制就是尽量减少这种悬挂键的数量，结果造成表面晶格的强烈畸变。如图 6.5 所示，Si 的（100）表面有两个悬挂键（用断开的短线表示），未重构前每个悬挂键都有一个未成对电子，重构后表面硅原子一对对相互靠近配对，配对原子间基本转变为电子成对而无悬挂键的状态，表面能大大降低。

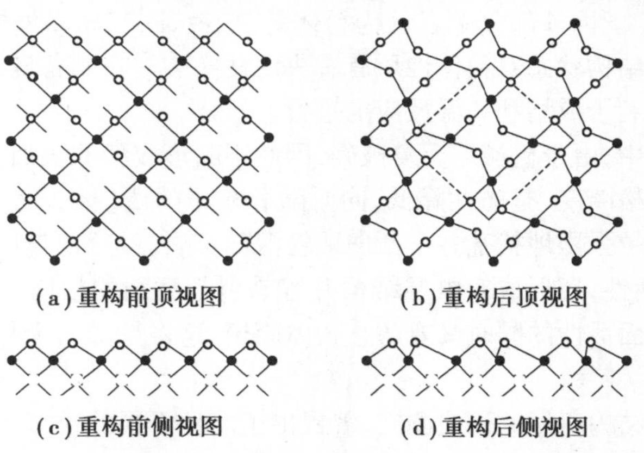

图 6.5 硅（100）表面（$p(2\times1)$）重构前及重构后表面原子分布及键合状态示意图

必须指出的是，表面重构往往伴有弛豫表面而进一步降低能量，只是对于表面结构变化的影响程度而言，弛豫表面比表面重构要小得多。

3）台阶表面

台阶表面不是一个平面，而是由有规则或不规则的台阶所组成。研究发现，经过充分退火的面心立方、体心立方的金属表面上两个相邻平台之间是单原子高度的，这部分是因为对于理想的面心立方和体心立方来讲，接连的台阶在结构上是等同的，而多原子高度的台阶更容易偏离理想结构。然而，在密排六方的金属表面的台阶也是双原子层的。如图 6.6 所示，

Pt(557)有序原子的台阶表面。

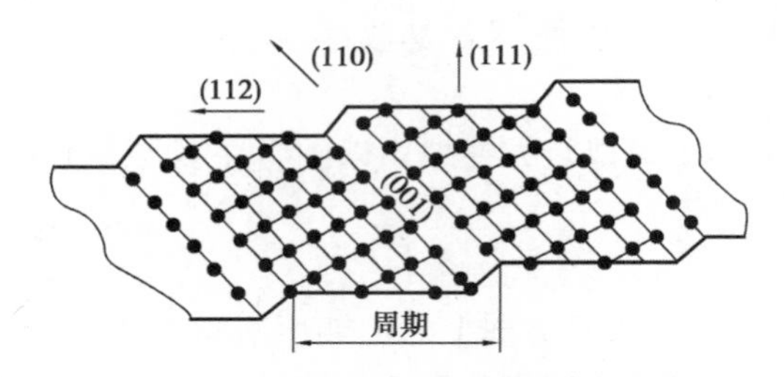

图 6.6　Pt(557)有序原子台阶表面示意图

4)表面偏聚

许多块状化合物,如氧化物、碳化物、硫化物及半导体等,其表面上的成分和块体保持一致。如 NiO(100)和 GaAs(110)等,块体点阵也常常被保留下来,但键长和键角有可能改变。更多的情形则是表面成分偏离块体成分即形成表面偏聚,如 GaAs(111)面,Ga 贫化导致 Ga 空位并引发表面重构。清洁合金和金属间化合物可分为两类:块体合金有序和块体合金无序,前者表面结构一般是有序的,保持块体合金成分;后者表面通常是无序的,且表面偏聚十分明显,或是跟原子层有关,存在成分随原子层振荡变化的可能性。例如,Pt_x-Ni_{1-x} 块体合金的不同晶体学表面显示了非常不同的偏聚行为,而且强烈地与原子层有关,如块体 Pt 含量为 50% 的合金的(111)面第一、第二和第三层的 Pt 含量分别为 88%、9% 和 5%。

(2)粉体表面结构

粉体一般是指微细的固体粒子集合体,它表示物质的一种存在状态,既不同于气体和液体,也不等同于固体。国内外部分学者认为粉体是气、液、固三相以外的第四相,具有极大的比表面积。因此表面结构状态对粉体性质有着决定性影响。在制备硅酸盐材料时,通常把原料加工成微细颗粒以利于成型和高温反应的进行。

粉体在制备过程中,由于机械地反复破碎,因此不断形成新的表面,而表面层离子的极化变形和重排使表面晶格畸变,有序性降低,同时随着粒子的微细化,比表面积增大,表面结构的有序程度受到越来越强烈地扰乱并不断向颗粒深部扩展,最后使粉体表面结构趋于无定形化,不仅增加了粉体活性,还形成双电层结构并容易引起磨细的粉体又重新团聚。因而物质粒度微细化在提高表面活性的同时又要防止粉体团聚,这将是又一个与表面化学与物理有关的研究课题。

基于对粉体表面结构所做的研究测定,曾提出了两种不同的模型。一种认为粉体表面层是无定形结构,另一种认为粉体表面层是粒度极小的微晶结构。

1)无定形结构模型

对于性质相当稳定的石英(SiO_2)矿物,曾进行过许多研究。例如,将经过粉碎的 SiO_2,使用差热分析方法测定其在 573 ℃时,β-SiO_2 和 α-SiO_2 之间发生相变,结果表明相变吸热峰面积随 SiO_2 粒度有明显的变化。当粒度减小到 5 ~ 10 μm 时,发生相变的 SiO_2 量显著减少;当粒度约为 1.3 μm 时,仅有一半的 SiO_2 发生上述的相变。但是如若将上述 SiO_2 粉末用氢氟酸处理,溶去表面层,然后重复进行差热分析测定,则发现参与上述相变的 SiO_2 量增加到 100%。这说明 SiO_2 粉体表面是无定形结构。随着粉体颗粒变细,表面无定形层所占的比例增加,能够参与相转变的 SiO_2 量减少。据此,按照热分析的定量数据预估其表面层厚度为

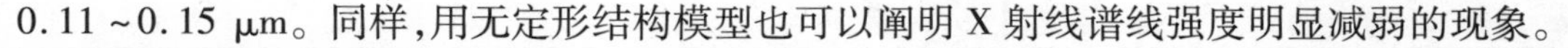

0.11 ~0.15 μm。同样,用无定形结构模型也可以阐明 X 射线谱线强度明显减弱的现象。

2)微晶结构模型

对粉体进行更精确的 X 射线和电子衍射研究发现,其 X 射线谱线不仅强度减弱且宽度明显变宽,因此认为粉体表面并非无定形态,而是覆盖了一层尺寸极小的微晶体,即表面是呈微晶化状态。由于微晶体的晶格是严重畸变的,晶格常数不同于正常值而且十分分散,这才使其 X 射线谱线明显变宽。此外,对鳞石英粉体表面的易溶层进行 X 射线测定表明,其并不是无定形质,从润湿热测定中也发现其表面层存在有硅醇基团。

上述两种观点都得到了一些实验结果的支持,但似有矛盾。如果把微晶体看作晶格极度变形了的微小晶体,那么其结构有序范围显然也很有限。反之,无定形固体也远不像液体那样具有流动性。因此,这两种观点与玻璃结构上的网络学说和微晶学说的差别也许可以比拟。这样,两者之间就可能不会是截然对立的。

(3)晶体表面的几何结构

1)晶面原子密度

图 6.7 为一个具有面心立方结构的晶体表面构造,详细描述了(100)、(110)、(111)3 个低指数面的原子分布。结晶面、表面原子密度及邻近原子数见表 7.3。由图 6.7 和表 6.3 可以看出,随着结晶面的不同,表面原子密度也不同。(100)、(110)、(111)3 个晶面上的原子密度存在着很大的差别,这也是不同结晶面上吸附性、晶体生长、溶解度及反应活性不同的原因。

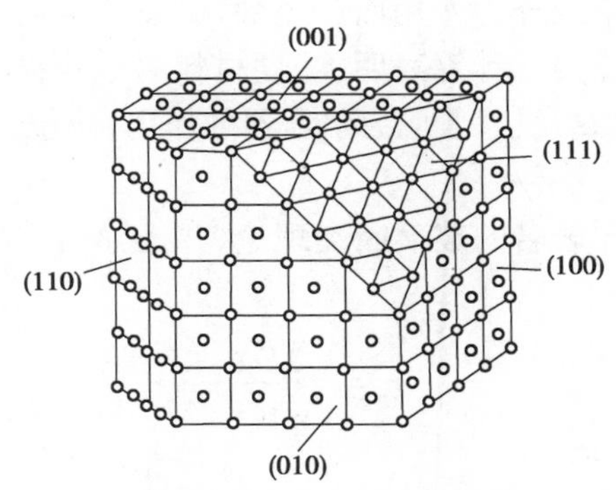

图 6.7 面心立方晶格的低指数面

表 6.3 结晶面、表面原子密度及邻近原子数

构造	结晶面	表面原子密度	最邻近原子	次邻近原子
简单立方	(100)	0.785	4	4
	(110)	0.555	2	2
	(111)	0.453	6	6
体心立方	(110)	0.833	4	4
	(100)	0.589	4	4
	(111)	0.340	6	6

续表

构造	结晶面	表面原子密度	最邻近原子	次邻近原子
面心立方	(111)	0.907	6	6
	(100)	0.785	4	4
	(110)	0.555	2	2

2)表面粗糙度

实验观测表明,固体实际表面是不规则和粗糙的,存在着无数台阶、裂缝和凹凸不平的峰谷。使用精密干涉仪检查发现,即使是完整解理的云母表面也存在着 2 ~ 100 nm,甚至达到 200 nm 的不同高度的台阶。从原子尺度看,这无疑是很粗糙的。表面粗糙度和微裂纹会对表面产生重要影响。

表面粗糙度会引起表面力场的变化,进而影响其表面结构。从色散力的本质可见,位于凹谷深处的质点,其色散力最大,凹谷面上和平面上的次之,位于峰顶处则最小。反之,对于静电力,则位于孤立峰顶处最大,凹谷深处最小。这样,表面粗糙度将使表面力场变得不均匀,其活性及其他表面性质也随之发生变化。其次,粗糙度还直接影响固体比表面积,内、外表面积比值及与之相关的属性,如强度、密度、润湿、孔隙率和孔隙结构、透气性、浸透性等。此外,粗糙度还关系到两种材料间的封接和结合界面间的啮合和结合强度。

表面微裂纹是由晶体缺陷或外力作用而产生的,微裂纹会同样强烈地影响表面性质,微裂纹对脆性材料的强度尤为重要。计算表明,脆性材料的理论强度约为实际强度的几百倍,这是因为存在于固体表面的微裂纹起着应力倍增器的作用,使位于裂纹尖端的实际应力远大于所施加的应力。

格里菲斯(Griffith)建立了著名的玻璃断裂理论,并推导出了材料实际断裂强度 σ_c 与均微裂纹长度 c 的关系式

$$\sigma_c = \sqrt{\frac{2E\gamma}{\pi c}} \tag{6.7}$$

式中 E——弹性模量;

γ——表面能。

由式(6.7)可以看出:断裂强度与微裂纹长度的平方根成反比,表面裂纹越长,断裂强度越小;弹性模量和表面能越大,裂纹扩展所需能量越大,断裂越困难;高强度材料中,弹性模量 E 和表面能 γ 应大而裂纹尺寸应小。

格里菲斯用刚拉制的玻璃棒做实验,弯曲强度为 6×10^8 N/m^2,该玻璃棒在空气中放置几小时后强度下降为 4×10^8 N/m^2,强度下降的原因是大气腐蚀了玻璃棒在表面形成微裂纹。由此可见,控制表面裂纹的大小、数目和扩展,就能更充分地利用材料固有的强度。例如,玻璃的钢化和预应力混凝土制品的增强原理就是通过表面处理而使外层处于压应力状态,从而闭合表面微裂纹。

固体表面几何结构状态可以用光学方法(显微镜或干涉仪)、机械方法(测面仪等)、物理化学方法(吸附等),以及电子显微镜等多种手段加以研究观测。

固体表面的各种性质不是其内部性质的延续,表面吸附的缘故,使内外性质相差较大。

一般的金属，表面上都被一层氧化膜所覆盖。如铁在570 ℃以下形成 $Fe_2O_3/Fe_3O_4/Fe$ 的表面结构，表面层氧化物为高价、次价和低价的顺序排列，最里层才是金属。一些非氧化物材料，如 SiC 和 Si_3N_4 表面上也有一层氧化物。而氧化铝之类的氧化物表面则被 OH^- 基所覆盖。为了研究晶体表面结构或满足一些高技术材料制备的需要，想要获得洁净的表面，一般可以用真空镀膜、真空劈裂、离子冲击、电解脱离，以及蒸发或其他物理、化学方法来清洁被污染的表面。

（4）玻璃表面结构

玻璃也同样存在着表面力场，其作用影响与晶体相类似，使玻璃表面的组成与内部显著不同，而且玻璃比同组成的晶体具有更大的内能，表面力场的作用往往更为明显。

从熔体转变为玻璃体是一个连续过程，但却伴随着表面成分的不断变化，使之与内部显著不同。这是因为玻璃中各成分对表面自由焓的贡献不同。为了保持最小表面能，各成分将按其对表面自由焓的贡献能力自发地转移和扩散。在玻璃成型和退火过程中，碱、氟等易挥发组分自表面挥发损失。因此，即使是新鲜的玻璃表面，其化学成分、结构也会不同于内部。这种差异可以从表面折射率、化学稳定性、结晶倾向，以及强度等性质的观测结果得到证实。

对于含有较高极化性能的离子，如 Pb^{2+}、Sn^{2+}、Sb^{3+}、Cd^{2+} 等的玻璃，其表面结构和性质会明显受到这些离子在表面的排列取向状况的影响。这种作用在本质上也是极化问题。例如，铅玻璃由于铅原子最外层有4个价电子（$6s^2$、$6p^2$），当形成 Pb^{2+} 时，因最外层尚有2个电子，对接近它的 O^{2-} 产生斥力，致使 Pb^{2+} 的作用电场不对称，即与 O^{2-} 相斥一方的电子云密度减少，在结构上近似于 Pb^{4+}，而相反一方则因电子云密度增加而近似呈 Pb^0 状态。这可视为 Pb^{2+} 按 $2Pb^{2+} \rightleftharpoons Pb^{4+}+Pb^0$ 方式被极化变形。在不同条件下，这些极化离子在表面取向不同，则表面结构和性质也不相同。在常温时，表面极化离子的电偶极矩通常是朝内部取向以降低其表面能，因此常温下铅玻璃具有特别低的吸湿性。但随温度的升高，热运动破坏了表面极化离子的定向排列，故铅玻璃呈现正的表面张力温度系数。图6.8为分别用0.5 mol/L 的 Cu^{2+}、Cd^{2+}、Zn^{2+}、Pb^{2+} 盐溶液处理钠钙硅酸盐玻璃粉末，在常温、98%相对湿度的空气中的吸水速率曲线。可以看到，不同极化性能的离子进入玻璃表面层后，对表面结构和性质的影响。

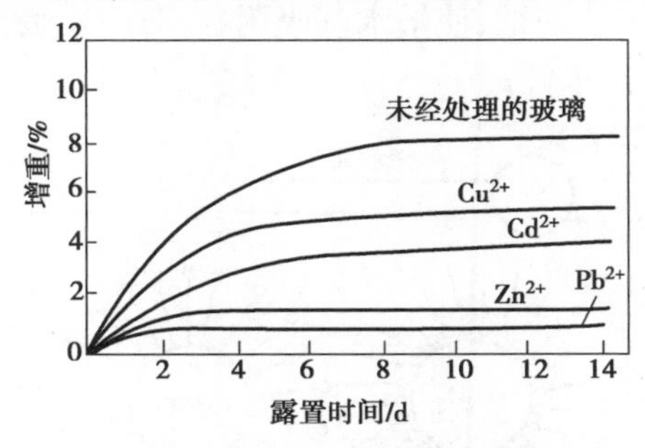

图6.8 表面处理对玻璃吸水速率的影响

当然，上述各种表面结构状态都是指“清洁、平坦”的表面。因为只有清洁、平坦的表面才能真实地反映表面的超细结构。这种表面可以用真空加热、镀膜、离子轰击或其他物理和化学方法处理而得到，但是实际的固体表面通常都是被“污染”了的，这时，其表面结构状态和性质则与沾污的吸附层性质密切相关。

6.1.3 表面改性

吸附膜的形成改变了表面原来的结构和性质,可以达到表面改性的目的。

表面改性是利用固体表面吸附特性通过各种表面处理改变固体表面的结构和性质,以适应各种预期的要求。例如,在用无机填料制备复合材料时,经过表面改性,使无机填料由原来亲水性改为疏水性或亲油性,这样就提高了该物质对有机物质的润湿性和结合强度,从而改善复合材料的各种理化性能。因此,表面改性对材料的制造工艺和材料性能都有很重要的作用。

表面改性实质上是通过改变固体表面结构状态和官能团来实现的,其中最常用的是有机表面活性物质(表面活性剂)。表面活性物质是能够降低体系的表面(或界面)张力的物质。

表面活性剂必须指明对象,而不是对任何表面都适用的。如钠皂是水的表面活性剂,对液态铁就不是;反之,硫、碳对液态铁是表面活性剂,对水就不是。一般来说,非特别指明,表面活性剂都对水而言。

表面活性剂分子由两部分组成。一端是具有亲水性的极性基,如—OH、—COOH、$—SO_3Na$等基团;另一端具有憎水性(亦称亲油性)的非极性基,如碳氢基团、烷基丙烯基等。适当地选择表面活性剂这两个原子团的比例就可以控制其油溶性和水溶性的程度,制得符合要求的表面活性剂。

表面活性剂应用的范围很广。以表面活性剂在硅酸盐工业中应用的实例,来简要说明表面改性的原理。在陶瓷工业中经常用表面活性剂对粉料进行改性,以适应成型工艺的需要。氧化铝瓷在成型时,氧化铝(Al_2O_3)粉用石蜡作定型剂。氧化铝粉表面是亲水的,而石蜡是亲油的。为了降低坯体收缩应尽量减少石蜡用量。生产中加入油酸使 Al_2O_3 粉亲水性变为亲油性。油酸分子为 $CH_3—(CH_2)_7—CH=CH—(CH_2)_7—COOH$,其亲水基向着 Al_2O_3 表面,而憎水基团向着石蜡。Al_2O_3 表面改为亲油性可以减少用蜡量并提高浆料的流动性,使成型性得到改善。

用于制造高频电容器瓷的化合物 $CaTiO_3$,其表面是亲油性的,如图 6.9 所示。成型工艺需要其与水混合。加入烷基苯磺酸钠,使憎水基吸附在 $CaTiO_3$ 表面而亲水基向着水溶液,此时 $CaTiO_3$ 表面由憎水性改为亲水性。

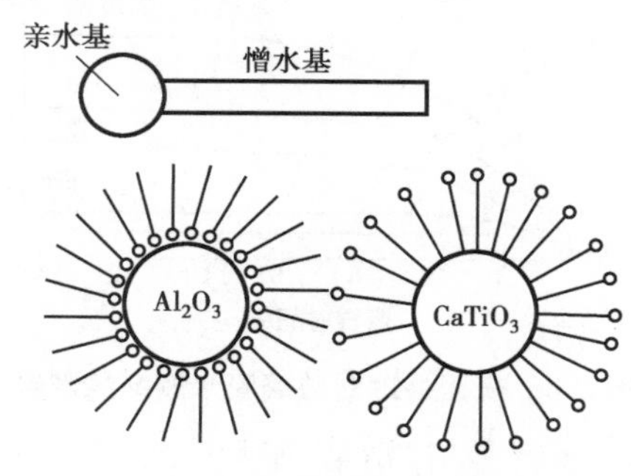

图 6.9 粉料的表面改性

又例如在水泥工业中,为提高混凝土的力学性能,在新拌和混凝土中要加入减水剂。目前,常用的减水剂是阴离子型表面活性物质。在水泥加水搅拌及凝结硬化时,由于水化过程中水泥矿物(C_3A、C_4AF、C_3S、C_2S)所带电荷不同,引起静电吸引或由于水泥颗粒某些边棱角互相碰撞吸附,以及范德华力作用等均会形成絮凝状结构,如图 6.10(a)所示。这些絮凝状结构中包裹着很多拌和水,因而降低了新拌混凝土的和易性。如果再增加用水量来保持所需的和易性,会使水泥石结构中形成过多的孔隙而降低强度。加入减水剂的作用是将包裹在絮凝物中的水释放[图 6.10(b)]。减水剂憎水基团定向吸附于水泥质点表面,亲水基团指向水溶液,组成单分子吸附膜。由于表面活性剂分子的定向吸附使水泥质点表面上带有相同电荷,在静电斥力作用下,使水泥-水体系处于稳定的悬浮状态,水泥加水初期形成的絮凝结构瓦解,游离水释放,从而达到既减水又保持所需和易性的目的。

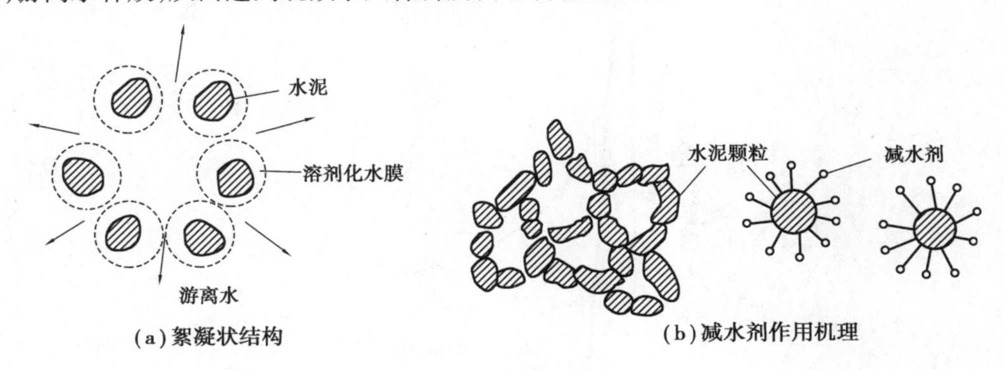

图 6.10　减水剂作用

通过紫外光谱分析及抽滤分析可测得减水剂在混合 5 min 内,已有 80% 被水泥表面吸附,因此可以认为由于吸附而引起的分散是减水的主要机理。

目前,表面活性剂的应用已非常广泛,常用的有油酸、硬脂酸钠等,但选择合理的表面活性剂尚不能从理论上解决,还要通过多次反复试验。

6.2　晶界与相界

在无机材料中除了单晶和玻璃材料,基本上是由众多晶粒构成的多晶材料。因此,在这些材料中存在着大量的晶粒与晶粒界面。这些界面结构和组成与晶粒的差异,决定了整个材料的性能。在此重点介绍的不是普通意义上的界面,而是不同固态物质相互接触成为一个整体系统时构成的"内界面",如多晶材料内部晶粒之间形成的接触面,这些晶粒结构相同而取向不同,常称其为"晶粒间界"或"晶界"。如果相邻晶粒不仅取向不同,而结构、组成也不相同,则其间界面就是相界面了。

6.2.1　晶界

(1)晶界概念

不论结构是否相同而取向不同的晶体相互接触后,其接触界面称为晶界。如果相邻晶粒不仅位向不同,而且结构、组成也不相同,即它们代表不同的两个相,则其间界称为相界面或界面。由于原子(离子)间结合键的变化及结构畸变,相界面同样具有特殊的界面能,可以与晶界类同看待。

无机非金属材料是由微细粉料烧结而成的。在烧结时,众多的微细颗粒形成大量的结晶中心，当它们发育成晶粒并逐渐长大到相遇时就形成晶界。因而无机非金属材料是由形状不规则和取向不同的晶粒构成的多晶体，多晶体的性质不仅由晶粒内部结构和它们的缺陷结构所决定，还与晶界结构、数量等因素有关。尤其在高技术领域内，要求材料具有细晶交织的多晶结构以提高机电性能，此时晶界在材料中所起的作用就更为突出。图 6.11 为多晶体中晶粒尺寸与晶界体积分数的关系。由图 6.11 可见，当多晶体中晶粒平均尺寸为 1 μm 时，晶界占晶体总体积的 1/2。显然在细晶材料中，晶界对材料的机、电、热、光等性质都有不可忽视的作用。

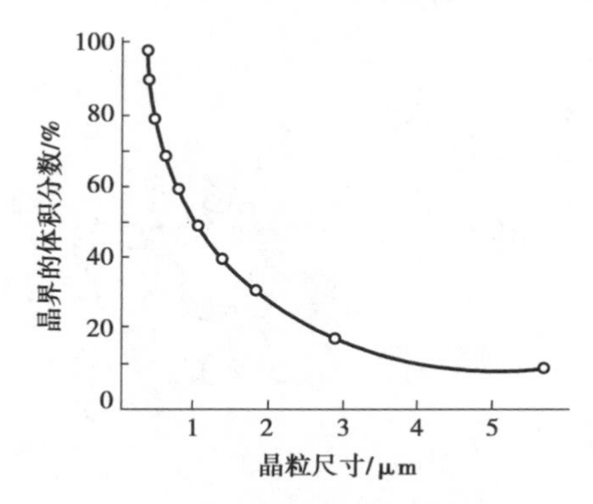

图 6.11　晶体尺寸与晶界体积分数的关系

由于晶界上两个晶粒的质点排列取向有一定的差异，两者都力图使晶界上的质点排列符合自己的取向。当达到平衡时，晶界上的原子就形成某种过渡的排列，如图 6.12 所示。显然，晶界上由于原子排列不规则而造成结构比较疏松，因此也使晶界具有一些不同于晶粒的特性。晶界上原子排列较晶粒内疏松，因而在晶界受腐蚀（热浸蚀、化学腐蚀）后，很容易显露出来；由于晶界上结构疏松，在多晶体中，晶界是原子（离子）快速扩散的通道，并容易引起杂质原子（离子）偏聚，同时也使晶界处熔点低于晶粒；晶界上原子排列混乱，存在着许多空位、位错和键变形等缺陷，使之处于应力畸变状态。故能阶较高，使得晶界成为固态相变时优先成核的区域。利用晶界的一系列特性，通过控制晶界组成、结构和相态等来制造新型无机材料是材料科学工作者很感兴趣的研究领域。但由于多晶体晶界尺度仅在 0.1 μm 以下，并非一般显微工具所能研究的，而是要采用俄歇电子能谱仪及离子探针等。由于晶界上成分复杂，因此对晶界的研究还有待深入。

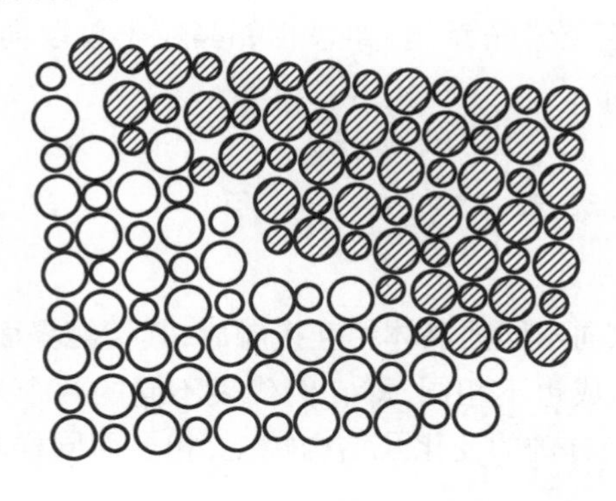

图 6.12　晶界结构示意图

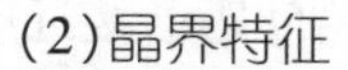

(2)晶界特征

晶界上的原子排列偏离了理想点阵,原子排列的不规则造成了晶界的结构不同于晶粒内部,使晶界具有一系列不同于晶内的特征。

①由于晶界能的存在,当晶体中存在能降低界面能的异类原子时,这些原子将向晶界偏聚,这种现象叫内吸附。同时也使晶界处的熔点低于晶粒。

②晶界上原子具有较高的能量,且存在较多的如空位、位错和键变形等晶体缺陷,其原子的扩散速率比晶体内部要快得多。

③常温下,晶界对位错运动起到了阻碍作用,故固体材料的晶粒越细小,则单位体积的晶界面积越大,其强度、硬度越高。

④晶界上原子排列较晶粒内疏松,因而晶界受腐蚀(热侵蚀、化学腐蚀)后较易显露出来。晶界比晶粒内部更易氧化和优先腐蚀。

⑤大角度晶界界面能最高,故其晶界迁移速率最大,晶粒的生长及晶界平直化可减少晶界总面积,使晶界能总量下降,故晶粒生长是能量降低过程。由于晶界迁移靠原子扩散,因此只有在较高温度下才能进行。

⑥晶界处于应力畸变状态,能阶较高,固态相变时优先在母相晶界上成核。

(3)晶界类型

晶界的结构有两种不同的分类方法。一种是根据相邻两个晶粒取向角度偏差的大小分为小角度晶界和大角度晶界;另一种是根据晶界两边原子排列的连贯性分为连贯晶界和半连贯晶界。

1)根据晶界两个晶粒之间夹角的大小划分

①小角度晶界。

相邻两个晶粒的原子排列取向差异的角度很小,约2°~3°。两个晶粒间晶界由完全配合部分与失配部分组成,界面处质点排列着一系列棱位错。图6.13是小角度晶界的示意图,图中θ是倾斜角。可以看出,小角度晶界可以看作由一列刃位错排列而成的。为了填补相邻两个晶粒取向之间的偏差,使原子的排列尽可能接近原来的完整晶格,每隔几行就插入一片原子,这样小角度晶界就成为一系列平行排列的刃位错。如果原子间距为b,则每隔$d=b/\theta$,就可以插入一片原子,因此小角度晶界上位错的间距应当是d,图6.13(b)是小角度晶界的另一种可能结构。

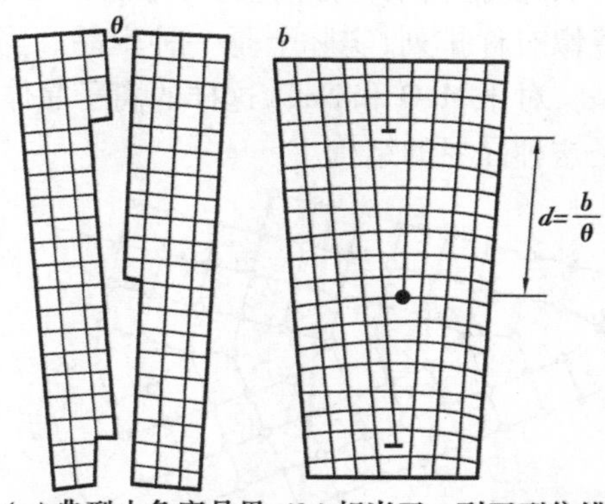

(a)典型小角度晶界 (b)相当于一列刃型位错

图6.13　小角度晶界

随着倾斜角 θ 增大,位错间距 d 将不断减小,当倾斜角达到 30°时,位错间距已接近原子间距,即各位错核心已靠到了一起。因此这种刃型位错模型不适合大角度晶界。

另外,根据形成晶界时的操作不同,小角度晶界又分为倾斜晶界和扭转晶界,如图 6.14 所示。当一个晶粒相对于另一个晶粒以平行于晶界的某轴线旋转一定角度所形成的晶界称为倾斜晶界,以垂直于晶界的某轴线旋转一定角度而形成的晶界称为扭转晶界。

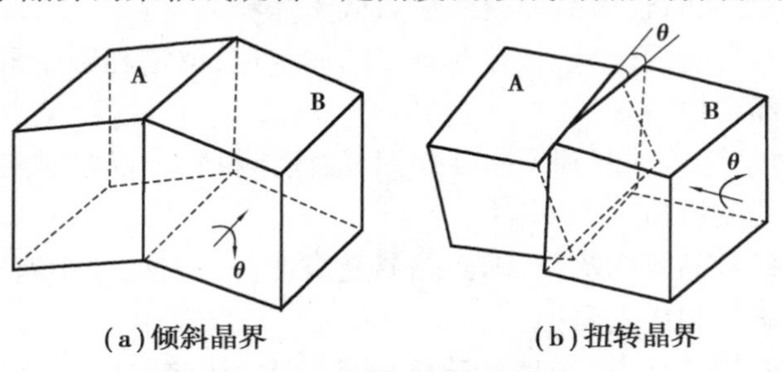

图 6.14 倾斜晶界与扭转晶界

②大角度晶界。

相邻两个晶粒的原子排列错合的角度很大,每个相邻晶粒的位向不同,由晶界把各晶粒分开,晶界是原子排列异常的狭窄区域,一般仅几个原子间距。大角度晶界在多晶体中占多数,这时晶界上质点的排列已接近无序状态。由于晶格畸变,质点的排列总体上看是没有规律的,但也有些有序的小区域,要对这种结构做准确的描述是比较困难的。如图 6.15 为大角度晶界示意图。

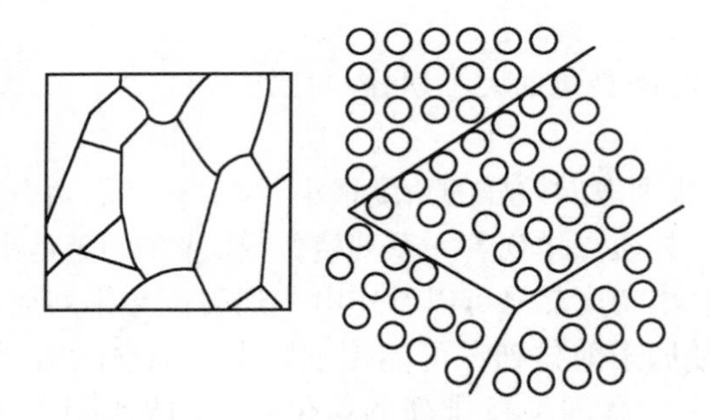

图 6.15 大角度晶界示意图

另外一种晶界结构是两相邻晶粒在某种方向上,共有部分晶格位置形成共格晶界。在这种共格晶界两边的原子,做镜像对称排列,实际上是一种孪晶。当金属镁在空气中燃烧生成氧化镁时,就会出现这种孪晶。对于 MgO 和 NaCl 这样的离子晶体,可能的共格晶界倾斜度为 36.8°(310)孪晶。图 6.16 是这种晶界的结构。

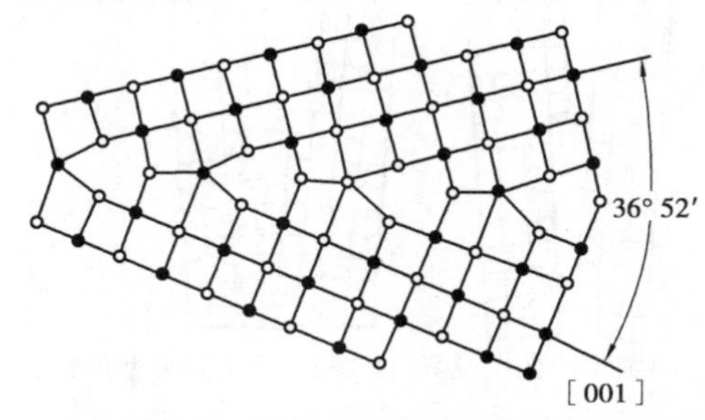

图 6.16 MgO(或 NaCl)中可能的 36.8°倾斜晶界(310)孪晶

2）根据晶界两边原子排列的连贯性来划分

①连贯晶界。

界面两侧的晶体结构非常相似，方向也接近，两个晶粒的原子在界面上连续地相接，具有一定的连贯性。

例如，氢氧化镁加热分解成氧化镁 $Mg(OH)_2 \longrightarrow MgO+H_2O$，就形成这样的晶界。MgO 的氧离子密堆平面是通过类似堆积的氢氧化物的平面脱氢而直接得到，如图 6.17 所示。$Mg(OH)_2$ 结构内有部分转变为 MgO 结构时，则出现阴离子面是连续相接的。

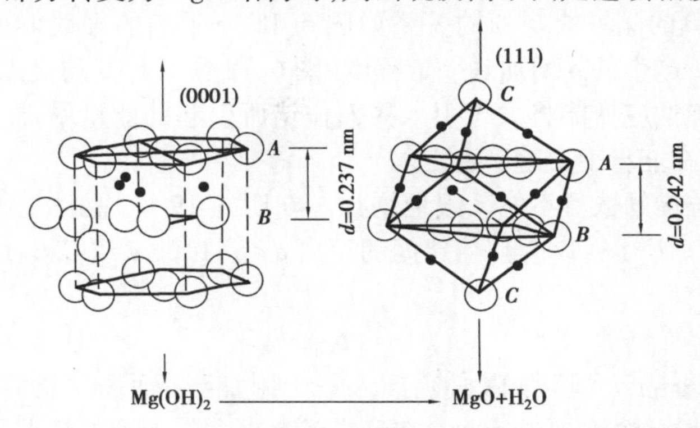

图 6.17 MgO 和 $Mg(OH)_2$ 之间的结晶学关系

失配度：两种结构的晶面间距彼此不同，分别是 C_1 和 C_2，$(C_2-C_1)/C_1=\delta$ 被定义为晶面间距的失配度。

MgO 结构和 $Mg(OH)_2$ 结构的晶面间距不同，为了保持晶面的连续性，必须有其中的一个相或两个相发生弹性应变，或通过引入位错来达到。这样两个相相邻区域的尺寸大小才能变得一致。失配度 δ 是弹性应变的一个量度，称为弹性应变。由于弹性应变的存在，系统的能量增大，系统能量与 $C\delta_2$ 成正比，C 为常数，系统能量与失配度 δ 的关系如图 6.18 所示。

②半连贯晶界。

晶界有位错存在，两个晶粒的原子在界面中有部分相接和部分无法相接，因此称为半连贯晶界。半连贯晶界模型如图 6.19 所示。

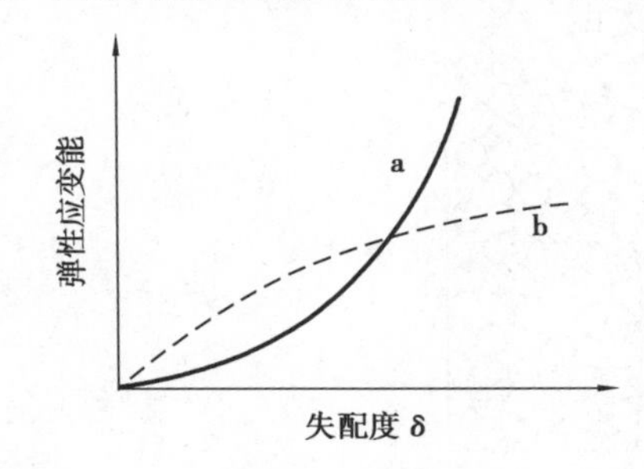

图 6.18 应变能与失配度 δ 的关系

a—连贯边界；b—含有界面位错的半连贯边界

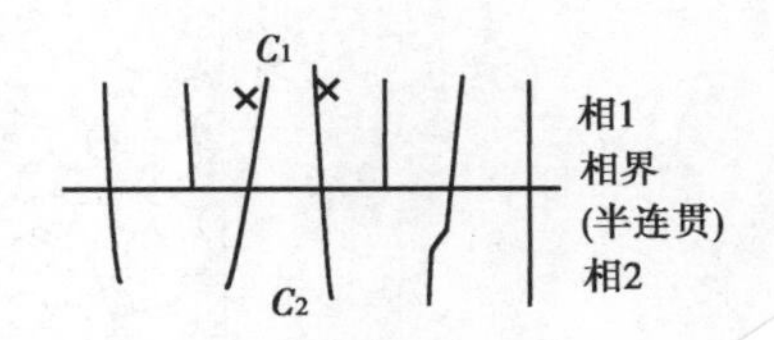

图 6.19 半连贯晶界模

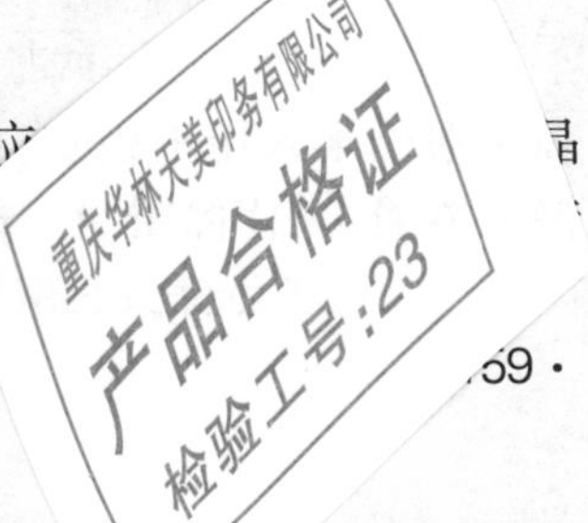

在这种结构中，晶面间距 C_1 比较小的一个相发生应变。弹性应 晶面进入半连贯晶界而使弹性应变下降，这样就生成所谓的界面位 线附近发生局部的晶格畸变，显然晶体的能量也增加。其能量 W 可

$$W=\frac{Gb\delta}{4\pi(1-\mu)}(A_0-\ln r_0) \tag{6.8}$$

式中 δ——失配度；

b——柏氏矢量；

G——剪切模量；

μ——泊松比；

A_0,r_0——与位错线有关的量。

根据式(6.8)计算的晶界能与 δ 的关系如图 6.18 所示中的虚线 b 所示。由图 6.18 可知，当形成连贯晶界所产生的 δ 增加到一定程度（图 6.18 中 a 与 b 的交点），如再继续以连贯晶界相连，所产生的弹性应变能将大于引入界面位错所引起的能量增加，这时以半连贯晶界相连比连贯晶界相连在能量上更趋于稳定。

但是，上述界面位错的数目不能无限地增加。在图 6.19 中，晶体上部，每单位长度需要的附加半晶面数 $\rho=(1/C_1)-(1/C_2)$，位错间的距离 $d=\rho-1$，故 $d=(C_1C_2)/(C_1-C_2)$，因此

$$d=\frac{C_2}{\delta} \tag{6.9}$$

如果 $\delta=0.04$，则每隔 $d=25C_2$ 就必须插入一个附加半晶面，才能消除应变。当 $\delta=0.1$ 时，每 10 个晶面就要插一个附加半晶面。在这样或有更大失配度的情况下，界面位错数大大超过了在典型陶瓷晶体中观察到的位错密度。

③非连贯晶界。

结构上相差很大的固相间的界面不能成为连贯晶界，因而与相邻晶体间必有畸变的原子排列。这样的晶界称为非连贯晶界。

通过烧结得到的多晶体，绝大多数为非连贯晶界。在烧结过程中，有相同成分和相同结构的晶粒彼此取向不同。在这种情况下，所呈现的晶粒间界如图 6.20 所示。由于这种晶界的“非晶态”特性，很难估算它们的能量。

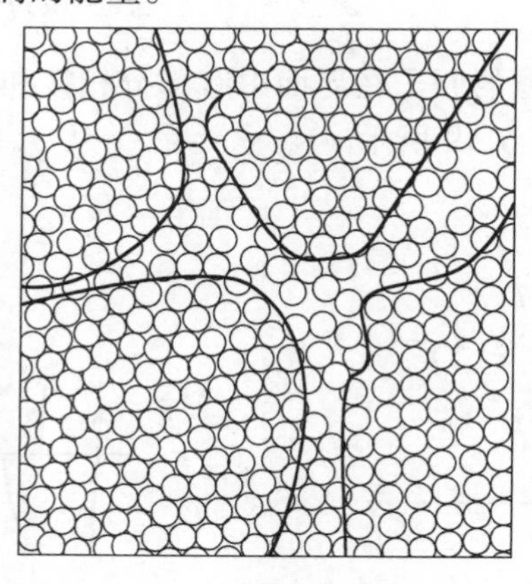

图 6.20　非连贯晶界模型

假设相邻晶粒的原子（离子）彼此无作用，那么每单位面积晶界的晶界能将等于两晶粒的表面能之和。但是实际上两个相邻晶粒的表面层上的原子间的相互作用是很强的，并且可以认为在每个表面上的原子（离子）周围形成了一个完全的配位球，其差别在于此处的配位多面体是变了形的，且在某种程度上，这种配位多面体周围情况与内部结构是不相同的。由于变

形和环境的变化，晶界上的原子与晶体内部相同类型的原子相比有较高的能量，但一般来说，单位面积的晶界能比两个相邻晶粒表面能之和低。例如，NaCl 和 LiF 表面能分别是 0.3 J/m^2 和 0.34 J/m^2，而 NaCl/NaCl 的晶界能是 0.27 J/m^2，LiF/LiF 的晶界能是 0.4 J/m^2，NaCl/LiF 的晶界能是 0.3 J/m^2。

由于杂质原子（离子）容易聚集在晶界上，因此晶界能的大小是可以发生变化的。在晶体内杂质原子周围形成一个很强的弹性应变场，因此化学势较高；而晶界处结构疏松，应变场较弱，故化学势较低。当温度升高时，原子迁移率增加，使杂质原子从晶体内部自发向晶界扩散。

（4）晶界织构和晶粒取向

晶界在多晶体中的形状、构造和分布称为晶界织构。

陶瓷材料都是由微细颗粒的原料烧结而成的。在烧结过程中，众多微细的原料颗粒形成了大量的结晶中心，当它们发育成晶粒时，这些晶粒相互之间的取向都是不规则的，这些晶粒继续长大到相遇时就形成晶界。在晶界两边的晶粒都希望晶界上的质点按自己的位向来排列，因此在晶界上质点的排列在某种程度上必然要与它相邻的两个晶粒相适应，但又不能完全适应，因此它又不可能是很规则的排列，而成为一种过渡的排列状态，这就成了一种晶格缺陷。对于这种晶格缺陷，晶界的厚度取决于两相邻晶粒间的位向差及材料的纯度，位向差越大或纯度越低的，晶界往往就越厚，一般厚度为 2、3 个原子层到几百个原子层。

晶界对于多晶材料的机械性能有着极其显著的影响。晶界与晶体粒度的大小有关，而晶体粒度的大小对陶瓷材料的性能影响巨大。若多晶材料的破坏是沿着晶界断裂的，对于细晶材料来说，晶界比例大，当沿晶界破坏时，裂纹的扩展要走迂回曲折的道路，晶粒越细，此路程越长。另外，多晶材料的初始裂纹尺寸越小，也可以提高机械强度。因此为了获得好的机械性能就需要研究及控制晶粒度。晶粒度大小的问题，实际上就是晶界在材料中占比多少的问题。对于小角度的晶界，可以把晶界的构造看作一系列平行排列的刃型位错所构成的。大角度晶界上质点的排列可以看作无定形结构。大角度晶界比小角度晶界在材料中所占比例要大，性能的影响也较大。

晶粒的取向，就是指晶粒在空间的位置和方向。如果晶粒在空间的位置和方向一致，称为取向相同的晶粒或定向排列的晶粒，也称为择优取向。这时材料的性质将会发生较大的变化。众所周知，晶体是各向异性的固体材料，也就是说，在同一个晶体的不同方向上，具有不同的物理性质。陶瓷材料是以晶粒为主的多晶集合体，晶粒在空间的位置和方向是杂乱无章的，从统计的角度来看是各向同性的，材料的性质是均匀的。但是当这些晶粒出现定向排列，即晶粒某个取向趋于一致时，材料的物理性能就不是均匀的，而是各向异性的了。陶瓷生产中用注浆法成型时，常会使片状或长柱状的晶体在垂直石膏模壁的方向上产生定向排列。这些定向排列的晶体在烧成时，就因不同方向收缩的差别而导致开裂。如滑石为层状结构的晶体为片状组织，在滑石瓷生产中主要使用滑石原料，如果滑石预烧不好，未破坏滑石晶体的片状形态，在成型时片状的滑石小晶体就会沿某一方向取向，这些定向排列的颗粒由于在不同方向上的热膨胀不同，造成冷却阶段产生各向不同的收缩，出现瓷体的开裂现象，产生大量废品。有时为了获得某些性能，要使晶粒取向尽量一致才好。如为了使磁性瓷中晶粒能定向排列，在成型时就预先在强磁场的作用下使晶粒先行取向，让生坯内的晶粒成定向排列。当烧成后，这些已取向的晶粒不容易改变其排列结构，材料就具有明显的磁学性能了。相反，如果铁氧体晶粒的排列不加控制，磁性瓷的各向异性不明显，就不能获得良好的磁学性能。

在压电陶瓷的生产中，在烧成过程中或者烧成后，置于直流强电场的强极化条件作用下，由于压电陶瓷的晶体中存在不同极化方向的电畴，在外电场的作用下可使电畴极化方向发生改变，使电畴方向与外电场方向相一致，就会得到稳定的压电性能。

在陶瓷材料中，除了晶粒与晶粒之间的晶界，还有相界的存在，它是不同的相之间的界面，和晶界不完全相同。

现在分析二维的多晶界面，并假定晶界能是各向同性的。

1）固-固-气界面

如果两个颗粒间的界面在高温下经过充分的时间使原子迁移或气相传质而达到平衡，形成了固-固-气界面图[6.21(a)]，根据界面张力平衡关系，经过抛光的陶瓷表面在高温下进行热处理，在界面能的作用下，就符合式(6.10)的平衡关系。式中 φ 角称为槽角。此时界面张力平衡可以写为

$$\gamma_{SS}=2\gamma_{SV}\cos\frac{\varphi}{2} \tag{6.10}$$

2）固-固-液界面

如果是固-固-液系统，这在由液相烧结而得的多晶体是十分普遍的。如传统长石质瓷、镁质瓷等，这时晶界构形可以用图6.21(b)表示。此时界面张力平衡可以写为

$$\cos\frac{\varphi}{2}=\frac{1}{2}\times\frac{\gamma_{SS}}{\gamma_{SL}} \tag{6.11}$$

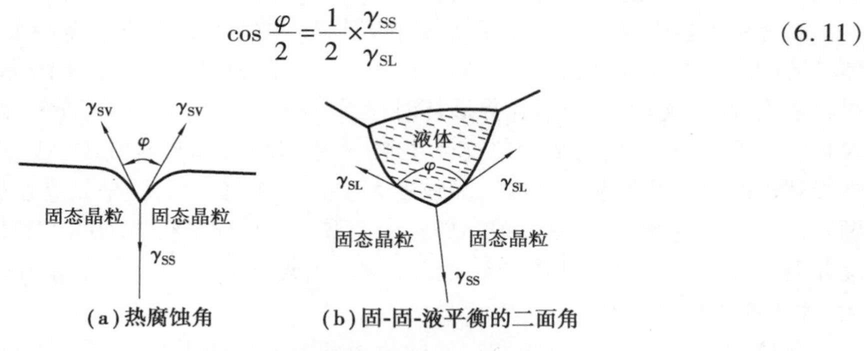

(a)热腐蚀角　　(b)固-固-液平衡的二面角

图6.21　非连贯晶界

由式(6.11)可见，二面角 φ 大小取决于 γ_{SS}(固-固界面张力)与 γ_{SL}(固-液界面张力)的相对大小。如果 γ_{SS}/γ_{SL} 大于等于2，则 φ 等于零，液相穿过晶界，晶粒完全被液相浸润，相分布如图6.22(a)和图6.23(d)所示。如果 γ_{SL} 大于 γ_{SS}，则 φ 就大于120°，这时三晶粒处形成孤岛状液滴如图6.22(d)和图6.23(a)所示。如果 γ_{SS}/γ_{SL} 大于$\sqrt{3}$，则 φ 小于60°，液相沿晶界渗开如图6.23(b)所示。γ_{SS}/γ_{SL} 比值与 φ 角关系见表6.4。

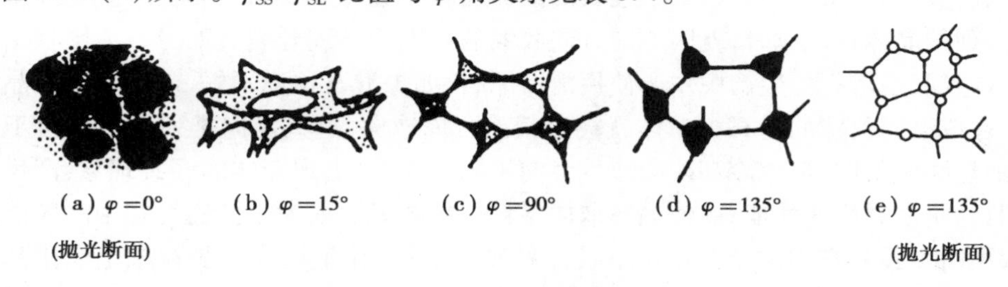

(a) $\varphi=0°$　(b) $\varphi=15°$　(c) $\varphi=90°$　(d) $\varphi=135°$　(e) $\varphi=135°$

(抛光断面)　　(抛光断面)

图6.22　固-固-液系统相分布

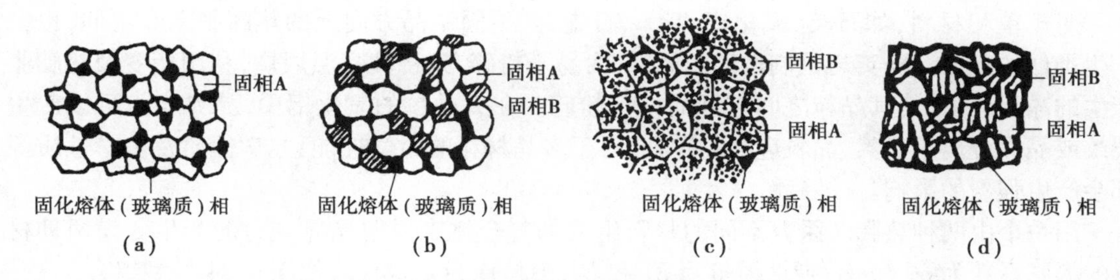

图6.23　热处理时形成的多相材料组织(举例)

表6.4　φ 角度与润湿关系

γ_{SS}/γ_{SL}	$\cos\frac{\varphi}{2}$	φ	润湿性	相分布(图6.22实例)
<1	<1/2	>120°	无	(a)孤立液滴
$1\sim\sqrt{3}$	$\frac{1}{2}\sim\frac{\sqrt{3}}{2}$	120°~60°	局部	(b)开始渗透晶界
$>\sqrt{3}$	$>\frac{\sqrt{3}}{2}$	<60°	润湿	(c)在晶界渗开
>2	1	0	全润湿	(d)浸湿整个材料

硅酸盐制品在烧结后是多相的多晶材料,当气孔未从晶体中排出时,即使由单组分晶粒组成的最简单多晶体(如 Al_2O_3 瓷)也是多相材料,在许多由化学上不均匀的原料制备硅酸盐材料中,除了不同相的晶粒和气孔,当含 SiO_2 的高黏度液态熔体冷却时,还会形成数量不等的玻璃相。在实际材料烧结时,晶界的构形除了与 γ_{SS}/γ_{SL} 之比有关,高温下固-液相、固-固之间还会发生溶解过程和化学反应,溶解和反应过程改变了固-液相比例和固-液相的界面张力,因此多晶体组织的形成是一个很复杂的过程。

图6.23示出由这些因素影响而形成的多相组织的复杂性。一般硅酸盐熔体对硅酸盐晶体或氧化物晶粒的润湿性很好,玻璃相伸展到整个材料中如图6.23(b)表示两个不同组成和结构的固相与硅质玻璃共存,这两种固相(相A—白色区域和相B—斜线部分)是由固相反应形成的(例如由原来化合物热分解形成等),而硅质玻璃相是在较高温度下由相A、B生成的液态低共熔体。在很多玻璃相含量少的陶瓷材料中都有这样的结构,如镁质瓷和高铝瓷。图6.23(c)示出由固体或熔体过饱和而导致第二固相析出时的结构。晶粒是由主晶相A及在其中析出的晶相B所组成。如FeO固溶在MgO中,通过 $MgFe_2O_4$ 的析出其晶粒就形成这种组织形态。在许多陶瓷中次级晶相B的形成是从过饱和富硅熔体中结晶的结果,如图6.23(d)所示。如传统长石质瓷中次级晶相B是针状莫来石晶体。

(5)晶界应力

在多晶材料中,如果热膨胀系数不同的两种晶相在高温烧结时,这两个相之间完全密合接触处于一种无应力状态,但当它们冷却时,由于热膨胀系数不同,收缩不同,晶界中就会存在应力。晶界中的应力足够大则可能在晶界上出现裂纹,甚至使多晶体破裂,小则保持在晶界内。

对于单相材料,如石英、氧化铝、TiO_2、石墨等,不同结晶方向上的热膨胀系数不同,也会产生类似的现象。石英岩是制玻璃的原料,为易于粉碎,先将其高温煅烧,利用相变及热膨胀产生的晶界应力,使其晶粒之间裂开而便于粉碎。在大晶粒的氧化铝中,晶界应力可以产生裂纹或晶界分离。显然,晶粒应力的存在,对于多晶材料的力学性能、光学性质及电学性质等都会产生强烈的影响。

用一个由两种热膨胀系数不同的材料组成的复合体来说明晶界应力的产生。设两种材料的膨胀系数为 α_1 和 α_2,弹性模量为 E_1 和 E_2,泊松比为 μ_1 和 μ_2,按图 6.24 模型组合。

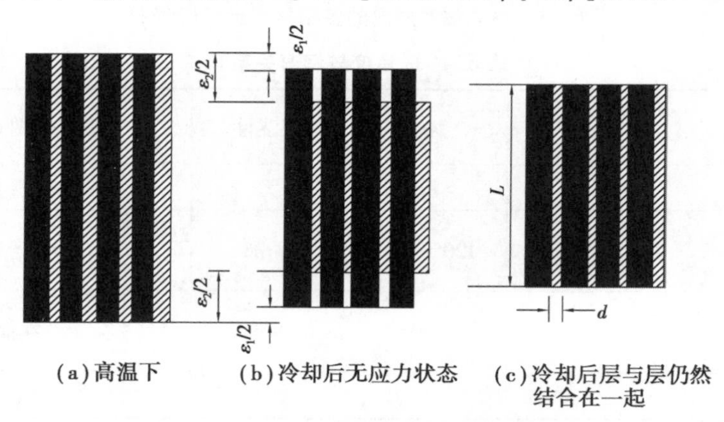

图 6.24　层状复合体中晶界应力的形成

图 6.24(a)表示在高温 T_0 下的状态,此时两种材料密合长短相同。假设此时是一种无应力状态,冷却后,有两种情况。图 6.24(b)表示在低于 T_0 的某温度 T 下,两个相自由收缩到各自平衡状态。因为有一个无应力状态,晶界发生完全分离。图 6.24(c)表示同样低于 T_0 的某温度 T 下,两个相都发生收缩,但晶界应力不足以使晶界发生分离,晶界处于应力的平衡状态。当温度由 T_0 变到 T,温差 $\Delta T=T-T_0$,第一种材料在此温度下膨胀变形 $\varepsilon_1=\alpha_1\Delta T$,第二种材料膨胀变形 $\varepsilon_2=\alpha_2\Delta T$,而 $\varepsilon_1\neq\varepsilon_2$。因此,如果不发生分离,即处于图 6.24(c)状态,复合体必须取一个中间膨胀的数值。在复合体中一种材料的净压力等于另一种材料的净拉力,二者平衡,设 σ_1 和 σ_2 为两个相的线膨胀引起的应力,φ_1 和 φ_2 为体积分数(等于截面积分数)。如果 $E_1=E_2$,$\mu_1=\mu_2$,而 $\Delta\alpha=\alpha_1-\alpha_2$,则这两种材料的热应变差为

$$\varepsilon_1-\varepsilon_2=\Delta\alpha\Delta T \tag{6.12}$$

第一相的应力为

$$\sigma_1=\left[\frac{E}{(1-\mu)}\right]\varphi_2\Delta\alpha\Delta T \tag{6.13}$$

上述应力是令合力(等于每相应力乘以每相的截面积之和)等于零面算得的,因为在个别材料中正力和负力是平衡的。这种力可经过晶界传给一个单层的力,即 $\sigma_1A_1=-\sigma_2A_2$,式中 A_1、A_2 分别为第一、二的晶界面积,合力 $\sigma_1A_1+\sigma_2A_2$ 产生一个平均晶界剪应力 $\tau_{平均}$。

$$\tau_{平均}=(\sigma_1A_1)_{平均}/局部的晶界面积 \tag{6.14}$$

对于层状复合体的晶界面积与 V/d 成正比,d 为箔片的厚度,V 为箔片的体积,层状复合体的剪切应力为

$$\tau=\frac{\left(\frac{\varphi_1 E_1}{1-\mu_1}\right)\left(\frac{V_2 E_2}{1-\mu_2}\right)}{\left(\frac{E_1 V_1}{1-\mu_1}\right)\left(\frac{E_2 \varphi_2}{1-\mu_2}\right)}\Delta\alpha\Delta T d/L \tag{6.15}$$

式中 L——层状物的长度,如图6.24(c)所示。

因为对于具体系统,E、μ、V 是一定的,将式(6.15)改写为

$$\tau=K\Delta\alpha\Delta T d/L \tag{6.16}$$

从式(6.16)可以看到,晶界应力与热膨胀系数差、温度变化及厚度成正比。

如果晶体热膨胀是各向同性的,$\Delta\alpha=0$,晶界应力不会发生。如果产生晶界应力,则复合层越厚,应力也越大。因此在多晶材料中,晶粒越粗大,材料强度差,抗冲击性也越差,反之则强度与抗冲击性好,这与晶界应力的存在有关。

复合材料是目前一种很有发展前途的多相材料,其性能优于其中任一组元材料的单独性能,很重要的一条就是能避免产生过大的晶界应力。复合材料可以有弥散强化和纤维增强两种,弥散强化的复合材料结构是由基体和在基体中均匀分布的,直径在0.01 μm和0.1 μm,含量为1% ~15%很细的等径颗粒组成,如图6.25(a)所示。由 ZrO_2 增韧 Al_2O_3 的材料就属此类。复合材料中的纤维,其最短长度和最大直径之比等于或大于10∶1(即式(6.16)中 $L/d \geqslant 10/1$),纤维的直径一般在1 μm和数百毫米之间波动。纤维增强复合材料有平行取向如图6.25(b)和紊乱取向如图6.25(c)两种,复合材料基体通常用高分子材料或金属,常用的纤维为石墨、Al_2O_3、ZrO_2、SiC、Si_3N_4 和玻璃。这些材料具有很好的力学性能,它们掺和到复合材料中还能充分保持其原有性能。弥散强化复合材料是金属相基体中有细小的陶瓷颗粒(如 Al_2O_3 细微粒分散在金属中),或者反之,用陶瓷作基体,金属细微粉分散其中。

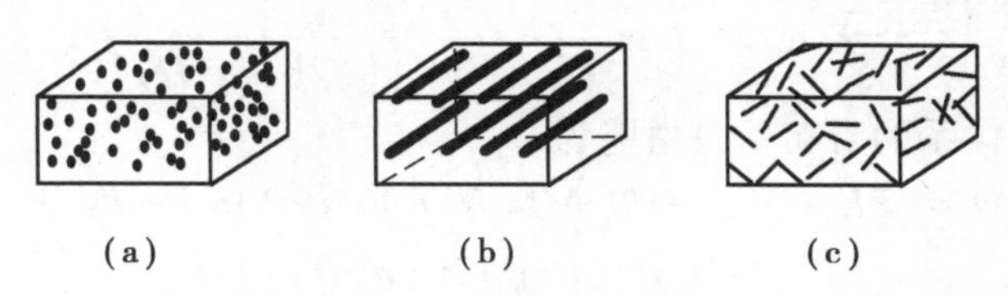

图6.25 多相复合材料的几种类型

在陶瓷材料的晶界上由于质点间排列不规则而使质点距离疏密不均匀,从而形成微观的机械应力,也就是陶瓷晶界应力。在晶界上的质点与晶格内质点比较一般能量较高,从热力学来说质点是不稳定的,晶界会自动吸引空格点、杂质和一些气孔来降低能量。由此可知,陶瓷晶界上缺陷较多的区域,也是应力比较集中的部位。此外,对单相的多晶材料来说,由于晶粒的取向不同,相邻晶粒在同一方向的热膨胀系数、弹性模量等物理性质都不相同;对多相晶体来说,各相间更有性能的差异;对于固溶体来说,各晶粒间化学组成上的不同也会形成性能上的差异。这些性能上的差异在陶瓷烧成后的冷却过程中,都会在晶界上产生很大的晶界应力。晶粒越大,晶界应力也越大。这种晶界应力很容易使陶瓷出现开裂现象。因此粗晶粒结构的陶瓷材料的机械强度和介电性能都较差。

晶界应力有不好的一面,也有可以利用的一面,如陶瓷生产中石英岩是 SiO_2 的来源之一,它硬度大,破碎困难,且对破碎机械磨损很大,从而给原料带入铁杂质。在破碎硬度很大的石英岩时,就常常利用晶界应力。为此,通常是把石英岩预烧到高温(1 200 ℃以上),然后在空

气中急冷。利用冷却过程中产生高温型石英—低温型石英的相转变,由于两相的密度不同,冷却时的体积收缩不一样,从而产生很大的晶界应力,使石英岩本身断裂或产生众多的微裂纹后,很容易进行破碎。

晶界的存在,除对材料的机械性能和介电性能有较大的影响外,还对晶体中的电子和晶格振动的声子起散射作用,使得自由电子迁移率降低,对某些性能的传输或耦合产生阻力。如对机电耦合不利,对光波会产生反射或散射,使材料的应用受到了限制。

晶界在一定条件下会发生变化。高温下、晶粒生长及再结晶时都会使晶界构形发生改变,使晶界出现异动。透明陶瓷材料就是采用特殊技术改变边界时,晶界构形能防止晶粒的异常长大,同时使晶界的折射率尽量接近晶体本身,改善陶瓷的透光性能。

(6)晶界偏聚

1)晶界偏聚方程

由于溶质原子和溶剂原子尺寸不同,溶质原子置换晶格中的溶剂原子,产生畸变能,使体系内能升高,若溶质原子迁入疏松的晶界区,可以松弛这种畸变能,使体系内能下降。因此,若以 E_1 和 E_g 表示一个原子位于晶格和晶界时的平均内能,则使溶质原子向晶界区偏聚的驱动力为

$$\Delta E_a = E_1 - E_g \tag{6.17}$$

过程的进行有驱动力,也必然会遇到阻力,晶格内的位置数 N 远大于晶界区的位置数 n,从组态熵(或结构熵)考虑,则溶质原子又趋向于混乱分布,停留在晶格中,从而成为过程的阻力。设位于晶格内及晶界区的溶质原子数分别为 P 及 Q,则 P 个溶质原子占据 N 个位置和 Q 个溶质原子占据 n 个位置的组态熵为

$$S = K\ln W = L\ln\frac{N!\ n!}{P!\ (N-P)!\ Q!\ (n-Q)!} \tag{6.18}$$

这种分布情况下体系的吉布斯自由能为

$$\Delta G = \Delta E - T\Delta E = (PE_1 + QE_g) - KT[N\ln N + n\ln n - P\ln P - (N-P)\ln(N-P) - Q\ln Q - (n-Q)\ln(n-Q)] \tag{6.19}$$

式(6.19)展开时,应用了斯特林公式,平衡条件为$\partial G/\partial Q = 0$,并注意到晶界区增加的溶质原子数等于晶格内减少的溶质原子数,即 $\mathrm{d}P = -\mathrm{d}Q$,简化后得到平衡关系式为

$$E_g - E_1 = KT\ln\left[\left(\frac{n-Q}{Q}\right)\cdot\left(\frac{P}{N-P}\right)\right] \tag{6.20}$$

因此

$$\frac{Q}{n-Q} = \frac{P}{N-P}\exp\left(\frac{E_1-E_g}{KT}\right) \tag{6.21}$$

如用 c 及 c_0 分别表示晶界区和晶格内的溶质浓度,则

$$c_0 = \frac{P}{N}, c = \frac{Q}{n} \tag{6.22}$$

令 ΔE 表示 1 mol 原子溶质位于晶格及晶界的内能差

$$\Delta E = N_0\Delta E_a = N_0(E_1 - E_g)$$

则

$$\frac{E_1 - E_g}{KT} = \frac{\Delta E}{KT} \tag{6.23}$$

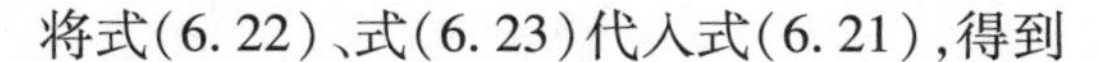

将式(6.22)、式(6.23)代入式(6.21)，得到

$$c=\frac{c_0\exp(\Delta E/RT)}{1+c_0\exp(\Delta E/RT)} \tag{6.24}$$

式(6.24)还可进一步近似为

$$c=c_0\exp(\Delta E/RT) \tag{6.25}$$

式(6.25)即晶界偏聚方程，给出了溶质在晶格内浓度为 c_0 情况下，晶界偏聚的溶质浓度。

2)影响晶界偏聚的因素

由晶界偏聚方程可以分析影响偏聚的因素。

①晶格内溶质浓度 c_0。由于晶界区与晶格内溶质浓度达到平衡，因而 c_0 对 c 有影响，c_0 越大，c 也越大。

②温度。由于 ΔE 为正，故升温使 c 下降。这是因为温度越高，TS 项对吉布斯自由能的影响越大，而晶格内的点阵位置多，溶质原子在晶格内分布，使混乱度增大，即组态熵增大，随温度升高，组态熵影响增大，作为过程阻力，使晶界偏聚的趋势下降，从而使 c 值下降。但也应指出，晶界偏聚时，原子需要从晶格内扩散到晶界，若温度过低，虽然平衡时的 c 值应该较高，但受扩散限制，达不到这种较高的平衡 c 值。

③畸变能差 ΔE 和最大固溶度 c_m。由式(6.25)可以看出，溶质原子在晶格和晶界的畸变能差 ΔE 越大，晶界偏聚的溶质浓度 c 就越高。

畸变能差与溶质原子和溶剂原子尺寸因素的差异直接相关，也与电子因素有关，而原子尺寸因素和电子因素的差异可由一定温度下溶质组元在溶剂中的最大固溶度 c_m 综合反映，c_m 可由相应二元相图的固溶度曲线确定。可以预料，c_m 越小，即溶质处于晶格内越困难，畸变能差越大，则 c 将会越大。如硼在铁中的固溶度很小，硼在铁中的晶界偏聚的趋势将会很大。大量的实验结果证实了这种推论。

④溶质元素引起界面能的变化。吉布斯(Gibbs)曾指出，凡能降低表面能的元素，将会富集在晶界上产生晶界吸附或偏聚。

许多研究表明，溶质在晶界上的偏析对材料性能有着显著的影响。例如，氧或硫在金属铁的晶界上偏析而使晶界脆化，表现出沿晶界断裂的特点。在很多情况下，尽管溶质在晶界上的偏析量很小，但引起材料性能的变化却是相当大的。因此，应进一步理解这一现象，并控制溶质在晶界上的偏析，以改善材料的性能。

(7)晶界的杂质分布

混入陶瓷材料的杂质大多是进入玻璃相或处于晶界。这是因为晶界势能较高，质点排列不规则，杂质进入晶界内引起点阵畸变所克服的势垒(能量)就较低；还有就是某些氧化物易于形成不规则的非晶态结构，并且易在点阵排列不规则的晶界上富集。杂质进入晶界一定程度可以减少晶界上的内应力，降低系统内部的能量。

利用晶界易于富集杂质的现象，在陶瓷材料的生产中有意识地加入一些杂质到瓷料中，使其集中分布在晶界上，以达到改善陶瓷材料的性能的目的。如在陶瓷生产中常常是通过掺杂来加以控制晶粒的大小。在工艺上除了严格控制烧成制度(烧成温度、时间及冷却方式等)，主要是限制晶粒的长大，特别要防止二次再结晶。烧结氧化铝陶瓷可掺入少量的 MgO，使 α-Al_2O_3 晶粒之间的晶界上形成镁铝尖晶石薄层，防止晶粒的长大，形成氧化铝细晶结构。

6.2.2 相界

在热力学平衡条件下,不同相间的交界区称为相界。相界有以下几种。

①非共格相界。两相不同时,相界两侧晶体结构不同,晶格常数不同,即原子排列方式不同,没有固定的相位关系。这种晶界里必然有一个过渡区,原子排列方式复杂。例如,α-Fe_2O_3 和 γ-Fe_2O_3,靠近 α-Fe_2O_3 处接近刚玉结构,靠近 γ-Fe_2O_3 区时,原子排列又接近尖晶石结构,中间逐步变形。更多情况是杂质在晶界的偏析会使过渡区形成一个新晶界相,它不同于 α-Fe_2O_3 相和 γ-Fe_2O_3 相。这种不同晶体结构的相界称为非共格相界,相界处原子排列复杂,同时有杂质空位等缺陷。

②共格相界。对照非共格相界的讨论可以知道,如果相界处两相具有相同或相近晶体结构,晶格常数也比较接近,那么相界面的原子通过一定变形,使两侧的原子排列保持一定相位关系,这种相界称为共格相界。

相界面附近的原子变形是指如果两相结构相同,晶格常数大的相在相界处稍作收缩,晶格常数小的稍作扩张,其结果在相界处基本上仍能保持原晶体结构,但相界处产生弹性附加形变能,它是相界能的主要部分。

③准共格相界。两相具有相同或相近的晶体结构,但晶格常数或晶向小于 10% 的偏差,这时靠交界处的原子变形来形成相界,会产生过大的弹性畸变,使相界不稳定。但在界面上形成有一定规则的位错,界面能会变低,这种界面称为准共格相界面。当一种材料的晶格常数大于另一种材料时,两相界面上位错会平行排列,称为失配位错。位错间距为

$$D=\frac{ab}{b-a} \tag{6.26}$$

如果 a、b 差别很大,D 就很小,失配位错密度大,畸变能也大,这时会引发出其他类型位错和缺陷,有时能使相界面处开裂。

在超晶格材料中和异质外延生长时容易出现这种失配位错。

6.3 界面行为

固体的表面总是与气相、液相或其他固相接触的,在表面力的作用下,接触界面上将发生一系列物理或化学过程。界面化学是以多相体系为研究对象,研究在相界面发生的各种物理化学过程的一门科学。硅酸盐材料制造的技术领域中,有很多涉及相界面间的物理变化和化学变化的问题,如果应用界面化学的规律就可以改变界面的物性,改善工艺条件和开拓新的技术领域。

6.3.1 固-气界面

材料在实际应用中,常处在大气中或有气体存在的环境中,这时材料的表面会与周围的气体相互作用,即产生吸附和脱附等现象,固体表面的这种特性可用于对化学反应的催化作用,以及借助于这种特性可对材料本身进行微观孔结构进行表征。固-气界面的吸附现象普遍存在。以固体表面和吸附分子间作用力的性质区分,吸附作用大致可分为物理吸附与化学吸附两类。

(1)物理吸附

1)物理吸附力的本质

根据物理吸附的许多实验结果,物理吸附力被认为是范德华力。因为只有这种力普遍存在于各种原子和分子之间。范德华力来源于原子和分子间的色散力、静电力和诱导力3种作用,它无方向性和饱和性。在非极性和极性不大的分子间主要是色散力的作用。色散力是产生物理吸附的主要原因。

2)物理吸附的理论模型

从某种理论模型出发,对一种或几种类型的吸附等温线做出合理的解释,并给出描述等温线的方程式是物理吸附研究的重要内容。由于吸附质气体和固体表面的复杂性,欲得到统一的能说明各种等温线的理论是困难的。至今还没有一个简单的定量理论能由吸附质和吸附剂的某些物理化学常数来预测吸附等温线。但是,对某种吸附剂测定了有限数量的气体吸附等温线之后,依照一定的模型处理预示其他气体或其他温度的吸附等温线已成为现实。

现时流行的物理吸附模型大致可分为以下四类。第一类模型理论是从吸附引起固气界面能的降低出发,考察单位表面上的吸附量与平衡压力的关系。第二类吸附模型的出发点是认为吸附过程是气相中的分子与处于吸附层中的分子的交换过程。第三类模型认为固体表面存在吸附势场,气相中的分子一旦落入此势场中即被吸附。第四类模型是对多孔固体而言的,即毛细凝结理论,这一理论的基础是在毛细孔中已被吸附的气体分子形成的液态吸附质凹液面上,因毛细凝结作用而使气体分子继续凝聚。

(2)化学吸附

化学吸附区别于物理吸附的本质在于被吸附分子与固体表面形成化学吸附键,即发生电子的交换、转移或共有。因而化学吸附有吸附热大(与化学反应热同数量级)、单层吸附、有选择性、不可逆吸附、吸附速度较物理吸附慢,常需在一定高温下方可显著进行等特点。

化学吸附理论不及物理吸附理论系统成熟。本节仅对化学吸附的部分基础知识予以介绍。

1)化学吸附等温式

化学吸附的吸附热随吸附量的增加而变化。吸附热与覆盖度的关系大致有3种情况(图6.26):吸附热与覆盖度无关,即吸附热保持常数;吸附热随覆盖度的增加而线性下降;吸附热随覆盖度的增加而呈指数下降。

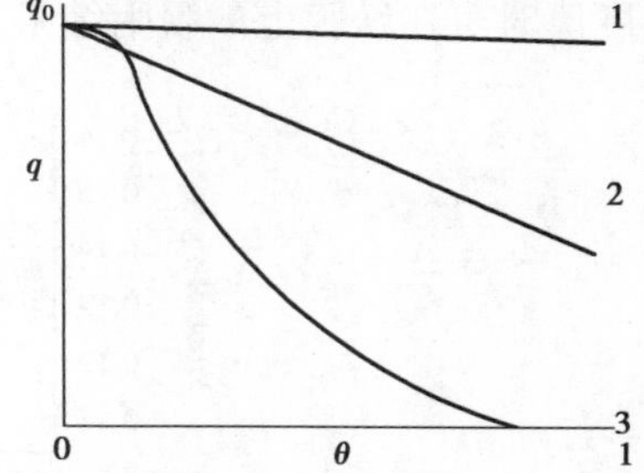

图6.26 吸附热与覆盖度的关系

①朗缪尔吸附等温式。

若吸附热与覆盖度无关,即任何覆盖度时吸附热为定值,得到朗缪尔吸附等温式

$$\theta=\frac{V}{V_{\rm m}}=\frac{bp}{1+bp} \tag{6.27}$$

式中 V——平衡压力为 p 时的吸附量;

$V_{\rm m}$——单层饱和吸附量;

θ——覆盖度。

b——常数。b 与吸附热有关,因已假设吸附热不随覆盖度变化,故 b 是常数。

若吸附质分子在进行化学吸附时解离为二,且各占一个吸附中心,则朗缪尔等温式可

写作

$$\theta=\frac{(bp)^{\frac{1}{2}}}{1+(bp)^{\frac{1}{2}}} \tag{6.28}$$

式(6.27)和式(6.28)的直线式为

$$\frac{p}{V}=\frac{1}{bV_m}+\frac{p}{V_m} \tag{6.29}$$

$$\frac{p^{\frac{1}{2}}}{V}=\frac{1}{b^{\frac{1}{2}}V_m}+\frac{p^{\frac{1}{2}}}{V_m} \tag{6.30}$$

若发生解离的化学吸附,即解离部分争占一个吸附中心,则需应用混合气体吸附的朗缪尔公式。

②特姆金等温式。

若吸附热 Q 随覆盖度 θ 的增加而是直线下降,即

$$Q=Q_0(1-\beta\theta)$$

式中 Q_0——θ 为 0 时的微分吸附热;

β——常数。

依朗缪尔公式的推导方法,将上式中的 Q 代入并化简。在中等覆盖度,即 θ 为 0.5 时,可得

$$\theta=\frac{V}{V_m}=\frac{1}{\alpha}\ln(Ap) \tag{6.31}$$

式中 α,A——与温度和吸附体系有关的常数。

此即为特姆金(Temkin)吸附等温式,应当注意的是式(6.31)在 θ 近于 1 或 0 时不适用。

特姆金吸附等温式的应用不涉及固体表面是否均匀或吸附时吸附分子是否解离等。显然,若此式适用,θ 或吸附量 V 对 $\lg p$ 作图应得直线,图 6.27 为按式(6.31)处理的在 7 个不同温度值时氢在铁膜上的吸附结果。

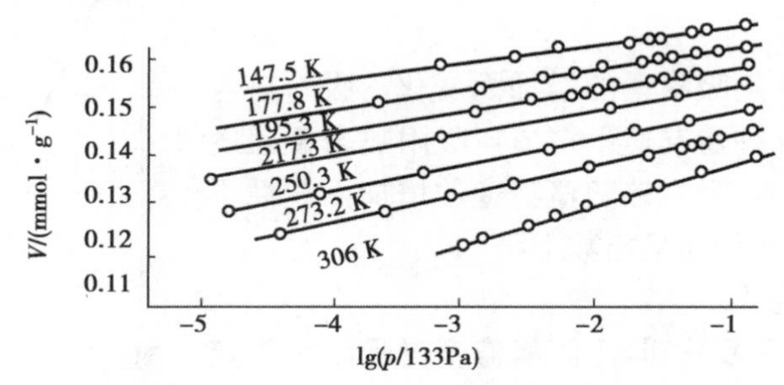

图 6.27 氢在铁膜上的吸附等温线

2)一些体系化学吸附机制的说明

如前所述,化学吸附是吸附质与吸附剂间形成化学吸附键,即有电子的转移、交换或共有。化学键本身就十分复杂,涉及吸附质、吸附剂各自本性和它们之间相互作用的化学吸附机制就更为复杂。原则上,化学吸附可有 3 种极端情况:a. 吸附质失去电子,吸附剂得到电子,吸附质正离子吸附到带负电的吸附剂上;b. 吸附质得到电子,吸附剂失去电子,吸附质负离子在带正电的吸附剂上吸附;c. 吸附质与吸附剂共有电子呈配价键或共价键。

①一些气体在金属上的吸附。

各种金属的蒸发膜室温下对多种气体的吸附情况列于表6.5，表中“+”为化学吸附，“-”为不吸附。根据吸附情况这些金属可分为若干类，对多种气体吸附能力强的是A、B、C三类，这三类多是过渡元素，吸附热的顺序大致为A类、B类、C类。

表6.5　金属的化学吸附性质

类别	金属	N_2	CO_2	H_2	CO	C_2H_4	C_2H_4	O_2
A	Ca、Ba、Ti、Fe、Ta等	+	+	+	+	+	+	+
B_1	Co、Ni	-	+	+	+	+	+	+
B_2	Rh、Pd等	-	-	-	+	+	+	+
C	Al、Mn、Cu、Au	-	-	-	-	+	+	+
D	Li、Na、K	-	-	-	-	-	+	+
E	Hg、Ag等	-	-	-	-	-	-	+
F	Se、Te	-	-	-	-	-	-	-

②在金属氧化物上的吸附。

金属氧化物许多是半导体，半导体电子的能带结构理论能较好地说明金属氧化物与外来分子间电子的传递，故可用能带理论来解释金属氧化物上的吸附作用。但是金属氧化物比纯金属要复杂得多。因它的表面上除有金属离子外，还有氧负离子、空位等。

当外来气体分子在金属氧化物上发生化学吸附时，在二者之间就会有电子的转移或共有。因此，若气体分子的电子亲和势（获得电子所放出的能量）大于金属氧化物的电子逸出功时，则金属氧化物将给气体分子电子，后者以负离子的形式吸附在金属氧化物表面上。反之，若气体分子的电离势比金属氧化物的电子逸出功小，则会有气体的正离子吸附发生。

常用的气体可分为失电子气体（易失电子成正离子，如 H_2、CO 等）和得电子气体（易得电子成负离子，如 O_2 等）。两类气体在相同的金属氧化物上吸附时可有不同的结果。由于吸附作用的发生也会使金属氧化物的某些物理性质有所变化，如失电子气体在n型的半导体上吸附时将电子给了半导体，自己以正离子形式吸附，而n型半导体电子增多，其电导率和表面电荷都会增加。若失电子气体在p型半导体上吸附，半导体得到电子，空穴减少，电导反而降低，而表面电荷由于电子的增加而增加。得电子气体的吸附比较复杂，因为得电子后这些气体可能有多种吸附状态，如氧可以有 O_3、O_2、O^-、O^{2-} 等形式的吸附。

由于吸附作用可使金属氧化物的某些物理性质发生改变，因此反过来可根据金属氧化物物理性质的改变来推断气体以何种形式吸附。

6.3.2　固-液界面

(1)固液弯曲表面的附加压力

由于液体表面张力的存在，弯曲表面上产生一个附加压力。如果平面的压力为 p_0，弯曲表面产生的压力差为 Δp，则总压力为 $p=p_0+\Delta p$。附加压力 Δp 有正负，它的符号取决于 r（曲面的曲率）。凸面时，r 为正值；凹面时，r 为负值。图6.28表示不同曲率表面的情况，在液面

上取一小面积 AB,AB 面上受表面张力的作用,力的方向与表面相切。如果平面沿四周表面张力抵消,液体表面内外压力相等。如果液面是弯曲的,凸面的表面张力合力指向液体内部,与外压力 p_0 方向相同,因此凸面上所受到的压力比外部压力 p_0 大,$p=p_0+\Delta p$,这个附加压力 Δp 是正的。在凹面时,表面张力的合力指向液体表面的外部,与外压力 p_0 方向相反,这个附加压力 Δp 有把液面往外拉的趋势,凹面所受到的压力 p 比平面的 p_0 小,$p=p_0-\Delta p$。由此可见,弯曲表面的附加压力 Δp 总是指向曲面的曲率中心,当曲面为凸面时,Δp 为正值;为凹面时,Δp 为负值。

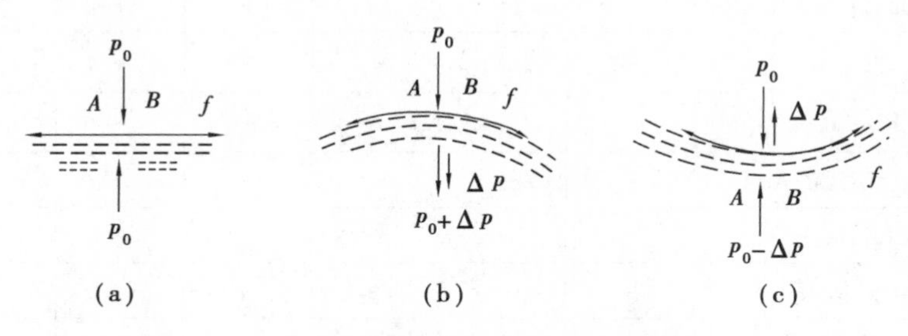

图 6.28　液体弯曲表面附加压力产生原理

作用在一个弯曲液面两侧的压强差 Δp(附加压力)为

$$\Delta p=\gamma\left(\frac{1}{r_1}+\frac{1}{r_2}\right) \tag{6.32}$$

式中　γ——液体表面张力;

r_1,r_2——曲面的两主曲率半径。

对于半径为 r 的球面有

$$\Delta p=\frac{2\gamma}{r} \tag{6.33}$$

1)弯曲液面对液体表面蒸气压的影响

如图 6.29 所示,将一毛细管插入液体中,如果液体能润湿管壁,它将沿管壁上升并形成凹面。

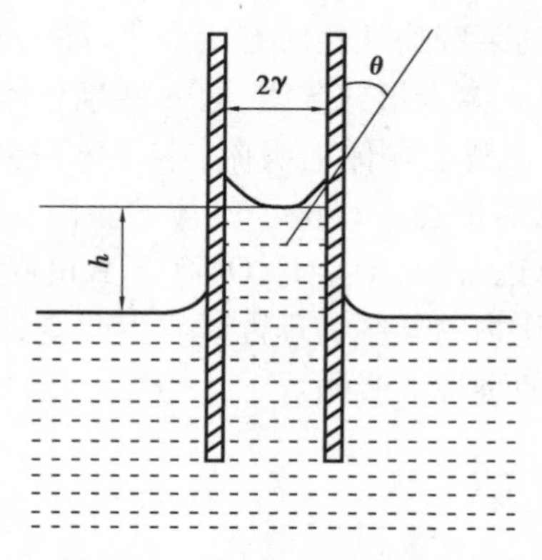

图 6.29　弯曲表面附加压力使毛细管液面上升

这时按式(6.33)得到的负压被吸入毛细管中的液柱静压所平衡,并与边界角 θ 有如下关系

$$\Delta p=\frac{2\gamma\ \cos\ \theta}{r}=\rho gh \tag{6.34}$$

式中 ρ——液体密度；

g——重力加速度；

r——管中液面的曲率半径。

显然，当 $\theta>90°$ 时，Δp 为负值。毛细管中的液面将降到管外水平面以下，并形成凸面。由此可见，当形成凸面时，毛细管中的蒸气压 p 增高，液面下降。形成凹面时，则 p 低于管外液面上的蒸气压 p_0，液面升高。因此，弯曲液面上的蒸气压将随其表面曲率面改变，这种关系可以用开尔文(Kelvin)公式描述

$$\ln\frac{p}{p_0}=\frac{2M\gamma}{\rho RT}\times\frac{1}{r}$$

或

$$\ln\frac{p}{p_0}=\frac{M\gamma}{\rho RT}\left(\frac{1}{r_1}+\frac{1}{r_2}\right) \tag{6.35}$$

式中 ρ——液体密度；

M——相对分子质量；

R——气体常数。

一般规律是，液面形成凸面时蒸气压 p 升高，形成凹面时蒸气压降低。开尔文公式的结论是凸面蒸气压>平面蒸气压>凹面蒸气压。球形液滴表面蒸气压随半径减小而增大。由表6.6可以看出，当表面曲率在1 μm时，因曲率半径差异而引起的压差已十分显著。这种蒸气压差在高温下足以引起微细粉体表面上出现由凸面蒸发而向四面凝聚的气相传质过程，这是粉体烧结传质的一种方式。

表6.6 颗粒直径对压力差及饱和蒸气压的影响

物质	表面张力/$(\times 10^3\ N\cdot m^{-1})$	曲率半径/μm	压力差/MPa
石英玻璃	300	0.1	12.3
		1.0	1.23
		100	0.123
液态钴(1 550 ℃)	1 935	0.1	7.80
		1.0	0.70
		10.0	0.078
水(15 ℃)	72	0.1	2.94
		1.0	0.294
		10.0	0.029 4
Al_2O_3(固,1 850 ℃)	905	0.1	7.4
		1.0	0.74
		10.0	0.074
硅酸盐熔体	300	100	0.006

如果在指定温度下，环境蒸气压为 p_0 时($p_{凹}<p_0<p_{平}$)，则该蒸气压对平面液体未达饱和，

但对管内凹面液体已呈过饱和，此蒸汽在毛细管内会凝聚成液体。这个现象称为毛细管凝聚。

毛细管凝聚现象在生活和生产中常可遇到。例如，陶瓷生坯中有很多毛细孔，从而有许多毛细管凝聚水，这些水由于蒸气压低而不易被排除，若不预先充分干燥，入窑将易炸裂；又如水泥地面在冬天易冻裂也与毛细管凝聚水的存在有关。

2）附加压力对固体的升华的影响

固体的升华过程类似液体蒸发过程，式(6.32)—(6.35)对于固体也是适用的。表6.6列出了某些物质的表面曲率对压力差及饱和蒸气压差的影响数据。当粒径小于0.1 μm时，固体蒸气压开始明显地随固体粒径的减小而增大。因而其溶解度将增大，熔化温度则降低。当用溶解度C代替式(6.35)中的蒸气压p，可以导出类似的关系

$$\ln\frac{C}{C_0}=\frac{2M\gamma_{LS}}{dRTr} \tag{6.36}$$

式中　γ_{LS}——固液界面张力；

C, C_0——半径为r的小晶体与大晶体的溶解度；

d——固体密度。

微小晶粒溶解度大于普通颗粒的溶解度。

(2) 固液界面的润湿

润湿是固液界面上的重要行为。润湿是近代很多工业技术的基础，例如，机械的润滑，注水采油，油漆涂布，金属焊接，陶瓷、搪瓷的坯釉结合等。陶瓷与金属的封接等工艺和理论都与润湿作用有密切关系。

1）润湿概念

固液界面的润湿是指液体在固体表面上的铺展。

热力学定义固体与液体接触后，体系（固体+液体）的吉布斯自由焓降低为固液界面的润湿。

2）润湿原理

液滴落在清洁平滑的固体表面上，当忽略液体的重力和黏度影响时，则液滴在固体表面上的铺展是由固-气、固-液和液-气3个界面张力所决定，其平衡关系可由图6.30和式(6.37)确定。

$$\gamma_{SV}=\gamma_{SL}+\gamma_{LV}\cos\theta \tag{6.37}$$

式中　γ_{LV}——液体对其本身蒸气的界面张力；

γ_{SL}——固液间的界面张力，二者力图使液体变为球形，阻止液相润湿固相；

γ_{SV}——固气之间的界面张力，力图把液体拉开，要覆盖固体表面，使固体表面能下降。

$F=\gamma_{LV}\cos\theta$是润湿张力，θ是润湿角。

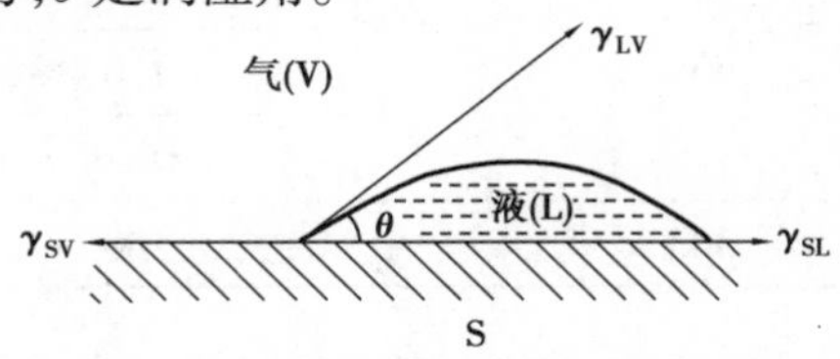

图6.30　固-液-气3个界面张力关系

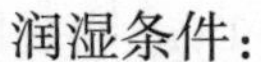

润湿条件：

当 $\theta>90°$，$\cos\theta<0$，$\gamma_{SV}<\gamma_{SL}$ 时，则因润湿张力小而固体不被润湿；

当 $\theta<90°$，$1>\cos\theta>0$，$\gamma_{SV}-\gamma_{SL}<\gamma_{LV}$ 时，固体能够被润湿，但是没有完全铺展；

当 $\theta=0°$，$\cos\theta=1$，$\gamma_{SV}-\gamma_{SL}=\gamma_{LV}$ 时，润湿张力最大，可以完全湿润，即液体在固体表面自由铺展。

因此液体开始铺展的条件是

$$\gamma_{SL}-\gamma_{SV}+\gamma_{LV}=0 \tag{6.38}$$

当铺展一旦发生，固体表面减小，液固界面增大，这时保持铺展继续进行的条件是

$$\gamma_{SV}>\gamma_{SL}+\gamma_{LV} \tag{6.39}$$

3）润湿分类

根据润湿程度不同可分为附着润湿、铺展润湿及浸渍润湿3种，如图6.31所示。

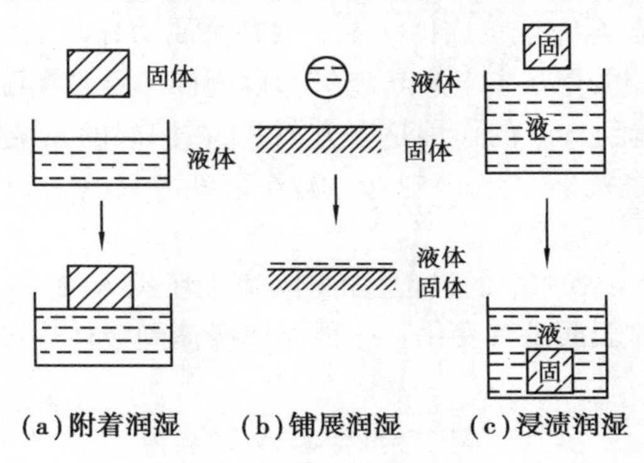

图6.31　润湿种类

①附着润湿。

附着润湿是指液体和圆体接触后，变液-气界面和固-气界面为固-液界面，设这3种界面的面积均为单位值（如 1 cm^2），比表面自由焓（表面能）分别为 γ_{LV}、γ_{SV}、γ_{SL}，则上述过程的吉布斯自由焓变化为

$$\Delta G_1=\gamma_{SL}-(\gamma_{SV}+\gamma_{LV}) \tag{6.40}$$

对此种润湿的逆过程 $\Delta G_2=\gamma_{LV}+\gamma_{SV}-\gamma_{SL}$，此时外界对体系所做的功为 W，如图6.33所示。

$$W=\gamma_{LV}+\gamma_{SV}-\gamma_{SL} \tag{6.41}$$

式中　W——附着功或黏附功。它表示将单位截面积的液-固界面拉开所做的功。显然此值越大表示固液界面结合越牢，也即附着润湿越强。

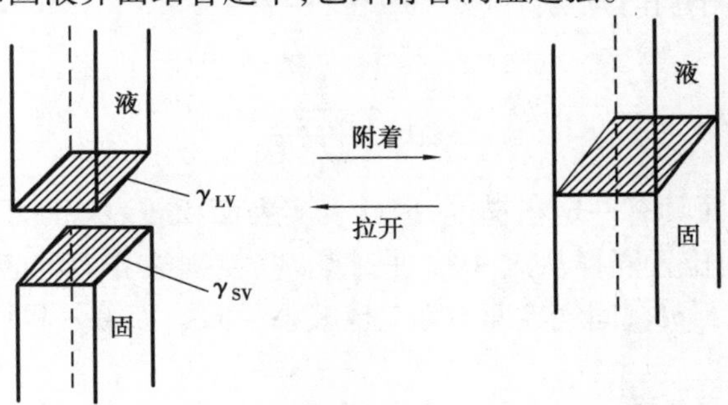

图6.32　附着功

在陶瓷和搪瓷生产中釉和珐琅在坯体上牢固附着是很重要的。一般 γ_{LV} 和 γ_{SV} 均是固定的。在实际生产中为了使液相扩散并达到较高的附着功，一般采用化学性能相近的两相系统，这样可以降低 γ_{SL}，由式(6.41)可知这样可以提高黏附功 W。另外，在高温煅烧时两相之间如发生化学反应，会使坯体表面变粗糙，熔质填充在高低不平的表面上，互相啮合，增加两相之间的机械附着力。

②铺展润湿。

液滴在固体表面上的铺展是符合其平衡关系式

$$\gamma_{SV}=\gamma_{SL}+\gamma_{LV}\cos\theta$$

当 $\theta=0°$，润湿张力 F 最大，可以完全润湿，即液体在固体表面上自由铺展。

从式(6.37)得出，润湿的先决条件是 $\gamma_{SV}>\gamma_{SL}$，或者 γ_{SL} 十分微小。当固、液两相的化学性能或化学结合方式很接近时，是可以满足这一要求的。因此，硅酸盐熔体在氧化物固体上一般会形成小的润湿角，甚至完全将固体润湿。而在金属熔体与氧化物之间，由于结构不同，界面能 γ_{SL} 很大，$\gamma_{SV}<\gamma_{SL}$，按式(6.37)算得 $\theta>90°$，因而固体不被润湿。

从式(6.37)还可以看到，γ_{LV} 的作用是多方面的，在润湿的系统($\gamma_{SV}>\gamma_{SL}$)中，γ_{LV} 减小会使 θ 变小，而在不润湿的系统($\gamma_{SV}<\gamma_{SL}$)中，γ_{LV} 减小使 θ 增大。

③浸渍润湿。

浸渍润湿是指固体浸入液体中的过程，如将陶瓷生坯浸入釉中。在此过程中，固-气界面为固-液界面所代替而液体表面没有变化。一种固体浸渍到液体中的自由能变化可由下式表示为

$$-\Delta G=\gamma_{SV}-\gamma_{SL}=\gamma_{LV}\cos\theta \tag{6.42}$$

若 $\gamma_{SV}>\gamma_{SL}$，则 $\theta<90°$，于是浸渍润湿过程将自发进行；倘若 $\gamma_{SV}<\gamma_{SL}$，则 $\theta>90°$。

综上所述，可以看出3种润湿的共同点是液体将气体从固体表面排挤开，使原有的固-气(或液-气)界面消失，而代之以固-液界面。铺展是润湿的最高标准，能铺展则必能附着和浸渍。要将固体浸于液体之中必须做功。

④影响润湿的因素。

上面讨论的都是对理想的平坦表面而言，但是实际固体表面是粗糙和被污染的，这些因素对润湿过程会产生重要的影响。

a. 固体表面粗糙度的影响。从热力学原理同样可以推得式(6.37)关系，即当系统处于平衡时，界面位置的少许移动所产生的界面能的净变化应等于零。于是，假设界面在固体表面上从图6.33(a)中的点 A 推进到点 B。这时固液界面积扩大 δ_S，而固体表面减小了 δ_S，液气界面积则增加了 $\delta_S\cos\theta$。平衡时则有

$$\gamma_{SL}\delta_S+\gamma_{LV}\delta_S\cos\theta-\gamma_{SV}\delta_S=0$$

或

$$\cos\theta=\frac{\gamma_{SV}-\gamma_{SL}}{\gamma_{LV}} \tag{6.43}$$

但因实际的固体表面具有一定粗糙度，因此真实表面积较表观面积为大(设大 n 倍)。如图6.33(b)所示，若界面位置同样从点 A' 推进到点 B'，使固液界面的表观面积仍增大 δ_S。但此时真实表面积却增大了 $n\delta_S$，固气界面实际上也减小了 $n\delta_S$，而液气界面积净增大了 $\delta_S\cos\theta_n$。于是

$$\gamma_{SL}n\delta_S+\gamma_{LV}\delta_S\cos\theta_n-\gamma_{SV}n\delta_S=0$$

$$\cos\theta_n=\frac{n(\gamma_{SV}-\gamma_{SL})}{\gamma_{LV}}=n\cos\theta$$

或
$$\frac{\cos\theta_n}{\cos\theta}=n \tag{6.44}$$

式中 n——表面粗糙度系数;

$\cos\theta_n$——对粗糙表面的表面接触角。

由于 n 值总是大于 1 的,故 θ 和 θ_n 的相对关系将按图 6.34 的余弦曲线变化,即 $\theta<90°$,$\theta>\theta_n$;$\theta=90°$,$\theta=\theta_n$;$\theta>90°$,$\theta<\theta_n$。因此,当真实接触角 θ 小于 90°时,粗糙度越大,表观接触角越小,就越容易润湿。当 θ 大于 90°,则粗糙度越大,越不利于润湿。

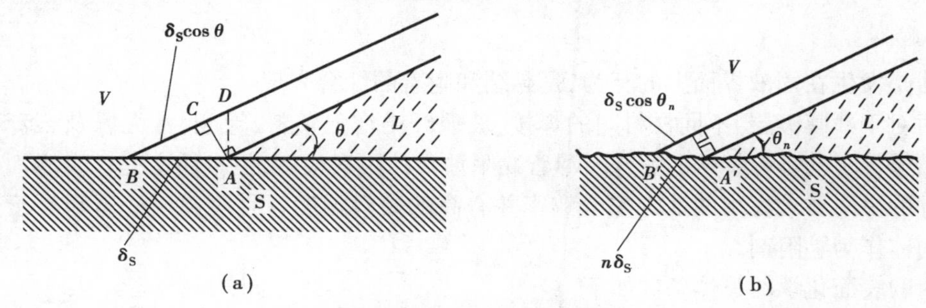

图 6.33 表面粗糙度对润湿的影响

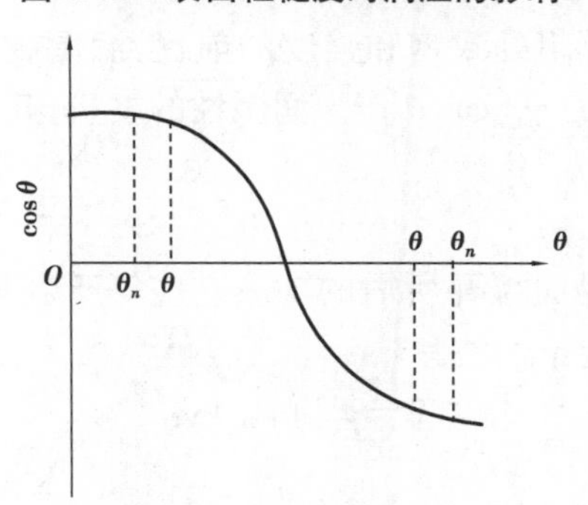

图 6.34 θ 与 θ_n 的关系

粗糙度对改善润湿与黏附强度的实例生活中随处可见,如水泥与混凝土之间,表面越粗糙,润湿性越好;而陶瓷元件表面镀银,必须先将瓷件表面磨平并抛光,才能提高瓷件与银层间的润湿性。

b. 吸附膜的影响。上述各式中 γ_{SV} 是固体露置于蒸气中的表面张力,因为表面带有吸附膜,它与除气后的固体在真空中的表面张力 γ_{SO} 不同,通常要低得多。也就是说,吸附膜将会降低固体表面能,其数值等于吸附膜的表面压 π,即

$$\pi=\gamma_{SO}-\gamma_{SV} \tag{6.45}$$

将 $\gamma_{SV}=\gamma_{SL}+\gamma_{LV}\cos\theta$ 代入,得到

$$(\gamma_{SO}-\pi)-\gamma_{SL}=\gamma_{LV}\cos\theta \tag{6.46}$$

上述表明,吸附膜的存在使接触角增大,起着阻碍液体铺展的作用,如图 6.35 所示。

这种效应对许多实际工作都是重要的。在陶瓷生坯上釉前和金属与陶瓷封接等工艺中,

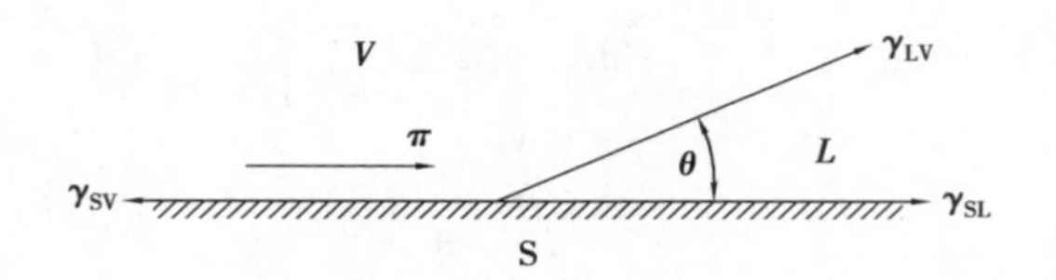

图 6.35　吸附膜对接触角的影响

都要使坯体或工件保持清洁,其目的是去除吸附膜,提高 γ_{SV} 以改善润湿性。

润湿现象的实际情况比理论分析要复杂得多,有些固相与液相之间在润湿的同时还有溶解现象。这样就造成相组成在润湿过程中逐渐改变,随之出现界面张力的变化。如果固液之间还发生化学反应,就会远超出润湿所讨论的范围。

(3)黏附

黏附是发生在固液界面上的行为,是黏结和附着的综合表现。

黏附对于薄膜镀层、不同材料间的焊接,玻璃纤维增强塑料、橡胶、水泥以及石膏等复合材料的结合等工艺都有特殊的意义。尽管黏附涉及的因素很多,但本质上是一个表面化学问题。良好的黏附要求黏附的地方完全致密并有高的黏附强度。一般选用液体和易于变形的热塑性固体作为黏附剂。

黏附的表面化学的具体条件如下。

1)润湿性

黏附面充分润湿是保证黏附处致密和强度的前提,润湿越好黏附也越好。如上所述,可用临界表面张力 γ_c 或润湿张力 $\gamma_{LV}\cos\theta$ 作为润湿性的度量,其关系由式为 $\gamma_{SV}=\gamma_{SL}+\gamma_{LV}\cos\theta$ 决定。

2)黏附功 W

黏附功是指把单位黏附界面拉开所需的功。它应等于新形成表面的表面能 γ_{SV} 和 γ_{LV},以及消失的固液界面的界面能 γ_{SL} 之差

$$W=\gamma_{LV}+\gamma_{SV}+\gamma_{SL} \tag{6.47}$$

与 $\gamma_{LV}(\cos\theta+1)$ 合并得

$$W=\gamma_{LV}(\cos\theta+1)=\gamma_{LV}+\gamma_{SV}+\gamma_{SL} \tag{6.48}$$

式中,$\gamma_{LV}(\cos\theta+1)$ 也称黏附张力。可以看到,当黏附剂给定(γ_{LV} 值一定)时,W 随 θ 减小而增大。因此,式(6.48)可作黏附剂的度量。

3)黏附面的界面张力 γ_{SL}

界面张力的大小反映界面的热力学稳定性。γ_{SL} 越小,黏附界面越稳定,黏附力也越大。同时从式(6.48)可见,γ_{SL} 越小,则 $\cos\theta$ 或润湿张力越大。

4)相溶性或亲和性

润湿不仅与界面张力有关,也与黏附界面上两相的亲和性有关。例如,水和水银两者表面张力分别为 72×10^{-3} N/m 和 500×10^{-3} N/m,但水却不能在水银表面铺展,说明水和水银是不亲和的。所谓相溶或亲和就是指两者润湿时自由焓变化 $\Delta G\leqslant 0$。因此相溶性越好,黏附越好。由于 $\Delta G=\Delta H-T\Delta S$($\Delta H$ 为润湿热),故相溶性的条件应是 $\Delta H\leqslant T\Delta S$,并可用润湿热 ΔH 来度量。对于分子间由较强的极性键或氢键结合时,ΔH 一般小于或接近于零。

综上所述,良好黏附的表面化学条件有如下 4 个方面。

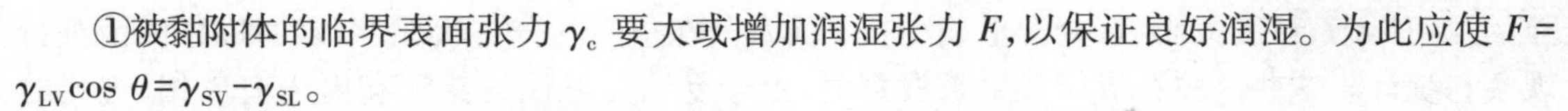

①被黏附体的临界表面张力 γ_c 要大或增加润湿张力 F,以保证良好润湿。为此应使 $F=\gamma_{LV}\cos\theta=\gamma_{SV}-\gamma_{SL}$。

②黏附功要大,以保证牢固黏附,为此应使 $W=\gamma_{LV}(\cos\theta+1)=\gamma_{LV}+\gamma_{SV}+\gamma_{SL}$。

③黏附面的界面张力 γ_{SL} 要小,以保证黏附界面的热力学稳定。

④黏附剂与被黏附体间相溶性要好,以保证黏附界面的良好键合和强度,为此润湿热要低。

上述条件是在 $\gamma_{SV}-\gamma_{SL}=\gamma_{LV}$ 的平衡状态时求得的。倘若 $\gamma_{SV}-\gamma_{SL}>\gamma_{LV}$ 时,情况将有其他变化。

6.3.3　固-固界面

固体表面的性质是和固体材料的其他部分的性质有明显差异的。如表面具有较高的能量状态,这就是所谓表面能,相应于界面来说就是界面能。为什么表面会具有上述的性质呢?这要先了解表面的结构特征,才能明白表面的特异性质。

固体外表面的质点,其结合状态及性质与内部的质点是不相同的。在固体内部,从统计平均的观点来看,任何部位的质点周围环境作用是一致且均匀的。但是处在表面的质点,它的结合情况及性质是受其周围环境所制约的。

固体内部质点四周都与邻近的质点相结合,所受到的作用是对称平衡的、饱和的,这是正常的平衡状态。固体材料内部的情况就是这样的,但是在表面上的质点就不同了,表面质点都只能和内部质点相结合,外部没有结合的质点,所受到的作用力是不平衡、不对称的,即其外侧没有饱和,只受内侧质点的作用,使表面处于能量较高的状态,它们就有转移到固体内部的倾向。众所周知,当物质处于高能量的状态时是不稳定的,有释放能量转化为低能量的稳定状态的趋势。这个能量的释放形式可以是多种多样的。例如,由于液体的流动性大,质点的相对位移是无序的,可以通过质点的迁移、缩小表面积来达到新的平衡,在几何形状上它就成为面积最小的球形(对一定体积而言)。在固体中,质点没有这样大的流动性,只能是使质点发生变形。已知易于极化的离子也容易变形,因此氧化物中,易于极化变形的 O^{2-} 常在表面上。此外,高能量的物态还可以通过吸附外界的物质重新结合,以达到的平衡来降低表面能。如晶体生长就是这样,表面能最大的地方是优先向低表面能方向转化的,即最优先吸附外来质点,因此该处的生长速度最大。

陶瓷材料的多晶体同理想晶体是有差别的,因为在形成时它会受到温度、压力、浓度及杂质等外界环境的影响,出现同理想结构发生偏离的现象。这种现象若发生在固体表面则形成表面缺陷,如常有高低不平和微裂纹出现,这些缺陷都会降低固体材料的机械强度。当固体材料在外力作用下,破裂常常从表面开始,实际上是从表面缺陷的地方开始的,即使表面缺陷非常微小,甚至在一般电子显微镜下也分辨不出的细微缺陷,因而多晶材料破坏多是沿着晶界断裂。总之表面缺陷的大小、数量和晶界的数量将十分强烈地影响陶瓷材料的机械性能。在生产中,要消除陶瓷材料的表面缺陷往往是十分困难的,但可以用施釉的办法减少缺陷的暴露,使高低不平的瓷体表面由平滑的釉层所覆盖而形成新的表面,从而减少瓷体表面的缺陷。

(1)陶瓷相界面

陶瓷材料是由许多不同取向的小晶体(晶粒)与分散的玻璃相、气孔集结而成的。这些晶粒的几何形态、粒度大小、百分含量、取向、界面及其在空间的分布状况，可以通过显微镜进行观察和统计。这些晶粒在形成和生长发育时，由于受结晶习性的支配和周边玻璃相、气孔的影响，会有规律地长成具有一定几何形状的外形和界面。有时，陶瓷材料不止一个晶相，而是多相多晶体。这些晶相多数是由化学组分所决定的，也受工艺制度的影响。

陶瓷主晶相决定着陶瓷材料的物理与化学性能。例如，刚玉瓷具有机械强度高，电性能非常优良，耐高温及耐化学侵蚀等极优良的性能，这是因为主晶相——刚玉晶体是一种结构紧密、离子键强度大的晶体。PZT 压电陶瓷则以锆钛酸铅为主晶相，这类晶体具有钙铁矿型结构。同时，在一定温度下处于斜方铁电体和四方铁电体的界面组成处有优良的压电性能。除主晶相外，其他晶相的存在及晶粒形状、界面结构对陶瓷材料也具有不可忽视的影响。例如，在高压电瓷中的玻璃相内，由于有大量的莫来石针状晶体的析出，成网络交错的界面分布，起到骨架增强作用，可以大大提高电瓷的机械强度。

（2）玻璃相界面

玻璃相是一种非晶态的低熔固体。陶瓷材料在高温烧结时，各组成及混入的杂质产生一系列的物理与化学反应，常常形成液相，在冷却下来以后就以玻璃相的形式出现，分布在各个晶粒之间，以一定的界面结构对陶瓷性能起到特殊的作用。陶瓷中玻璃相的界面作用主要是把分散的晶粒黏结在一起，具有界面黏结作用；填充气孔空隙的作用，使瓷坯致密化而成为整体；降低烧成温度；抑制晶体长大并防止晶体的晶形转变。

在有液相参加烧结的陶瓷材料中玻璃相一般在 20% ~60% 变化，特殊的也有高达 60% 以上的。如高压电瓷的玻璃相达 35% ~60%，日用瓷则高达 60% 以上。玻璃相在陶瓷材料中的数量及其界面分布情况，对陶瓷性质的影响较大，也可以作为判断陶瓷制备工艺过程中配料、混料和烧结制度的依据。

玻璃相在陶瓷材料中是一种连续的相，它把晶粒包裹起来并且使晶粒连接在一起。为此当陶瓷烧结冷却工程中玻璃相和晶相的热膨胀不同就会产生界面应力，就会在晶粒和玻璃之间出现应力，这种晶界应力会大大影响陶瓷材料的机械强度。

陶瓷的外表面常施以瓷釉，陶瓷坯体与釉层也存在界面问题。釉层就是在陶瓷材料的外表面上覆盖的一层薄玻璃层，是陶瓷施釉后在高温烧成时形成的。一般要求釉层和坯体界面之间结合得牢固且不崩脱也不产生裂纹，因此应使釉料和坯体的化学组成相近。当在高温反应过程中，坯与釉之间就产生一中间界面层，在这一层里坯与釉在高温下互相渗透，使其组成上介乎坯体与釉层之间，形成物理与化学性能和组成上相似的新的过渡界面层。这一层的形成对消除坯釉的界线，缓和坯釉的热膨胀系数的差异并减少有害的应力均有很大的作用。分析坯与釉之间的中间界面层应力状况有益于提高瓷釉性能。

烧成时，坯体在烧结收缩而釉则呈熔融状态，坯与釉均处于可塑状态。但在冷却过程中，当冷却温度低于釉层的软化温度时，由于釉已冷却硬化成为固体而失去塑性，如果 $\alpha_{釉}>\alpha_{坯}$ 时，则釉层的收缩大于坯体，就会在釉中形成张应力，当张应力超过釉层的抗张强度时，会出现裂纹而释放应力，这就是裂釉。反之，$\alpha_{釉}<\alpha_{坯}$ 时，在釉中形成压应力。通常釉的耐压强度比抗张强度大得多，要在相当大的压应力作用下才出现剥釉现象。因此剥釉现象比釉裂现象少得多。在陶瓷生产中，坯与釉的冷却收缩是不可能一致的，一般设计釉的成分时尽量使釉的收缩小一些，以便釉中呈一定的压应力。釉中出现压应力会使上釉陶瓷制品的机械强度提高，而且可使釉与坯结合得更牢固。釉层的作用除了把瓷体表面的缺陷覆盖、提高机械强度、

改善陶瓷材料的性能，还使陶瓷表面光滑，不易积存脏物、易于清洗，且也较为美观，从而使有釉层的陶瓷材料扩大了使用范围。

习题

6-1　试简述离子晶体表面双电层的形成及对性质的影响。

6-2　分析说明焊接、烧结、黏附接合和玻璃-金属封接的作用原理。

6-3　什么叫表面张力和表面能？在固态和液态下这两者有何差异？

6-4　$MgO-Al_2O_3-SiO_2$ 系统的低共熔物放在 Si_3N_4 陶瓷片上，在低共熔温度下，液相的表面张力为0.9 N/m，液体与固体的界面能为0.6 N/m，测得接触角为70.52°。

①求 Si_3N_4 的表面张力；

②将 Si_3N_4 在低共熔温度下进行热处理，测试其热腐蚀的槽角为123.75°，求 Si_3N_4 的晶界能。

6-5　影响润湿的因素有哪些？

6-6　什么是吸附和黏附？说明吸附的本质。当用焊锡焊接铜丝时，用锉刀除去表面层，可使焊接更加牢固，请解释这种现象。

6-7　什么是晶界织构？

6-8　试述晶界应力的产生原因及其利弊。其大小与哪些因素有关？应采取什么措施克服？

6-9　试说明晶粒之间的晶界应力的大小对晶体性能的影响。

6-10　一般说来同一种物质，其固体的表面能要比液体的表面能大，试说明原因。

6-11　什么叫润湿、润湿角？影响润湿的条件是什么？并简述改善润湿的措施。

第7章 热力学基础

热力学是研究变化过程中能量转化关系，以及过程进行的方向和限度等的学科。无机非金属材料热力学只讨论系统的宏观性质，而不讨论其微观本质（如个别分子、原子的行为），在应用热力学讨论问题时，不涉及过程进行的速度。热力学的基础是热力学三大定律，用热力学进行计算一般都以平衡状态为依据，在应用时应该注意。

7.1 化学平衡与热力学势函数

以下面化学反应为例，讨论化学平衡的概念。

$$2SiO_2(s) \rightleftharpoons 2SiO(g) + O_2(g)$$

在高温下 SiO_2 能分解生成 SiO 和 O_2，另一方面 SiO 和 O_2 又会化合生成 SiO_2。当反应开始时，因为只有 SiO_2，所以分解成 SiO 和 O_2 是矛盾的主要方面，但是，随着 SiO 和 O_2 量的增加，作为矛盾的另一方面，SiO 和 O_2 化合生成 SiO_2 的反应就会逐渐明显起来。当 SiO_2 的分解速度和 SiO 与 O_2 的化合速度相等时，体系中各物质的数量就不再随时间而改变。从表面上看，反应似乎处于静止状态，实际上这是矛盾的两方面达到势均力敌的暂时僵持阶段。这种状态就是化学反应的平衡状态。

"所谓平衡，就是矛盾的暂时的相对的统一"，一旦外界条件稍有变化，平衡就要被破坏，这时反应体系又处于不平衡状态，然后按照新的外界条件建立起新的平衡。研究化学平衡，就要创造一定的条件，使平衡朝着有利于生产的方向转化，使产品达到应该能达到的最大限度。

例如，已知合成氮化硼是由下列反应来进行的

$$BCl_3(g) + NH_3(g) \rightleftharpoons BN(s) + 3HCl(g)$$

利用化学平衡的知识计算出温度为 298 K 时平衡常数 $K=2.917$，而温度为 1 173 K 时平衡常数 $K=2.735\times10^4$，显然温度为 1 173 K 时，上述反应向右进行要完全得多。因此可以用此工艺条件来制备氮化硼。相平衡的问题，可以利用相图把方向与限度体现得十分具体。化学平衡则是通过平衡常数来使方向与限度具体化。

7.1.1 化学平衡的条件

从物理化学基础可知：$dG = -sdT + vdp + \sum \mu_i dn_i$

在等温等压下：$dG = \sum \mu_i dn_i$

自发过程的条件是：$\sum \mu_i dn_i < 0$

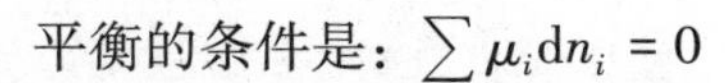

平衡的条件是：$\sum \mu_i \mathrm{d}n_i = 0$

以下列化学反应为例来分析化学反应的平衡条件：

$$N_2 + 3H_2 \rightleftharpoons 2NH_3$$

若消耗了 dn mol 的 N_2,必同时消耗了 3dn mol 的 H_2,产生了 2dn mol 的 NH_3。以消耗者为负,则有

$$\sum \mu_i \mathrm{d}n_i = (-\mu_{N_2} - 3\mu_{H_2} + 2\mu_{NH_3})\mathrm{d}n$$

若反应是自发过程,则有

$$\mathrm{d}G = \sum \mu_i \mathrm{d}n_i = (-\mu_{N_2} - 3\mu_{H_2} + 2\mu_{NH_3})\mathrm{d}n < 0$$

$$\mathrm{d}n \neq 0$$

必有

$$2\mu_{NH_3} - (\mu_{N_2} + 3\mu_{H_2}) < 0$$

$$(\mu_{N_2} + 3\mu_{H_2})_{\text{反应物}} > (2\mu_{NH_3})_{\text{产物}}$$

反应达到平衡时有

$$\mathrm{d}G = \sum \mu_i dn_i = (-\mu_{N_2} - 3\mu_{H_2} + 2\mu_{NH_3})\mathrm{d}n = 0$$

即

$$(\mu_{N_2} + 3\mu_{H_2})_{\text{反应物}} = (2\mu_{NH_3})_{\text{产物}}$$

以上结果推广到一般反应

$$a\mathrm{A} + b\mathrm{B} \rightleftharpoons d\mathrm{D} + g\mathrm{G}$$

$$a\mu_A + b\mu_B \geqslant d\mu_D + g\mu_G$$

$$\left(\sum \gamma_i \mu_i\right)_{\text{反应物}} \geqslant \left(\sum \gamma_i \mu_i\right)_{\text{产物}}$$

上式中 γ_i 代表化学反应方程式中对应物质 i 的系数,这个式子具体代表了化学反应自动进行的方向与限度的判断标准。只有当反应物的 $\sum \gamma_i \mu_i$ 大于产物的 $\sum \gamma_i \mu_i$ 时,反应才可能自动地由左向右进行,一直进行到二者相等为止,这就是反应达到平衡的条件。或者说这个化学反应达到了最大限度。

7.1.2　多相反应的平衡常数

平衡常数的概念在普通化学和物理化学中已经建立,这里根据材料科学与工程常见的实际情况,讨论多相反应的平衡常数及实际应用。

在材料科学的领域中,化学反应常常是固、气、液三相同时存在,单纯的气相反应较少。除气相外,还同时有固相或液相参加的反应称为多相反应。气相反应中关于平衡常数的概念在多相反应中同样适用。现以下列反应为例进行分析

$$Fe_2O_3(s) \rightleftharpoons 2FeO(s) + \frac{1}{2}O_2(g)$$

这一反应在日用瓷或电瓷的高温烧成中经常出现,在含有 Fe_2O_3 成分的玻璃熔化时也会出现。这是一个多相反应,根据化学热力学,只要反应在等温等压下进行,则化学反应平衡时必有

$$\left(\sum \gamma_i \mu_i\right)_{\text{反应物}} = \left(\sum \gamma_i \mu_i\right)_{\text{产物}} \tag{7.1}$$

对于该反应有

$$\mu_{Fe_2O_3}(s)=2\mu_{FeO}(s)+\frac{1}{2}\mu_{O_2}(g)$$

实验证明,固体皆有蒸气压力(虽然有的固体蒸气压极小)。因此,这一体系中实际存在两种平衡,除了上述平衡,必然还有固体与其蒸气的平衡。根据相平衡的条件,在平衡时一定有

$$\mu_i(s)=\mu_i(g)$$

这说明在第一类平衡中用固体的化学势 $\mu_i(s)$ 或用气体的化学势 $\mu_i(g)$ 效果相同。若用后者,则第一类平衡可写成

$$\mu_{Fe_2O_3}(蒸气)=2\mu_{FeO}(蒸气)+\frac{1}{2}\mu_{O_2}(g)$$

按理想气体考虑有

$$\mu_{Fe_2O_3}(蒸气)=\mu^{\ominus}_{Fe_2O_3}+RT\ln p_{Fe_2O_3}/p^{\ominus} \tag{7.2}$$

$$\mu_{FeO}(蒸气)=\mu^{\ominus}_{FeO}+RT\ln p^2_{FeO}/p^{\ominus 2} \tag{7.3}$$

式中 $\mu^{\ominus}_{Fe_2O_3}$——101.3 kPa 下 Fe_2O_3 气相的化学势;

$\mu^{\ominus}_{FeO}$——101.3 kPa 下 FeO 气相的化学势;

$p_{Fe_2O_3}$——Fe_2O_3 在该温度下的蒸气分压;

p_{FeO}——FeO 在该温度下的蒸气分压;

$p^{\ominus}$——标准状态的压力。

国际法定计量单位规定:理想气体的标准状态是压力 $p^{\ominus}=101\ 325$ Pa(即 1 atm)的状态。$p/p^{\ominus}$(以“Pa”为单位)是 p 除以 101 325 Pa 所得的纯数。过去的书刊中是用“atm”为单位,标准状态下的压力=1 atm,则 $p/p^{\ominus}$ 的值和 p 的数值相等,故式(7.3)常被简写为

$$\mu_{Fe_2O_3}(蒸气)=\mu^{\ominus}_{Fe_2O_3}+RT\ln p_{Fe_2O_3} \tag{7.4}$$

应当注意式(7.4)中的 $p_{Fe_2O_3}$ 实际上是指 $p_{Fe_2O_3}/p^{\ominus}$,也是没有单位的纯数。使用国际法定计量单位时 $p^{\ominus}$ 不能省略。

将式(7.2)和式(7.3)代入平衡式有

$$\mu^{\ominus}_{Fe_2O_3}-2\mu^{\ominus}_{FeO}-\frac{1}{2}\mu^{\ominus}_{O_2}=2RT\ln\frac{p_{FeO}}{p^{\ominus}}+\frac{1}{2}RT\ln\frac{p_{O2}}{p^{\ominus}}-RT\ln\frac{p_{Fe_2O_3}}{p^{\ominus}}=RT\ln\left[\frac{p^2_{FeO}\cdot p^{\frac{1}{2}}_{O_2}}{p_{Fe_2O_3}}\cdot p^{\ominus-\sum\gamma_i}\right]$$

$$\Delta\mu^{\ominus}=RT\ln K'$$

式中,$\sum\gamma_i=2+\frac{1}{2}-1=\frac{3}{2}$,保持 K'为纯数。其中,$K'=\frac{p^2_{FeO}\cdot p^{\frac{1}{2}}_{O_2}}{p_{Fe_2O_3}}\cdot p^{\ominus-\sum\gamma_i}$。

从实验结果得知,在一定温度中纯固体和纯液体之饱和蒸气压是固定的,与固体和液体的量无关。因此,可将这些固定数量并入 K'得到另一常数 K,即

$$K'=\frac{p^2_{FeO}\cdot p^{\frac{1}{2}}_{O_2}}{p_{Fe_2O_3}}\cdot p^{\ominus-\sum\gamma_i};K'\frac{p_{Fe_2O_3}}{p^2_{FeO}}\cdot p^{\ominus}=p^{\frac{1}{2}}_{O_2}\cdot p^{\ominus-\frac{1}{2}} \tag{7.5}$$

即

$$K=p^{\frac{1}{2}}_{O_2}\cdot p^{\ominus-\frac{1}{2}}$$

式(7.5)说明,对于有纯固体或液体参加的化学反应,它们的饱和蒸气压不必表示在平衡常数的关系中,而只需用反应中气相的分压来表示。

多相反应平衡理论可用来控制或促进某些物质的分解。以中国青瓷釉呈色机理为例,青瓷是我国陶瓷史上最早出现的瓷器。由于青瓷的釉色耀青流翠、光华富丽、色泽绚丽而又静穆、青翠而又脱俗,尤其是粉青色釉,色泽鲜艳而滋润,其美如玉;梅子青色釉,釉层莹彻,光彩焕发如同翡翠,釉色纯洁晶莹,造型浑厚端巧,结构周密雄伟,轮廓柔和流畅,线条挺秀健丽。因此,一千多年来青瓷在国内外享有极高评价,现今应该继承我国古代劳动人民的智慧同时上升到现代科学理论进行分析探讨,科学地总结出青瓷釉呈色与各种因素的关系,从而在生产中实行控制,摆脱陶瓷行业纯经验的状态。

青瓷釉的呈色,概括起来主要是由于釉内铁的氧化物在还原气氛的条件下烧成的,氧化铁被还原为氧化亚铁的结果。在青瓷制品的烧成过程中,存在以下反应:

$$Fe_2O_3 \rightleftharpoons 2FeO+\frac{1}{2}O_2(g)$$

由于这一多相反应平衡的移动方向使青瓷制品有极不相同的色调。氧化铁在光谱的黄光部分吸收最小,而氧化亚铁在青绿光部分吸收最小,故当铁以不同价数的化合物存在于青瓷釉中时,便吸收光波中不同波长的光使釉呈不同的色调。

这一多相反应的平衡常数如上分析 $K=p_{O_2}^{\frac{1}{2}}\cdot p^{\ominus-\frac{1}{2}}$。这说明在温度不变的情况下,该多相反应的方向实际上完全决定于氧的分压。如果炉内气氛中氧的分压小,则有利于反应向右进行,FeO 的量增加,釉呈青色;如果氧的分压大,则反应向左进行,Fe_2O_3 的量就增加,釉中黄的色调就加深。从热工控制的角度就是氧化气氛和还原气氛的控制,要得到青色釉,就应当采用还原气氛减少氧的分压,促进 Fe_2O_3 的分解。

多相化学反应平衡的理论也可用来控制或阻止某些物质的分解。例如,Ag_2CO_3 是无线电陶瓷中银浆原料,需放入烘箱在 383 K 下干燥,为了防止 Ag_2CO_3 分解($Ag_2CO_3 \rightleftharpoons Ag_2O+CO_2$)应采用何种措施?根据多相化学反应平衡的理论,该化学反应的平衡常数 $K=p_{CO_2}\cdot p^{\ominus-1}$。若已知 $Ag_2CO_3 \rightleftharpoons Ag_2O+CO_2$ 在 383 K 时,$K=0.963/101.3=9.51\times10^{-3}$,很容易就得出该反应在 383 K 时 CO_2 之分压 $p_{CO_2}=0.963$ kPa。要防止 Ag_2CO_3 分解,空气中 CO_2 的分压必须大于 0.963 kPa。若 $p_{总}=101.3$ kPa,则 $x_{CO_2}\geqslant\frac{p_{CO_2}}{p_{总}}=\frac{0.963}{101.3}=0.009\ 5\approx1\%$,这就是说空气中的 CO_2 含量在 1% 以上即可防止 Ag_2CO_3 分解。

7.1.3 热力学势函数

热力学势函数,是根据计算需要把状态函数(G,H,T)重新组合而成的一个新的状态函数。

根据 G 的定义

$$G^{\ominus}=H^{\ominus}-TS^{\ominus}$$

在等式两边引入参考温度(对固态和液态取 298 K)下的焓 $H_{298}^{\ominus}$ 则有

$$G_T^{\ominus}-H_{298}^{\ominus}=H_T^{\ominus}-H_{298}^{\ominus}-TS_T^{\ominus}$$

$$\frac{G_T^{\ominus}-H_{298}^{\ominus}}{T}=\frac{G_T^{\ominus}-H_{298}^{\ominus}}{T}-S_T^{\ominus} \tag{7.6}$$

令$\frac{G_T^\ominus - H_{298}^\ominus}{T} = \phi_T^\ominus$,称为热力学势函数。

式中　$G_T^\ominus$——物质于 T 温度下的标准自由焓;

$H_{298}^\ominus$——物质在参考温度 298 K 下的热焓。

从式(7.6)可知,如能把 $H_T^\ominus - H_{298}^\ominus$ 及 $S_T^\ominus$ 与温度 T 关系找出,则任意温度下的热力学势函数值即可求得。而 $H_T^\ominus - H_{298}^\ominus$ 及 $S_T^\ominus$ 与温度 T 关系可根据式(7.7)和式(7.8)求出。

$$H_T^\ominus - H_{298}^\ominus = \int_{298}^{T} C_p \mathrm{d}T \tag{7.7}$$

$$S_T^\ominus - S_{298}^\ominus = \int_{298}^{T} (C_p/T) \mathrm{d}T \tag{7.8}$$

由于热力学势函数和 G,H 一样皆为状态函数,因此,化学反应的热力学势函数变化 $\Phi_T^\ominus = \frac{G_T^\ominus - H_{298}^\ominus}{T}$,即

$$\Delta G_T^\ominus = \Delta H_{298}^\ominus + T\Delta\Phi_T^\ominus \tag{7.9}$$

由于

$$\Delta G_T^\ominus = -RT \ln K$$

故有

$$-\ln K = \frac{1}{R}\left(\frac{\Delta H_{298}^\ominus}{T} + \Delta\Phi_T^\ominus\right) \tag{7.10}$$

式中　$\Delta H_{298}^\ominus$——标准状态下反应的热焓变化;

$\Delta\Phi_T^\ominus$——标准状态下反应的热力学势函数变化。

根据不同物质热力学势函数及标准生成热的 $\Delta\Phi_T^\ominus$ 和各物质生成时的 $\Delta H_{298}^\ominus$ 之数值,可以用来求反应的 $\Delta\Phi_T^\ominus$ 及 $\Delta H_{298}^\ominus$ 值,有了反应的 $\Delta\Phi_T^\ominus$ 及 $\Delta H_{298}^\ominus$ 值,代入式(7.9)即可求出任意温度下的 K 值。由于多数物质热力学势函数随温度的变化不大,因此可以在较大温度范围内用内插法及外推法从附录 2 中数据求出所需温度下的 $\Delta\Phi_T^\ominus$ 值,而不致影响实用的准确度。

7.2　热力学应用实例

7.2.1　纯固相参与的固相反应

从简单的氧化物通过高温煅烧合成所需要的无机化合物是许多无机材料生产的基本环节之一。根据热力学的基本原理,对材料系统作热力学分析,往往可以加深对材料系统可能出现化合物间热力学关系的了解,从而有助于寻找合理的合成工艺途径和参数。

CaO-SiO_2 系统中的固相反应是硅酸盐水泥生产和玻璃工艺过程中所涉及的重要反应系统。据大量研究表明,在 CaO-SiO_2 系统中存在如下化学反应式为

(1)$CaO + SiO_2 \rightleftharpoons CaO \cdot SiO_2$(偏硅酸钙)

(2)$3CaO + 2SiO_2 \rightleftharpoons 3CaO \cdot 2SiO_2$(二硅酸三钙)

(3)$2CaO + SiO_2 \rightleftharpoons 2CaO \cdot SiO_2$(硅酸二钙)

(4)$3CaO + SiO_2 \rightleftharpoons 3CaO \cdot SiO_2$(硅酸三钙)

查《实用无机物热力学数据手册》得以上化学反应所涉及物质的热力学数据,见表 7.1。

表 7.1 $CaO\text{-}SiO_2$ 系统有关化合物热力学数据

物质	$\Delta H_{298}^{\ominus}$ /(kJ · mol^{-1})	$\Delta\Phi_T$/(J · mol^{-1} · K^{-1})									
		温度/K									
		900	1 000	1 100	1 200	1 300	1 400	1 500	1 600	1 700	1 800
$CaO \cdot SiO_2$	−1 584.2	126.9	135.0	142.7	150.0	157.1	163.8	195.5	176.9	183.2	189.2
$3CaO \cdot 2SiO_2$	−3 827.0	318.0	337.3	355.8	373.5	390.5	406.8	422.4	437.4	451.9	465.8
$2CaO \cdot SiO_2$	−2 256.8	186.8	198.9	210.7	222.0	232.8	243.1	253.0	262.6	271.7	280.7
$3CaO \cdot SiO_2$	−2 881.1	256.4	272.0	287.0	301.3	315.0	328.2	340.8	353.0	364.7	376.0
CaO	−634.8	60.6	64.3	67.7	83.5	74.1	77.1	79.9	82.7	85.3	87.8
α-石英	−911.5	66.1	70.7	75.2	—	—	—	—	—	—	—
α-鳞石英	—	—	—	—	81.2	85.1	88.9	92.5	96.0	99.3	102.5

按式(7.9)和式(7.10)对各反应进行热力学 Φ 函数法的$-\Delta G_R^{\ominus}(T)$计算,所得结果列于表 7.2 及图 7.1(a)。

$$CaO+SiO_2 \rightleftharpoons \frac{1}{3}(3CaO \cdot 2SiO_2)+\frac{1}{3}SiO_2$$

表 7.2 $CaO\text{-}SiO_2$ 系统中各反应的$-\Delta G_R^{\ominus}$(kJ/mol)与温度的关系

化学反应式	温度/K									
	900	1 000	1 100	1 200	1 300	1 400	1 500	1 600	1 700	1 800
(1)	39.3	39.1	38.8	36.5	36.3	36.1	36.0	36.4	36.8	37.1
(2)	103.3	102.8	102.4	97.6	97.1	96.6	96.1	95.7	95.3	94.8
(3)	75.3	75.4	75.9	74.4	75.0	75.8	76.7	77.8	78.9	80.4
(4)	72.9	73.8	74.9	73.9	75.2	76.3	78.1	19.7	81.4	83.3

显然表 7.2 所列数据是基于各反应式化学计量配比考虑的。由于实际生产工艺中,反应系统的原料组成配比一经选定,对各个反应都是相同的,因此研究不同给定原料配比条件下各反应自由能 $\Delta G_R^{\ominus}$ 与温度间关系将更有实际意义。为简单起见,选择 CaO/SiO_2 为 1、1.5、2、3 进行讨论。不难看出,原料配比改变后,反应自由能的计算只需根据表 7.1 所列数据作简单处理就可以完成。例如,CaO/SiO_2 为 1 时,$3CaO \cdot 2SiO_2$ 生成的反应式为

可见,此时单位式量 CaO 与单位式量 SiO_2 反应仅能生成 1/3 式量的 $3CaO \cdot 2SiO_2$,故相应的反应自由能仅为生成单位式量 $3CaO \cdot 2SiO_2$ 的 1/3。因此,欲得反应式(2)当 CaO/SiO_2 为 1 时,各温度下 $\Delta G_R^{\ominus}(T)$ 只需将表 7.2 中反应式(2)的相应温度下自由能数据乘以 1/3。对于其他各反应和配比完全可以以此类推。

表 7.3 及图 7.1 中给出了 CaO/SiO_2 为 1、1.5、2、3 时,各反应自由能变化与温度的关系。由此可以看出,当温度足够高时,$CaO\text{-}SiO_2$ 系统的 4 种化合物均有自发形成的热力学可能性。

但它的各自形成趋势大小随系统温度及系统原料配比的变化而改变。

表 7.3　原始配比不同时 $CaO-SiO_2$ 系统中各反应的 $-\Delta G_R^{\ominus}$(kJ/mol)与温度的关系

CaO/SiO_2	化学反应式	温度/K									
		900	1 000	1 100	1 200	1 300	1 400	1 500	1 600	1 700	1 800
1.0	(1)	39.3	39.1	38.9	36.5	36.3	36.1	36.0	36.6	36.8	37.1
	(2)	34.4	34.3	34.2	32.5	32.4	32.2	32.0	31.9	31.8	31.6
	(3)	37.6	37.7	37.9	37.2	37.5	37.9	38.4	38.9	39.5	40.2
	(4)	24.7	24.6	24.9	35.9	25.1	25.4	26.0	14.0	27.1	27.8
1.5	(1)	78.5	78.1	77.8	73.1	72.6	72.2	72.1	72.7	73.5	74.1
	(2)	103.3	102.8	102.4	106.8	97.1	96.6	96.1	95.6	95.5	94.8
	(3)	112.9	113.1	113.9	111.6	112.5	71.9	115.1	116.7	118.4	120.6
	(4)	72.9	73.8	74.9	73.9	76.2	76.3	78.1	79.7	81.4	83.3
2.0	(1)	39.3	39.1	38.9	36.5	36.3	36.1	36.0	36.4	36.8	37.1
	(2)	51.7	51.4	51.2	48.9	48.5	48.3	48.0	47.8	47.6	47.4
	(3)	75.3	75.4	75.9	74.4	75.0	75.8	76.7	77.8	78.9	80.4
	(4)	47.1	47.6	48.2	49.3	50.1	50.9	52.0	53.1	54.3	55.5
3.0	(1)	39.3	39.1	38.9	36.5	36.3	36.1	36.0	36.4	36.8	37.0
	(2)	51.7	51.4	51.2	48.8	48.5	48.3	48.0	47.8	47.6	47.4
	(3)	75.3	75.4	75.9	74.4	75.0	75.8	76.7	77.8	78.9	80.4
	(4)	72.9	73.8	74.6	73.9	75.2	76.3	78.1	79.7	81.4	83.3

当系统 CaO/SiO_2 为 1 时，硅酸钙、偏硅酸钙在整个温度范围内均表现出较大的形成趋势，其次为二硅酸钙，而硅酸三钙形成势最低。随着系统 CaO/SiO_2 的增加（如 CaO/SiO_2 为 1.5 或 2 时）硅酸二钙、二硅酸三钙形成热力学势急剧增大，同时硅酸三钙形成势也大幅度增大，致使偏硅酸钙形成势沦为最低。尤其值得注意的是，当系统 CaO/SiO_2 在此范围内变化时，在水泥熟料矿物体系中具有重要意义的硅酸二钙和硅酸三钙在整个温度范围内，前者始终具有较大的稳定性。这意味着在这种情况下，即使良好的动力学条件，也不可能通过氧化钙和硅酸二钙直接化合而合成硅酸三钙。

当系统 CaO/SiO_2 增加到 3 时，硅酸二钙、硅酸三钙表现出较大的形成势，而偏硅酸钙形成势最低。比较硅酸二钙与硅酸三钙，随着温度升高，硅酸三钙形成势增长比硅酸二钙快得多，并且当温度大于 1 300 ℃后，硅酸三钙形成势超过硅酸二钙。这一结果与 CaO/SiO_2 系统平衡相图的实测结果在性质上是极为符合的。实验表明：当温度低于 1 250 ℃时，硅酸三钙为一不稳定化合物，在动力学条件满足的情况下它将分解为硅酸二钙与氧化钙；而当温度高于1 250 ℃直至2 150 ℃时，硅酸三钙为稳定化合物。显然热力学的计算结果反映了这两种化合物间的平衡关系。当温度低于1 300 ℃后，硅酸三钙因稳定性低于硅酸二钙而自发分解，生成硅酸二钙和氧化钙。但是实际硅酸盐水泥矿物系统中硅酸三钙的大量存在并能在水泥水化和强度发展过程中起重要作用，则正是由于水泥生产过程中水泥熟料的快速冷却阻止了硅酸三钙的分解，以及常温下硅酸三钙的热力学不稳定性所决定的。此外，在高温下硅酸三钙热力学生成势超过硅酸二钙这一计算结果，在理论上表明在良好的动力学条件下，通过固相反应可以合成足够纯的硅酸三钙。

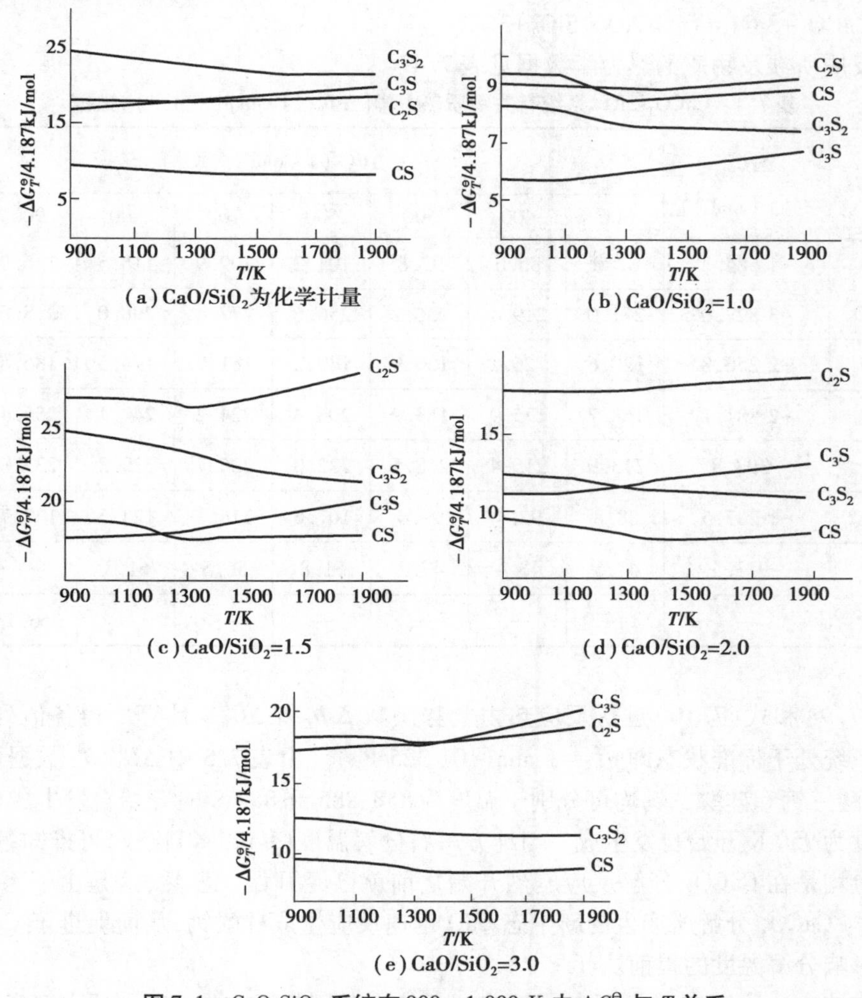

图7.1　$CaO-SiO_2$ 系统在900～1 900 K内 $\Delta G_T^\ominus$ 与 T 关系

7.2.2　伴有气相参与的固相反应

无机材料的合成工艺过程中，伴有气相参与的固相反应是经常遇到的。如碳酸盐、硫酸盐分解、水化物、黏土被加热后的脱水等。如前所述这种伴有气相参与的固相反应，除温度、配料比等因素可影响固相反应的进程外，参与反应气相的分压也是影响反应的因素之一。

在水泥的工业生产过程中，提供氧化钙的工业原料往往是方解石（$CaCO_3$）。实验与热力学计算已经表明，纯方解石剧烈分解温度为 850 ℃左右，即当温度高于此值后方解石将以氧化钙的形式存在。因此，用热力学的方法计算，考察在较低温度下（T<850 ℃），$CaCO_3$-SiO_2 系统能否发生固相反应及其所遵循的规律无疑将有助于我们对硅酸盐水泥矿物烧成全过程的认识。

如同 CaO-SiO_2 系统一样，考虑 $CaCO_3$-SiO_2 系统存在 4 种主要化学反应式为

(1) $CaCO_3+SiO_2 \rightleftharpoons CaO \cdot SiO_2+CO_2$

(2) $3CaCO_3+2SiO_2 \rightleftharpoons 3CaO \cdot SiO_2+3CO_2$

(3) $2CaCO_3+SiO_2 \rightleftharpoons 2CaO \cdot SiO_2+2CO_2$

(4) $3CaCO_3+SiO_2 \rightleftharpoons 3CaO \cdot SiO_2+3CO_2$

以上反应所涉及物质的热力学数据见表 7.4。

表 7.4　$CaCO_3$-SiO_2 系统有关物质热力学[$\Delta\Phi'_T$/(J · mol^{-1} · K^{-1})]数据

物质	$\Delta H^{\ominus}_{298}$ /(kJ · mol^{-1})	$\Delta\Phi'_T$/(J · mol^{-1} · K^{-1})							
		300	400	500	600	700	800	900	1 000
CaO · SiO	−1 585.2	82.0	85.6	92.8	101.2	109.9	118.5	126.9	135.0
3CaO · 2SiO_2	−3 827.0	211.0	219.4	236.2	256.6	277.4	298.0	318.0	337.3
2CaO · SiO_2	−2 256.8	120.6	126.2	136.9	149.2	161.9	174.5	186.8	198.9
3CaO · SiO_2	−2 881.1	168.7	175.9	189.9	206.4	224.2	240.1	256.4	272.0
CO_2	−393.8	213.9	215.4	218.5	222.0	225.7	229.3	232.8	236.2
$CaCO_3$	−1 207.5	88.8	92.4	99.4	107.6	116.1	124.5	132.7	140.6
β-SiO_3	−911.5	41.5	43.4	47.2	51.8	56.5	61.3	—	—
α-SiO_3	—	—	—	—	—	—	—	66.1	70.7

按式(7.9)和式(7.10)进行反应热力学势函数 $\Delta\Phi'_T$和 $\Delta G^{\ominus}_{R,T}$ 计算所得各值列于表 7.5 中。反应系统处于标准状态即 $p^{\ominus}_{co_2}=1$ atm(101 325 Pa)。由表 7.5 中 $\Delta G^{\ominus}_R(T)$数据可知，偏硅酸钙、二硅酸三钙和硅酸二钙均可分别于温度为 858、885 和 868 K 时开始自发生成，而硅酸三钙则在温度为 950 K 开始自发生成。与纯方解石分解温度(1 123 K)比较，可推知各种硅酸钙的生成反应均是在 $CaCO_3$ 分解反应剧烈开始之前就已经开始。显然，这是由于系统中存在 SiO_2，它会与 $CaCO_3$ 分解所产生的新生态 CaO 迅速反应生成硅酸钙，从而促进了 $CaCO_3$ 的加速分解并影响分解温度的提前。

但是应该充分注意到，在实际工业生产过程中参与固相反应的 CO_2 并非处于标准状态之下。因此，有必要考虑 CO_2 分压对反应的影响。

根据式(7.11)得

$$\Delta G_{t,p}=\Delta G^{\ominus}_{t,p}+RT\ln\frac{\alpha_C^{n_C}\alpha_D^{n_D}}{\alpha_A^{n_A}\alpha_B^{n_B}} \tag{7.11}$$

表 7.5 $CaCO_3$-SiO_2 系统各反应 $\Delta\Phi'_T$和 $\Delta G^{\ominus}_{R,T}$ 计算值

化学反应式	$\Delta\Phi'_T/\Delta G^{\ominus}_{R,T}$ kJ(mol · K)$^{-1}$/(kJ · mol^{-1})								平均 $\Delta G'$
	300 K	400 K	500 K	600 K	700 K	800 K	900 K	1 000 K	
(1)	0. 166/ 90. 39	0. 165/ 74. 0	0. 165/ 57. 7	0. 164/ 41. 7	0. 163/ 26. 0	0. 162/ 10. 4	0. 161/ −4. 8	0. 160/ −19. 7	0. 163
(2)	0. 505/ 286. 3	0. 502/ 236. 4	0. 499/ 187. 6	0. 496/ 139. 4	0. 493/ 92. 1	0. 490/ 45. 4	0. 486/ −0. 4	0. 483/ −45. 4	0. 494
(3)	0. 392/ 183. 4	0. 329/ 150. 7	0. 328/ 118. 3	0. 326/ 86. 4	0. 325/ 55. 0	0. 323/ 24. 0	0. 321/ −6. 7	0. 319/ −37. 1	0. 325
(4)	0. 502/ 321. 0	0. 501/ 271. 0	0. 500/ 221. 7	0. 498/ 172. 9	0. 496/ 124. 7	0. 493/ 77. 1	0. 491/ −30. 0	0. 497/ −16. 4	0. 497

可得反应式(1)自由能 $\Delta G_R(T)$随温度及 CO_2 分压变化关系式。

反应式(1):

$$\begin{aligned}\Delta G_R(T) &= \Delta G_{R,T} + RT\ln p_{CO_2}\\ &= 140.1 - 0.163T + RT\ln p_{CO_2}\\ &= 140.1 - (0.163T + 8.314\times 10^{-3}T\ln p_{CO_2})T\end{aligned}$$

同理可写出反应式(2)、反应式(3)和反应式(4)相应的自由能与温度、CO_2 分压关系式。

反应式(2):$\Delta G_{R2} = 437.3-(0.494-0.025\ln p_{CO_2})T$

反应式(3):$\Delta G_{R3} = 282.2-(0.325-0.017\ln p_{CO_2})T$

反应式(4):$\Delta G_{R4} = 471.7-(0.497-0.025\ln p_{CO_2})T$

由此可见,CO_2 分压的改变,可显著地影响 ΔG_R 与 T 直线的斜率。p_{CO_2} 越小,ΔG_R 与 T 直线斜率越大,致使在同一温度下反应自由能越小,同时 ΔG_R 为 0 所对应的温度越低。因此,减小反应系统的 CO_2 分压往往是促进反应达到较大的热力学势推动反应进行的有效措施之一。

7.2.3 伴有熔体参与的固相反应

硅酸盐材料的高温过程常出现伴有熔体参与的固相反应,如水泥熟料的烧成,耐火材料的烧结或高温熔体与容器材料的化学作用等。在这种情况下,热力学计算中应考虑熔体参与反应组成的活度影响。举例用热力学方法分析用刚玉坩埚熔制纯镍熔体的可能性。

设高温(1 800 K)镍熔体与刚玉存在如下反应

$$\frac{1}{3}Al_2O_3(s)+Ni(l)\xlongequal{1\,800\text{ K}}NiO(s)+\frac{2}{3}Al(l)$$

查《无机物热力学数据手册》得有关物质热力学数据,见表 7.6。

表 7.6 有关物质热力学数据

物质	$\Delta H^{\ominus}_{298}$/(kJ · mol^{-1})	Φ'_{1800}/(J · mol^{-1} · K^{-1})	物质	$\Delta H^{\ominus}_{298}$/(kJ/mol^{-1})	Φ'_{1800}/(J · mol^{-1} · K^{-1})
Ni(l)	0	58.60	NiO(s)	−240.80	90.10
Al_2O_3(s)	−1 674.80	53.60	Al(l)	0	61.05

依式 $\Delta G^{\ominus}_{R,T}=\Delta H^{\ominus}_{R,298}-T\Delta\Phi'_{R,T}$

计算反应 $\Delta G^{\ominus}_{R,T}$

$$\Delta G^{\ominus}_{1\,800}=\left(-240.8+\frac{1}{3}\times1\,674.8\right)-1\,800\times10^{-3}\left(\frac{2}{3}\times61.05+90.1-58.6-\frac{1}{3}\times53.6\right)$$
$$=219.67(\text{kJ/mol})$$

由式(7.11)可得

$$\Delta G_{1\,800}=\Delta G^{\ominus}_{1\,800}+RT\ln\frac{\alpha_{Al}^{\frac{2}{3}}}{\alpha_{Ni}}$$

考虑实际熔体中 $X_{Al}+X_{Ni}=1$，并有 $X_{Ni}=1$，故可将熔体当作理想溶液处理

$$\Delta G_{1\,800}=\Delta G^{\ominus}_{1\,800}+\frac{2}{3}RT\ln X_{Al}$$
$$=219.67+5.54\times10^{-3}T\ln X_{Al}$$

当铝被镍还原并熔于镍熔体中，达最大程度（即反应达到平衡）时，$\Delta G_{1\,800}=0$ 故有

$$(X_{Al})_{max}=\exp\left(\frac{-219.67}{5.54\times10^{-3}\times1\,800}\right)=2.71\times10^{-10}$$

由此可见，当用刚玉坩埚作熔炼纯镍的容器，在 1 800 K 温度下金属铝溶于镍熔体中的最大浓度仅为 $(X_{Al})_{max}=2.71\times10^{-10}$。显然，有理由肯定刚玉坩埚可用作熔融高纯度镍的容器。

7.3 相图热力学基础

相平衡是热力学在多相体系中重要研究内容之一。相平衡研究对预测材料的组成、材料性能，以及确定材料制备方法等均具有不可估量的作用。近年来，随着计算技术的飞速发展及各种基础热力学数据的不断完整，多相体系中相平衡关系已逐渐有可能依据热力学原理，从自由能-组成曲线加以推演而得到确定。这一方法不仅为相平衡的热力学研究提供了新的途径，还弥补了过去完全依靠实验手段测制相图时，由于受到动力学因素的影响，平衡各相界线准确位置难以确定的不足从而对相图的准确制作提供了重要的补充。

7.3.1 自由能-组成曲线

(1)二元固态溶液或液态溶液自由能-组成关系式

若由处于标准状态的纯物质 A（摩尔分数为 X_A）和纯物质 B（摩尔分数为 X_B）混合形成摩尔固态溶液 $S(X_A,X_B)$ 或液态溶液 $L(X_A,X_B)$

$$X_AA_{(S)}+X_BB_{(S)}=S(X_A,X_B)$$
$$X_AA_{(L)}+X_BB_{(L)}=L(X_A,X_B)$$

此过程自由能变化 ΔG_m，称固态溶液或液态溶液生成自由能或混合自由能。依照热力学基本原理由上述反应得

$$\Delta G_m=(X_A\overline{G}_A+X_B\overline{G}_B)-(X_AG^{\ominus}_A+X_BG^{\ominus}_B)$$
$$=X_A(\overline{G}_A-G^{\ominus}_A)-X_B(\overline{G}_B-G^{\ominus}_B)\tag{7.12}$$

式中 $G^{\ominus}_A,G^{\ominus}_B$——标准状态下固态或液态纯 A 和纯 B 的摩尔自由能；

$\overline{G}_A, \overline{G}_B$——固态溶液或液态溶液的偏摩尔自由能,即化学位。

故在一定温度下 $\overline{G}_1$ 和 $\overline{G}_1^\ominus$ 可由下式通过组成的活度 α_i 得到联系

$$\overline{G}_A = G_A^\ominus + RT\ \ln\ a_A = G_A^\ominus + RT\ \ln\ X_A\gamma_A \tag{7.13a}$$

$$\overline{G}_B = G_B^\ominus + RT\ \ln\ a_B = G_B^\ominus + RT\ \ln\ X_B\gamma_B \tag{7.13b}$$

式中　γ_A, γ_B——组成 A 和组成 B 的活度系数。

将式(7.13)式代入式(7.12),于是得混合自由能 ΔG_m 的一般关系式

$$\begin{aligned}\Delta G_m &= RT(X_A\ln\ a_A + X_B\ln\ a_B)\\ &= RT(X_A\ln\ X_A + X_B\ln\ X_B) + RT(X_A\ln\ \gamma_A + X_B\ln\ \gamma_B)\end{aligned} \tag{7.14}$$

由此可见,无论是生成二元固态或是液态溶液,就混合过程而言其自由能变化 ΔG_m 均具有相同表达式(7.14)。等式右方的第一项是混合为理想状态($\gamma_A = \gamma_B = 1$)时,混合对自由能的贡献,故称为理想混合自由能 ΔG_m^I;等式右方第二项源于混合的非理想过程。它包含了两种组成的活度系数。因此反映了整个溶液体系的不理想程度,常称为混合过剩自由能 ΔG_m^E。因此实际混合过程的自由能变化 ΔG_m 为理想混合自由能 ΔG_m^I 与混合过剩自由能 ΔG_m^E 两部分之和

$$\Delta G_m = \Delta G_m^I + \Delta G_m^E \tag{7.15}$$

在一定温度下,若 $\gamma_1 > 1$,则 $\Delta G_m^E > 0$,表示体系相对理想状态出现正偏差;反之若 $\gamma_1 < 1$,则 $\Delta G_m^E < 0$,体系出现负偏差。因此,ΔG_m^E 的大小正负直接影响体系自由能组成曲线的性态。

(2)二元溶液自由能组成曲线性态

在等温等压下,对式(7.15)两边关于 X_A 微分,并考虑式(7.14)关系得

$$\begin{aligned}\left(\frac{\partial \Delta G_m}{\partial X_A}\right)_{T,p} &= \left(\frac{\partial \Delta G_m^I}{\partial X_A}\right)_{T,p} + \left(\frac{\partial \Delta G_m^E}{\partial X_A}\right)_{T,p}\\ &= RT(\ln\ X_A - \ln\ X_B) + RT(\ln\ \gamma_A - \ln\ \gamma_B + X_A\frac{\partial\ \ln\ \gamma_A}{\partial X_A} - X_B\frac{\partial\ \ln\ \gamma_B}{\partial X_B}\end{aligned} \tag{7.16}$$

考虑 $dX_A = -dX_B$ 和吉布斯-杜亥姆方程(Gibbs-Duhem)公式

$$\frac{\partial\ \ln\ \gamma_A}{\partial\ \ln\ X_A} = \frac{\partial\ \ln\ \gamma_B}{\partial\ \ln\ X_B}$$

则式(7.16)可写成为

$$\left(\frac{\partial \Delta G_m}{\partial X_A}\right)_{T,p} = RT\ \ln\frac{X_A}{X_B} + RT\ \ln\frac{\gamma_A}{\gamma_B} \tag{7.17}$$

对式(7.17)关于 X_A 再次微分,并再次利用吉布斯-杜亥姆公式,可得混合自由能关于 X_A 的二阶导数

$$\begin{aligned}\left(\frac{\partial^2 \Delta G_m}{\partial X_A^2}\right)_{T,p} &= RT\frac{1}{X_AX_B} + RT\frac{1}{X_B}\cdot\frac{\partial\ \ln\ \gamma_A}{\partial\ \ln\ X_A}\\ &= RT\frac{1}{X_AX_B}\left(1 + \frac{\partial\ \ln\ \gamma_A}{\partial\ \ln\ X_A}\right)\end{aligned} \tag{7.18}$$

根据混合自由能关于组成一阶及二阶导数,可分析得出二元溶液自由能组成曲线的一般性态。

1)两组分端点区域

当混合体系组成点位于两端足够小邻域内,混合体系将成为极稀溶液。此时,混合自由能二阶导数$\left(\dfrac{\partial^2 \Delta G_m}{\partial X_A^2}\right)_{T,p}$主要取决于$\dfrac{RT}{X_A X_B}$而恒为正值,一阶导数$\left(\dfrac{\partial \Delta G_m}{\partial X_A}\right)_{T,p}$取决于$RT\ln\dfrac{X_A}{X_B}$,且有

$$\left(\frac{\partial \Delta G_m}{\partial X_A}\right)_{T,p}\Bigg|_{X_A\to 0}\to -\infty;$$

$$\left(\frac{\partial \Delta G_m}{\partial X_A}\right)_{T,p}\Bigg|_{X_A\to 1}\to +\infty$$

因此,对于一般二元溶液的两组成端足够小区域内自由能曲线总是呈下凹,如图 7.2 曲线 1,并且 ΔG_m 具有负值。

2)非端点区域

当组成点位于非端点区,自由能组成曲线变化复杂,它随体系过剩自由能正负和大小不同而不同,但可简单分为如下两种情况。

①溶液组成 $\gamma_i<1,\Delta G_m^E<0$。此时,体系出现负偏差。若 γ_i 随 X_i 作单调变化,则$\dfrac{\partial \gamma_n}{\partial X_n}>0$,二阶导数$\dfrac{\partial^2 \gamma_n}{\partial X_n^2}>0$。故自由能-组成曲线在整个组成区域内呈下凹(图 7.2 中曲线 2)。实际混合自由能低于理想混合状态,混合将更有利于体系的稳定。

②溶液组成 $\gamma_i>1,\Delta G_m^E>0$。此时,体系出现正偏差。若 γ_i 随 X_i 作单调变化,则$\dfrac{\partial \gamma_n}{\partial X_n}<0$,二阶导数$\dfrac{\partial^2 \gamma_n}{\partial X_n^2}$依$\dfrac{\partial \gamma_n}{\partial X_n}$数值大小可取正值或负值。由式(7.18)可知

当 $\dfrac{X_A}{\gamma_A}\left|\dfrac{\partial \gamma_A}{\partial X_A}\right|<1$,有$\left(1+\dfrac{\partial \ln \gamma_A}{\partial \ln X_A}\right)>0$。故自由能组成曲线仍呈下凹,但实际混合自由能将高于理想混合状态,如图 7.2 中曲线 3 所示。

当 $\dfrac{X_A}{\gamma_A}\left|\dfrac{\partial \gamma_A}{\partial X_A}\right|>1$,有$\left(1+\dfrac{\partial \ln \gamma_A}{\partial \ln X_A}\right)<0$。组成曲线将在某一组成区间呈现上凸,如图 7.2 所示中曲线 4。不难理解这种上凸程度随正偏离程度增大而增大。当 $\Delta G_m^E>|\Delta G_m^I|$时,实际混合自由能在相应组成区间出现正值,如图 7.2 中曲线 5。此时整个自由能组成曲线可分成两支。左边分支表明 B 可溶解于 A 中形成有限固溶液 α 相,极限组成为 X_a^S,因为当 $X_A^S>X_a$,将导致 $\Delta G_m>0$ 的不可能过程。同理,右边的分支表明 A 可溶解于 B 中形成有限固溶体 β 相,其极限组成为 X_β^S。

对于自由能组成曲线图 7.2 中曲线 4 的情况,尽管系统混合自由能在整个组成区域中均有 $\Delta G_m<0$,但在曲线上凸部分的组成区间上从能量的观点上看,任一组成的单相溶液都处于一种亚稳状态。体系组成的区域性热扰动会促使其分解成两相。如图 7.3 所示,组成为 X 的溶液,其自由能为 W,若该溶液分解为组成 d 和 e 的两溶液,其自由能分别为 M、N。此时系统总自由能为两溶液自由能之和。由杠杆原理可知:总自由能落于图中点 D。显然,依此原理进一步地分解将更有利于系统自由能的降低,直至此两相达到平衡,即化学位相等。此时两

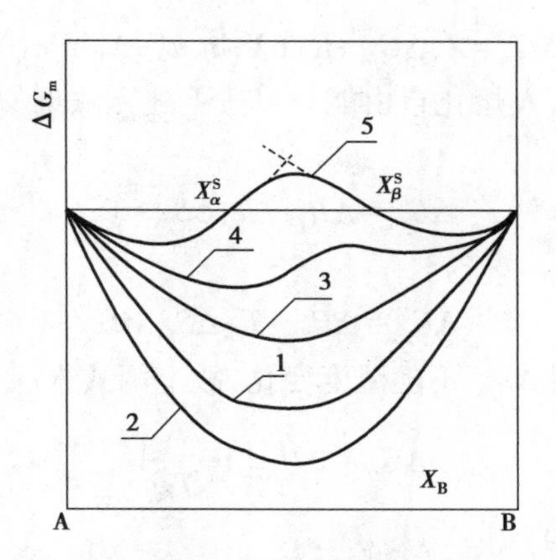

图 7.2　不同情况下混合自由能组成曲线

相自由能分别为 E、F 点。它们由两下凹曲线分支的公切线决定。对应的 y 和 z 为相应的相组成,系统总自由能为 G。由此可见,当系统自由能曲线出现上凸时,单一溶液自由能组成曲线在客观上相当于两种溶液的曲线叠加而成。它们之间存在一不可混溶区。这便是由 E、F 点所确定的自由能组成曲线上凸部分相应的组成区域。

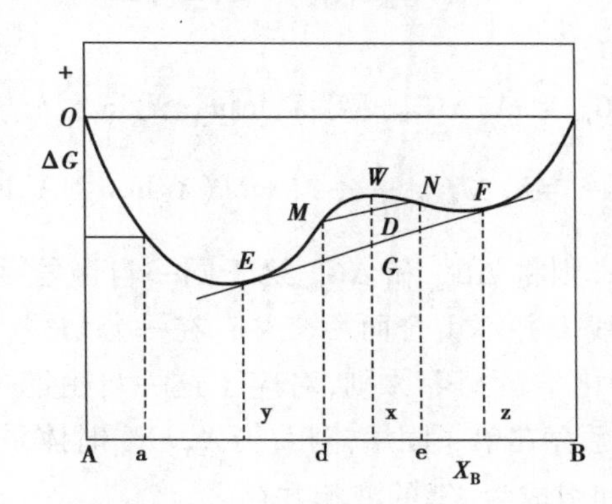

图 7.3　当$\left(1+\dfrac{\partial \ln \gamma_A}{\partial \ln X_A}\right)<0$ 时系统自由能组成曲线

7.3.2　自由能-组成曲线相互关系的确定

7.3.1 节中简单介绍了液相或固相溶液的自由能-组成曲线的性态及其性质。然而欲从自由能-组成曲线推出相平衡关系,还必须确定在任一温度下系统中可能出现各相自由能-组成曲线,在同一自由能-组成坐标系中的位置关系,再根据系统自由能最低原理与相平衡化学位相等原则,确定各相间的平衡关系。

设有一二元可形成固相和液相溶液系统。其组成 A、B 的熔点分别为 T_{fA} 和 T_{fB}。当系统温度 T_1 高于组成 B 熔点而低于组成 A 熔点(即 $T_{fB}<T_1<T_{fA}$),此时液相溶液的获得应考虑如下过程

$$T=T_1 \qquad X_A A_{(S)} \longrightarrow X_A A_{(L)} \qquad \Delta G=X_A \Delta G_{fA}$$

$$X_A A_{(L)}+X_B B_{(L)} \longrightarrow L(X_A, X_B)$$

故液相溶液形成自由能 ΔG_m^L 为

$$\Delta G_m^L = X_A \Delta G_{fA} + RT(X_A \ln a_A' + X_B \ln a_B') \tag{7.19}$$

式中　ΔG_{fA}——温度下，组成 A 熔化自由能。可按下述方法近似计算：

当 $T=T_{fA}$ 时

$$\Delta G_{fA} = \Delta H_{fA} - T_{fA}\Delta S_{fA} = 0$$

在其他温度下熔化时

$$\Delta G_{fA} = \Delta H_{fA} - T_{fA}\Delta S_{fA} \neq 0$$

设熔化热 ΔH_{fA} 与熔化熵 ΔS_{fA} 不随温度变化，故上两式得

$$\Delta G_{fA} = \Delta H_{fA}\left(1-\frac{T_1}{T_{fA}}\right) \tag{7.20}$$

将式(7.20)代入式(7.19)得

$$\Delta G_m^L = X_A \Delta H_{fA}\left(1-\frac{T_1}{T_{fA}}\right) + RT(X_A \ln a_A + X_B \ln a_B) \tag{7.21}$$

同理，对于固相溶液，应考虑如下过程

$$T=T_1 \qquad X_B B_{(L)} \longrightarrow X_B B_{(S)} \qquad \Delta G = -X_B \Delta G_{fB}$$

$$X_A A_{(S)} + X_B B_{(S)} \longrightarrow S(X_A, X_B)$$

故得固相溶液自由能 ΔG_m^S

$$\begin{aligned}\Delta G_m^S &= -X_B \Delta G_{fB} + RT(X_A \ln a_A^S + X_B \ln a_B^S)\\ &= X_B \Delta H_{fB}\left(\frac{T_1}{T_{fB}}-1\right) + RT(X_A \ln a_A^S + X_B \ln a_B^S)\end{aligned} \tag{7.22}$$

若假设混合为理想状态，则将 ΔG_m^L 和 ΔG_m^S 绘于同一自由能-组成坐标系中可得图 7.4。可以看到：固相线 S 与液相线 L 并不重合而相交并存在一公切线，切点为 S_0 和 L_0。显然，根据能量最低原理与两相平衡化学位相等原则，对应于这一自由能-组成曲线关系的相平衡关系为：当组成点 $X_A < X_\alpha^S$ 时体系存在单一固熔体相；当 $X_A > X_\beta^S$ 时体系存在单一液相；而当 $X_\alpha^S < X < X_\beta^L$ 时组成为 X_α^S 的固溶体和组成为 X_β^L 的液相共存。

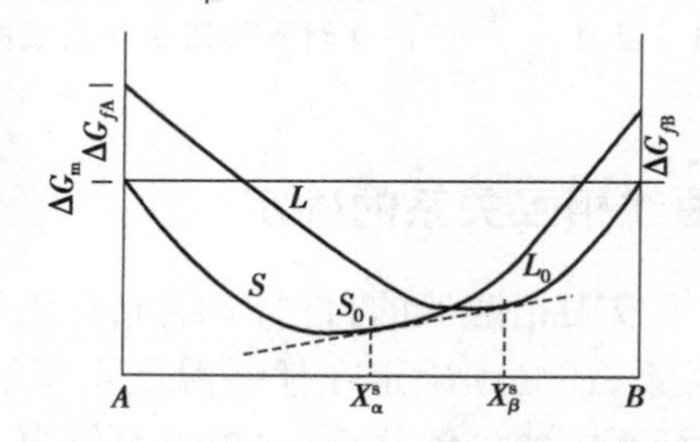

图 7.4　$T_{fB}<T<T_{fA}$ 时，体系固、液相自由能-组成曲线

基于与上述同样的考虑，不难推出当系统温度同时高于和低于两组分 A、B 熔点时，体系液相和固相溶液的自由能-组成关系式。

当 $T>T_{fA}$、T_{fB} 时

$$\Delta G_m^L = RT(X_A \ln a_A^L + X_B \ln a_B^L)$$

$$\Delta G_m^S = X_A \Delta H_{fA}\left(\frac{T}{T_{fA}}-1\right) + (X_B \Delta H_{fB})\left(\frac{T}{T_{fB}}-1\right) + RT(X_A \ln a_A^S + X_B \ln a_B^S)$$

当 $T<T_{fA}$、T_{fB} 时

$$\Delta G_m^L = X_A \Delta H_{fA}\left(1-\frac{T}{T_{fA}}\right) + X_B \Delta H_{fB}\left(1-\frac{T}{T_{fB}}\right) + RT(X_A \ln a_A^L + X_B \ln a_B^L)$$

$$\Delta G_m^S = RT(X_A \ln a_A^S + X_B \ln a_B^S)$$

自由能-组成曲线的以上两种关系绘于图7.5(a)和图7.5(b)中，当 $T>T_{fA}$、T_{fB} 时，液相线 L 在整个组成区域内均处于固相线 S 以下，故体系可形成一稳定连续的液相。当 $T<T_{fA}$、T_{fB} 时，固相线 S 处于液相线 L 之下，故可形成一稳定的连续固溶体。

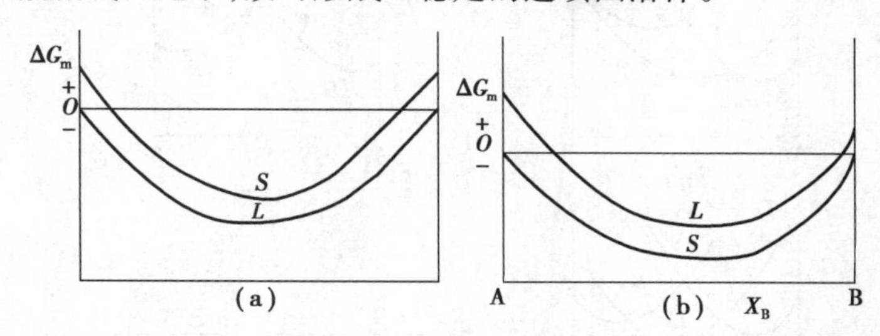

图7.5　当 $T>T_{fA}$、T_{fB}(a)；$T<T_{fA}$、T_{fB}(b)时，体系固、液自由能-组成曲线

7.3.3　从自由能-组成曲线推导相图举例

当体系中各可能出现的相在不同温度下自由能-组成曲线及其相互位置关系确定之后，便可由此推导出相应于不同温度下相界点的平衡位置。下面介绍两种二元系统基本类型相图的推导。

(1)固态部分互溶具有低共熔类型的二元相图

当组分A和B部分互溶时，固相能形成两种固溶体。此时系统可能存在3个相：液相、α固溶体及β固溶体。当考虑温度取值从 T_1 到 T_6 时，3个相的自由能-组成曲线，曲线 L、α 及 β 如图7.6(a—f)所示。

在A的熔点 T_6 时，线 α 与线 L 相切于点 a，图7.6(a)因为在此温度下纯A固相与液相两相平衡，自由能相等。其他全部组成范围内，由于线 L 位于线 α、β 之下，故只有液相能够稳定存在。当温度降至B的熔点 T_5，线 β 与线 L 相切于点 b(道理同上)。同时线 α 一部分位于线 L 以下并与线 L 公切于 c、d 点。图7.6(b)表示共存的两相分别是组成为 c 的α相固溶体和组成为 d 的液相。

在更低温度 T_4 时，线 α、β 均有一部分在线 L 以下[图7.6(c)]，此时存在2条公切线，表示有两对共存的相。在低共熔点 T_3 时，3条曲线 α、β 和 L 有1条公切线[图7.6(d)]。此时α、β和L三相共存，由于曲线 L 上切点 k 位于其他两切点 j 和 i 之间，就形成了低共熔类型的相图、点 k 即为低共熔点。

当温度低于低共熔点如 T_2 时，线 L 位于曲线 α、β 公切线之上，此时两切点组成间共存的是α、β相。

最后将各温度下各相自由能-组成曲线间的切点对应地描于温度组成坐标 T-X 上，便可得到该系统的相图，如图7.6(g)所示。

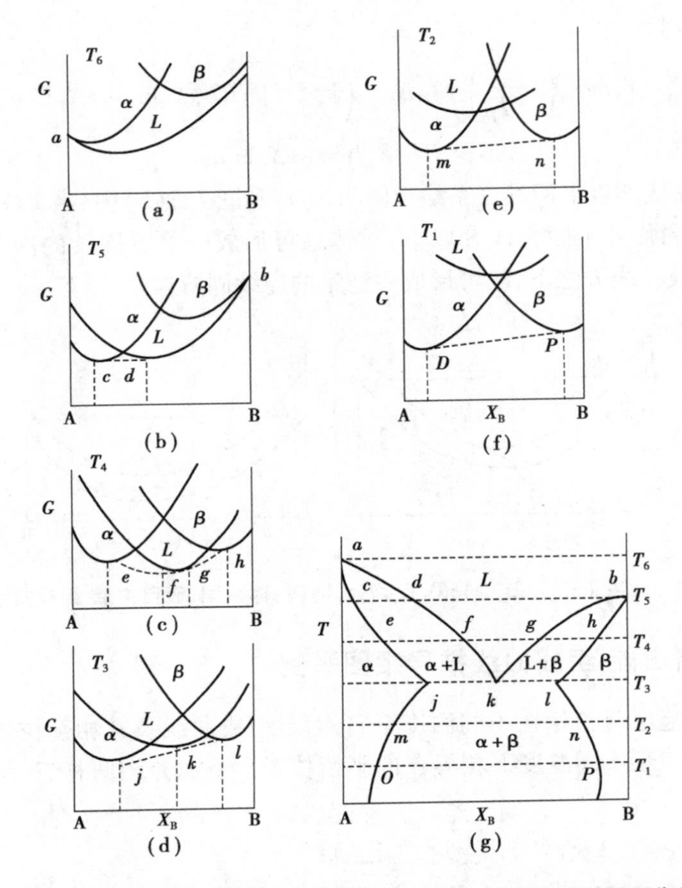

图 7.6　固相部分互溶的低共熔系统自由能-组成曲线及其相平衡图

(2)低共熔类型二元系统相图

倘若组成 A 和 B 在液态时完全互溶在固态时完全不溶时,体系将可能存在 3 个相:液相、固相纯 A 和固相纯 B。

当体系温度低于纯 A 熔点 T_1 时,若以液态的纯 A 和纯 B 为标准态,体系的液相线 L 如图 7.7(a)所示,纯 A 固相的自由能($\Delta G_A=-\Delta G_{fA}$)位于纵坐标点 a。纯 B 固相自由能($\Delta G_B=\Delta G_{fB}$)位于点 b。此处 ΔG_{fA}、ΔG_{fB} 为纯 A、B 组成的熔化自由能

$$\Delta G_{fA}=\Delta H_{fA}\left(1-\frac{T}{T_{fA}}\right)$$

通过点 a 作与线 L 的切线得切点 c,而过点 b 作直线无法与线 L 相切。故当 $X_A<X_C$ 时,体系纯 A 固相与液相共存,而 $X_A>X_C$ 时仅存单一液相。

在低共熔温度 T_e 时,纯 A 固相自由能点 a' 与纯 B 固相自由能点 b' 连线与液相线 L 于点 e 相切。此时三相共存如图 7.7(b)所示。而当温度低于 T_e 时,纯固相自由能点 a、b 连线位于液相线以下,故液相不再存在。其相图示于图 7.8。

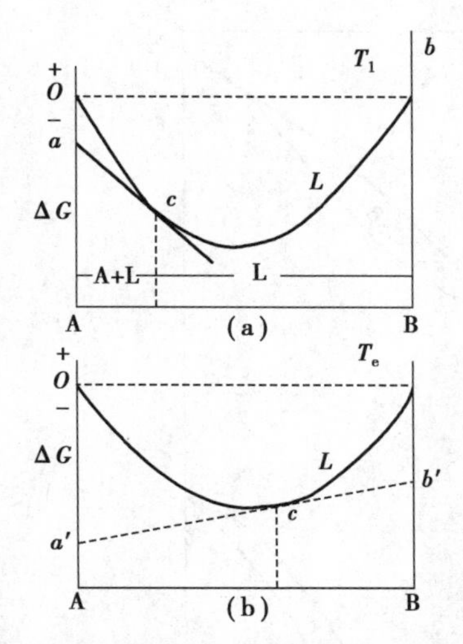

图 7.7 简单低共熔二元系统自由能-组成曲线

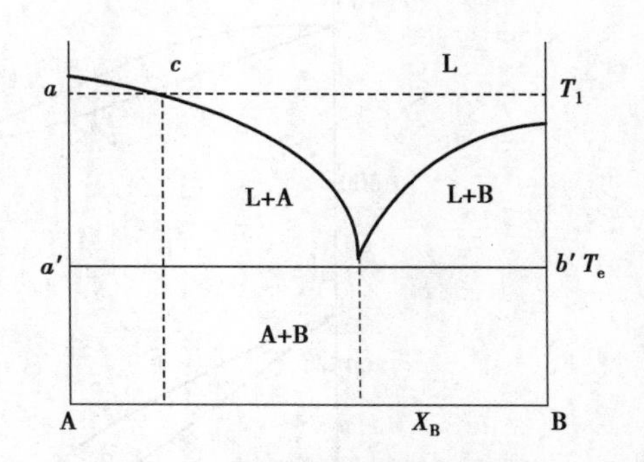

图 7.8 简单低共熔体系相平衡图

习题

7-1 石英用途很广,在使用石英制品时,试判断会不会与 NaOH 作用?

7-2 应用热力学势函数 $\Phi_T^{\ominus}$,计算菱镁矿($MgCO_3$)的理论分解温度。

7-3 按热力学计算 $Ca(OH)_2$ 的脱水温度是多少?实测的脱水温度为 823 K,计算值与实测值的误差是多少?

7-4 由氧化铝粉与石英粉,以 Al_2O_3 : SiO_2 = 3 : 2 配比混合成原始料合成莫来石 $3Al_2O_3 \cdot 2SiO_2$,反应在固相反应形式下进行,应将系统加温到多少为合适?

7-5 Ti 和 Zr 的晶体结构无论在高温或是在低温都是同型的,它们的高温晶型(体心立方)及低温晶型(六方密堆)都能形成连续固溶体,其相图如图 7.9 所示。试画出不同温度时(535 ℃和 1 537 ℃)自由能相对于组成的示意曲线。

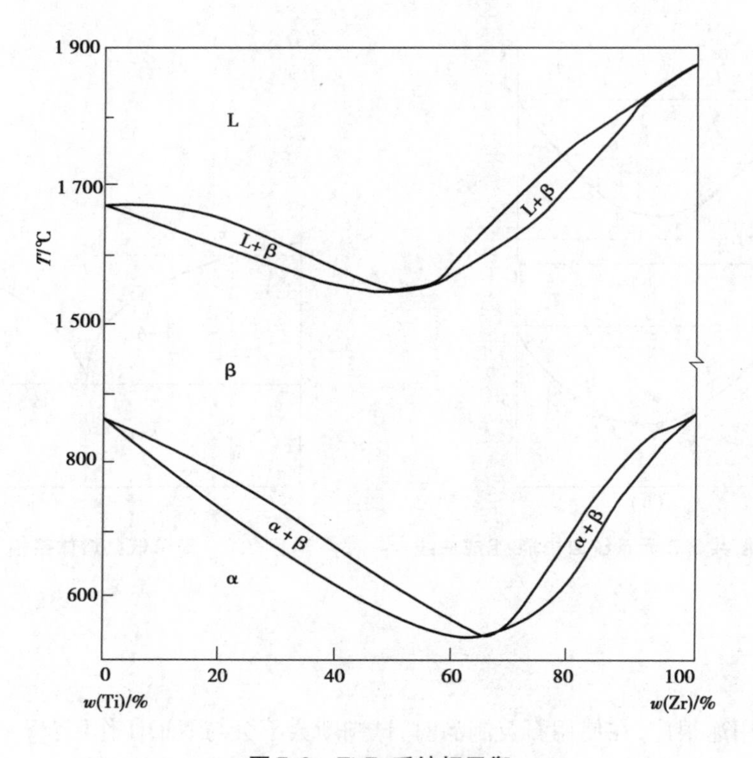

图 7.9　Ti-Zr 系统相平衡

第8章 过程动力学基础

无机材料在高温下发生微观结构的变化及化学反应往往都是通过扩散进行的,扩散的研究又与在固体中的点缺陷及其运动有密切联系,因此,可以说扩散是高温下固体中发生变化的基础。

研究多相反应的机理和动力学的重要性是明显的,因为热力学、相平衡只能指出方向和限度。要想加快反应过程或要阻止另一过程的进行就必须研究多相区应是怎样进行的,有哪些基本过程,找出动力学公式,从而进一步了解影响过程速率的各种因素,反转来指导实践。

陶瓷显微结构的形成过程更多地侧重于烧结过程,因此烧结过程是决定陶瓷显微结构的最后阶段,也是最关键的阶段。本章主要学习扩散、多相反应和烧结的动力学基础理论。

8.1 扩散过程

本节将讨论扩散的宏观规律、微观规律以及互扩散系数的概念。在学习这些内容的同时应该弄清楚什么是扩散、为什么要研究扩散、如何利用数学工具来解决与扩散有关问题,以及影响扩散系数的主要因素。

扩散是一种由热运动引起的杂质原子或基质原子的运输过程。在液态中,原子或分子可以比较自由地移动,在固体中原子相对地比较稳定,基本上固定在各格点附近,在较高温度,它们可以通过扩散的方式移动。

对扩散现象的研究主要有以下两方面:一是对定向扩散流建立数学方程式,总结出扩散的宏观规律,可在已知边界条件、扩散系数的条件下,计算杂质浓度的分布情况,或者通过实验利用这些数学公式来计算扩散系数。二是搞清扩散的微观本质,即原子如何在固态中从一个位置迁移到另一个位置,并探讨微观运动和扩散系数之间的关系,从而能比较深入地分析影响扩散的因素。

8.1.1 扩散方程的建立

在较普遍的条件下,出现定向扩散流的条件是在媒质中存在化学位梯度,在接近理想溶液的情况下,扩散的驱动力是浓度梯度。本节仅讨论后一种情况,即建立以浓度梯度为推动力的扩散方程。

为了得到 n 型或 p 型半导体,往往采取向半导体 Si 中扩散磷或硼。一般方法是将磷或硼涂在硅片上置于高温下,让其向硅片内部扩散。如图 8.1 所示,图中曲线 1、2、3 表示各时刻三种不同的浓度分布,这种曲线是可以通过解限定源的扩散方程得到的。得到了这些曲线,就可以知道在任一时刻,杂质浓度在 x 方向上的分布状况。反之也可以知道要扩散多少时间,在 $x=a_0$ 的具体位置上到达了规定的杂质浓度。这些在半导体器件工艺中必不可少。从此例中还可以看出,扩散过程中杂质浓度不但随时间变化且也随坐标位置而变化,自变数不仅是时间,还有空间坐标。因此,要建立的方程一定是偏微分方程。

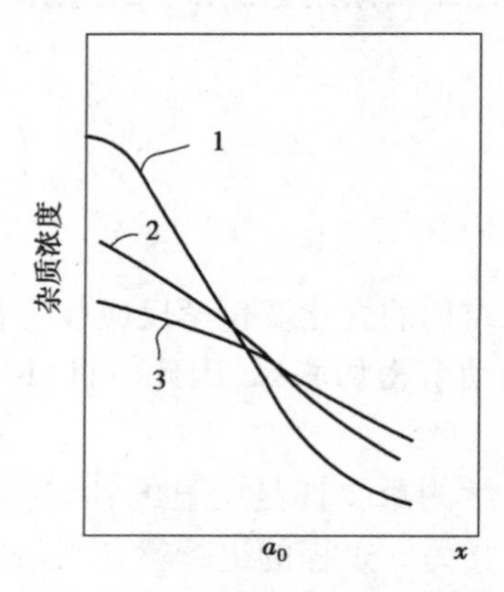

图 8.1　各时刻杂质浓度沿 x 方向分布示意图

扩散运动的强弱可用“单位时间里通过单位横截面的原子或分子数”表示,称为扩散流强度 J。扩散流强度 J 与浓度梯度$\frac{\partial C}{\partial x}$的关系,根据实验结果在一维情况下公式表示为

$$J=-D\frac{\partial C}{\partial x} \tag{8.1}$$

式中　D——扩散系数;负号表示扩散转移的方向(浓度减小的方向)与浓度梯度(浓度增大的方向)相反。这一方程又称菲克第一定律。

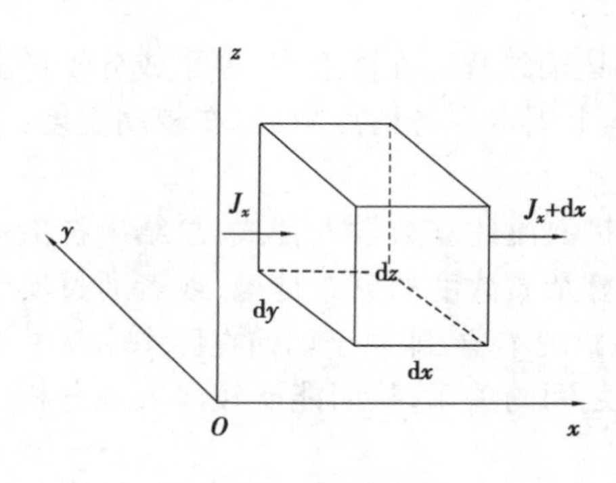

图 8.2　微体积元

下面利用微体积元,根据已知的物理规律来研究一维扩散问题中的浓度在空间中的分布及随时间的变化规律。图 8.2 表示在直角坐标系中取出一个微体积元,边长为 dx、dy、dz。在这个平行六面体中的浓度变化取决于扩散强度 J 向它汇集或从它发射,也就是取决于穿过它的表面的流量。在一维问题中如只沿 x 方向进行,扩散流并不穿过前后和上下四面,只穿过左右两面。在左面,流量 $J|_x\mathrm{d}y\mathrm{d}z$ 是流入,在右面流量 $J|_{x+\mathrm{d}x}\mathrm{d}y\mathrm{d}z$ 则是流出。

$$\text{净流入量}=(J|_x-J|_x+\mathrm{d}x)\mathrm{d}y\mathrm{d}z=-(J|_x+\mathrm{d}x-J|_x)\mathrm{d}y\mathrm{d}z$$
$$=-\frac{\partial J}{\partial x}\mathrm{d}x\mathrm{d}y\mathrm{d}z=\frac{\partial}{\partial x}\left(D\frac{\partial C}{\partial x}\right)\mathrm{d}x\mathrm{d}y\mathrm{d}z$$

于是得到

$$\frac{\partial C}{\partial t}=\frac{\text{净流入量}}{\mathrm{d}x\mathrm{d}y\mathrm{d}z}=\frac{\partial}{\partial x}\left(D\frac{\partial C}{\partial x}\right)$$

当扩散系数都是常数时有

$$\frac{\partial C}{\partial t}=D\frac{\partial^2 C}{\partial x^2}$$

或
$$\frac{\partial C}{\partial t}-D\frac{\partial^2 C}{\partial x^2}=0 \tag{8.2}$$

式(8.2)就是一维的扩散方程,又称菲克第二定律。在三维情况下的扩散方程为

$$\frac{\partial C}{\partial t}-D\left(\frac{\partial^2 C}{\partial x^2}+\frac{\partial^2 C}{\partial y^2}+\frac{\partial^2 C}{\partial z^2}\right)=0$$

8.1.2 在无限物体情况下扩散方程的通解

偏微分方程为$\frac{\partial C}{\partial t}-D\frac{\partial^2 C}{\partial x^2}=0$,初始条件为 $C|_{t=0}=\varphi(x)$,由于是无界空间,因此没有边界条件。

设分离变数形式的试探解为

$$C(x,t)=X(x)T(t) \tag{8.3}$$

将此假设的解代入原方程,得到常微分方程

$$X\frac{\partial T}{\partial t}-D\frac{\partial^2 X}{\partial x^2}T=0 \tag{8.4}$$

用 DXT 遍除各项得

$$\frac{\frac{\partial T}{\partial t}}{DT}=\frac{\frac{\partial^2 X}{\partial x^2}}{X}$$

等式两边分别是时间 t 和坐标 x 的函数。t,x 是独立的变量,一般情况下不可能相等,除非两边实际上是同一常数。现在二者之间画了等号,显然它们都等于一个常数,把这个常数记作$-\lambda^2$,这样就得到以下常微分方程

$$\begin{cases}\frac{1}{DT}\frac{\mathrm{d}T}{\mathrm{d}t}=-\lambda^2 & (8.5)\\ \frac{1}{X}\frac{\mathrm{d}^2 X}{\mathrm{d}X^2}=-\lambda^2 & (8.6)\end{cases}$$

对于常微分方程(8.5)得到的解为

$$T=\gamma e^{-D\lambda^2 t}$$

从这个结果中我们可以理解到,常数选用$-\lambda^2$ 是有道理的。若没有负号,随时间 t 的增加,浓度无限增加,这显然不可能。

常微分方程(8.6)的解为

$$X=(\alpha\cos\lambda x+\beta\sin\lambda x)$$

将式(8.5)和式(8.6)的解代入式(8.3)得

$$C(x,t)=T(t)X(x)=\gamma e^{-D\lambda^2 t}(\alpha\cos\lambda x+\beta\sin\lambda x)$$

令 $A=\gamma\alpha, B=\gamma\beta$

$$C(x,t)=e^{-D\lambda^2 t}(A\cos\lambda x+B\sin\lambda x) \tag{8.7}$$

偏微分方程$\frac{\partial C}{\partial t}-D\frac{\partial^2 C}{\partial x^2}=0$ 的通解是 λ 取各种不同值的线性叠加,即

$$C(x,t)=\sum_{\lambda=-\infty}^{\infty}e^{-D\lambda^2 t}(A\cos\lambda x+B\sin\lambda x) \tag{8.8}$$

由于在无限物体的情况下，是没有边界条件的限制，参量 λ 完全是任意的，可取任意实数，因此可以用 λ 从 $-\infty$ 到 $+\infty$ 的积分来代替按 λ 个别数值的求和，于是式(8.8)变为

$$C(x,t)=\int_{-\infty}^{\infty}\mathrm{e}^{-D\lambda^2 t}(A\cos\lambda x+B\sin\lambda x)\mathrm{d}\lambda$$

为了确定 A 和 B，利用初始条件 $C(x,0)=\varphi(x)$

$$C(x,t)=\varphi(x)=\int_{-\infty}^{\infty}\mathrm{e}^{-D\lambda^2 t}(A\cos\lambda x+B\sin\lambda x)\mathrm{d}\lambda$$

$$=\int_{-\infty}^{\infty}A\cos\lambda x\mathrm{d}\lambda+\int_{-\infty}^{\infty}B\sin\lambda x\mathrm{d}\lambda$$

这是傅里叶积分的形式，需将 $\varphi(x)$ 也展开成傅里叶积分的形式

$$\varphi(x)=\int_{-\infty}^{\infty}\left\{\left[\frac{1}{2\pi}\int_{-\infty}^{+\infty}\varphi(\xi)\cos\lambda\xi\mathrm{d}\xi\right]\cos\lambda x+\left[\frac{1}{2\pi}\int_{-\infty}^{+\infty}\varphi(\xi)\sin\lambda\xi\mathrm{d}\xi\right]\sin\lambda x\right\}\mathrm{d}\lambda$$

经比较得到

$$A=\frac{1}{2\pi}\int_{-\infty}^{+\infty}\varphi(\xi)\cos\lambda\xi\mathrm{d}\xi$$

$$B=\frac{1}{2\pi}\int_{-\infty}^{+\infty}\varphi(\xi)\sin\lambda\xi\mathrm{d}\xi$$

将 A、B 值代入通解中，得

$$C(x,t)=\frac{1}{2\pi}\int_{-\infty}^{\infty}\mathrm{e}^{-\lambda^2 Dt}\left[\int_{-\infty}^{+\infty}\varphi(\xi)(\cos\lambda\xi\mathrm{d}\xi\cos\lambda x+\sin\lambda\xi\sin\lambda x)\mathrm{d}\xi\right]\mathrm{d}\lambda$$

$$=\frac{1}{2\pi}\int_{-\infty}^{\infty}\mathrm{e}^{-\lambda^2 Dt}\left\{\int_{-\infty}^{+\infty}\varphi(\xi)[\cos\lambda(\xi-x)\mathrm{d}\xi]\right\}\mathrm{d}\lambda$$

经过积分换元

$$C(x,t)=\frac{1}{2\pi}\int_{-\infty}^{\infty}\varphi(\xi)\left[\int_{-\infty}^{+\infty}\mathrm{e}^{-\lambda^2 Dt}\cdot\mathrm{e}^{i(\xi-x)\lambda}\mathrm{d}\lambda\right]\mathrm{d}\xi$$

引用定积分公式为

$$\int_{-\infty}^{+\infty}\mathrm{e}^{-\lambda^2 Dt}\cdot\mathrm{e}^{i(\xi-x)\lambda}\mathrm{d}\lambda=\frac{\sqrt{\pi}}{\sqrt{Dt}}\mathrm{e}^{-\frac{(\xi-x)^2}{4Dt}}$$

于是有

$$C(x,t)=\frac{1}{2\sqrt{\pi Dt}}\int_{-\infty}^{\infty}\varphi(\xi)\mathrm{e}^{-\frac{(\xi-x)^2}{4Dt}}\mathrm{d}\xi \tag{8.9}$$

式(8.9)就是对于各向同性无限物体的扩散方程之通解。此式可以求出在 t 时刻，x 为某一确定值的位置上的杂质浓度。显然这数值必与最初杂质沿 x 方向的分布 $C(x,0)=\varphi(x)$ 有关。这两者若都用 x 表示容易引起混乱，故一个用 ξ 表示，一个用 x 表示。

8.1.3 限定源扩散

仍以向半导体 Si 中扩散硼为例。若将硼涂在硅片表面，研究杂质穿过硅片的一面向里扩散问题时，可以不管另一面的存在，把硅片内部当作半无界空间。这种只让硅片表面层已有的杂质向硅片内部扩散，不再增添新的杂质，就是所谓限定源的扩散问题。

(1) δ 函数

为了突出主要因素，在物理学中常常运用质点、点电荷、瞬时力、无限薄层等抽象模型。

质点的体积为零,因此它的密度为无限大,但密度的体积积分(总质量)却又是有限的。点电荷的体积为零,因此它的电荷密度(电量/体积)为无限大,而电荷密度的体积积分(总电量)却又是有限的。在无限薄层中体积为零,因此在该层中浓度将是无限大(杂质总量/体积),但是浓度的体积积分却是有限的。为了描述这一类抽象概念,定义 δ 函数如下

$$\delta(x-x_0)=\begin{cases}0, & x-x_0\neq 0\\ \infty, & x-x_0=0\end{cases}$$

$$\int_a^b \delta(x-x_0)\,\mathrm{d}x=\begin{cases}0, & a、b\text{ 都小于 }x_0\text{,或都大于 }x_0\\ 1, & a<x_0<b\end{cases}$$

图 8.3 是 δ 函数的示意图。曲线的“峰”无限高但无限窄,曲线下的面积是有限值 1。

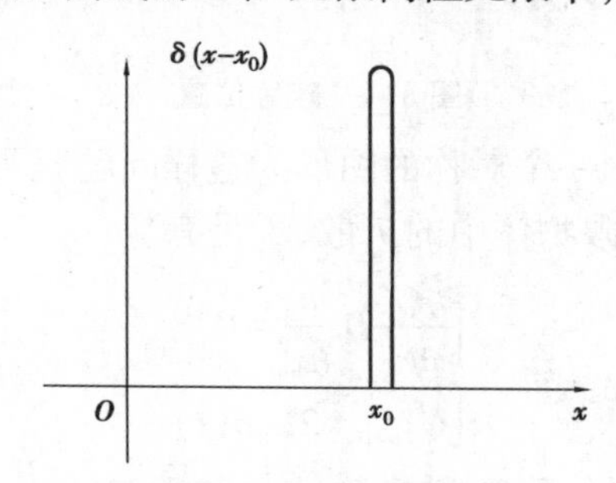

图 8.3　δ 函数的示意图

这样位于 x_0,而杂质量为 φ_0 的浓度可记作 $\varphi_0\delta(x-x_0)$,当 $x_0=0$ 时,记作 $\varphi_0\delta(x-0)$。

(2)限定源扩散问题的解

偏微分方程
$$\frac{\partial C}{\partial t}-D\frac{\partial^2 C}{\partial X^2}=0$$

边界条件:由于没有从外面流入物质,因此

$$J(x,t)\mid_{x=0}=-D\left.\frac{\partial C}{\partial x}\right|_{x=0}=0$$

即

$$\left.\frac{\partial C}{\partial x}\right|_{x=0}=0$$

这是第二类齐次边界条件。

初始条件　$C\mid_{t=0}=\varphi_0\delta(x-0),(x>0)$

这个初始条件表明在硅片表面涂有无限薄层的硼或磷杂质,当 x 稍大于零即稍深入硅片一点处,在 $t=0$ 时,浓度为零,而浓度的体积积分

$$\int_0^{\infty}\varphi_0\delta(x-0)\,\mathrm{d}x=\varphi_0$$

式中　φ_0——每单位面积硅片表面层原有的杂质总量。

根据边界条件 $\left.\frac{\partial C}{\partial x}\right|_{x=0}=0$ 可以知道,浓度分布曲线在 $x=0$ 处的切线斜率等于零,这表明是偶延拓。也就是假定把另一块涂上 φ_0 的薄层完全相同的硅片放在 0—$-x$ 的位置上,如图 8.4 所示。

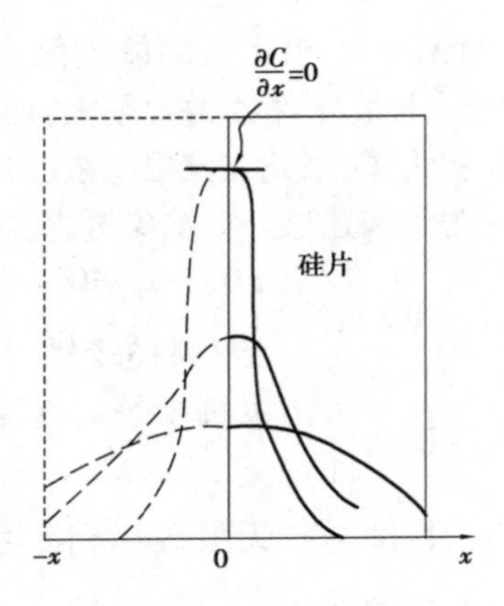

图 8.4 硅片位置

让杂质向两边扩散,将得到一个对称的图形。这样问题就可以从向半无限物体的扩散转化成扩散源是 $2\varphi_0$ 的杂质在无限物体中的扩散,于是有

$$\begin{cases}\frac{\partial C}{\partial t}-D\frac{\partial^2}{\partial x^2}=0\\ C|_{t=0}=2\varphi_0\delta(t)\end{cases}$$

引用无限物体扩散方程的解,可得到

$$C(x,t)=\int_{-\infty}^{+\infty}2\varphi_0\delta(\xi)\left[\frac{1}{2\sqrt{\pi Dt}}e^{-\frac{(\xi-x)^2}{4Dt}}\right]d\xi \tag{8.10}$$

由于 δ 函数有一个重要性质

$$\int_{-\infty}^{+\infty}f(x)\delta(x)dx=f(0) \tag{8.11}$$

将式(8.11)代入式(8.10)可得

$$C(x,t)=\frac{\varphi_0}{\sqrt{\pi Dt}}e^{-\frac{x^2}{4Dt}} \tag{8.12}$$

这就是限定源扩散方程的解。

8.1.4 恒定源扩散

玻璃的化学增强,通常是将普通钠钙硅酸盐玻璃,在硝酸钾熔盐中进行离子交换。钾离子进入玻璃表面层,由于其离子半径较大,使玻璃表面层产生预应力,达到增强目的。在硝酸钾熔盐中有足够的钾离子源源不断地穿过玻璃表面向玻璃内部扩散。由于钾离子供应充分,玻璃表面的钾离子浓度不会因为扩散的进行而减少,将保持一个恒定的数值 N_0(一般是相应温度下,玻璃对该种杂质离子的饱和溶解度)。这样,相当于往玻璃内扩散的扩散源的杂质量是恒定的,故称为恒定源扩散。但仍可以将玻璃片看成一个半无界空间,边界条件则有所变化。

偏微分方程:$\frac{\partial C}{\partial t}-D\frac{\partial^2 C}{\partial X^2}=0$

边界条件:$C|_{x=0}=N_0$

初始条件:$C|_{x=0}=0$

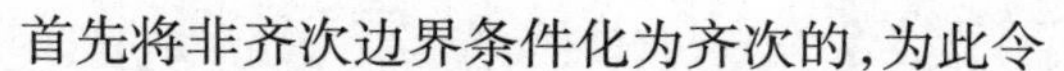
首先将非齐次边界条件化为齐次的,为此令

$$C(x,t)=N_0+\omega(x,t)$$

这样就把 C 的定解问题转化为 ω 的定解问题。

$$\begin{cases}\dfrac{\partial\omega}{\partial t}-D\dfrac{\partial^2\omega}{\partial x^2}=0\\ \omega|_{x=0}=C|_{x=0}-N_0=0\\ \omega|_{t=0}=C|_{t=0}-N_0=0-N_0=-N_0\end{cases}$$

这是第一类齐次边界条件。这种边界条件意味着奇延拓,奇延拓的意义为

$$\varphi(x)=\begin{cases}\varphi(x),x>0\\ -\varphi(-x),x<0\end{cases}$$

这样就把一个半无界空间 $x>0$ 的定解问题转化为求解无界空间中的定解问题。

$$\frac{\partial\omega}{\partial t}-D\frac{\partial^2\omega}{\partial x^2}=0$$

$$\omega|_{t=0}=\begin{cases}-N_0,x>0\\ N_0,x<0\end{cases}$$

仍引用无限物体扩散方程的解

$$C(x,t)=\frac{1}{2\sqrt{\pi Dt}}\int_{-\infty}^{0}N_0\mathrm{e}^{-\frac{(\xi-x)^2}{4Dt}}\mathrm{d}\xi+\frac{1}{2\sqrt{\pi Dt}}\int_{0}^{\infty}-N_0\mathrm{e}^{-\frac{(\xi-x)^2}{4Dt}}\mathrm{d}\xi$$

在右边第一积分中令 $z_1=\dfrac{x-\xi}{2\sqrt{Dt}},\mathrm{d}z_1=-\dfrac{\mathrm{d}\xi}{2\sqrt{Dt}}$

在右边第二积分中令 $z=\dfrac{\xi-x}{2\sqrt{Dt}},\mathrm{d}z=\dfrac{\mathrm{d}\xi}{2\sqrt{Dt}}$

于是

$$\omega(x,t)=-\frac{N_0}{2\sqrt{\pi Dt}}\left(\int_{-\infty}^{\frac{X}{2}\sqrt{Dt}}\mathrm{e}^{-z_1^3}\mathrm{d}z_1 2\sqrt{Dt}+\int_{\frac{-x}{2Dt}}^{\infty}\mathrm{e}^{-z^2}\mathrm{d}z 2\sqrt{Dt}\right)$$

$$\omega(x,t)=-\frac{N_0 2\sqrt{Dt}}{2\sqrt{\pi Dt}}\int_{-\frac{X}{2}\sqrt{Dt}}^{\frac{X}{2}\sqrt{Dt}}\mathrm{e}^{-z^2}\mathrm{d}z$$

由于被积函数是偶函数,因此

$$\omega(x,t)=-\frac{2N_0}{\sqrt{\pi}}\int_{0}^{\frac{X}{2}\sqrt{Dt}}\mathrm{e}^{-z^2}\mathrm{d}z$$

通常把 $\dfrac{2}{\sqrt{\pi}}\int_0^x\mathrm{e}^{-x^2}\mathrm{d}x$ 叫作误差函数,记作 $\mathrm{erf}(x)$。

于是

$$\omega(x,t)=-N_0\mathrm{erf}\left(\frac{x}{2\sqrt{Dt}}\right)$$

所求解为

$$C(x,t)=N_0+\omega(x,t)=N_0\left[1-\mathrm{erf}\left(\frac{x}{2\sqrt{Dt}}\right)\right]\tag{8.13}$$

8.1.5 扩散的机制

(1)间隙机制

当某原子从一个间隙位置转移到另一个间隙位置而没有引起基质晶格的永久性畸变，便可以说该原子是借助于间隙机制进行了扩散。图 8.5(a)显示了立方面心格子的间隙位置。借助于间隙机制扩散的原子，将在这些间隙点所组成的空格子中从一个位置跃迁到另一个位置。

图 8.5(b)显示了立方面心格子中(100)面的一个填隙原子，正要从位置 1 到位置 2。显然在位置 1 的原子能够跃迁到最近邻位置 2 之前，位置 3 和位置 4 的基质晶格原子必先移动分开到足够让位置 1 原子通过。这种局部暂时的畸变构成了一个填隙原子改变位置的势垒。在杂质原子的半径比基质原子的半径小得多时，往往采用间隙机制来进行扩散。当填隙原子半径逐渐和基质原子一样大小时，跃迁引起局部畸变过大，就会被另外的机制所取代。

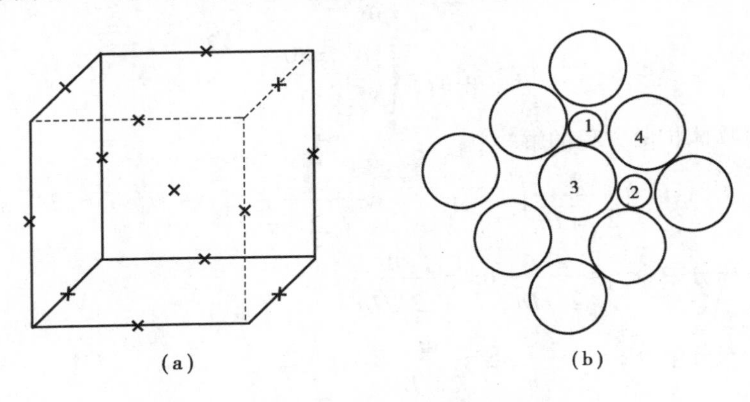

图 8.5 立方面心格子间隙位置

(2)空位机制

某个占有正常格点位置的原子跃迁到近邻的空位上，这个原子就可以说是空位机制的扩散。空位机制的扩散也要克服一定的势垒。图 8.6(a)为在立方面心格子中原子 A 要跃迁到空位 B 的过程中受到阻力的情况。图 8.6(b)为这种跃迁在晶胞中实际位置的情况。

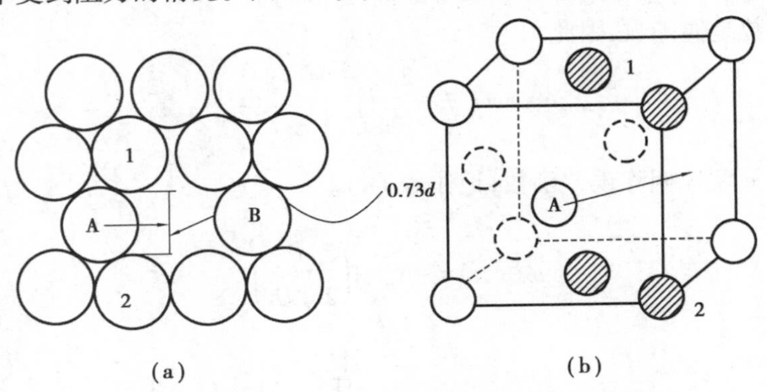

图 8.6 立方面心格子中原子跃迁

空位机制要求的畸变能并不大，这种机制目前是在各种离子化合物和氧化物及合金中占

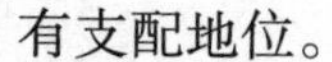

有支配地位。

(3)环形机制

两个最邻近的原子进行简单的位置交换而进行扩散的想法在1930年被提出。由于这种位置交换可能引起较大的局部畸变,并没有被多数人接受。到1950年,齐纳(Zener)指出,如果用3个或4个原子作为一组进行旋转,这样引起的局部畸变将比简单的两个原子的位置交换要小。这个道理从图8.7中一目了然。将这种利用一组原子旋转来进行的扩散称作环形扩散机制。

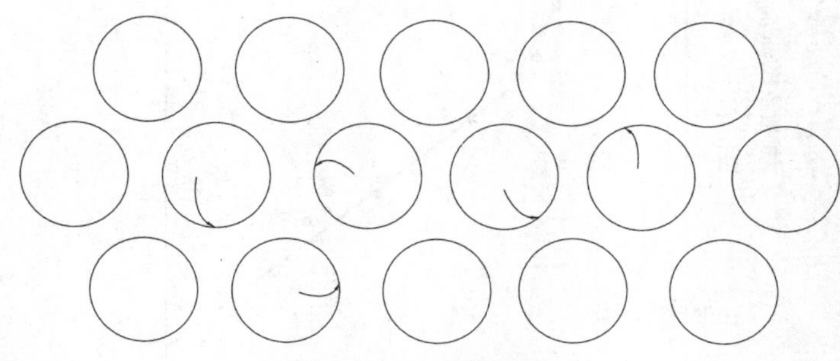

图8.7　环形扩散机制

8.1.6　影响扩散的因素

对于定向扩散流的扩散速度,除了扩散的推动力化学位梯度,决定扩散速度的重要参量是扩散系数。各种扩散系数的一个普遍形式为

$$D=D_0\exp\left(-\frac{Q}{RT}\right) \tag{8.14}$$

式(8.14)是讨论影响扩散系数因素的基础。从式(8.14)可以看出,扩散系数与温度有密切关系,温度升高扩散系数增加。与晶体结构有关,晶体结构不同就不同,D_0 也就出现差异。非常重要的一点是扩散系数与原子迁移时所需克服的势垒(Q 值)高低有密切关系。而势垒高低又与扩散介质(晶体、玻璃、陶瓷)的结构、性质及存在的缺陷有关,也与扩散机构和扩散物质的性质有关。究竟是怎样的关系,要具体问题具体分析。例如,在考虑杂质对自扩散系数的影响时,曾向 NaCl 中掺入少量 Cd^{2+} 进行实验观察,发现加入少量 Cd^{2+} 后 Na^+ 的自扩散系数在一般温度下迅速加快。对于这一现象,可根据已有的知识做较深入的分析。首先在 NaCl 中掺入2价的 Cd^{2+} 必然要出现相应数量的非本征点缺陷钠空位,用 V'_{Na} 表示。这样 Na^+ 进行自扩散时,每次跃迁后在其周围存在空位的概率就增加。因此钠的自扩散系数增加了。随着温度的升高,NaCl 中的本征空位浓度很快地增加。当本征空位浓度超过非本征空位浓度之后,扩散系数和温度的依存关系就发生变化。图8.8表明了这种变化,转折点处是本征缺陷浓度和非本征缺陷浓度相近的区域。习惯上将对应于本征缺陷所进行的扩散称作为本征扩散,对应于非本征缺陷所进行的扩散称为非本征扩散。值得注意的是,离子固体的电导率直接与扩散系数有关。因为离子是载流子,而电的传导相应于外加电压引起的离子定向扩散。对于这类材料测量电导率即可获得扩散系数。

总之,掌握了8.1节中的基本知识和基本方法,就有一定能力去研究、分析各种各样具体系统的扩散问题。

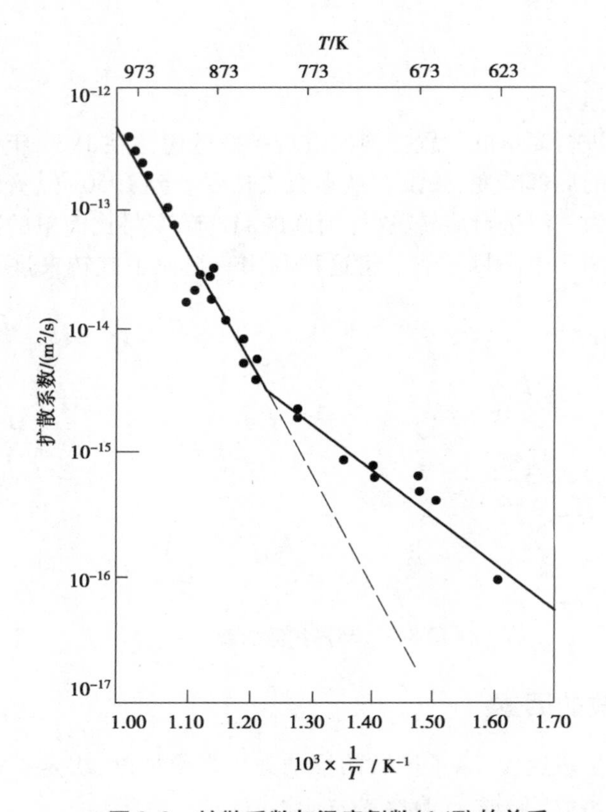

图 8.8　扩散系数与温度倒数(1/T)的关系

8.2　多相反应过程

对陶瓷材料的合成,开始认为主要是通过固态物质间的反应。而早期对固态物质间的反应的认识是由塔曼等人建立的。将结晶质的反应颗粒在无任何液相或者气相参与下相互间直接作用进行的反应称为固相反应。塔曼的观点可归纳为以下 3 点。

①固态物质间的反应是直接进行的,气相或液相对过程没有或不起重要作用。

②固相反应的开始温度远低于反应物的熔融温度或系统的低共熔温度,而且不同物质的固相反应温度与其熔点 T_a 之间存在着一定关系。例如,对于金属为 $0.3T_m \sim 0.4T_m$,硅酸盐则为 $0.8T_m \sim 0.9T_m$。

③当反应物之一存在有多晶转变时,则转变温度通常也是反应开始变为显著之温度,这一规律称为海德华(Hedvall)定律。

随着研究的深入,发现许多固相反应的实际速度比塔曼理论计算的结果要快。金斯特林格(Kishtain)等人提出在固相反应中气相和液相将起着很重要的作用。于是这一概念又发展为由结晶质反应物出发并获得结晶物质的产物,这过程中可以出现气相和液相,并对反应的进程起到重要作用。

近二十年材料科学的迅速发展,这一定义仍概括不了全部有关固体材料合成的实际问题。比如化学气相沉积中通常开始参加反应的是两个气相,在耐火材料腐蚀中最终产物不一定有固态。因为当全部腐蚀掉之后,固态也就不存在了。因此,为了概括固体材料合成过程

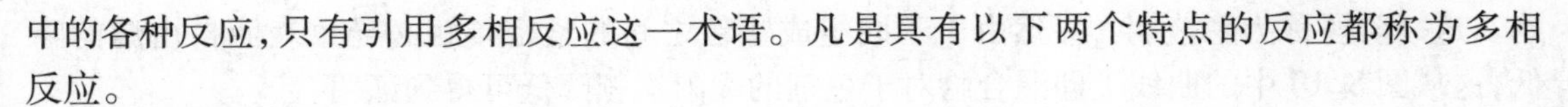

中的各种反应，只有引用多相反应这一术语。凡是具有以下两个特点的反应都称为多相反应。

①反应在相界面上进行。

②反应一般有三个阶段，即物质传输到界面，在相界面上的反应形成产物层，以及有时反应产物传输离开相界面。

8.2.1　多相反应机理

从热力学的观点看，系统自由焓的下降就是促使一个反应自发进行的推动力，多相反应也不例外。为了方便分成三类进行讨论。

①反应物通过固相产物层扩散到相界面，然后在相界面上进行化学反应，这一类反应有加成反应、代换反应和金属氧化。

②通过一个流体相传输的反应，这一类反应有气相沉积、耐火材料腐蚀及气化。

③反应基本上在一个固相内进行，这类反应主要有热分解和在晶体中的沉淀。

不同的情况在研究动力学时是有所不同的，这一点随着问题的深入逐渐会有所理解。从研究过程的机理角度来看，无非两个方面，一个是扩散问题，一个是在相界面上的化学反应问题，扩散问题在8.1节中已专门讨论，因此这里首先讨论在相界面上的化学反应。

傅梯格（Hlütting）对 $ZnO+Fe_2O_3$ ══$ZnO \cdot Fe_2O_3$ 反应进行了研究，将反应混合物 Fe_2O_3+ZnO 加热到不同温度，然后迅速冷却下来综合研究其状态，提出相界面上化学反应可分五个阶段，如图8.9所示。

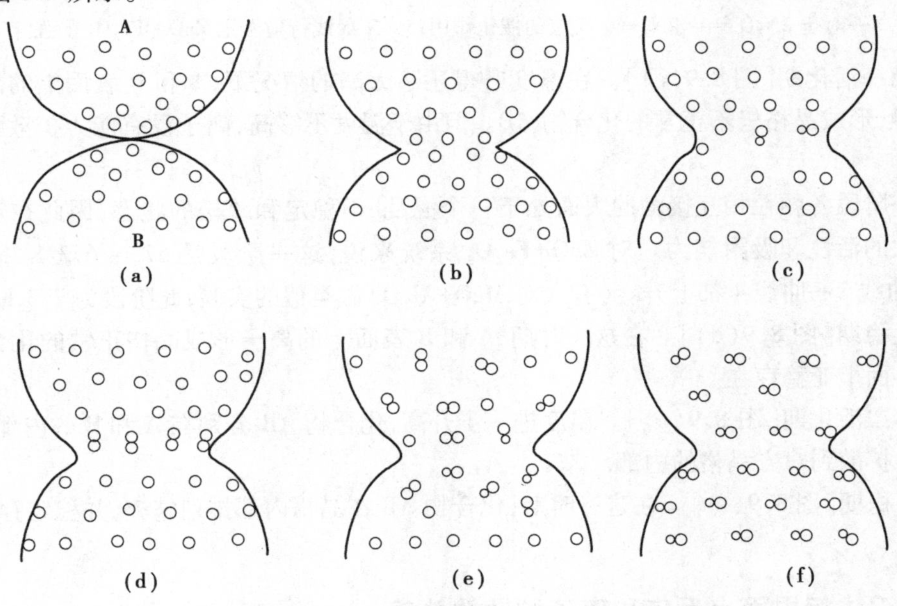

图8.9　固相反应过程示意图

①隐蔽期。两种不同粉料A、B混在一起，颗粒之间仅仅是点接触[图8.9(a)]，A、B晶格中的质点是互相分离的。图8.9(b)中混合物经过加热，颗粒之间接触更加紧密，由点接触变成面接触。由于一般情况下熔点低的晶体中的离子(或原子)在较低温度下就有较大活性，因此较低熔点晶体中的离子先往较高熔点晶体的离子扩散包围或者说隐蔽了熔点高的反应

物。这一阶段称为隐蔽期。显然由于不同组成颗粒之间的紧密接触必导致表面自由焓的降低,这从图 8.10 中的曲线 1 即混合物对于色剂的吸附本领降低可得到证明。

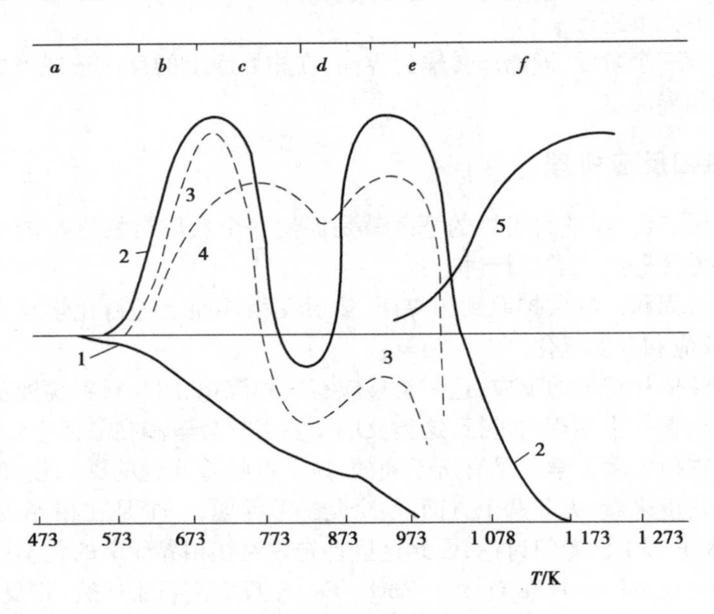

图 8.10 不同曲线

1—物系对于色剂的吸附性;2—对于 $2CO+O_2 \Longrightarrow 2CO_2$ 反应的催化作用;3—物系的吸湿性;

4—对于 $2N_2O \Longrightarrow 2N_2+O_2$ 反应的催化作用;5—X 射线衍射图上 $ZnO \cdot Fe_2O_3$ 的强度

②第一活化期[图 8.9(c)]。在温度升得还不太高的情况下,A 和 B 表面上的离子移动相互接触,形成晶格极不正常的化合物 AB。但由于温度不够高,离子没有能力扩散到对方晶格内部。

这一阶段各颗粒相互接触的表面处于一个混乱、不稳定和疏松的状态,因此在宏观上表现出极大的活性和吸附能力。对 $ZnO+Fe_2O_3$ 系统来说,这一阶段是 573 ~ 673 K,表现为图 8.10 中曲线 2—曲线 4 都上升。(有人对 $MgO+Al_2O_3$ 做类似的实验,此阶段为 773 K)。

③亚稳期[图 8.9(d)]。在这一时期,A 和 B 表面上的离子形成晶格正常的化合物 AB,并在相界面上亚稳存在。

④第二活化期[图 8.9(e)]。温度进一步升高,化合物 AB 分别在 A 和 B 的内部形成,离子有能力扩散到对方晶格的内部。

⑤平稳期[图 8.9(f)]。在这一时期,化合物 AB 在晶格内部排列整齐,并稳定存在,相反应结束。

8.2.2 相界面上反应和离子扩散的关系

以尖晶石类三元化合物的生成反应为例进行讨论。尖晶石是一类重要的功能结构晶体,如各种铁氧体材料在电子工业中为控制和电路元件,铬铁矿型 $FeCr_2O_4$ 的耐火砖大量地用于钢铁工业,因此尖晶石的生成反应是已被充分研究过的多相固体反应。反应式以下式为代表

$$MgO+Al_2O_3 \Longrightarrow MgAl_2O_4$$

这种属于反应物通过固相产物层扩散中的加成反应。瓦格纳(Wagner)通过长期研究,提出尖晶石形成是由两种正离子逆向经过两种氧化物界面扩散所决定,氧离子则不参与扩散迁移过程。按此观点则在图 8.11 中在界面 S_1 上,由于 Al^{3+} 扩散过来必有如下反应

$$2Al^{3+}+4MgO \longequal MgAl_2O_4+3Mg^{2+}$$

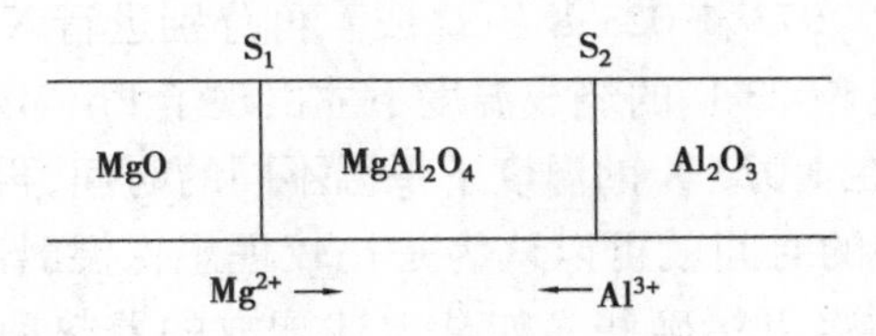

图 8.11　S_1 与 S_2 界面

在界面 S_2 上由于 Mg^{2+} 扩散通过 S_2 反应如下

$$3Mg^{2+}+4Al_2O_3 \longequal 3MgAl_2O_4+2Al^{3+}$$

为了保持电中性,从左到右扩散的正电荷数目应等于从右扩散到左的电荷数目。这样每向右扩散 3 个 Mg^{2+},必有 2 个 Al^{3+} 从右向左扩散。这结果必伴随一个空位从 Al_2O_3 晶粒扩散至 MgO 晶粒。显然,反应物离子的扩散需要穿过相的界面,以及穿过产物的物相。反应产物中间层形成之后,反应物离子在其中的扩散便成为这类尖晶石型反应的控制速度的因素。当产物 $MgAl_2O_4$ 的物相层厚度增大时,它对离子扩散的阻力将大于相的界面阻力。最后当相界面的阻力小到可以忽略时,相界面上就达到了局域的热力学平衡,这时实验测得的反应速率遵守抛物线定律。因为决定反应速度的是扩散的离子流,其扩散通量 J 与产物相层的厚度 x 成反比,又与产物层厚度的瞬时增长速度 dx/dt 成正比,所以可以有

$$J \propto \frac{1}{x} \propto \frac{dx}{dt} \tag{8.15}$$

对此式积分便得到抛物线增长定律。

8.2.3　中间产物和连续反应

在多相反应中,有时反应不是一步完成,而是经由不同的中间产物最后才完成的,这通常称为连续反应。例如,CaO 和 SiO_2 的反应,尽管配料的摩尔比为 1 : 1,但反应首先形成 C_2S、C_3S_2 等中间产物,最终才转变为 CS。其反应顺序和量的变化如图 8.12 所示。

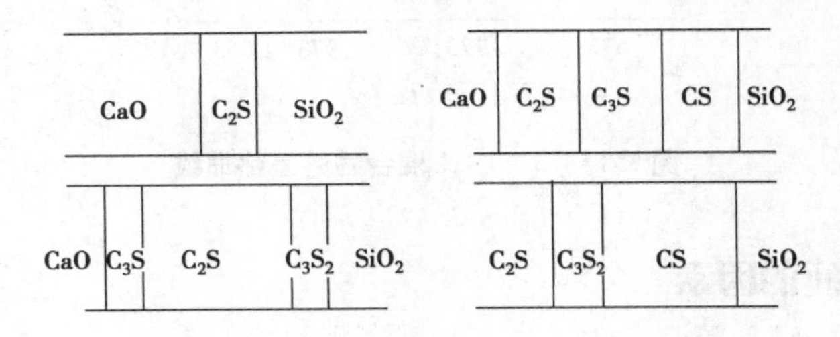

图 8.12　$CaO+SiO_2$ 反应中间产物示意图

这一现象的研究在实际生产中是很有意义的。例如,在电子陶瓷的生产中希望得到某种主晶相以满足电学性能的要求。但往往同一配方在不同的烧成温度和保温时间得到的化合物及晶相差别很大,电学性能的波动随之也很大。通过多相反应机理研究知道由于中间产物

和多晶转变的存在造成上述差别，因此需要的主晶相（或化合物）在什么温度下出现，要保温多长时间，这是确定该种陶瓷烧成制度的重要原始数据。这通常需要用X射线物相分析配合差热分析来确定。以独石电容器中铌镁酸铅系统为例。在该系统中，希望得到钙钛矿型的 $Pb(Mg_{1/3}Nb_{2/3})O_3$ 主晶相，它属于铁电体。有人将 PbO、Nb_2O_5、MgO 3 种氧化物按 3 : 1 : 1 的配比混匀，然后分别在 873、973、1 023 K 下烧成。再分别进行X射线分析，得到如图 8.13 的3张衍射图。图中说明在1 023 K 的烧成温度下才出现了 $Pb(Mg_{1/3}Nb_{2/3})O_3$ 的化合物。如果还要确定保温时间，可以在1 023 K 的温度下保温不同的时间，再作X射线衍射分析，当中间相的特征衍射线完全消失的时间就可以认为是比较理想保温时间。差热分析则可以把化学反应或多晶转变的温度测得更精确些。如从上述配方的差热曲线（图 8.14）中可知形成 $Pb(Mg_{1/3}Nb_{2/3})O_3$ 的精确温度为1 063 K。

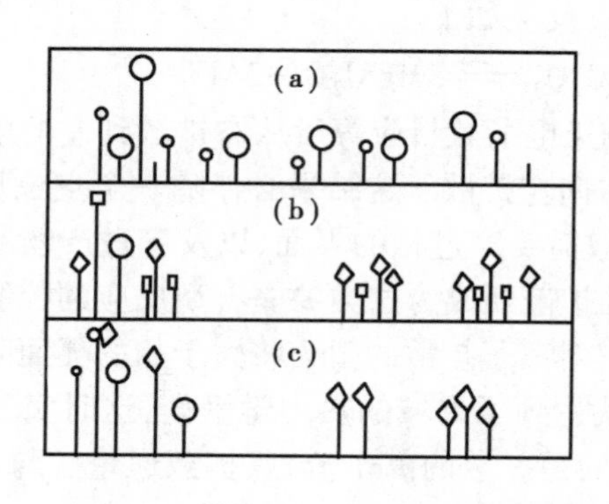

图 8.13 XRD 衍射图

(a)3 : 1 : 1(PbO : Nb_2O_5 : MgO)混合物在 1 023 K 烧成

(b)3 : 1 : 1(PbO : Nb_2O_5 : MgO)混合物在 973 K 烧成

(c)3 : 1 : 1(PbO : Nb_2O_5 : MgO)混合物在 873 K 烧成

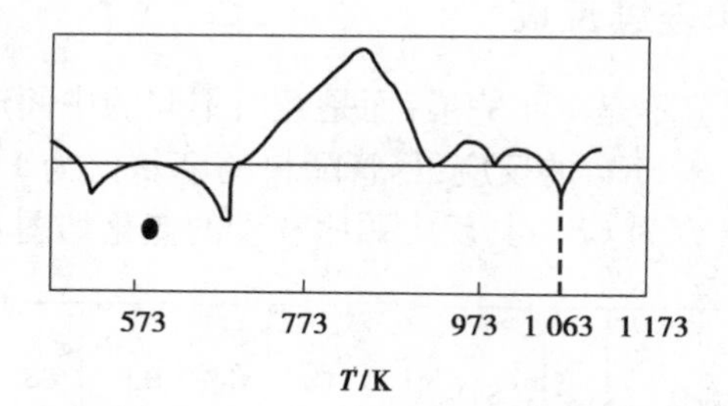

图 8.14 3 : 1 : 1 混合物的差热曲线

8.3 影响多相反应的因素

由于固相反应过程涉及相界面的化学反应和相内部或外部的物质输运等若干环节，因此，除像均相反应一样，反应物的化学组成、特性和结构状态，以及温度、压力等因素外，凡是可能活化晶格，促进物质的内外传输作用的因素均会对反应起影响作用。

8.3.1　反应物化学组成与结构的影响

反应物化学组成与结构是影响固相反应的内因，是决定反应方向和反应速率的重要因素。从热力学角度看，在一定温度、压力条件下，反应可能进行的方向是自由能减少（$\Delta G<0$）的方向。而且值越大，反应的热力学推动力也越大。从结构的观点看，反应物的结构状态质点间的化学键性质及各种缺陷的多少都将对反应速率产生影响。事实表明，同组成反应物，其结晶状态、晶型由于其热历史的不同易出现很大的差别，从而影响这种物质的反应活性。例如，用氧化铝和氧化钴生成钴铝尖晶石（$Al_2O_3+CoO \xlongequal{} CoAl_2O_4$）的反应中，若分别采用轻烧 Al 和在较高温度下死烧的 Al 作原料，其反应速度可相差近十倍。研究表明轻烧 Al_2O_3 是由于 γ-Al_2O_3—α-Al_2O_3 转变，而大大提高了 Al_2O_3 的反应活性，即物质在相转变温度附近，质点可动性显著增大。晶格松解、结构内部缺陷增多，故而反应和扩散能力增加。因此，在生产实践中往往可以利用多晶转变、热分解和脱水反应等过程引起的晶格活化效应来选择反应原料和设计反应工艺条件以达到高的生产效率。

其次，在同一反应系统中，固相反应速度还与各反应物间的比例有关。如果颗粒尺寸相同的 A 和 B 反应形成产物 AB，若改变 A 与 B 的比例就会影响到反应物表面积和反应截面积的大小，从而改变产物层的厚度和影响反应速率。如增加反应混合物中“遮盖”物的含量，则反应物接触机会和反应截面就会增加，产物层变薄，相应的反应速度就会增加。

8.3.2　反应物颗粒尺寸及分布的影响

反应物颗粒尺寸对反应速率的影响，首先在杨德尔（Jandl）、金斯特林格动力学方程式中明显地得到反映。反应速率常数 K 值是反比于颗粒半径平方。因此，在其他条件不变的情况下反应速率受到颗粒尺寸大小的强烈影响。图 8.15 为不同颗粒尺寸对 $CaCO_3$ 和 MoO_3 在 600 ℃反应生成 $CaMoO_4$ 的影响，比较曲线 1 和曲线 2 可以看出颗粒尺寸的微小差别对反应速率有明显的影响。

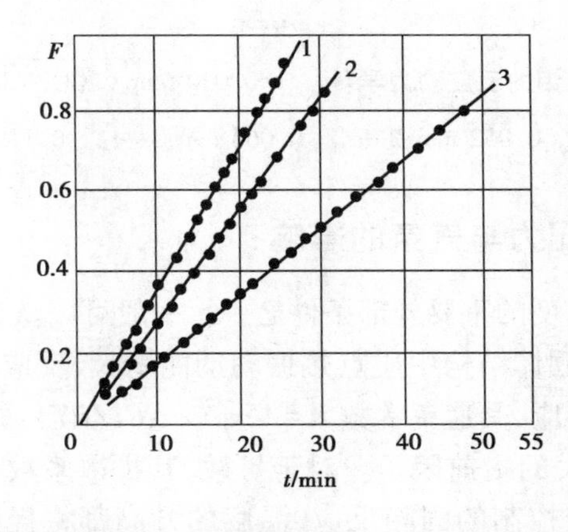

图 8.15　碳酸钙与氧化钼反应的动力学（MoO_3 : $CaCO_3$ = 1 : 1，r_{MoO_3} = 0.036 mm）

1—γ_{CaCO_3} = 0.13 mm，T = 600 ℃；2—r_{CaCO_3} = 0.135 mm，

T = 600 ℃；3—γ_{CaCO_3} = 0.13 mm，T = 580 ℃

颗粒尺寸大小对反应速率影响的另一方面是通过改变反应界面和扩散界面及改变颗粒表面结构等效应来完成的，颗粒尺寸越小，反应体系比表面积越大，反应界面和扩散界面也相应增加，因此反应速率增大。同时按威尔表面学说，随颗粒尺寸减小，键强分布曲线变平，弱键比例增加，故而使反应和扩散能力增强。

值得指出的还有，同一反应体系由于物料颗粒尺寸不同其反应机理也可能会发生变化，而属不同动力学范围控制。例如，前面提及的 $CaCO_3$ 和 MoO_3 反应，当取等分子比并在较高温度(600 ℃)下反应时，若 $CaCO_3$ 颗粒大于 MoO_3 则反应由扩散控制，反应速率随 $CaCO_3$ 颗粒度减少而加速；若 $CaCO_3$ 颗粒尺寸减小到小于 MoO_3 并且体系中存在过量的 $CaCO_3$ 时，则由于产物层变薄，扩散阻力减少，反应由 MoO_3 的升华过程所控制，并随 MoO_3 粒径减少而加强。图 8.16 展现了 $CaCO_3$ 与 MoO_3 反应受 MoO_3 升华所控制的动力学情况，其动力学规律符合由布特尼柯夫和金斯特林格推导的升华控制动力学方程

$$F(G)=1-(1-G)^{2/3}=Kt \tag{8.16}$$

最后应该指出，在实际生产中往往不可能控制均等的物料粒径。这时反应物料粒径的分布对反应速率的影响同样是重要的。理论分析表明，由于物料颗粒大小以平方关系影响着反应速率，颗粒尺寸分布越是集中对反应速率越是有利。因此缩小颗粒尺寸分布范围，以避免小量较大尺寸的颗粒存在，而显著延缓反应进程，是生产工艺在减少颗粒尺寸的同时应注意到的另一问题。

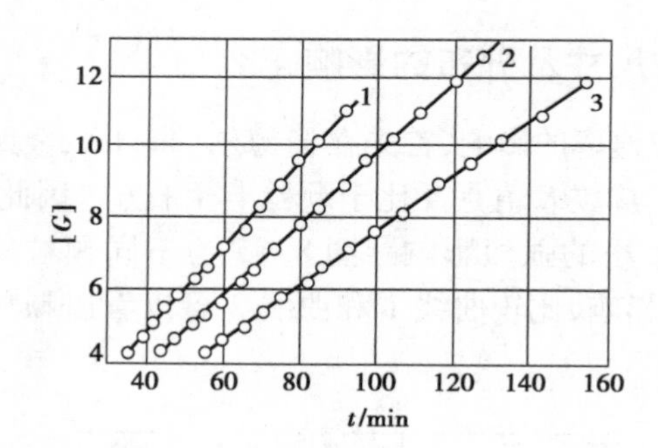

图 8.16 碳酸钙与氧化钼的反应动力学(r_{CaCO_3}<0.030 mm，$CaCO_3$ ∶ MoO_3 = 15(T=620 ℃))

1—r_{MoO_3} 0.052 mm；2—r_{MoO_3} 0.064 mm；3—r_{MoO_3} 0.119 mm

8.3.3 反应温度、压力与气氛的影响

温度是影响固相反应速度的重要外部条件之一。一般可以认为，温度升高均有利于反应进行。这是由于温度升高，固体结构中质点热振动动能增大、反应能力和扩散能力均得到增强的原因所致。对于化学反应，其速率常数 $K=A\exp(-\Delta G_R/RT)$，式中，ΔG_R 为化学反应活化能，A 为与质点活化机构相关的指前因子。对于扩散，其扩散系数 $D=D_0\exp(-Q/RT)$。因此无论是扩散控制或化学反应控制的固相反应，温度的升高都将提高扩散系数或反应速率常数。而且由于扩散活化能 Q 通常比反应活化能 ΔG_R 小，使温度的变化对化学反应影响远大于对扩散的影响。

压力是影响固相反应的另一外部因素。对纯固相反应，压力的提高可显著地改善粉料颗粒之间的接触状态，如缩短颗粒之间距离，增加接触面积等并提高固相反应速率。但对于有

液相、气相参与的固相反应中，扩散过程主要不是通过固相粒子直接接触进行的。因此提高压力有时并不表现出积极作用，甚至会适得其反。例如，黏土矿物脱水反应和伴有气相产物的热分解反应，以及某些由升华控制的固相反应等，增加压力会使反应速率下降。由表 8.1 所列数据可见，随着水蒸气压的增高，高岭土的脱水温度和活化能明显提高，脱水速度降低。

表 8.1 不同水蒸气压力下高岭土的脱水活化能

水蒸气压 p_{H_2O}/Pa	温度 T/℃	活化能 ΔG_R/(kJ · mol^{-1})
<0.10	390 ~ 450	214
613	135 ~ 475	352
1 867	450 ~ 480	377
6 265	470 ~ 495	469

此外，气氛对固相反应也有重要影响。它可以通过改变固体吸附特性而影响表面反应活性。对于一系列能形成非化学计量的化合物 ZnO、CuO 等，气氛可直接影响晶体表面缺陷的浓度和扩散机构与速度。

8.3.4 矿化剂及其他影响因素

在固相反应体系中加入少量非反应物质或由于某些可能存在于原料中的杂质，则常会对反应产生特殊的作用。这些物质常被称为矿化剂，它们在反应过程中不与反应物或反应产物起化学反应，但它们以不同的方式和程度影响着反应的某些环节。实验表明，矿化剂可以产生如下作用：①影响晶核的生成速率；②影响结晶速率及晶格结构；③降低体系共熔点，改善液相性质等。例如，在 Na_2CO_3 和 Fe_2O_3 反应体系加入 NaCl，可使反应转化率提高 0.5 ~ 0.6 倍。而且当颗粒尺寸越大，这种矿化效果越明显。又例如，在硅砖中加入 1% ~ 3% [Fe_2O_3 + $Ca(OH)_2$] 作为矿化剂，能使其大部分 α-石英不断熔解而同时不断析出 α-鳞石英，从而促使 α-石英向鳞石英的转化。关于矿化剂的一般矿化机理则是复杂多样的，可因反应体系的不同而完全不同，但可以认为矿化剂总是以某种方式参与到固相反应过程中。

以上从物理化学角度对影响固相反应速率的诸因素进行了分析讨论，但必须提出，实际生产科研过程中遇到的各种影响因素可能会更多更复杂。对于工业性的固相反应除了有物理化学因素，还有工程方面的因素。如水泥工业中的碳酸钙分解速率，一方面受到物理化学基本规律的影响，另一方面与工程上的换热传质效率有关。在同温度下，普通旋窑中的分解率要低于窑外分解炉中的。这是因为在分解炉中处于悬浮状态的碳酸钙颗粒在传质换热条件上比普通旋窑中好得多。因此从反应工程的角度考虑传质传热效率对固相反应的影响是具有同样重要性的。尤其是硅酸盐材料生产通常都要求高温条件，此时传热速率对反应进行的影响极为显著。如把石英砂压成直径为 50 mm 的球，以 8 ℃/min 的速度进行加热使之进行 β↔α 相变，需 75 min 完成。而在同样加热速度下，用相同直径的石英单晶球作实验，则相变所需时间仅为 13 min。产生这种差异的原因除两者的传热系数不同外（单晶体约为 5.23 W/(m^2 · K)，而石英砂球约为 0.58 W/(m^2 · K)，还有石英单晶是透辐射的。其传热方式不同于石英砂球，即不是传导机构连续传热而可以直接进行透射传热。因此相变反应不是在依序向球中心推进的界面上进行，而是在具有一定厚度范围内以至于在整个体积内同时进行,从而大大加快了相变反应的速度。

8.4 烧结过程

8.4.1 烧结的定义

烧结过程是决定陶瓷显微结构形成的最后阶段也是关键阶段。什么是陶瓷的显微结构?在各类显微镜(包括高分辨率电子显微镜)下观察到的陶瓷内部组织结构,它包含着丰富的内容。例如,不同晶相与玻璃相的存在与分布;晶粒的大小、形成与取向;气孔的尺寸、形状与位置;各种杂质(包括添加物)缺陷和微裂纹的存在形式和分布;晶界的特征等。这些因素综合起来,描述着一个陶瓷体的显微结构。

陶瓷材料的显微结构是和它的全部制备过程相密切联系着的,制备中每一步对显微结构都可能有影响。陶瓷的制备主要是以下 3 步,即粉料制备、成型和烧成。每一步对显微结构的主要影响归纳如下。

①粉料制备:颗粒尺寸、颗粒尺寸分布、颗粒形状、化学组成偏析、杂质、吸附与溶解的气体。

②成型:堆积密度、气孔分布、气孔尺寸分布。

③烧成:温度制度、气氛、压力。

可见影响陶瓷材料显微结构的因素很多,而且每一步所带入的影响不容易在下一步中消除,常常影响最后所得到的材料显微结构和性能。从工艺控制的角度看,粉料制备和成型过程的许多因素,如颗粒尺寸、颗粒级配等可以当场检查及时处理以达到工艺要求,而且出现不合格的半成品,回收是比较容易的。在烧成过程中,由于脱水太快而形成的裂纹,固相反应的进行,主晶相、玻璃相的形成,晶粒大小、形状,气孔大小、多少及分布,晶界的状态,以及是否出现二次再结晶这些显微特征变化,在实际生产的条件下是无法直接检查。一旦成瓷,显微结构固定下来,即使有废品也无法挽回,回收是困难的。只有对整个烧成过程中存在的各种复杂变化有了比较深入的理解,同时又有一定的实际经验之后,才能比较有把握地进行陶瓷的烧成控制。因此对烧成过程中所涉及的各种变化是很重视的,这些变化就是相平衡、相变、固相反应、烧结等。这些过程在整个烧成中不一定全部都有,并没有确定的先后次序,常常是穿插进行的。不过,有一点可以肯定,烧成的最后是以烧结完好而结束。因而这些过程各有自己的特征,各自对显微结构有不同的贡献。例如,多组分陶瓷在烧成时液相较多的情况下,利用相平衡知识可以分析主晶相的成分、液相出现的温度及最后的液相组成,对显微结构中晶相与玻璃相的量及分布提供了参考依据。若陶瓷烧成中基本上没有液相出现,主晶相是靠固相反应进行形成的。若是单组分陶瓷,那么烧成过程除了脱水、脱蜡、多晶转变外主要是烧结过程。某晶相若在熔点以下出现相变(即多晶转变)常常可能由于体积效应使陶瓷出现裂纹。掌握了相变的知识,就可以事先加入稳定剂,防止由于相变造成的开裂,这在含有 ZrO_2 的陶瓷中是常采用的。

显微结构的内容很多,影响显微结构的因素更多,问题是相当复杂的。在大量的生产实践和科学研究的基础上提出显微结构中三项主要内容,分别为晶粒尺寸和分布,气孔尺寸和分布,以及晶界状态。这三者之间既是相互影响的,又具有相对独立的发展和形成机理及过程。它们作为显微结构的主要方面，对性能影响是比较显著的。例如，气孔常成为应力集中点而影响强度，是光散射中心而对材料的透光性产生巨大影响，又能对畴壁运动起钉扎作用而影响铁电性和磁性。晶界的状况对材料性能的影响随着研究的深入已越来越明显，20世纪90年代出现所谓"晶界工程"，即通过改变晶界状态，来提高整个材料的性能。

从这三方面来讨论陶瓷的显微结构，它们的形成过程可以更多地侧重于烧结过程。因此烧结过程是决定陶瓷显微结构的最后阶段，也是最关键的阶段。

那么到底什么是烧结呢？粉末状物料成型为具有一定外形的坯体后，一般包括百分之几十的气孔，颗粒之间只有点接触，机械强度很低。在高温下烧结所包括的物理过程主要是颗粒间接触界面扩大，逐渐形成晶界。气孔的形状变化，体积缩小，从联通的气孔变为各自孤立的气孔，以致最后大部分，甚至全部气孔从坯体中排除。应当说这仅仅是一般固相烧结中所包含的主要物理变化的归纳。随着对烧结现象的深入研究，烧结过程的复杂性已显示出来。要探寻一个能够包括所有种类烧结的复杂面貌的定义是相当困难的。不过，在烧结复杂性逐渐被揭露的同时，也认识到不管哪种机制的烧结，不管各种烧结包括了多少复杂的物理化学过程，烧结的驱动力是同一的。高度分散的粉末颗粒具有很大的表面积，烧结之后则是由晶界代替。表面自由焓 γ_{SV} 大于晶量界自由焓 γ_{GB} 就是烧结驱动力。因此可以给烧结下如下定义："在表面张力作用下的扩散蠕变即为烧结。"这一定义并非十分完美，但至少把烧结中比较本质的共性部分体现出来了。

烧结过程中陶瓷坯体在宏观性能上的变化可以从图8.17中看出。值得注意的是，致密化开始的温度 T_1 并不就是烧结开始的温度，因为在那以前坯体强度已开始增加，电阻率已降低。

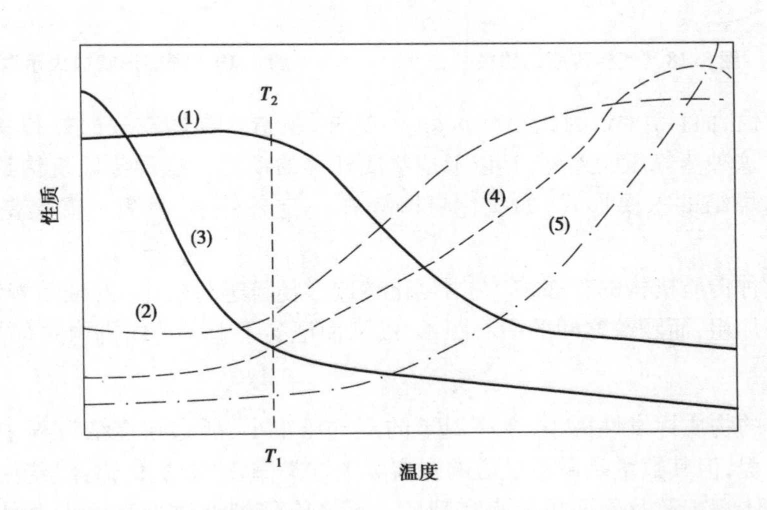

图8.17　烧结温度对气孔率(1)、密度(2)、电阻率(3)、强度(4)颗粒尺寸(5)的影响

8.4.2　烧结机理

整个烧结过程中坯体的气孔率在减少，密度在增加，因此必然伴随有物质迁移。同样是表面张力在起作用，物质迁移的方式、机理却各有不同。机理不同，物质的传递速度就不同，也就是它们所服从的动力学规律也各不相同。

关于烧结机理的定性探讨,始于20世纪20年代初期,到40年代中期已归纳为比较合理的假说。按传质特点分成四类:扩散传质、气相传质、流动传质和溶解沉淀。

(1)气相传质(蒸发-凝聚)

为了讨论方便,取出烧结系统中两颗粒进行分析(图8.18)。在颗粒表面具有正的曲率半径,根据开尔文公式,该处的蒸气压比平面上要大一些。而刚开始烧结的两颗粒之间的联结处(颈部)则是如图8.19所示的形状,具有两个主曲率半径 x 和 ρ,其中 x 为正曲率半径,ρ 为负曲率半径,则开尔文公式表示为

$$\ln \frac{p_1}{p_0} = \frac{\gamma M}{RTd}\left(\frac{1}{\rho} + \frac{1}{x}\right) \tag{8.17}$$

式中 p_0——平面上的蒸气压;

p_1——具有 ρ、x 两个主曲率的曲面上的蒸气压。

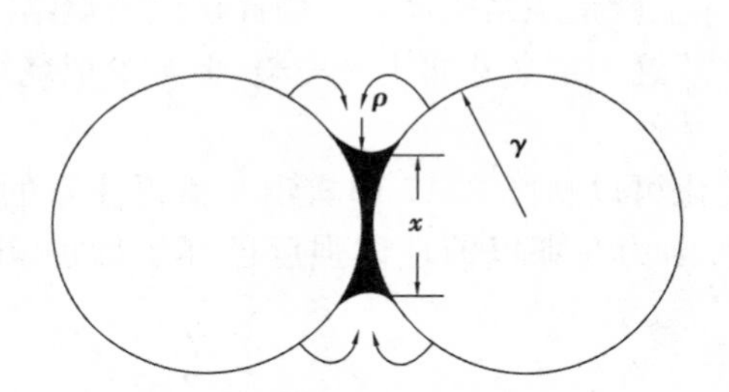

图8.18 气相传质的路径

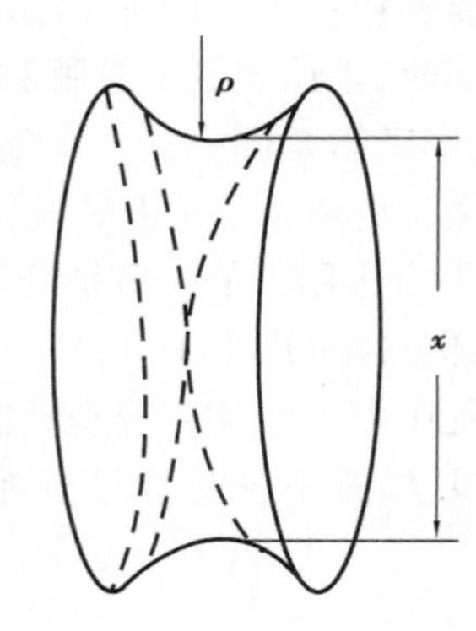

图8.19 颈部形状放大示意图

由于 ρ 为负值,而且 $\rho \ll x$,因此必有 $p_1 < p_0$。这样,就造成在颗粒表面处和颈部处的蒸气压差。在高温下这种蒸气压的差别,是以形成物质迁移的动力。这种传质机构是高温下挥发性较高的氧化物烧结的重要形式,如氧化铍陶瓷在一定条件下,蒸发—凝聚是烧结的主导机构。

为了证实这种传质机构的存在,有人用氯化钠珠形颗粒进行烧结,发现随着烧结的进行,颗粒之间的颈部加粗,而颗粒之间的中心距不变,从而证实了上述传质机构的存在。

(2)扩散传质

如果被烧结的物质挥发性极小,在高温下的蒸气压很小,那么在烧结过程中虽然也存在着蒸发—凝聚过程,但其数量是微不足道的。实际上这类陶瓷(如氧化铝瓷)烧结时的物质迁移是靠比较快的体积扩散及界面扩散来实现的。下文将仔细地讨论表面张力是如何成为这种扩散传质的动力,并研究其扩散途径。

1)表面张力引起应力分布的不均匀

由于颈部有一个曲率为 ρ 的凹形曲面,就使得颈部在张力的作用下并使在该曲面之内有一个负的附加压强(图8.20中 σ_ρ)。这必然引起在颈部中心,两颗粒接触处有一个压应力(图8.20中 σ_x)。为了定量地分析张应力的大小,将颈部单独取出放大(图8.21),并在颈部取一个曲面元 $ABCD$,其主曲率半径为 ρ 和 x。让两个曲率上的弧长所对应的夹角都为 θ。

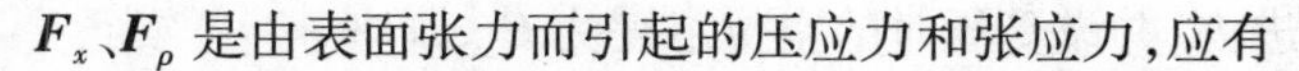

$\boldsymbol{F}_x$、$\boldsymbol{F}_\rho$ 是由表面张力而引起的压应力和张应力，应有

$$\boldsymbol{F}_x=\gamma\rho\theta$$

$$\boldsymbol{F}_\rho=\gamma x\theta$$

垂直于 $ABCD$ 曲面的合力 F 应为

$$\boldsymbol{F}=2\left(\boldsymbol{F}_x\sin\frac{\theta}{2}+\boldsymbol{F}_\rho\sin\frac{\theta}{2}\right)$$

当 θ 小时，$\sin\frac{\theta}{2}\approx\frac{\theta}{2}$，于是有

$$\boldsymbol{F}=\boldsymbol{F}_x\theta+\boldsymbol{F}_\rho\theta=\gamma\theta^2(\rho-x)$$

将力 $\boldsymbol{F}$ 除以表面积得应力 σ

$$\sigma=\frac{\gamma\theta^2(\rho-x)}{\rho\theta\cdot x\theta}=\gamma\left(\frac{1}{x}-\frac{1}{\rho}\right)$$

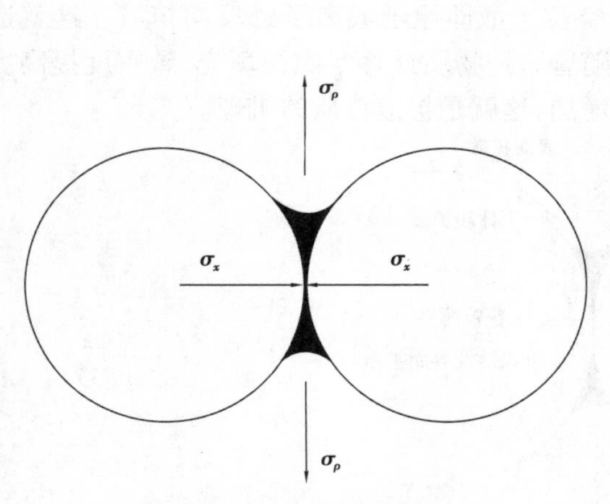

图 8.20 气相传质的路径

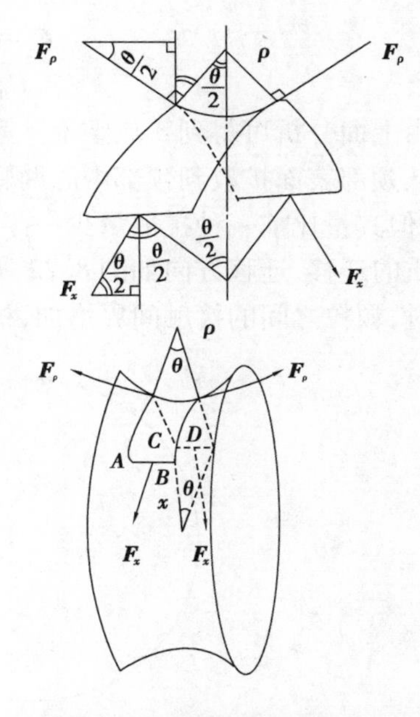

图 8.21 颈部形状放大示意图

若
$$x\gg\rho,\sigma\approx-\frac{\gamma}{\rho}\tag{8.18}$$

当颗粒直径为 2 μm，$x=0.2$ μm，$\rho=-10^{-2}\sim10^{-3}$ μm，$\gamma=72$ J/m^2，算出应力的数量级是 $\nu=100$ kJ/cm^2。由此看出作用在颈部的张应力是相当大的，也可以想到颈中心两颗粒接触部受到的压应力也很大。

2）应力分布不均匀必造成空位浓度梯度

对于一个不受应力的晶体，其空位浓度用 C_0 表示。具体数值与该晶体形成一个空位所需的能量 E_v 有关，并符合麦克斯韦-玻尔兹曼分布。

$$C_0=\frac{n_0}{N}=\exp\left(-\frac{E_v}{KT}\right)\tag{8.19}$$

如果一个晶体受压，显然形成一个空位所需要的能量就会增加。换句话说，就是在相同

温度下空位浓度将减少。将此因素考虑进去,并设受压时的空位浓度为 C_2,则有

$$C_2=\frac{n_2}{N}=\exp\left(-\frac{E_v+\sigma_{压}\delta^3}{KT}\right)=\exp\left(-\frac{E_V}{KT}-\frac{\gamma\delta^3}{\rho KT}\right) \tag{8.20}$$

式中 δ——一个原子的直径。

若晶体受到张应力,形成空位所需的能量就要减少,并有

$$C_1=\frac{n_1}{N}=\exp\left(-\frac{E_v}{KT}+\frac{\gamma\delta^3}{\rho KT}\right) \tag{8.21}$$

式中 C_1——张应力作用下晶体中的空位浓度。

显然有 $C_1>C_0>C_2$,也就是说颈部的空位浓度最大,无应力区的空位浓度居中,压应力区的空位浓度最小。过剩空位浓度可以表达为

$$\frac{C_1-C_0}{C_0}=e^{\frac{\gamma\delta^3}{KT\rho}}-1=\frac{\gamma\delta^3}{KT\rho};C_1-C_0=\frac{C_0\gamma\delta^3}{KT\rho} \tag{8.22}$$

$$\frac{C_1-C_2}{C_0}=\frac{2\gamma\delta^3}{KT\rho};C_1-C_2=\frac{2C_0\gamma\delta^3}{KT\rho} \tag{8.23}$$

由上面分析可得到 3 点结论。第一,由于应力的不均匀分布造成空位浓度梯度,空位将主要从颈部表面扩散到颈部中心两颗粒接触处。第二,空位也从颈部表面扩散到颗粒内无应力区,但其量比前一种扩散量少一半。第三,空位扩散即原子或离子的反向扩散。这就造成了物质的迁移,迁移方向如图 8.22 所示。而随着这种物质迁移空隙被填充,致密度提高。与此同时,颗粒之间的接触间界增加,机械强度增加,这就是扩散传质的机理。

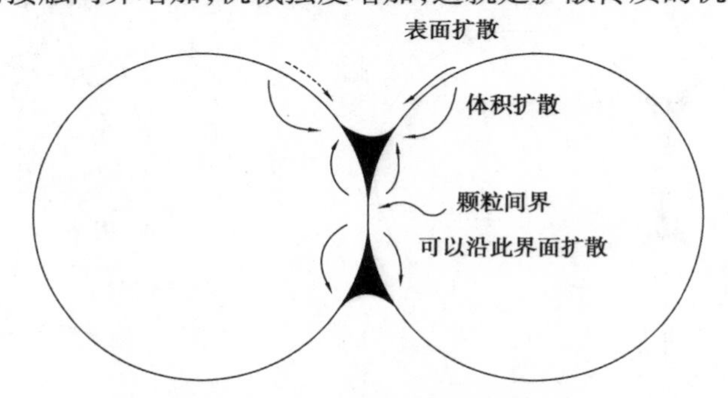

图 8.22 扩散途径示意图

由图 8.22 可以看出,扩散可以沿着颗粒表体积扩散面进行,可以沿着两颗粒之间的界面进行,也可以在晶格内部进行。因为它们在扩散所需之活化能是不同的,所以分别称为表面扩散、界面扩散和体积扩散。不管扩散途径如何,扩散终点是一致的,都是颈部空位浓度最多的部位。因此,随着烧结的进行,颈部加粗,两颗粒之间的中心距逐渐缩短,陶瓷坯体同时在收缩。

(3)流动传质

流动传质包括黏滞流动和塑性流动两类。黏滞流动的机理是 1945 年由弗仑克尔首先提出的,他认为在高温下的固体物质在表面张力的作用下会发生类似液态物质的黏滞流动,这种宏观的物质流动是物质迁移的主要方式。宏观的物质流动和前面提到的扩散迁移是不一样的,扩散迁移一定要有空位的反向扩散,而宏观的物质流动并不强调空位的反向扩散,仅仅是把高温下的固体看作一种牛顿型的流体在表面张力的驱动下发生了流动,流动时服从牛顿

型黏性流体的一般关系式为

$$\frac{F}{S}=\eta\frac{\partial\nu}{\partial x} \tag{8.24}$$

式中　F——相对流动着的两层间的切向力；

S——流动面积；

η——黏度系数；

$\frac{\partial\nu}{\partial x}$——流动速度。

表面张力具体是怎样作用的呢？由于颈部有凹的曲率，因此有一个负的附加压强，二者之间产生了压力差，这个压力差推动了物质进行黏滞流动。

部分学者用晶体物质的塑性流动机理推导出动力学公式，应用在热压烧结的动力学过程取得一定的成功。塑性流动理论认为流动过程主要是通过晶体晶面滑移进行的，而且塑性流动要求推动力超过极限剪切应力时方能开始，也就是其流动状态属于宾汉流动，即

$$\frac{F}{S}-\tau=\eta\frac{\partial\nu}{\partial x} \tag{8.25}$$

式中　τ——被烧结晶体的极限剪切应力。

(4)溶解和沉淀

在具有活泼溶液相的烧结系统中，液相所起的作用不仅是利用表面张力把两颗粒拉近拉紧，而且在烧结过程中固相在液相中的溶解和自液相中的析出，即“溶解—沉淀”过程具有重要意义。不过，对于产生这种“溶解—沉淀”起因的认识是逐渐深化的。开始认为只是由于微小晶粒的溶解度大，而大晶粒溶解度正常。因此，微小晶粒溶解，使熔体处于过饱和状态，在大晶粒上沉淀下来。这种机制是存在的，特别是在起始颗粒相悬殊，产生液相较多的烧结中。在基本等粒的粉末烧结中，上述情况只能在极个别的区城出现。普遍的情况应该是，两颗粒间的液相利用表面张力把它们拉紧。于是，在两颗粒接触处受到很大的压力，从而显著提高了这部分固体在液相中的活度。受压部分在液相中将溶解使液相变得饱和，然后在非受压部位沉淀下来，这就是溶解和沉淀的传质机理。凡有液相参加的烧结(液相烧结)其传质机理大部分属于溶解—沉淀的方式。

8.5　影响烧结的因素

8.5.1　原始粉料的粒度

无论在固态或液态的烧结中，细颗粒由于增加了烧结的推动力，缩短了原子扩散距离和提高颗粒在液相中的溶解度而导致烧结过程的加速。如果烧结速率与起始粒度的1/3次方成比例，从理论上计算，当起始粒度从2 μm缩小到0.5 μm，烧结速率增加64倍。这结果相当于粒径小的粉料烧结温度降低150～300 ℃。图8.23是刚玉坯体烧结程度与起始粒度的关系。

有资料报道 MgO 的起始粒度为20 μm以上时，即使在1 400 ℃保持很长时间，仅能达相对密度70%而不能进一步致密化；若粒径在20 μm以下，温度为1 400 ℃时或粒径在1 μm以

下，温度为 1 000 ℃时，烧结速度很快；如果粒径在 0.1 μm 以下时，其烧结速率与热压烧结相差无几。

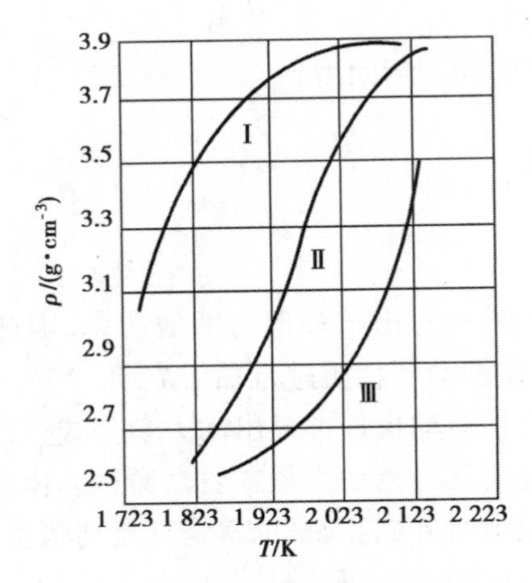

图 8.23　刚玉坯体烧结程度与细度关系

Ⅰ—粒度 1 μm；Ⅱ—粒度 2.4 μm；Ⅲ—粒度 5.6 μm

从防止二次再结晶考虑，起始粒径必须细而均匀，如果细颗粒内有少量大颗粒存在，则易发生晶粒异常生长而不利烧结。一般氧化物材料最适宜的粉末粒度为 0.05 ~ 0.5 μm。

原料粉末的粒度不同，烧结机理有时也会发生变化。例如，AlN 烧结，据报道当粒度为 0.78 ~ 4.4 μm 时，粗颗粒按体积扩散机理进行烧结，而细颗粒则按晶界扩散或表面扩散机理进行烧结。

8.5.2　外加剂的作用

在固相烧结中，少量外加剂（烧结助剂）可与主晶相形成固溶体促进缺陷增加；在液相烧结中，外加剂能改变液相的性质（如黏度、组成等），因而都能起促进烧结的作用。外加剂在烧结体中的作用现分述如下。

（1）外加剂与烧结主体形成固溶体

当外加剂与烧结主体的离子大小、晶格类型及电价数接近时，它们能互溶形成固溶体，致使主晶相晶格畸变，缺陷增加，便于结构基元移动而促进烧结。一般地说，它们之间形成有限置换型固溶体比形成连续固溶体更有助于促进烧结。外加剂离子的电价和半径与烧结主体离子的电价、半径相差越大，使晶格畸变程度增加，促进烧结的作用也越明显。例如，Al_2O_3 烧结时，加入 3% Cr_2O_3 形成连续固溶体可以在 1 860 ℃烧结，而加入 1% ~2% TiO_2 只需在 1 600 ℃左右就能致密化。

（2）外加剂与烧结主体形成液相

外加剂与烧结体的某些组分生成液相，由于液相中扩散传质阻力小、流动传质速度快，因而降低了烧结温度，提高了坯体的致密度。例如，在制造 95% Al_2O_3 材料时，一般加入 CaO、SiO_2，在 CaO : SiO_2 = 1 时，由于生成 CaO-Al_2O_3-SiO_2 液相，而使材料在 1 540 ℃即能烧结。

（3）外加剂与烧结主体形成化合物

在烧结透明的 Al_2O_3 制品时，为抑制二次再结晶，消除晶界上的气孔，一般加入 MgO 或

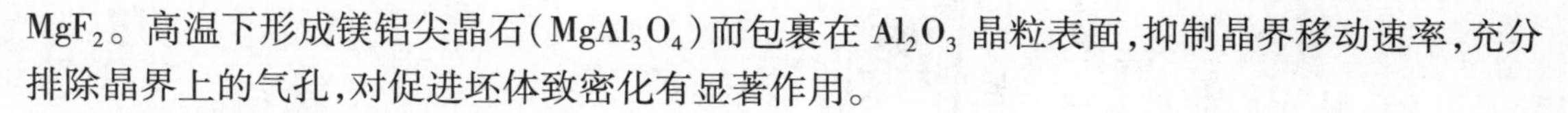

MgF_2。高温下形成镁铝尖晶石($MgAl_3O_4$)而包裹在 Al_2O_3 晶粒表面,抑制晶界移动速率,充分排除晶界上的气孔,对促进坯体致密化有显著作用。

(4)外加剂阻止多晶转变

ZrO_2 由于有多晶转变,体积变化较大而使烧结发生困难,当加入 5% CaO 以后,Ca^{2+} 进入晶格置换 Zr^{4+},由于电价不等而生成阴离子缺位固溶体,同时抑制晶型转变,使致密化易于进行。

(5)外加剂起扩大烧结范围的作用

加入适当外加剂能扩大烧结温度范围,给工艺控制带来方便。例如,锆钛酸铅材料的烧结范围只有 20 ~40 ℃,如加入适量 La_2O_3 和 Nb_2O_5 以后,烧结范围可以扩大到 80 ℃。

必须指出的是,外加剂只有加入量适当时才能促进烧结,如不恰当地选择外加剂或加入量过多,反而会引起阻碍烧结的作用,因为过多量的外加剂会妨碍烧结相颗粒的直接接触,影响传质过程的进行。表 8.2 为 Al_2O_3 烧结时外加剂种类和数量对烧结活化能的影响。表 8.2 中指出,加入 2% 氧化镁使 Al_2O_3 烧结活化能降低至 398 kJ/mol,比纯 Al_2O_3 活化能 502 kJ/mol 低,因而促进烧结过程。而加入 5% MgO 时,烧结活化能升高至 545 kJ/mol,则起抑制烧结的作用。

表 8.2　外加剂种类和数量对 Al_2O_3 烧结活化能 E 的影响

添加剂	不添加	MgO		Co_3O_4		TiO_2		MnO_2	
		2%	5%	2%	5%	2%	5%	2%	5%
$E/(kJ \cdot mol^{-1})$	500	400	545	630	560	380	500	270	250

烧结加入何种外加剂,加入量多少较合适,目前尚不能完全从理论上解释或计算,还应根据材料性能要求通过试验来决定。

8.5.3　烧结温度和保温时间

在晶体中晶格能越大,离子结合也越牢固,离子的扩散也越困难,所需烧结温度也就越高。各种晶体键合情况不同,因此烧结温度也相差很大,即使对同一种晶体烧结温度也不是一个固定不变的值。提高烧结温度无论对固相扩散或对溶解—沉淀等传质都是有利的。但是单纯提高烧结温度不仅浪费燃料,很不经济,还会促使二次再结晶而使制品性能恶化。在有液相的烧结中,温度过高使液相量增加,黏度下降,使制品变形。因此不同制品的烧结温度必须仔细试验来确定。

由烧结机理可知,只有体积扩散导致坯体致密化,表面扩散只能改变气孔形状而不能引起颗粒中心距的逼近,因此不出现致密化过程,图 8.24 为表面扩散、体积扩散与温度的关系。

在烧结高温阶段以体积扩散为主,而在低温阶段以表面扩散为主。如果材料的烧结在低温时间较长,不仅不会引起致密化反而会因表面扩散改变了气孔的形状给制品性能带来了损害。因此,从理论上分析应尽可能快地从低温升到高温以创造体积扩散的条件。高温短时间烧结是制造致密陶瓷材料的好方法,但还要结合考虑材料的传热系数、二次再结晶温度、扩散系数等各种因素,合理制定烧结温度。

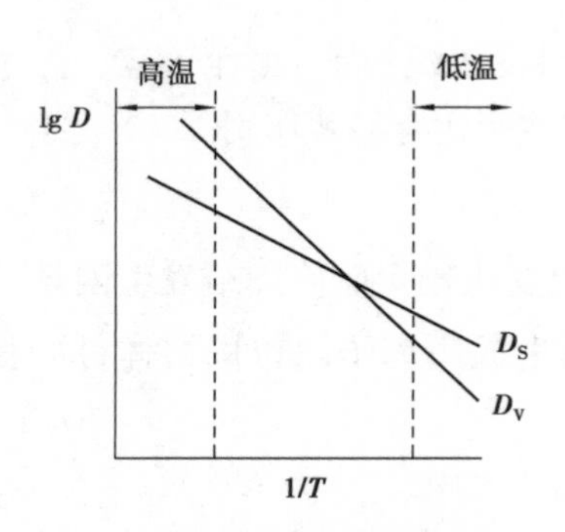

图 8.24 扩散系数与温度关系

D_S—表面扩散系数;D_V—体积扩散系数

8.5.4 盐类的选择及其煅烧条件

在通常条件下,原始配料均以盐类形式加入,经过加热后以氧化物形式发生烧结。盐类具有层状结构,当将其分解时,这种结构往往不能完全破坏,原料盐类与生成物之间若保持结构上的关联性,那么盐类的种类、分解温度和时间将影响烧结氧化物的结构缺陷和内部应变,从而影响烧结速率与性能。

(1)煅烧条件

关于盐类的分解温度与生成氧化物性质之间的关系有大量研究报道。例如,$Mg(OH)_2$ 分解温度与生成的 MgO 性质关系如图 8.25 和图 8.26 所示。

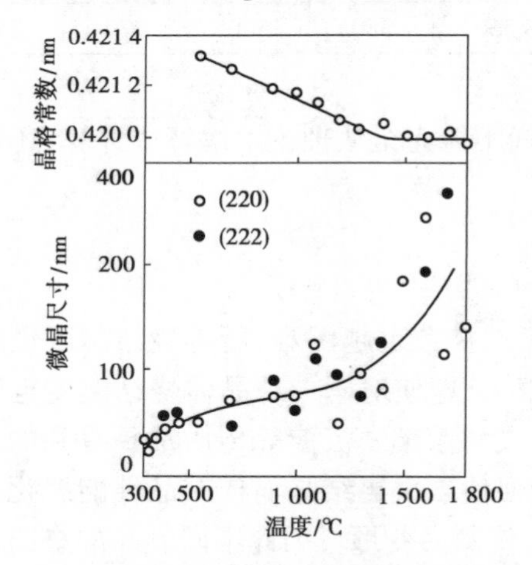

图 8.25 氢氧化镁的煅烧温度与生成的氧化镁的晶格常数及微晶尺寸的关系

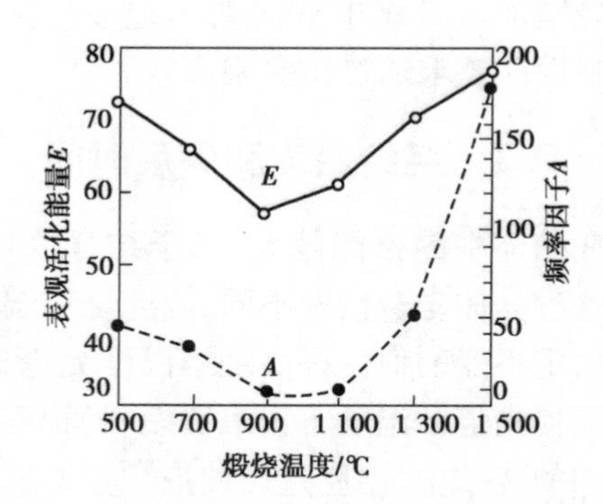

图 8.26 氢氧化镁的煅烧温度与所得氧化镁形成体相对于扩散烧结的表观活化能和频率因子之间的关系

由图 8.25 可见,低温下煅烧所得的 MgO,其晶格常数较大,结构缺陷较多,随着煅烧温度升高,结晶性较好,烧结温度相应提高。图 8.26 中,随 $Mg(OH)_2$ 煅烧温度的变化,烧结表观活化能 E 及频率因子 A 的变化,实验结果显示在 900 ℃煅烧的 $Mg(OH)_2$ 所得的烧结活化能最小,烧结活性较高。可以认为,煅烧温度越高,烧结性越低的原因是由于 MgO 的结晶良好,活化能增高所造成的。

(2)盐类的选择

表8.3为用不同的镁化合物分解制得活性MgO烧结性能的比较。从表8.3中所列数据可以看出,随着原料盐的种类不同,所制得的MgO烧结性能有明显差别。由碱式碳酸镁、醋酸镁、草酸镁、氢氧化镁制得的MgO,其烧结体可以分别达到理论密度的93%~82%;而由氯化镁、硝酸镁、硫酸镁等制得的MgO,在同样条件下烧结,仅能达到理论密度的66%~50%,如果对煅烧获得的MgO性质进行比较,则可看出,用能够生成粒度小、晶格常数较大、微晶较小、结构松弛的MgO的原料盐来获得活性MgO,其烧结性良好;反之,用生成结晶性较高,粒度大的MgO的原料盐来制备MgO,其烧结性差。

表8.3 镁化合物分解条件与MgO性能的关系

镁化合物	最佳温度/℃	颗粒尺寸/nm	所得MgO/nm		1 400 ℃3 h烧结体	
			晶格常数	微晶尺寸	体积密度	理论值/%
碱式碳酸镁	900	50~60	0.421 2	50	3.33	93
醋酸镁	900	50~60	0.421 2	60	3.09	87
草酸镁	700	20~30	0.421 6	25	3.03	85
氢氧化镁	900	50~60	0.421 3	60	2.92	82
氯化镁	900	200	0.421 1	80	2.36	66
硝酸镁	700	600	0.421 1	90	2.03	58
硫酸镁	1 200~1 500	106	0.421 1	30	1.76	50

8.5.5 气氛的影响

烧结气氛一般分为氧化、还原和中性3种,在烧结中气氛的影响是很复杂的。

一般地说,在由扩散控制的氧化物烧结中,气氛的影响与扩散控制因素有关,与气孔内气体的扩散和溶解能力有关。例如,Al_2O_3材料是由阴离子(O^{2-})扩散速率控制烧结过程,当它在还原气氛中烧结时,晶体中的氧从表面脱离,从而在晶格表面产生很多氧离子空位,使O^{2-}扩散系数增大导致烧结过程加速。

表8.4 不同气氛下α-Al_2O_3中O^{2-}扩散系数与温度关系

气氛	温度/℃				
	1 400	1 450	1 500	1 550	1 600
氢气	8.09×10^{-12}	2.36×10^{-11}	7.11×10^{-11}	2.51×10^{-10}	7.50×10^{-10}
空气	—	2.97×10^{-12}	2.70×10^{-11}	1.97×10^{-10}	4.90×10^{-10}

表8.4为不同气氛下α-Al_2O_3中O^{2-}扩散系数和温度的关系。用透明氧化铝制造的钠光灯管必须在氢气炉内烧结,就是利用加速O^{2-}扩散,使气孔内气体在还原气氛下易于逸出的原

理来使材料致密从而提高透光度。若氧化物的烧结是由阳离子扩散速率控制,则在氧化气氛中烧结,表面积聚了大量氧,使阳离子空位增加,则有利于阳离子扩散的加速而促进烧结。

进入封闭气孔内气体的原子尺寸越小越易于扩散,气孔消除也越容易。如像氩或氮那样的大分子气体,在氧化物晶格内不易自由扩散最终残留在坯体中。但若像氢或氦那样的小分子气体,扩散性强,可以在晶格内自由扩散,因而烧结与这些气体的存在无关。

当样品中含有铅、锂、铋等易挥发物质时,控制烧结时的气氛更为重要。如锆钛酸铅材料烧结时,必须控制一定分压的铅气氛,以抑制坯体中铅的大量逸出,并保持坯体严格的化学组成,否则将影响材料的性能。

关于烧结气氛的影响常会出现不同的结论。这与材料组成、烧结条件、外加剂种类和数量等因素有关,必须根据具体情况慎重选择。

8.5.6 成型压力的影响

粉料成型时必须加一定的压力,除了使其有一定形状和一定强度,同时也给烧结创造了颗粒间紧密接触的条件,使其烧结时扩散阻力减小。一般地说,成型压力越大,颗粒间接触越紧密,对烧结越有利。但若压力过大使粉料超过塑性变形限度,就会发生脆性断裂。适当的成型压力可以提高生坯的密度。而生坯的密度与烧结体的致密化程度有正比关系。

影响烧结因素除了以上 6 点,还有生坯内粉料的堆积程度、加热速度、保温时间、粉料的粒度分布等。影响烧结的因素很多,而且相互之间的关系也较复杂,在研究烧结时,如果不充分考虑这众多因素并给予恰当地运用,就不能获得具有重复性和高致密度的制品,并进一步对烧结体的显微结构和机、电、光、热等性质产生显著的影响。下面列举工艺条件对氧化铝瓷坯性能与结构影响的实例(表 8.5)来综合以上众多影响因素。此例涉及很多工艺条件与烧结制度的影响,反映了一些规律性的因素,如外加剂、原料细度、晶粒尺寸、烧结制度等。由此看出,要获得一个好的烧结材料,必须对原料粉末的尺寸、形状、结构和其他物性有充分的了解,对工艺制度控制与材料显微结构形成相互联系进行综合考察,只有这样才能真正理解烧结过程。

表 8.5 工艺条件对氧化铝瓷坯性能与结构的影响

试样号		1	2	3	4	5	6	7	8	9	10
组成	α-Al_2O_3	细	细	细	粗	粗	粗	细	细	细	细
	外加剂	无	无	无	无	1% MgO					
	黏结剂	8% 油酸									
烧结条件	烧结温度/℃	1 910	1 910	1 910	1 800	1 800	1 800	1 600	1 600	1 600	1 600
	保温时间/min	120	60	15	60	15	5	240	40	60	90
	烧结气氛	真空湿 H_2									
性能	体积密度/($g \cdot cm^{-3}$)	3.88	3.87	3.87	3.82	3.92	3.93	3.94	3.91	3.92	3.92
	总气孔率/%	3.0	3.3	3.3	3.3	2.0	1.8	1.6	2.2	2.0	1.8
	常温抗折强度/MPa	75.2	140.3	208.8	208.8	431.1	483.6	484.8	552	579	581
结构	晶粒平均尺寸/μm	193.7	90.5	54.3	25.1	11.5	8.7	9.7	3.2	2.1	1.9

注:"粗"指原料粉碎后小于 1 μm 的有 35.2%;"细"指粉碎后小于 1 μm 的有 90.2%。

习题

8-1 由 MgO 和 Al_2O_3 合成尖晶石 $MgAl_2O_4$，反应时什么离子是扩散离子？写出界面反应方程，如何证实？

8-2 合成镁铝尖晶石时，有 $MgCO_3$、$Mg(OH)_2$、MgO、$Al_2O_3 \cdot 3H_2O$、γ-Al_2O_3、α-Al_2O_3 几种原料可以选择，从提高反应速率的曲线的角度出发，选择什么原料较好，说明理由。

8-3 颗粒度减小，可以加快固体粉料间的反应，根本原因是什么？

8-4 为什么说蒸发-凝聚和表面扩散对致密化过程没有什么贡献？

8-5 晶粒长大过程能促进致密化吗？能影响烧结速率吗？说明理由。

8-6 影响烧结的因素有哪些？最易控制的因素是哪几个？

附　录

附录1　47种几何单形

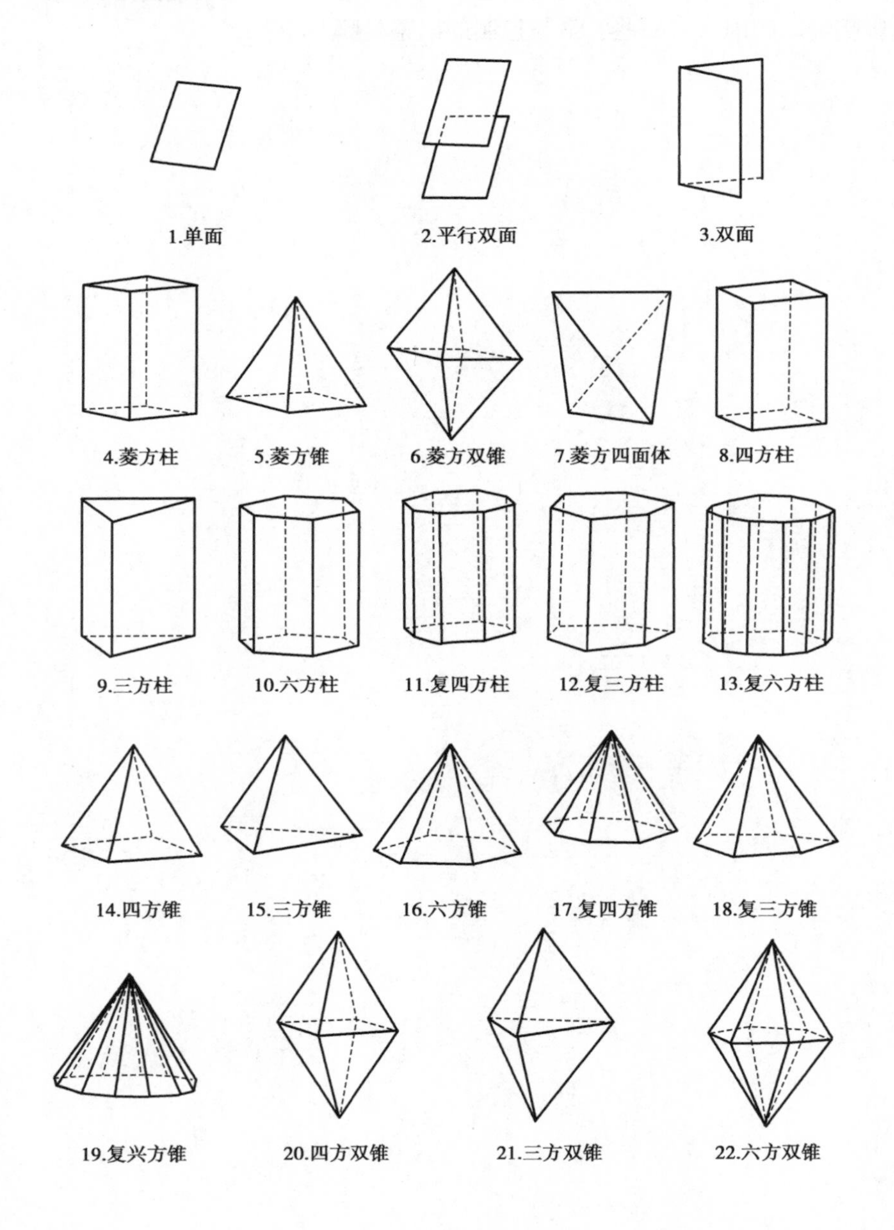

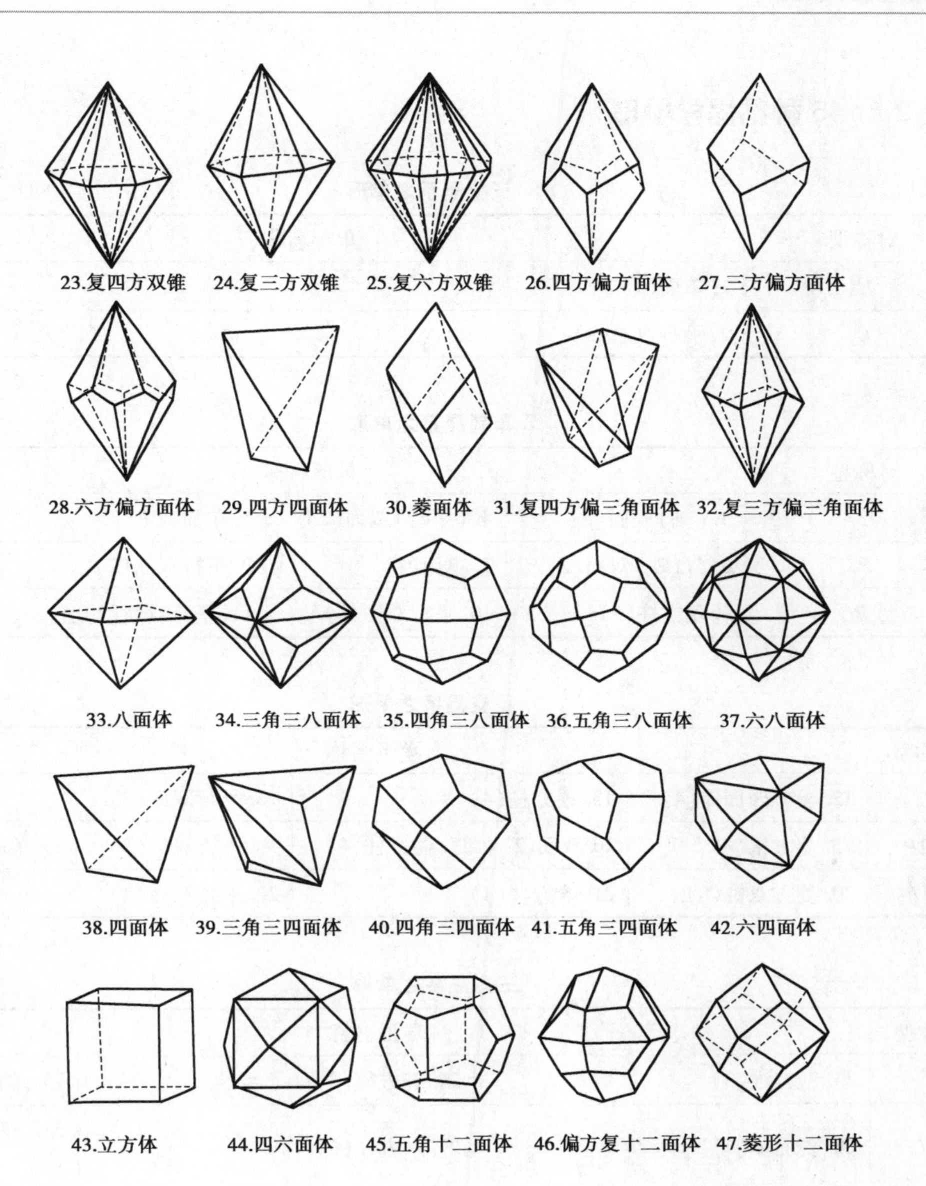
23.复四方双锥
24.复三方双锥
25.复六方双锥
26.四方偏方面体
27.三方偏方面体
28.六方偏方面体
29.四方四面体
30.菱面体
31.复四方偏三角面体
32.复三方偏三角面体
33.八面体
34.三角三八面体
35.四角三八面体
36.五角三八面体
37.六八面体
38.四面体
39.三角三四面体
40.四角三四面体
41.五角三四面体
42.六四面体
43.立方体
44.四六面体
45.五角十二面体
46.偏方复十二面体
47.菱形十二面体

附录2　146种结晶学单形

三斜晶系之单形

对称型	单形名称
L^1	1. 单面(1)
C	2. 平行双面(2)

单斜晶系之单形

对称型	单形名称		
L^2	3. (轴)双面(2)	4. (平行)双面(2)	5. 单面(1)
P	6. (反映)双面(2)	7. 单面(1)	8. 平行双面(2)
L^2PC	9. 菱方柱(4)	10. 平行双面(2)	11. 平行双面(2)

正交晶系之单形

对称型	单形名称				
$3L^2$	12. 菱方四面体(4)	13. 菱方柱(4)		14. 平行双面(2)	
$L^2 2P$	15. 菱方锥(4)	16. 双面(2)	17. 菱方柱(4)	18. 平行双面(2)	19. 单面(1)
$3L^2 3PC$	20. 菱方双锥(8)	21. 菱方柱(4)		22. 平行双面(2)	

三方晶系之单形

对称型	单形名称						
L^3	23. 三方锥(3)			24. 三方柱(3)			25. 单面(1)
L^3C	26. 菱面体(4)			27. 六方柱(6)			28. 平行双面(2)
$L^3 3P$	29. 复三方锥(6)	30. 六方锥(6)	31. 三方锥(3)	32. 复三方柱(6)	33. 六方柱(6)	34. 三方柱(3)	35. 单面(1)
$L^3 3L^2$	36. 三方偏方面体(6)	37. 三方双锥(6)	38. 菱面体(6)	39. 复三方柱(6)	40. 三方柱(3)	41. 六方柱(6)	42. 平行双面(2)
$L^3 3L^2 3PC$	43. 复三方偏三角面体(12)	44. 六方双锥(12)	45. 菱面体(6)	46. 复六方柱(12)	47. 六方柱(6)	48. 六方柱(6)	49. 平行双面(2)

四方晶系之单形

对称型	单形名称						
L^4	50. 四方锥(4)	51. 四方柱(4)	52. 单面(1)				
L^4PC	53. 四方双锥(8)	54. 四方柱(4)	55. 平行双面(2)				
L^44P	56. 复四方锥(8)	57. 四方锥(4)	58. 复四方柱(8)	59. 四方柱(4)	60. 单面(1)		
L^44L^2	61. 四方偏方面体(8)	62. 四方双锥(8)	63. 复四方柱(8)	64. 四方柱(4)	65. 平行双面(2)		
L^44L^25PC	66. 复四方双锥(16)	67. 四方双锥(8)	68. 复四方柱(8)	69. 四方柱(4)	70. 平行双面(2)		
L_i^4	71. 四方四面体(4)	72. 四方柱(4)	73. 平行双面(2)				
$L_i^42L^22P$	74. 四方偏方面体(8)	75. 四方四面体(4)	76. 四方双锥(8)	77. 复四方柱(8)	78. 四方柱(4)	79. 四方柱(4)	80. 平行双面(2)

六方晶系之单形

对称型	单形名称						
L^6	81. 六方锥(6)	82. 六方柱(6)	83. 单面(1)				
L^6PC	84. 六方双锥(12)	85. 六方柱(6)	86. 平行双面(2)				
L^66P	87. 复六方锥	88. 六方锥(6)	89. 复六方柱(12)	90. 六方柱(6)	91. 单面(1)		
L^66L^2	92. 六方偏方面(12)	93. 六方双锥(12)	94. 复六方柱(12)	95. 六方柱(6)	96. 平行双面(2)		
L^66L^27PC	97. 复六方双锥(24)	98. 六方双锥(12)	99. 复六方柱(12)	100. 六方柱(6)	101. 平行双面(2)		
L_i^6	102. 三方双锥(6)	103. 三方柱(3)	104. 平行双面(2)				
$L_i^63L^23P$	105.复三方双锥(6)	106. 六方双锥(12)	107. 三方双锥(6)	108. 复三方柱(6)	109. 六方柱(6)	110. 三方柱(3)	111. 平行双面(2)

等轴晶系之单形

对称型	单形名称						
$3L^24L^3$	112. 五角三四面体(12)	113. 四角三四面体(12)	114. 三角三四面体(12)	115. 四面体(4)	116. 五角十二面体(12)	117. 菱形十二面体(12)	118. 立方体(6)
$3L^24L^33PC$	119. 偏方复十二面体(24)	120. 三角三八面体(24)	121. 四角三八面体(24)	122. 八面体(8)	123. 五角十二面体(12)	124. 菱形十二面体(12)	125. 立方体(6)

续表

对称型	单形名称						
$3L_i^4 4L^3 6P$	126. 六四面体(24)	127. 四角三四面体(12)	128. 三角三四面体(12)	129. 四面体(4)	130. 四六面体(24)	131. 菱形十二面体(12)	132. 立方体(6)
$3L^4 4L^3 6L^2$	133. 五角三八面体(24)	134. 三角三八面体(24)	135. 四角三八面体(24)	136. 八面体(8)	137. 四六面体(24)	138. 菱形十二面体(12)	139. 立方体(6)
$3L^4 4L^3 6L^2 9PC$	140. 六八面体(48)	141. 三角三八面体(24)	142. 四角三八面体(24)	143. 八面体(8)	144. 四六面体(24)	145. 菱形十二面体(12)	146. 立方体(6)

附录3　原子或离子的有效半径

原子序数	符号	原子半径/nm	离子	离子半径/nm
1	H	0.046	H^-	0.154
2	He	—	—	—
3	Li	0.152	Li^+	0.078
4	Be	0.114	Be^{2+}	0.054
5	B	0.097	B^{3+}	0.02
6	C	0.077	C^{4+}	<0.02
7	N	0.071	N^{5+}	0.01~0.02
8	O	0.060	O^{2-}	0.132
9	F	—	F^-	0.133
10	Ne	0.160	—	—
11	Na	0.186	Na^+	0.098
12	Mg	0.160	Mg^{2+}	0.078
13	Al	0.143	Al^{3+}	0.057
14	Si	0.117	Si^{4-}	0.198
			Si^{4+}	0.039
15	P	0.109	P^{5+}	0.03~0.04
16	S	0.106	S^{2+}	0.174
			S^{6+}	0.034
17	Cl	0.107	Cl^-	0.181
18	Ar	0.192	—	—
19	K	0.231	K^+	0.133
20	Ca	0.197	Ca^{2+}	0.106
21	Sc	0.160	Sc^{2+}	0.083
22	Ti	0.147	Ti^{2+}	0.076
			Ti^{3+}	0.069
			Ti^{4+}	0.064
23	V	0.132	V^{3+}	0.065
			V^{4+}	0.061
			V^{5+}	约0.04
24	Cr	0.125	Cr^{3+}	0.064
			Cr^{6+}	0.03~0.04
25	Mn	0.112	Mn^{2+}	0.091
			Mn^{3+}	0.070
			Mn^{4+}	0.052

续表

原子序数	符号	原子半径/nm	离子	离子半径/nm
26	Fe	0.124	Fe^{2+}	0.087
			Fe^{3+}	0.067
27	Co	0.125	Co^{2+}	0.082
			Co^{3+}	0.065
28	Ni	0.125	Ni^{2+}	0.078
29	Cu	0.128	Cu^{+}	0.096
30	Zn	0.133	Zn^{2+}	0.083
31	Ga	0.135	Ga^{3+}	0.062
32	Ge	0.122	Ge^{4+}	0.044
33	As	0.125	As^{3+}	0.069
			As^{5+}	约0.04
34	Se	0.116	Se^{2-}	0.191
			Se^{6+}	0.03～0.04
35	Br	0.119	Br^{-}	0.196
36	Kr	0.197	—	—
37	Rb	0.251	Rb^{+}	0.149
38	Sr	0.215	Sr^{2+}	0.127
39	Y	0.181	Y^{3+}	0.106
40	Zr	0.158	Zr^{4+}	0.087
41	Nb	0.143	Nb^{4+}	0.074
			Nb^{5+}	0.069
42	Mo	0.136	Mo^{4+}	0.068
			Mo^{6+}	0.065
43	Te	—	—	—
44	Ru	0.134	Ru^{4+}	0.065
45	Rh	0.134	Rh^{3+}	0.068
			Rh^{4+}	0.065
46	Pd	0.137	Pd^{2+}	0.050
47	Ag	0.144	Ag^{+}	0.113
48	Cd	0.150	Cd^{2+}	0.103
49	In	0.157	In^{3+}	0.092
50	Sn	0.158	Sn^{4-}	0.215
			Sn^{4+}	0.074
51	Sb	0.161	Sb^{3+}	0.090
52	Te	0.143	Te^{2}	0.211
			Te^{4+}	0.089

续表

原子序数	符号	原子半径/nm	离子	离子半径/nm
53	I	0.136	I^-	0.220
			I^{5+}	0.094
54	Xe	0.218	—	—
55	Cs	0.265	Cs^+	0.165
56	Ba	0.217	Ba^{2+}	0.143
57	La	0.187	La^{3+}	0.122
58	Ce	0.182	Ce^{3+}	0.118
			Ce^{4+}	0.102
59	Pr	0.183	Pr^{3+}	0.116
			Pr^{4+}	0.100
60	Nd	0.182	Nd^{3+}	0.115
61	Pm	—	Pm^{3+}	0.106
62	Sm	0.181	Sm^{3+}	0.113
63	Eu	0.204	Eu^{3+}	0.113
64	Gd	0.180	Gd^{3+}	0.111
65	Tb	0.177	Tb^{3+}	0.109
			Tb^{4+}	0.089
66	Dy	0.177	Dy^{3+}	0.107
67	Ho	0.176	Ho^{3+}	0.105
68	Er	0.175	Er^{3+}	0.104
69	Tm	0.174	Tm^{3+}	0.104
70	Yb	0.193	Yb^{3+}	0.100
71	Lu	0.173	Lu^{2+}	0.099
72	Hf	0.159	Hf^{4+}	0.084
73	Ta	0.147	Ta^{5+}	0.068
74	W	0.137	W^{4+}	0.068
			W^{6+}	0.065
75	Re	0.138	Re^{4+}	0.072
76	Os	0.135	Os^{4+}	0.067
77	Ir	0.135	Ir^{4+}	0.066
78	Pt	0.138	Pt^{2+}	0.052
			Pt^{4+}	0.055
79	Au	0.144	Au^+	0.137
80	Hg	0.150	Hg^{2+}	0.112
81	Tl	0.171	Tl^+	0.149
			Tl^{3+}	0.106

续表

原子序数	符号	原子半径/nm	离子	离子半径/nm
82	Pb	0.175	Pb^{4-}	0.215
			Pb^{2+}	0.132
			Pb^{4+}	0.084
83	Bi	0.182	Bi^{3+}	0.120
84	Po	0.140	Po^{6+}	0.067
85	At	—	At^{7+}	0.062
86	Rn	—	—	—
87	Fr	—	Fr^{+}	0.180
88	Ra	—	Ra^{+}	0.152
89	Ac	—	Ac^{3+}	0.118
90	Th	0.180	Th^{4+}	0.110
91	Pa	—	—	—
92	U	0.138	U^{4+}	0.105

参考文献

[1] 陆佩文. 无机材料科学基础:硅酸盐物理化学[M]. 武汉:武汉工业大学出版社,1996.
[2] 胡志强. 无机材料科学基础教程[M].2版. 北京:化学工业出版社,2011.
[3] 张其土. 无机材料科学基础[M]. 上海:华东理工大学出版社,2007.
[4] 樊先平,洪樟连,翁文剑. 无机非金属材料科学基础[M]. 杭州:浙江大学出版社,2004.
[5] 马建丽. 无机材料科学基础[M]. 重庆:重庆大学出版社,2008.
[6] 杨久俊. 无机材料科学[M]. 郑州:郑州大学出版社,2009.
[7] 孙大明,席光康. 固体的表面与界面[M]. 合肥:安徽教育出版社,1996.
[8] 田凤仁. 无机材料结构基础[M]. 北京:冶金工业出版社,1993.
[9] 杨琇明. 结晶学及晶体光学[M]. 武汉:中国地质大学出版社,2018.
[10] 李胜荣. 结晶学与矿物学[M]. 北京:地质出版社,2008.
[11] D. J. 肖. 胶体与表面化学[M].3版. 王好平,石彩云,等,译. 武汉:华中理工大学出版社,1988.
[12] D. J. 肖. 胶体与表面化学导论[M].3版. 张中路,张仁佑,译. 北京:化学工业出版社,1989.
[13] 姚允斌,裘祖楠. 胶体与表面化学导论[M]. 天津:南开大学出版社,1988.
[14] 林智信,安从俊,刘义,等. 物理化学:动力学·电化学·表面及胶体化学[M]. 武汉:武汉大学出版社,2003.
[15] 张其土. 无机材料科学基础[M]. 上海:华东理工大学出版社,2007.
[16] 马爱琼,任耘,段锋. 无机非金属材料科学基础[M].2版. 北京:冶金工业出版社,2020.
[17] 冯端,师昌绪,刘治国. 材料科学导论[M]. 北京:化学工业出版社,2002.
[18] 张祖德. 无机化学[M].2版. 合肥:中国科学技术大学出版社,2014.
[19] 林建华,荆西平,王颖霞,等. 无机材料化学[M].2版. 北京:北京大学出版社,2018.
[20] 周亚栋. 无机材料物理化学[M]. 武汉:武汉理工大学出版社,1994.
[21] 宁青菊,于成龙. 无机材料物理性能[M]. 西安:西安交通大学出版社,2022.

参考文献